E. FOURREY

CURIOSITÉS GÉOMÉTRIQUES

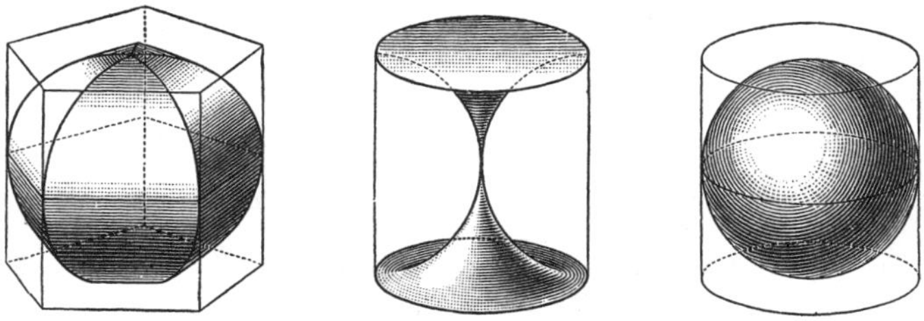

PARIS
LIBRAIRIE VUIBERT
63, Boulevard Saint-Germain, 63

Chez le même éditeur :

René DESCOMBES, *Les carrés magiques. Histoire, théorie et technique du carré magique, de l'Antiquité aux recherches actuelles*, 496 pages
Émile FOURREY, *Récréations arithmétiques*, 288 pages, Réimpression de l'édition de 1899 augmentée d'une étude inédite de Jean-Louis Nicolas
André SAINTE-LAGUË, *Avec des nombres et des lignes*, 384 pages
Réimpression de l'édition de 1937 augmentée d'une étude inédite d'André Deledicq et Claude Berge
Jean-Pierre BOUDINE, *La géométrie de la chambre à air*, dessins d'Yves Guézou, 192 pages
– *Homo mathematicus. Les mathématiques et nous*, 208 pages
Alexandre DESMAREST, *Grilles logiques*, 120 pages
Henri BERNA, *Cryptarismes, graphes et autres énigmes mathématiques*, 144 pages
– *Palindromes, monotypes et autres bizarreries numériques*, 144 pages
– *Jeux numériques et magiques dans la troisième dimension*, 176 pages
Gilles PAGÈS & Claude BOUZITAT avec le concours de Fabrice CARRANCE et de Frédérique PETIT, *En passant par hasard. Les probabilités de tous les jours*, dessins d'Yves Guézou, 288 pages
Collectif sous la direction de H.–D. EBBINGHAUS,
Les nombres, leur histoire, leur place et leur rôle, de l'Antiquité aux recherches actuelles, 464 pages, traduit et adapté de l'allemand par François Guénard
Albert DUCROCQ & André WARUSFEL, *Mathématiques : plaisir & nécessité*, 416 pages
Jean-Pierre MAURY, *Une histoire de la physique sans les équations*,
illustré par Marianne Maury-Kaufmann, 240 pages
Istvan BERKES, *La physique de tous les jours*, dessins d'Yves Guézou, nouvelle édition, 452 pages
Jean-Marc LÉVY-LEBLOND, *La physique en questions. Mécanique*, dessins d'Yves Guézou, 144 pages
André BUTOLI & Jean-Marc LÉVY-LEBLOND, *La physique en questions. Électricité et magnétisme*, dessins d'Yves Guézou, 144 pages

ISBN 2–7117–5313–1

Site internet : http://www.vuibert.fr

Les curiosités géométriques de Fourrey

par Évelyne Barbin

La première édition des *Curiosités géométriques* de Fourrey date de 1907. Pourquoi cet ouvrage mérite-t-il une nouvelle édition un siècle plus tard ? L'intention de l'auteur concerne-t-elle toujours le lecteur d'aujourd'hui ? Dans le court avant-propos à son ouvrage, Fourrey indique qu'il a voulu « instruire en présentant la science par ses côtés curieux ». L'expression de Fourrey pourrait paraître aujourd'hui quelque peu vieillotte.

Le verbe « instruire », qui signifie mettre en possession de connaissances nouvelles, serait remplacé aujourd'hui par le verbe « enseigner », qui signifie transmettre de façon à ce que le lecteur comprenne et assimile. Tout comme, depuis trois ans, le terme d'instituteur est remplacé par celui de professeur ou d'enseignant. Au-delà d'un simple changement terminologique, nous voyons ici l'expression d'une mutation sociale importante : instruire suppose un interlocuteur prêt à recevoir des connaissances, enseigner demande que l'interlocuteur fasse sien des savoirs. Instruire était la finalité de la philosophie des Lumières et des réformes de Jules Ferry, enseigner est l'exigence à laquelle se trouve confronté le professeur de la fin du XXe siècle. Cette exigence est particulièrement difficile à assumer lorsqu'il s'agit de l'enseignement de la géométrie, car elle pose le problème de la légitimité de cette « discipline » comme matière d'enseignement. Il était évident, à la fin du siècle dernier, de donner une instruction en géométrie, il paraît moins évident aujourd'hui d'enseigner la géométrie. Nous reviendrons sur cette remarque après avoir examiné la suite du propos de Fourrey.

Fourrey veut « présenter la géométrie par ses côtés curieux ». Au milieu du XXe siècle, l'épistémologue Bachelard nous a mis en garde contre le sentiment de curiosité. En effet, Bachelard écrit dans *La formation de l'esprit scientifique* : « en donnant une satisfaction immédiate à la curiosité, en multipliant les occasions de la curiosité, loin de favoriser la culture scientifique, on l'entrave »[1]. Fourrey propose-t-il un spectacle de curiosités géométriques où, comme l'écrit Bachelard, « il n'y a rien à comprendre, il faut

1. Gaston Bachelard, *La formation de l'esprit scientifique*, 5e édition, Paris, Vrin, 1967, p. 29.

seulement le voir » ? Non. Il nous propose des problèmes : mesurer des aires et des volumes, diviser des aires dans un rapport donné, trouver des aires équivalentes, sommer une série, carreler une surface, etc. Il nous propose des situations où les savoirs géométriques sont des instruments pour résoudre des problèmes, des situations qui donnent « à la pensée scientifique le sens du problème, donc le nerf du progrès », en citant toujours Bachelard.

L'ouvrage de Fourrey concerne celui qui veut enseigner la géométrie, parce que la géométrie ne s'y résume pas à une collection de connaissances, mais qu'elle s'y présente comme *un savoir intéressant*. Un savoir intéressant, car la géométrie rend intelligible des pratiques d'arpentages aussi bien que des techniques mathématiques. Un savoir intéressant, car les problèmes de géométrie constituent un défi à notre intelligence et nous procurent le plaisir de les résoudre. La géométrie mérite d'être enseignée parce que son intérêt est autant culturel, un témoignage de l'invention humaine, que personnel, un plaisir pour mon intelligence. Cependant, cette affirmation n'a aucune valeur pour l'enseignant si celui-ci n'est pas capable d'en faire ressentir la justesse à l'enseigné. Il ne peut pas lui dire : « vous vous ennuyez pendant les cours de géométrie et vous ne comprenez rien, pourtant je vous assure que la géométrie est passionnante et que la géométrie est la manifestation d'une intelligibilité ». C'est pour cette raison que l'ouvrage de Fourrey vaut d'être lu un siècle après sa parution.

Nous ne dirions pas aujourd'hui qu'il s'agit d'instruire en présentant les côtés curieux de la géométrie, mais qu'il s'agit d'enseigner en montrant l'intérêt de la géométrie.

Au moment où Fourrey écrit son ouvrage, l'enseignement secondaire vient de connaître une réforme, la réforme Georges Leygues de 1902 qui « place l'enseignement scientifique à égalité avec l'enseignement littéraire et renouvelle l'enseignement des mathématiques et de la physique »[2]. À cette occasion, l'enseignement de la géométrie fut l'objet d'une réforme qui déclencha alors de nombreuses polémiques, au moins aussi vives que la réforme des mathématiques modernes en son temps. En effet, comme l'indique Fourrey dans son esquisse de l'histoire de la géométrie, il y a à cette époque « une tendance générale à revenir aux méthodes d'Euclide »

---

2. Bruno BELHOSTE, Les caractères généraux de l'enseignement secondaire scientifique de la fin de l'Ancien Régime à la Première Guerre mondiale, in *Histoire de l'Éducation*, n° 41, janvier 1989.

qui s'oppose à l'esprit de la réforme de 1902. Cette réforme de l'enseignement de la géométrie se fondait sur « une conception empiriste [qui] insiste sur le caractère expérimental des sciences mathématiques et sur la liaison entre ces deux modes de connaissance que constituent la méthode expérimentale et la méthode déductive »[3]. L'un des promoteurs de cette réforme, Émile Borel, écrivait : « L'enseignement moderne de la Géométrie, enseignement plus intuitif et plus expérimental, aurait sans doute pour effet de rendre les classes de mathématiques plus intéressantes, plus attrayantes, et il est probable que cette méthode nouvelle donnerait plus d'élèves ayant le goût pour les mathématiques »[4].

La nécessité de « rendre les classes de mathématiques plus intéressantes » doit être aujourd'hui de nouveau mise en avant, parce que nous avons à enseigner et que l'on ne peut enseigner que s'il y a intérêt, mais aussi parce que l'enseignement des mathématiques a quelque mal à sortir de l'esprit d'une autre réforme, la réforme des mathématiques modernes. Dans l'esprit de cette réforme, les mathématiques étaient conçues comme un langage. Nous devions enseigner une géométrie où les points étaient les éléments d'un ensemble et les droites des ensembles de points, où les raisonnements étaient de pures déductions d'axiomes, une géométrie qui pouvait même se passer de figures. La géométrie privée de son contenu devenait un chapitre de l'algèbre linéaire. Mais priver la géométrie de son contenu, c'était aussi la priver de sa signification. Qu'importe, puisque l'enseignement des mathématiques se justifiait à cette époque par l'omniprésence des mathématiques : il y a des mathématiques partout, disait-on. Les mathématiques étaient légitimées par leur utilité affichée et non par leur intérêt intrinsèque. Cette utilité devenait concrète au moment des passages de classe : les mathématiques était la voie royale pour passer dans la classe supérieure. Plus de dix années après l'abandon des mathématiques modernes, nous avons encore à nous défaire de l'esprit de la réforme : il nous faut renoncer à enseigner des connaissances « utiles » mais sans intérêt, et pour cela revenir aux contenus des savoirs et à leurs significations.

---

3. Rudolf Bkouche, Variations autour de la réforme de 1902/1905, in Hélène Gispert, *La France mathématique*, Cahiers d'histoire et de Philosophie des Sciences, n° 34, 1991, pp. 181–213.
4. Émile Borel, L'enseignement de la Géométrie, débat publié dans le *Bulletin de la Société Française de Philosophie*, tome VII, 1907, cité par Rudolf Bkouche, op. cit.

La volonté d'enseigner des savoirs qui aient une signification anime les enseignants de mathématiques nombreux, et de plus en plus nombreux, qui s'intéressent aujourd'hui à l'histoire des mathématiques. Pour les promoteurs des mathématiques modernes, « la mathématique » était « une science vivante » parce que la mathématique est capable à chaque instant de se présenter comme neuve et unifiée. Ils reprochaient à l'enseignement précédent son style historique, car pour eux, toute trace d'histoire était vestige. Alors que pour les enseignants qui interrogent aujourd'hui l'histoire des mathématiques, les mathématiques sont une science vivante parce qu'elles sont capables de se modifier à chaque instant pour résoudre des problèmes et affronter de nouveaux obstacles. Pour eux, le passé n'est pas vestige, mais trace que le temps a laissé sur un organisme vivant[5].

Ces enseignants de mathématiques vont trouver dans le livre de Fourrey un écho à leurs préoccupations, puisque l'auteur a recours à l'histoire de la géométrie. Celui-ci estime même indispensable de débuter son ouvrage par une esquisse de l'histoire de la géométrie élémentaire, car il a utilisé des documents anciens qu'il veut replacer dans leurs contextes. À l'époque, l'intrusion de l'histoire des mathématiques dans un ouvrage sur les mathématiques n'est pas un événement étrange ou déplacé.

En effet, à la fin du siècle dernier, l'historien des sciences Paul Tannery a milité pour un enseignement de l'histoire des sciences dans les enseignements secondaire et supérieur, et cette période a connu un foisonnement de travaux et d'ouvrages historiques. Quand nous lisons aujourd'hui les propos de Paul Tannery, nous avons parfois l'impression que l'histoire se répète. Ainsi, en février 1892, dans son projet de programme pour un cours d'histoire des sciences dans les lycées, Paul Tannery donnait les conseils suivants au professeur :

« Pour chacune des périodes indiquées dans le programme ci-après, il devra s'attacher à définir et à bien faire comprendre l'ordre d'idées, vrai ou erroné, qui dominait dans chaque science, ainsi que le caractère des transformations qu'a pu subir cet ordre d'idées au cours de la période. Il sera d'ailleurs inutile de s'astreindre rigoureusement à l'ordre chronologique ; il est préférable, au contraire, de s'en tenir pour chaque époque aux traits généraux, sauf à remonter aux germes antérieurs des grandes idées

---

5. Bkouche, Charlot, Rouche, *Faire des mathématiques : le plaisir du sens*, Armand Colin, 1991.

ou découvertes nouvelles, quand il s'agira dans exposer l'histoire, et à indiquer en même temps les conséquences ultérieures de ces découvertes sur lesquelles on ne se proposera pas de revenir à propos d'une autre époque.

Tout en cherchant ainsi à développer le plus possible chez les élèves des idées générales, il conviendra, pour soutenir leur attention, d'illustrer l'enseignement par des détails circonstanciés donnés dans chaque leçon sur un sujet déterminé. Le programme indique un certain nombre de ces sujets, mais il ne sera pas nécessaire de les développer tous également ; le programme ne doit pas d'avantage être considéré comme limitatif ; le professeur devra choisir, d'après ses convenances personnelles, pour chaque leçon, la question qu'il se proposera de traiter en détail, sous la condition de la rattacher nettement à un ordre d'idées générales exposé dans la même leçon. [...]

Enfin il ne devra pas perdre de vue, en thèse générale, que l'étude historique des sciences ne doit pas seulement s'attacher à retracer les progrès de l'esprit humain dans la connaissance de la vérité ; qu'elle a aussi à en rappeler les erreurs, et que c'est précisément la saine appréciation de ces erreurs qui peut seule bien faire comprendre l'importance véritable des sciences ; sans négliger l'intérêt qu'offrent les applications pratiques, il ne perdra pas une occasion de faire ressortir la nécessité de la science qui seule peut conduire à des conceptions justes, soit de l'univers, soit de la société humaine »[6].

Paul Tannery défendait un enseignement historique des idées scientifiques, qui ne se réduise pas à une chronologie ou à des anecdotes. Il devait pour cela convaincre l'administration de l'enseignement du secondaire, ainsi que les chercheurs en mathématiques et en histoire des sciences. S'adressant à ces derniers, lors du Congrès international des sciences historiques de 1903, il leur expliquait que l'introduction de l'histoire dans l'enseignement est appréciée par les élèves des lycées (déjà !) et qu'elle peut faciliter leur compréhension de la discipline (déjà !) : « Les essais tentés par quelques professeurs semblent suffisants pour prouver que l'enseignement dans ces conditions peut être utilement dirigé sans surcharge effective des programmes. Les indications historiques

6. Paul TANNERY, *Mémoires scientifiques*, tome X, pp. 2–3, cité par Ernest COUMET, in « Paul Tannery : l'organisation de l'enseignement de l'histoire des sciences », in *Revue de synthèse*, CII, 101–102, jan.–juin 1981, pp. 87–123.

plaisent aux élèves, et en ouvrant leur intelligence, facilitent la compréhension des théories abstraites et de la portée des expériences »[7]. Malheureusement, Paul Tannery meurt en 1904, sans que son projet de 1892 ne sorte des cartons ministériels.

Paul Tannery tenait beaucoup à la publication d'ouvrages de vulgarisation sur l'histoire des sciences : c'était une tâche à laquelle devaient se consacrer les spécialistes. Lui-même publie *La Géométrie grecque*[8] en 1887, et il écrit des « notions historiques » dans l'ouvrage sur les *Notions de mathématiques*[9] de son frère Jules Tannery. Vers cette époque, vont être publiés les ouvrages sur l'histoire des mathématiques de Cantor, Zeuthen, Cajori et Boyer, que Fourrey cite dans son esquisse et que nous utilisons encore aujourd'hui. Ainsi, Fourrey a bénéficié de toute l'effervescence autour de l'histoire des mathématiques, qui est due en partie à Paul Tannery. Cependant, on peut penser que son esquisse de l'histoire de la géométrie élémentaire n'aurait guère été appréciée par ce dernier. Paul Tannery, qui estimait que c'était une gageure d'écrire un ouvrage d'histoire des mathématiques en 250 pages, aurait jugé sans doute téméraire de résumer en 32 pages l'histoire de la géométrie, même s'il ne s'agit que de la géométrie élémentaire.

En tous les cas, l'esquisse de Fourrey nous paraît aujourd'hui bien schématique et lacunaire. La brièveté de l'écrit n'est pas seule en cause. L'histoire des mathématiques a progressé depuis un siècle, grâce à l'analyse de nouvelles sources, et avec l'introduction de nouvelles façons d'écrire l'histoire. Cette esquisse est intéressante à lire aujourd'hui, plus comme document historique que comme exposé historique, car elle nous permet de mesurer « le progrès de l'histoire » en un peu moins d'un siècle. Il ne peut être question, dans un avant-propos de cette nouvelle édition à l'ouvrage de Fourrey, de relever de manière détaillée toutes les incorrections ou les déficiences de l'esquisse historique. Cependant, nous mentionnerons pour le lecteur peu averti quelques remarques d'ordre historique, en le renvoyant à une bibliographie succinte et récente.

Fourrey consacre trois pages à « l'orient antique », dans lesquelles les mathématiques égyptiennes, babyloniennes et chinoises sont regroupées sous le terme de « géométrie pratique ». À la fin du siècle dernier, les textes égyptiens et babyloniens commençaient à peine

---

7. op. cit., p. 108, cité par Ernest COUMET, op. cit.
8. Paul TANNERY, *La Géométrie grecque*, Gauthiers-Villars, Paris 1887, réédité par Gabay, Paris, 1988.
9. Jules TANNERY, *Notions de mathématiques*, Delegrave, Paris, 1903.

à être déchiffrés. Des traductions systématiques seront faites par Chace en 1927, pour le papyrus Rhind, et par Neugebauer en 1935 et Thureau Dangin en 1938, pour les textes babyloniens. Récemment, de nouvelles analyses s'appuyant sur des traductions plus fidèles ont conduit les historiens à estimer que les mathématiques anciennes ne relèvent pas simplement d'une géométrie pratique. Ainsi, il y a bien une pensée rationnelle à l'œuvre dans les textes babyloniens[10], et les procédures décrites correspondent à une véritable « algèbre d'arpentage »[11]. La portée des textes de mathématiques chinoises a également été réévaluée, et on ne dirait plus aujourd'hui qu'ils « ne contiennent que des questions simples de géométrie pratique ». Ces mathématiques contiennent des résultats parfois complexes qui reposent sur des procédés opératoires que nous pouvons considérer comme des démonstrations[12].

Une meilleure connaissance des textes égyptiens et babyloniens et l'étude de leur transmission au monde hellénistique ont amené les historiens à mieux apprécier la dette des mathématiques grecques envers le monde pré-hellénistique[13]. Fourrey attribue « la constitution de la géométrie grecque » au « génie philosophique des Grecs ». Cette affirmation paraît aujourd'hui bien insatisfaisante, car l'historien veut savoir pourquoi et comment s'est constituée vers le VIe siècle avant J.-C. une pensée rationnelle et géométrique qui fait des objets géométriques des objets idéaux[14]. Ainsi, la naissance de la démonstration grecque a été rapprochée des transformations sociales et économiques qu'a connues la Grèce Antique, en particulier l'institution de la démocratie dans la cité grecque[15].

---

10. James RITTER, Chacun sa vérité, in Michel SERRES, *Éléments d'histoire des sciences*, 1989, Bordas.
11. Jens HØYRUP, Algèbre d'al–Gabr et algèbre d'arpentage au neuvième siècle islamique et la question de l'influence babylonienne in *Filosofi og Videnskabsteori pa Roskilde Universitetscenter*, 1990, n° 2. Jens HØYRUP, Old Babylonian Mathematical Procedure Texts, in *Max–Planck–Institut für Wissenschaftsgeschichte*, 1994, n° 3.
12. Jean-Claude MARTZLOFF, Quelques exemples de démonstration en mathématiques chinoises, in Commission inter-IREM Épistémologie, *La démonstration mathématique dans l'histoire*, IREM de Besançon, 1990, et Jean-Claude MARTZLOFF, *Histoire des mathématiques chinoises*, Masson, Paris, 1987.
13. Otto NEUGEBAUER, *The Exact Sciences in Antiquity*, Dover, New-York, 1957, traduit par Pierre SOUFFRIN dans *Les sciences exactes dans l'Antiquité*, Actes Sud, 1990.
14. Maurice CAVEING, *La constitution du type mathématique de l'idéalité dans la pensée grecque*, trois tomes, Presses Universitaires de Lille, 1982.
15. Jean-Pierre VERNANT, *Mythe et pensée chez les Grecs*, Maspero, Paris, 1971.

La partie consacrée aux mathématiques arabes paraît aujourd'hui choquante. En particulier, lorsque Fourrey écrit que les Arabes « n'ont ajouté rien d'essentiel aux découvertes antérieures et ont puisé leurs connaissances aux sources hindoue et grecque » ou « qu'en dehors du traité d'Aboul Wafa, les Arabes n'ont pas produit de travaux originaux en géométrie ». Les propos de Fourrey peuvent être attribués au fait que son époque ignore certains écrits anciens qui n'ont été étudiés que récemment, mais on peut aussi penser qu'ils sont les conséquences d'une certaine idéologie française de la fin du XIXe siècle. Ainsi, Fourrey ne tient pas compte des propos de Chasles dans l'*Aperçu historique sur l'origine et le développement des méthodes en géométrie* de 1837. Chasles expliquait dans la note XII de l'ouvrage que c'est une erreur de prétendre qu'il n'y a rien d'original dans les ouvrages arabes et que les Arabes ont eu en géométrie « un véritable avantage sur les Grecs »[16]. Il est vrai que les mathématiques arabes héritent des travaux précédents et qu'elles sont l'œuvre de mathématiciens qui ne sont pas tous arabes, mais elles approfondissent la géométrie grecque en apportant des éléments nouveaux[17], comme les démonstrations du fameux axiome des parallèles[18] ou comme la classification géométrique des équations de degré trois par Omar Khayyam.

L'apport algébrique des mathématiques arabes n'est pas bien apprécié dans l'esquisse de Fourrey. De manière générale, les rapports historiques entre algèbre et géométrie n'y sont pas clairement exposés. Le terme « algèbre géométrique » pour désigner un certain nombre de résultats de la géométrie grecque, en particulier ceux du livre II des *Éléments* d'Euclide est parlant, mais il peut aussi induire en erreur. En effet, nous pouvons aujourd'hui traduire les énoncés du livre II en termes de résolution d'équations de degré 2 ou en termes de formules algébriques, mais ces énoncés concernent des propositions géométriques d'équivalence d'aires et elles sont démontrées de manière géométrique. L'apport des mathématiques arabes est de regrouper toutes sortes de problèmes, aussi bien numériques que géométriques, sous la forme de problèmes où il s'agit de rechercher une inconnue, et de faire ainsi de la résolution

16. CHASLES, *Aperçu historique sur l'origine et le développement des méthodes en géométrie*, rééd. 1899, Gauthiers-Villars, Paris, pp. 487–502.

17. Lire, par exemple, *Histoire des sciences arabes*, tome 2, Éditions du Seuil, 1997 et Ahmed DJEBBAR, *Une histoire de la science arabe*. Entretiens avec Jean Rosmorduc, Éditions du Seuil, Collection « Points », Paris, 2001.

18. Khalil JAOUICHE, *La théorie des parallèles en Pays d'Islam*, Vrin, Paris, 1986.

des équations un objet d'étude en tant que tel. Cette étude comprend des algorithmes de résolution et un classement des équations de degré 2 et 3.

Dans les mathématiques arabes, comme dans celles des algébristes de la Renaissance, les résolutions d'équations sont accompagnées de démonstrations géométriques. Nous pouvons donc dire que les mathématiciens font usage de la géométrie en algèbre. Affirmer, comme le fait Fourrey, que « les mathématiciens de la Renaissance font constamment usage de l'algèbre en géométrie » est donc quelque peu outrancier. En revanche, Descartes, au siècle suivant, fait bien un usage systématique de l'algèbre en géométrie en expliquant dans *La géométrie* comment ramener un problème de géométrie à la résolution d'une équation algébrique.

Les travaux du XVIIe et du XIXe siècle sont cités très brièvement par Fourrey. L'historien contemporain leur accorderait plus de place. En particulier, les recherches de Desargues ont eu pour effet de modifier l'objet d'étude du géomètre : les géomètres de l'Antiquité travaillaient sur des figures sans référence à leur contenant, c'est-à-dire qu'il n'y a pas d'espace dans la géométrie grecque, alors que les méthodes projectives conduisent les géomètres à situer les figures dans l'espace[19]. Au XIXe siècle, les méthodes projectives concernent des transformations opérant sur des figures, mais en 1872 Félix Klein va faire opérer les transformations sur l'espace lui-même. L'espace devient alors l'objet de la géométrie[20].

Fourrey termine son esquisse par la revue d'un certain nombre de traités de géométrie élémentaire. Son choix reste pertinent, notamment pour les ouvrages d'Arnauld, de Lamy, de Clairaut et de Méray.

Dans les *Nouveaux éléments de géométrie* de 1677, Arnauld veut « donner le modèle de la clarté et de l'évidence » et « accoutumer l'esprit à un ordre naturel ». Il estime que les *Éléments* d'Euclide « sont tellement confus et brouillés, que loin de donner à l'esprit l'idée et le goût du véritable ordre, ils ne pouvaient au contraire que l'accoutumer au désordre et à la confusion »[21]. Arnauld propose dans son ouvrage un nouvel ordre qui restera un modèle pendant les deux siècles suivants, en particulier pour les *Éléments de géométrie* de Lacroix, que Fourrey ne cite pas alors que l'influence de

19. Commission inter-IREM Épistémologie, *La figure et l'espace*, IREM de Lyon, 1993.
20. Rudolf BKOUCHE, Un peu d'histoire, in Daniel LEHMANN et Rudolf BKOUCHE, *Initiation à la géométrie*, PUF, Paris, 1988.
21. Antoine ARNAULD, *Nouveaux éléments de géométrie*, Savreux, Paris, 1667, Préface.

cet ouvrage a été comparable à celui de Legendre. Le traité du cartésien Bernard Lamy, que Jean-Jacques Rousseau lisait avec plaisir, est celui d'un pédagogue qui veut apprendre au lecteur à chercher par lui-même, à exercer son esprit et à étendre ses connaissances. Lamy consacre ainsi tout un livre de son ouvrage à la méthode qui indique comment examiner, éclaircir et résoudre une question[22]. Clairaut souhaite également « accoutumer l'esprit à chercher et à découvrir », et pour cela il veut « continuellement occuper [ses] lecteurs à résoudre des problèmes »[23]. Dans son ouvrage, organisé autour de la problèmatique de la mesure des terrains, les concepts et les savoirs sont introduits au fur et à mesure, au moment où ils sont les instruments de résolution d'un problème[24]. L'ouvrage de Méray est l'ouvrage de la réforme de l'enseignement de la géométrie de 1902, que nous avons évoquée plus haut. Méray s'appuie sur le caractère expérimental de la géométrie, pour abandonner la distinction d'usage entre la géométrie plane et la géométrie de l'espace, et pour introduire explicitement le mouvement dans la mise en place des notions géométriques[25].

Fourrey ne cite pas les *Fondements de la géométrie* de Hilbert, parus en 1899. Il est vrai qu'il ne s'agit pas là d'un ouvrage élémentaire de géométrie, même s'il inspirera l'autre réforme que nous avons évoquée plus haut : celle de la réforme des mathématiques modernes.

Dans le premier chapitre de la première partie de son ouvrage, Fourrey cite de nombreux ouvrages de géométrie, d'Euclide à Méray, pour donner un florilège de définitions et de dénominations géométriques. C'est malheureusement un sentiment de curiosité qui nous anime à la lecture de celles-ci. Plutôt que de mettre à la suite les définitions du point, de la droite, etc., il aurait été beaucoup plus intéressant de situer ces définitions dans le contexte des différents ouvrages d'où elles sont extraites, tant il est vrai que les définitions n'ont de sens que par rapport aux conceptions épistémologiques

---

22. Évelyne BARBIN, Méthode cartésienne et figure géométrique dans les *Éléments de géométrie* de Lamy, in Commission inter–IREM, *La figure et l'espace*, IREM de Lyon, 1993, pp. 17–32.
23. Alexis-Claude CLAIRAUT, *Éléments de géométrie*, David, Paris, 1753, rééd. Siloë, Laval, 1987.
24. Évelyne BARBIN, Les Éléments de géométrie de Clairaut : une géométrie problématisée, in *Repères IREM*, n° 4, juillet 1991, pp. 119–133.
25. Rudolf BKOUCHE, Variations autour de la réforme de 1902/1905, op. cit.

qui les dictent[26]. Elles dépendent de ce qu'on attend d'une définition : doit-elle être ou non opératoire dans les démonstrations ? Elles dépendent d'un ordre conçu comme plus naturel ou plus rationnel : doit-on définir d'abord le point, puis la ligne et la surface ou inversement ? quelles sont les liaisons entre géométrie plane et géométrie dans l'espace ? Elles dépendent de la nature supposée des objets géométriques : des objets purement idéaux, des instruments pour résoudre des problèmes, des objets issus de notre expérience ? Elles dépendent de préoccupations épistémologiques : quelle est la place du mouvement dans la géométrie ?

Le lecteur aura de quoi s'intéresser et même se passionner dans les chapitres suivants. Gageons que l'enseignant de mathématiques trouvera là matière à rendre, selon le vœu d'Émile Borel, ses classes « plus intéressantes et plus attrayantes », avec des « élèves ayant le goût pour les mathématiques ». Relevons quatre parties de l'ouvrage qui pourraient particulièrement servir à cet effet : les ancêtres des instruments de topographie, les problèmes d'équivalence d'aires, les résolutions géométriques de problèmes numériques et le problème du carrelage.

L'enseignement de la géométrie élémentaire au collège suppose que les élèves accèdent à la pensée géométrique. Or, dans le processus de la pensée géométrique tout est à construire, il n'y a pas d'objets géométriques dans le réel ni de logique mathématique innée, et tout est à mettre à place en même temps, la construction des objets géométriques et la construction des raisonnements[27]. Faute de saisir le saut épistémologique que les élèves venant de l'enseignement du primaire doivent effectuer, les enseignants de collège ont du mal à comprendre les difficultés que les élèves rencontrent lorsqu'il s'agit de « faire des démonstrations ». La démonstration ne concerne pas ce triangle que l'élève a dessiné sur sa feuille et sur lequel il voit la propriété, mais la figure du triangle sur laquelle il va établir une vérité.

Une étape pour franchir le saut qui sépare le dessin géométrique de la figure géométrique est le schéma que l'on utilise dans les représentations géométriques de situations topographiques. En effet,

---

26. Évelyne BARBIN, La démonstration géométrique, acte d'invention et critère de vérité, in *Les maths en collège et en lycée* (Pierre Legrand éd.), Hachette, Paris, 1997, pp. 350–366.
27. Évelyne BARBIN, La pensée mathématique dans l'histoire et dans la classe, in *Bulletin de l'APMEP*, n° 388, avril–mai 1993, pp. 136–156.

dans ces représentations, les droites, les angles, les triangles sont des objets sur lesquels nous devons raisonner pour résoudre des problèmes, en particulier des problèmes de distances inaccessibles : hauteur d'un mur, profondeur d'un puits, dénivellement d'un terrain. Le dessin devient figure sur laquelle nous raisonnons pour résoudre des problèmes, et qui prend sens par rapport à ces problèmes. Ainsi, le chapitre de Fourrey sur les instruments de topographie peut être précieux pour l'école primaire et les premières années du collège[28].

Les problèmes d'équivalence d'aires et les puzzles géométriques que nous propose Fourrey sont des défis d'autant plus passionnants que les résolutions demandent un petit nombre de savoirs géométriques. N'avons-nous pas tendance dans l'enseignement de la géométrie de ces dernières années à vouloir enseigner des outils trop sophistiqués ? Lorsque les outils sont trop élaborés, ou bien les exercices sont sans mesure avec les outils (on donne un marteau pilon pour écraser une mouche) et ils offrent des applications sans intérêt, ou bien les problèmes sont à la mesure des outils mais ils ne sont pas à la portée des débutants. Plus les outils sont simples (par exemple, les fameux cas d'égalité des triangles), plus il y a à les combiner pour résoudre le problème et plus les démonstrations géométriques en forme prennent sens. N'avons-nous pas tendance aujourd'hui à insister trop auprès des débutants sur la forme de la démonstration, au risque de réduire la démonstration à sa forme en passant sous silence l'activité de démontrer (combiner, essayer, cheminer de la conclusion aux hypothèses et des hypothèses à la conclusion) ? L'éventail des démonstrations que donne Fourrey pour de nombreux problèmes peut permettre d'engager toute une réflexion sur la portée des outils de la démonstration et sur l'activité de démontrer.

Fourrey commence le chapitre consacré aux « applications de la géométrie au calcul » en montrant que les opérations arithmétiques se traduisent par des constructions géométriques.

De telles constructions sont fournies par Descartes au début de son ouvrage *La géométrie* de 1637. Elles jouent dans le projet cartésien un rôle essentiel. En effet, la méthode de Descartes pour résoudre un problème de géométrie consiste à le ramener à la résolution d'une équation algébrique. Pour cela, Descartes explique

28. Voir Patrice JOHAN, Géomètres en herbe « à l'ancienne », in *Repères IREM*, n° 23, avril 1996, pp. 31–42.

pourquoi il ne faut « pas craindre d'introduire le calcul arithmétique en la géométrie » et comment « user de chiffres en géométrie »[29]. Sa construction du produit de deux segments est révolutionnaire par rapport aux conceptions géométriques héritées des Anciens, car dans cette construction le produit de deux segments est un segment alors que dans l'esprit géométrique euclidien un produit de deux segments est la mesure d'un rectangle.

Par conséquent, il n'y a plus à tenir compte de l'homogénéité des termes d'une expression algébrique. Par exemple, dans l'esprit géométrique euclidien, l'équation

$$x^3 = 10x + 5$$

n'a aucun sens puisqu'elle demande de trouver le côté d'un cube, cube qui est égal à la somme d'une surface et d'une longueur. Alors que dans la perspective cartésienne, on ne fait qu'égaler « des lignes toutes simples ». Cette nouvelle conception des relations entre l'algèbre et la géométrie permet à Descartes d'associer des équations algébriques à des courbes, par exemple les coniques, qui étaient jusque là des objets géométriques, et de résoudre algébriquement des problèmes géométriques, comme celui de la tangente à une courbe.

Pour retrouver l'esprit géométrique des Anciens, il faut poursuivre la lecture du chapitre de Fourrey qui nous propose ensuite les démonstrations géométriques d'Al-Khwarizmi accompagnant la résolution d'équations de degré 2. Remarquons ici que Fourrey utilise souvent les travaux des mathématiques arabes dans le corps de son ouvrage, alors que nous avons vu le peu d'importance qu'il leur accorde dans son esquisse historique. Les démonstrations d'Al-Khwarizmi nous permettent de voir géométriquement les procédures algébriques qui sont présentées de façon purement symbolique aux élèves de lycée d'aujourd'hui. Ainsi, pour justifier géométriquement l'algorithme de résolution de l'équation que nous écrivons aujourd'hui

$$x^2 + 10x = 39$$

Al-Khwarizmi considère un carré de diagonale AB et de côté inconnu[30], et il construit deux rectangles G et D de longueur 5 et

29. DESCARTES, *La géométrie*, éd. Christin David, Paris, 1705, pp. 1–5.

30. une traduction du texte d'Al-Khwarizmi est donnée dans Jens HØYRUP, Algèbre d'al–Gabr et algèbre d'arpentage au neuvième siècle islamique et la question de l'influence babylonienne, op. cit. pp. 6–7.

de largeur un côté du carré AB. La figure obtenue a pour mesure 39. Puis il « complète » cette figure par un carré de surface 25. L'aire du grand carré vaut 39 + 25 = 64, donc son côté vaut 8 et le côté inconnu vaut 8 - 5 = 3.

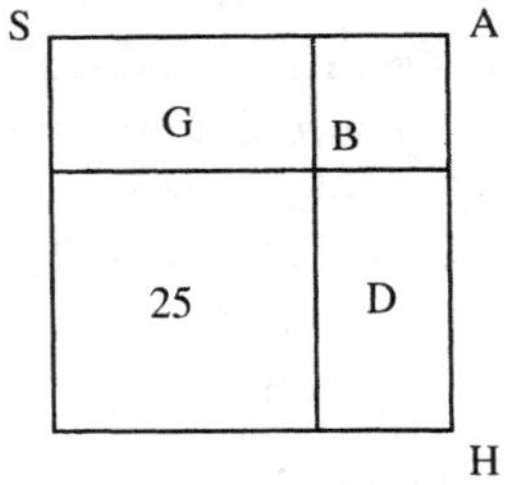

Avec ce début de chapitre, Fourrey nous conduit ainsi au cœur des relations entre la géométrie et l'algèbre élémentaires : la géométrie comme mode de représentation des grandeurs qui sont solutions positives d'équation, et l'algèbre comme méthode de résolution de problèmes géométriques. Un peu plus loin, dans le même chapitre, Fourrey propose une représentation géométrique de progressions géométriques et de leur sommation. Ces représentations ont le mérite cette fois de donner à voir des phénomènes qui ressortent de l'analyse, et dont l'enseignement peut faire grand profit.

Le jeu du carrelage est considéré par Fourrey comme une autre application de la géométrie. Ce problème consiste « à recouvrir un plan au moyen de polygones réguliers convexes, sans vides, duplicatures ou empiètements ». Fourrey examine les assemblages de polygones de même type et ceux de polygones de types différents pour chercher les solutions possibles dans chaque cas. À propos de ce problème, nous pouvons évoquer une façon d'utiliser l'ouvrage de Fourrey dans l'enseignement de la géométrie, car le jeu du carrelage peut servir de problématique pour une construction des objets et des savoirs de la géométrie.

En effet, dans une recherche didactique assez ancienne, Dina Van Hiele a proposé un « enseignement de la géométrie s'appuyant sur les pavages » ayant pour objectifs la construction des concepts de la géométrie élémentaire, en même temps que la construction d'une rationalité géométrique[31]. Cet enseignement occupe dix-sept

31. Dina VAN HIELE–GELDOF, *De Didaktiek van de meetkunde in de eerste klas van het V.H.M.O.*, Thèse de doctorat, Utrecht, 1957, traduction partielle du GEM, Université de Louvain la Neuve, Belgique.

séances destinées à des élèves de 12 ans. Après avoir intégré les notions de figures congruentes – même forme et même mesure – et de pavage, les élèves ont été invités à représenter des pavages réalisés avec des figures congruentes à un carré, un losange, un polygone régulier ou irrégulier, un triangle, un parallélogramme, etc. Au fur et à mesure, les élèves vont construire et définir des concepts qui permettent de résoudre les problèmes posés : parallélisme de droites, cercle, angles, etc. Après plusieurs séances, alors que les élèves ont déjà travaillé sur toutes sortes de pavages, la question se pose de savoir s'il est possible « de prévoir » les pavages réalisables, c'est à dire de savoir avec quel polygone il est possible de paver. Ces questions conduisent les élèves à des premiers raisonnements sur les angles, puis à introduire dans leurs raisonnements des structures géométriques visuelles qu'ils appellent les scies et les échelles. Ces configurations vont permettre aux élèves d'engendrer et d'organiser les connaissances : l'échelle et la scie sont les ancêtres à partir desquels sont déduites les propositions[32].

Dans cet enseignement s'appuyant sur les pavages, il s'agit de construire en même temps des concepts et des démonstrations, à partir d'un champ de problèmes s'organisant autour d'une même problématique. La démonstration présente un intérêt, en elle-même, dans une entreprise de rationalisation et de compréhension d'une problématique.

Les alvéoles des abeilles ou la géométrie hugodomoïdale que nous propose Fourrey peuvent constituer d'autres champs de problèmes qui donnent tout son intérêt aux savoirs et aux démonstrations géométriques.

Le livre de Fourrey est une invitation à entrer dans le monde de la géométrie et à enseigner la géométrie comme un savoir intéressant, et non comme une rhétorique sans objet et sans âme. C'est pour cette raison qu'il mérite toujours d'être lu et d'être utilisé par l'enseignant de mathématiques, aussi bien pour les classes de collège que de lycée.

Évelyne Barbin
mai 2001

32. Nicolas ROUCHE, Prouver : amener à l'évidence ou contrôler des implications ? in Commission inter-IREM, *La démonstration mathématique dans l'histoire*, IREM de Besançon, 1990, pp. 9–38.

AVANT-PROPOS

L'ouvrage que nous publions aujourd'hui est conçu dans le même esprit que nos *Récréations arithmétiques* et concourt au même objet : Instruire en présentant la science par ses côtés curieux. Nous lui avons donné une forme aussi élémentaire que possible.

Il nous a paru indispensable de débuter par un résumé de l'histoire de la Géométrie. Dans le cours de notre travail, en effet, nous avons utilisé un assez grand nombre de documents anciens. Nous avons voulu que le lecteur pût facilement associer ces documents à leur milieu, à la période qui les a vus naître, et pour cela, qu'il lui fût possible de trouver sur cette période, sur ce milieu, quelques éclaircissements dans notre livre même.

E. F.

CURIOSITÉS GÉOMÉTRIQUES

INTRODUCTION

Esquisse de l'histoire de la géométrie élémentaire.

On conçoit que du jour où le besoin de commodité ou d'embellissement nous a conduits à construire les édifices, du jour où le sentiment de la propriété a amené la limitation, la mesure et la division des champs, la géométrie pratique devait naître. Des documents remontant à l'antiquité la plus reculée confirment cette hypothèse.

Mais il ne s'agit encore là que de *procédés*, sans lien entre eux, constituant un *art* et non une *science*. Pour arriver à l'étude des propriétés des figures considérées en elles-mêmes, indépendamment de toute relation avec le monde extérieur, il restait un pas difficile à franchir. Cet immense progrès, qui a eu d'incalculables conséquences dans toutes les branches de l'activité humaine, a été réalisé par le génie philosophique des Grecs ; la constitution de la géométrie théorique est un des principaux mérites de ce peuple, si remarquable à bien des points de vue.

Il appartenait enfin aux Modernes de réaliser l'union intime de la géométrie et du calcul, union qui devait conduire aux importantes découvertes qui se sont succédé depuis le 16e siècle dans le domaine mathématique.

BIBLIOGRAPHIE

MONTUCLA. — *Histoire des Mathématiques.* Paris, 2e édit., 1799-1802, 4 vol. in-4°.

CHASLES. — *Aperçu historique sur l'origine et le développement des méthodes en géométrie.* Bruxelles, 1837 ; Paris, 1875, in-4°.

HANKEL. — *Zur Geschichte der Mathematik in Alterthum und Mittelalter.* Leipzig, 1874, gr. in-8°.

Cantor. — *Vorlesungen über Geschichte der Mathematik.* Leipzig, 2e édit., 1894-1901, 3 vol. gr. in-8°.

Zeuthen (Trad. française de J. Mascart). — *Histoire des Mathématiques dans l'antiquité et le moyen âge.* Paris, 1902, in-8°.

§ 1. — L'ORIENT ANTIQUE

Géométrie pratique.

Égyptiens. — S'il fallait en croire les historiens grecs, la géométrie aurait pris naissance en Égypte. En particulier, Hérodote (5e s. av. J.-C.) rapporte (Livre II, 109) que Sésostris « fit le partage des terres, assignant à chaque Égyptien une portion de terre, et carrée, qu'on tirait au sort, à la charge néanmoins de lui payer tous les ans une certaine redevance qui composait son revenu. Si le fleuve [le Nil] enlevait à quelqu'un une partie de sa portion, il allait trouver le roi et lui exposait ce qui lui était arrivé. Ce prince envoyait sur les lieux des *arpenteurs* pour voir de combien l'héritage était diminué, afin de ne faire payer la redevance qu'à la proportion du fonds qui restait. Voilà, je crois, l'origine de la géométrie qui a passé de ce pays en Grèce ». La version de Diodore de Sicile (1er s. av. J.-C.) et de Proclus (5e s.) est un peu différente : on aurait été obligé de recourir aux arpenteurs à chaque crue du Nil pour tracer à nouveau les limites disparues des propriétés.

Si l'on entend le mot *géométrie* dans son sens étymologique *arpentage,* il est hors de doute, en effet, d'après les documents qui nous sont parvenus, que les Égyptiens ont été relativement habiles dans cette voie. D'autre part, leurs *harpédonaptes* (tendeurs de cordeau), qui étaient chargés, d'après un mode rituel fixé à l'avance, de procéder à l'orientation des temples suivant le méridien, employaient certains tracés pratiques que nous ignorons, mais qui étaient sans doute analogues à ceux que nous ont transmis les *Çulvasûtras* hindous (Introd., § 4). Cependant, rien jusqu'à présent ne permet de penser qu'ils aient constitué une géométrie spéculative ; on peut conjecturer tout au plus qu'ils en possédaient les premiers éléments sous forme intuitive.

Parmi les documents certains permettant de se faire une opinion sur le degré de culture mathématique des Égyptiens, on peut citer au premier rang le célèbre papyrus de Rhind, qui fait partie des collections du British Museum à Londres et qui a été déchiffré en 1879 par l'égyptologue allemand Eisenlohr. C'est un *Manuel du Calculateur* à l'usage des marchands et des arpenteurs, composé par un scribe nommé Ahmès, environ 1700 à 2000 ans avant notre ère, d'après des écrits plus anciens encore. La partie géométrique comprend la résolution généralement approximative de problèmes pratiques concernant le calcul de quelques aires planes et de quelques volumes simples ; on y rencontre également des notions sur la similitude (voir 2e PARTIE).

Le second document que nous ayons à citer est constitué par l'inscription hiéroglyphique du temple de Horus à Edfou (Haute Égypte) qui a été signalée en 1855 par l'égyptologue allemand Lepsius. Cette inscription, qui date d'environ 100 ans avant J.-C., énumère les mesures des différentes terres qui formaient la propriété foncière du temple. On y trouve des règles approximatives pour le calcul du triangle et du quadrilatère (2e PARTIE, Chap. 2).

Nous signalerons enfin, en dehors des figures géométriques qu'on rencontre fréquemment sur les monuments, la connaissance que possédaient les Égyptiens du procédé dit des carrés pour agrandir ou diminuer une figure dans un rapport donné.

BIBLIOGRAPHIE

EISENLOHR. — *Ein mathematisches Handbuch der alten Aegypter.* Leipzig, 1877, 1 vol. in-4° et 1 atlas in-fol.

LEPSIUS. — *Ueber eine hieroglyphische Inschrift am Tempel von Edfu.* Mém. de l'Acad. de Berlin, 1855.

Chaldéens. — Pendant longtemps, l'Égypte fut regardée comme le seul berceau des sciences ; mais les découvertes faites vers le milieu du siècle dernier, et qui se sont poursuivies depuis d'une façon ininterrompue, ont prouvé que les nations habitant la région du Tigre et de l'Euphrate étaient parvenues à un degré de culture au moins égal.

Bien qu'on n'ait rencontré aucun ouvrage systématique de mathématiques dans les étranges bibliothèques qu'on a retrouvées et où les livres sont constitués par des tablettes et des cylindres d'argile recouverts de caractères cunéiformes, il n'en est pas moins vrai que les Chaldéens furent, comme les Égyptiens, d'habiles architectes et arpenteurs ; les plans d'édifices et de terrains, ainsi que les innombrables textes traitant de la vente des champs, qui nous ont été conservés, ne laissent aucun doute à cet égard.

Leur système de poids et mesures reposait comme le nôtre sur des bases scientifiques. Toutefois, la véritable composition de ce système et les valeurs de ses diverses unités ne sont pas encore complètement élucidées ; cette question a fait et fait encore l'objet de vives discussions entre les assyriologues.

Nous savons peu de chose sur les connaissances géométriques des Chaldéens en dehors des questions pratiques de dessin et d'arpentage ; nous signalerons toutefois qu'ils avaient une certaine notion de la similitude et que c'est à eux qu'il convient de faire remonter la division sexagésimale de la circonférence. Les figures géométriques paraissent avoir été pour ce peuple des symboles divinatoires.

BIBLIOGRAPHIE

LENORMANT. — *Essai sur un document mathématique chaldéen.* Paris, 1868.

J. OPPERT. — Travaux divers, notamment dans les Comptes rendus des séances de l'Académie des Inscriptions et Belles-Lettres.

SAYCE. — *Babylonian augury by means of geometrical figures.* — Transact. of the Soc. of Biblical Archæology, vol. IV. Londres, 1876.

HEUZEY. — *Découvertes en Chaldée.* Paris, 1884, in-fol.

AURÈS. — *Théorie de l'arpentage chez les Assyriens.* S. l. n. d., in-4°.

AURÈS. — *Détermination des mesures agraires de longueur et de superficie autrefois en usage chez les Assyriens.* Nîmes, 1891, in-8°.

Chinois. — Le plus ancien document authentique qui ne porte pas trace de l'influence étrangère et qui nous soit parvenu est « le livre sacré du calcul », dit *Tcheou-pei,* divisé en deux parties. La première, très courte et qui doit avoir été composée vers 1100 av. J.-C., contient à peu près le seul résultat suivant : le triangle de côtés 3, 4, 5 est rectangle, et dans ce triangle on a

$$3^2 + 4^2 = 5^2.$$

La deuxième partie, qui daterait au moins de l'an 213 av. J.-C., a trait à l'astronomie. En somme, quoi qu'en pensent les Chinois, qui regardent cet ouvrage comme la base fondamentale des connaissances mathématiques de tous les peuples, le Tcheou-pei donne une pauvre idée de la science antique en Chine.

Les traités plus récents, écrits à une époque où l'influence hindoue et arabe avait pu se faire sentir, mais non celle des missionnaires européens, sont le *Su-schou-kiu-tschang* ou les *Neuf sections de l'art numérique* (vers 1240) et le *Souan-fa-tong-tsong* ou *Traité complet de l'art de compter* (1593) ; ils ne contiennent que des questions simples de géométrie pratique.

BIBLIOGRAPHIE

ED. BIOT. — *Traduction et examen du Tcheou-pei.* J[al] Asiat., 1er sem. 1841.

ED. BIOT. — *Table générale du Souan-fa-tong-tsong.* J[al] Asiat., 1er sem. 1839.

BIERNATZKI. — *Die Arithmetik der Chinesen.* J[al] für d. reine und ang. Mathem. (Crelle), tome 52. Berlin, 1856.

§ 2. — LES GRECS

Géométrie théorique.

Tout ce que nous savons de précis sur les origines de la géométrie en Grèce est à peu près exclusivement emprunté à des passages succincts d'un commentaire de Proclus (5e s.) sur le Livre I des Éléments d'Euclide ; ces passages ont été composés d'après l'Histoire de la Géométrie d'Eudème (4e s. av. J.-C.).

Pour le surplus, on en est réduit à des conjectures basées sur des citations isolées de divers auteurs grecs ou latins.

BIBLIOGRAPHIE

BRETSCHNEIDER. — *Die Geometrie und die Geometer vor Euklides.* Leipzig, 1870, gr. in-8°.

PAUL TANNERY. — *La Géométrie grecque.* Paris, 1887, gr. in-8°.

GINO LORIA. — *Le Scienze esatte nell' antica Grecia.* Modène, 1895, in-fol.

ZEUTHEN (Trad. française de J. MASCART). — *Histoire des Mathématiques dans l'antiquité et le moyen âge.* Paris, 1902, in-8°.

Un précurseur. — Le premier géomètre et philosophe grec connu est THALÈS DE MILET (entre 627 et 547 av. J.-C.). Les renseignements qu'on possède sur sa vie sont vagues et contradictoires ; on sait cependant d'une façon à peu près certaine qu'il voyagea en Égypte.

D'après Proclus, Thalès aurait énoncé les propositions suivantes :

1° Si deux droites se coupent, les angles opposés par le sommet sont égaux ;

2° Dans tout triangle isocèle, les angles à la base sont égaux ;

3° Un triangle est déterminé par un côté et ses deux angles adjacents.

Eudème fait remonter ce dernier théorème à Thalès, car « il devait nécessairement s'en servir, d'après la manière dont on rapporte qu'il déterminait la distance des vaisseaux en mer » ;

4° Le diamètre d'un cercle le divise en deux parties.

Il est très contestable que Thalès ait *démontré* cette dernière proposition, comme l'affirme Proclus, car les notions géométriques n'étaient pas encore assez avancées à cette époque pour qu'on sentît la nécessité d'une démonstration. Euclide lui-même se contente d'énoncer le fait dans une définition.

D'après Pamphila, compilatrice de la fin du 1er s., Thalès aurait « inscrit le triangle rectangle dans le demi-cercle ». On conclut fréquemment de ce témoignage que le Milésien devait connaître la propriété pour les angles d'un triangle d'avoir une somme égale à deux droits. Mais cette conclusion est peu vraisemblable, car Proclus attribue formellement ce théorème aux Pythagoriciens ; il est plus probable que Thalès avait déduit pratiquement la propriété rappelée du triangle rectangle du fait qu'un rectangle peut être inscrit dans un cercle.

Enfin Plutarque (1er s.) nous rapporte que Thalès ravit le roi d'Égypte par la manière dont il mesura la hauteur d'une pyramide sans aucun instrument ; il aurait effectué cette mesure par la comparaison de l'ombre de la pyramide et de celle d'un bâton de longueur connue dressé verticalement, au moyen de deux triangles semblables. Or, on a tout lieu de croire que la théorie de la similitude est postérieure à Thalès ; Hiéronyme de Rhodes (4e s. av. J.-C.) nous apprend d'ailleurs que l'opération dont il s'agit fut effectuée au moment de la journée « où l'ombre nous est égale » : il n'y a plus là qu'une notion intuitive de la proportionnalité, analogue à celle qu'on rencontre chez les Égyptiens.

En résumé — c'est l'opinion de Paul Tannery — Thalès apparaît plutôt comme un chercheur de problèmes pratiques, qui a pu posséder quelques notions théoriques, mais sans les développer.

École pythagoricienne. — Après Thalès, le premier nom remarquable que nous ayons à signaler est celui de Pythagore. Bien que ce fameux philosophe ait eu de nombreux biographes, nous ne savons à peu près rien de précis sur sa vie, car ses actions ont été déformées par la légende. Il est né à Samos vers 580 et est mort vers 500. Tous les auteurs s'accordent à dire qu'il voyagea en Égypte. Vers 536, il aborda en Italie, à Crotone, où il fonda la célèbre école qui porte son nom. Il aurait alors exercé une grande influence politique et sociale dans la Grande-Grèce, mais ses doctrines devaient en faire le partisan de l'aristocratie, et il dut fuir devant l'opposition démocratique ; il se serait laissé mourir de faim dans le temple des Muses à Métaponte. Quant aux associations pythagoriciennes, elles furent dissoutes et leurs membres dispersés.

C'est incontestablement à Pythagore et à son école que l'on doit la première impulsion véritable donnée à la géométrie, ainsi que la découverte des propositions fondamentales de cette science. Mais il est difficile de discerner ce qui revient en propre au maître et à ses disciples immédiats, car les Pythagoriciens avaient coutume de faire remonter leurs découvertes à leur chef d'école.

En premier lieu, c'est à Pythagore qu'on devrait le fameux théorème du carré de l'hypoténuse (1re Partie, Chap. 2). D'après Proclus, il aurait démontré les propositions suivantes :

1° La somme des angles d'un triangle est égale à deux droits ;

2° L'assemblage de 6 triangles équilatéraux, ou de 4 carrés, ou de 3 hexagones, remplit exactement l'espace autour d'un point.

Ce dernier théorème implique chez Pythagore la connaissance de certaines propriétés des polygones réguliers. On sait d'autre part, d'après des passages d'un auteur grec, Lucien (2e s.), et d'un scoliaste d'Aristophane, que le pentagone régulier étoilé servait de signe de ralliement aux Pythagoriciens. Comme la détermination du côté de ce polygone dépend comme on sait de la section du rayon en moyenne et extrême raison — la *section d'or* ainsi qu'on l'appelait alors — on en a conclu que les Pythagoriciens devaient avoir résolu ce dernier problème.

Dans le même ordre d'idées, Proclus rapporte qu'on doit à Pythagore la construction des figures du *cosmos*. On appelait ainsi les cinq polyèdres réguliers que les Pythagoriciens et les écoles qui en sont issues supposaient devoir être en rapport nécessaire avec le monde qui nous environne. Chez le Pythagoricien Timée de Locres (4e s. av. J.-C.), par exemple, le tétraèdre représentait le feu ; le cube, la terre ; l'octaèdre, le vent ; l'icosaèdre, l'eau ; et le dodécaèdre, l'enveloppe du monde.

La théorie de la similitude fut également étudiée avec succès dans l'école pythagoricienne, car Plutarque signale que Pythagore donna la solution du problème suivant : « Construire une figure équivalente à une figure donnée et semblable à une seconde. »

Nous savons encore par Proclus que l'on doit à Pythagore l'importante découverte des irrationnelles : il démontra que le rapport entre l'hypoténuse et le côté d'un triangle rectangle isocèle, ou, ce qui revient au même, entre la diagonale et le côté du carré, ne pouvait être exprimé par aucun nombre connu (entier ou fractionnaire ; on sait que ce rapport est représenté avec nos notations actuelles par l'expression $\sqrt{2}$).

Afin de s'affranchir de la considération des irrationnelles dans les raisonnements mathématiques, les Pythagoriciens, et après eux les géomètres grecs, imaginèrent de représenter les grandeurs par des segments de droite. Ces segments, dont la valeur numérique pouvait être quelconque, puisqu'elle dépendait de l'unité de longueur choisie, jouaient ainsi le même rôle que les lettres en algèbre ; c'est là l'origine de ce qu'on a appelé l'algèbre géométrique.

En résumé, on voit qu'au moment de la dispersion des Pythagoriciens, la plupart des théories qui font l'objet de la géométrie élémentaire se trouvaient ébauchées.

Parmi les géomètres indépendants qui ne se rattachent pas à l'école pythagoricienne, nous avons à citer Œnopide de Chios (5e s. av. J.-C.), Hippocrate de Chios (milieu du 5e s. av. J.-C.) et Démocrite (460-357).

Selon Proclus, Œnopide aurait résolu les deux problèmes suivants : 1° Abaisser d'un point donné une perpendiculaire sur une droite donnée ; 2° Construire un angle égal à un angle donné, le sommet et un côté de l'angle étant donnés.

Aucun des ouvrages du célèbre philosophe Démocrite ne nous est parvenu, mais nous savons qu'il avait écrit un *Traité de Géométrie*. Dans un passage qui nous a été conservé, il se vante de n'avoir été dépassé par personne, même par les harpédonaptes égyptiens, dans la démonstration mathématique.

Hippocrate de Chios est un des plus illustres géomètres grecs. Il commença par pratiquer le commerce maritime ; mais ayant été dupé par la douane athénienne à Byzance, il vint à Athènes pour réclamer justice. Afin d'occuper ses loisirs, il aurait alors suivi les leçons des philosophes, puis fondé lui-même une école.

Proclus nous apprend qu'Hippocrate fut le premier qui composa des *Éléments* (de mathématiques). Mais il s'est surtout rendu célèbre par ses études sur les lunules qui portent son nom (3e Partie, Chap. 4) ; l'analyse de son travail sur ce sujet par l'historien Eudème nous a été conservée par un écrivain du 5e s., Simplicius. C'est vraisemblablement à notre géomètre que l'on doit le théorème relatif à la proportionnalité des aires des cercles et des carrés de leurs diamètres.

Trois problèmes fameux, dont l'étude fut extrêmement féconde pour la science, furent posés vers le temps d'Hippocrate : la quadrature du cercle, la duplication du cube et la trisection de l'angle.

L'Académie. — Nous arrivons à la période la plus brillante de la philosophie grecque, dont Platon (427-348 av. J.-C.) fut un des plus illustres représentants. Après un voyage en Italie et en Sicile où il recueillit les doctrines pythagoriciennes, il fonda à Athènes la célèbre Académie, école qui devint bientôt et qui resta, jusqu'à la fin de la vie de son fondateur, extrêmement florissante.

Platon était loin de partager pour les mathématiques le dédain de son maître Socrate, qui estimait suffisant de « savoir assez de géométrie pour mesurer son champ ». Proclus nous rapporte en effet que Platon « fit prendre aux mathématiques en général, à la géométrie en particulier, un essor immense, grâce au zèle qu'il déploya pour elles et dont témoignent assez ses écrits remplis de discours mathématiques et qui, à chaque instant, éveillent l'ardeur pour ces sciences chez ceux qui s'adonnent à la philosophie ». La tradition recueillie par un auteur byzantin du 11e siècle de notre ère, Psellus, nous fait connaître encore que Platon aurait écrit au fronton de l'Académie : « Que nul n'entre ici s'il n'est géomètre ».

Personnellement, il ne s'occupe pas de recherches mathématiques, mais il encourage ses disciples dans cette voie. Il se serait surtout attaché aux méthodes, si l'on en croit la tradition ; Proclus nous rapporte qu'il a inventé l'analyse, qui consiste, comme on sait, à ramener par une suite de propositions un théorème donné à une proposition connue. Mais on est certain que cette méthode a été employée avant lui, tout au moins sous forme rudimentaire, notamment par Hippocrate de Chios ; peut-être lui a-t-il seulement donné une forme scientifique inattaquable.

D'après ce qu'il est possible de conjecturer, les géomètres de l'Académie ont précisé les définitions, réduit le nombre des axiomes, amélioré les démonstrations des propositions connues et mis au jour de nombreux théorèmes nouveaux. Certains d'entre eux composèrent des *Éléments* qui ne devaient pas différer sensiblement de ceux écrits postérieurement par Euclide.

C'est le lieu de citer ARISTOTE (384-322 av. J.-C.), le grand philosophe grec, disciple de Platon ; il avait composé un *Traité de Mathématiques* qui ne nous est point parvenu. Ses élèves THÉOPHRASTE (374-287) et EUDÈME (350-290) ont écrit chacun une *Histoire de la Géométrie* qui n'a pas été conservée.

En dehors des géomètres de l'Académie, nous avons à signaler ARCHYTAS DE TARENTE (vers 430-vers 348 av. J.-C.), philosophe et homme d'État, ami de Platon ; surtout célèbre pour diverses inventions mécaniques qu'on lui attribue, il s'occupa également avec succès de la géométrie.

EUDOXE DE CNIDE (407-354 av. J.-C.), qui se posa en rival de Platon, fut le fondateur de l'École de Cyzique. Il est surtout connu comme astronome, mais il a également produit de remarquables travaux géométriques. On lui doit notamment une théorie rigoureuse des proportions, et nous savons par Archimède qu'il est l'auteur de démonstrations exactes de l'expression du volume de la pyramide et du cône.

D'après Proclus, MÉNECHME (4e s. av. J.-C.), à la fois disciple de Platon et d'Eudoxe, passe pour avoir découvert les sections coniques (ellipse, parabole, hyperbole).

L'École d'Alexandrie. — ***1re Période.*** — Fondée en 331 par le grand conquérant dont elle porte le nom, Alexandrie devint rapidement, sous la protection éclairée des Ptolémées, le centre intellectuel du monde antique. Les mathématiques y furent en particulier cultivées avec ardeur. C'est l'âge d'or de la géométrie grecque; dans l'espace d'un siècle environ, nous voyons se succéder ses trois plus brillants représentants : Euclide, Archimède et Apollonius.

EUCLIDE enseignait à Alexandrie vers le commencement du 3e s. av. J.-C., sous le règne de Ptolémée Ier ; il y fonda la plus célèbre école mathématique grecque. Il est surtout resté fameux pour avoir composé des *Éléments* où « il mit en ordre les travaux de ses devanciers et où il donna des démonstrations irréfutables pour ce que ses prédécesseurs n'avaient pas suffisamment prouvé » (Proclus). On ne sait rien de précis sur sa vie. Un géomètre du 4e siècle de notre ère, Pappus, nous le peint comme étant d'un naturel doux et modeste. Proclus nous rapporte d'autre part que Ptolémée, demandant un jour à Euclide s'il n'y avait pas en géométrie de route plus courte que celle des Éléments, s'attira cette réponse : « Il n'y a pas en géométrie de chemin fait pour les rois. » (Suivant une version moins répandue, cette réponse aurait été faite par Ménechme à Alexandre le Grand.)

Indépendamment des Éléments, Euclide avait écrit diverses œuvres de géométrie élémentaire et supérieure qui, pour la plupart, ne nous sont pas parvenues. Parmi les ouvrages qui nous ont été conservés, nous citerons le livre des *Données,* recueil destiné à faciliter la résolution des problèmes. Quant au livre sur le *Partage des figures,* on en connaît seulement un abrégé publié et traduit par Woepcke en 1851. Un écrit arabe de même titre, portant comme nom d'auteur Mahomet de Bagdad, a été découvert en 1563 par John Dee et considéré par lui comme euclidien ; il en fit une traduction latine qui fut insérée dans l'édition d'Euclide de Grégory en 1703. Mais ce travail ne paraît pas avoir été directement composé sur le grec et n'est sans doute qu'une imitation de l'œuvre du géomètre alexandrin.

Enfin nous savons qu'Euclide avait encore composé les *Pseudaria* ; il y avait « énoncé séparément et en ordre les divers genres de faux raisonnements, exerçant pour chacun notre intelligence par des théorèmes de toute sorte, où il oppose le vrai au faux, et où avec la preuve il fait concorder la réfutation de l'erreur » (Proclus).

En raison de l'importance historique des Éléments, nous allons examiner cette œuvre un peu en détail. Tels qu'ils nous ont été transmis, les Éléments comprennent 15 Livres. Les treize premiers seulement sont d'Euclide ; quant aux deux autres, qui traitent des polyèdres réguliers, le XIVe est d'Hypsiclès, qui appartient au siècle suivant, et le XVe serait dû, d'après M. Paul Tannery, à un géomètre byzantin du 6e s.

Le Livre I traite des constructions élémentaires, des cas d'égalité et des propriétés des triangles, des parallèles, de l'équivalence sous certaines conditions des triangles et des parallélogrammes, du théorème du carré de l'hypoténuse.

Dans le Livre II sont exposées les démonstrations géométriques de certaines relations algébriques analogues à celle qui donne le carré de la somme de deux nombres, ainsi que la résolution du problème de la division d'une droite en moyenne et extrême raison.

Le Livre III renferme la théorie du cercle et des diverses lignes qu'on peut y considérer ; c'est à peu près l'équivalent du Livre II de nos géométries actuelles.

Dans le Livre IV, on étudie les figures inscrites et circonscrites à la circonférence.

Le Livre V est entièrement consacré à la théorie des proportions.

La similitude est présentée dans le Livre VI à l'aide des théorèmes du Livre précédent. Un certain nombre de questions résolues aujourd'hui par la considération de triangles semblables sont traitées dans les quatre premiers Livres, sans avoir recours à cette considération, par le moyen d'artifices qui reposent souvent sur le théorème du carré de l'hypoténuse et sur les propositions du Livre II.

Les Livres VII, VIII et IX traitent de la théorie des nombres et le Livre X des incommensurables.

Avec le Livre XI, nous revenons à la géométrie ; on y expose les propriétés des droites et des plans dans l'espace, des parallélépipèdes.

Enfin, le Livre XII s'occupe de la pyramide, du cône et du cylindre, et le Livre XIII des polygones et des polyèdres réguliers.

Chacune des propositions géométriques des Éléments comprend en général cinq parties : 1° l'énoncé ; 2° l'exposé, qui est une répétition de l'énoncé où sont utilisées les lettres de la figure ; 3° la construction des lignes nécessaires à la démonstration ; 4° la démonstration ; 5° la conclusion, qui est encore une répétition de l'énoncé (3e Partie, Chap. 4). Dans le cours de la démonstration, les idées s'enchaînent suivant une logique rigoureuse et on se réfère toujours pour chaque construction ou chaque chose avancée à une définition ou à une proposition antérieure.

Mais il résulte pour le lecteur de cette solennelle façon de procéder une fatigue qui rend l'étude d'Euclide peu attrayante et qui est encore aggravée par ce fait que les Anciens, comme nous l'avons vu, raisonnaient sur les grandeurs elles-mêmes représentées géométriquement et non sur les nombres qui les mesurent. Ils conservaient ainsi aux raisonnements toute leur généralité ; mais la lecture en était pénible par suite de la nécessité de suivre à la fois le texte et la figure ; ils se privaient en outre du bénéfice de la concision que procure le calcul.

Pour la même raison, on ne rencontre pas dans les Éléments,

comme dans les ouvrages actuels de géométrie, des propositions donnant d'une manière explicite l'aire des surfaces ou le volume des corps, comme par exemple celle-ci : « L'aire d'un parallélogramme a pour mesure le produit du nombre qui mesure sa base par le nombre qui mesure sa hauteur, lorsqu'on prend pour unité d'aire le carré construit sur l'unité de longueur ». On y trouve seulement cet énoncé : « Deux parallélogrammes de même hauteur sont entre eux comme leurs bases ». Les calculs d'aire et de volume faisaient partie chez les Grecs de la géométrie pratique, complètement distincte de la géométrie théorique.

Quoi qu'il en soit, les Éléments d'Euclide constituent un modèle de rigueur scientifique atteint par bien peu d'ouvrages modernes. Ils ont été pendant vingt siècles, dans tout le monde civilisé, l'ouvrage classique par excellence pour l'enseignement de la géométrie ; on constate d'ailleurs actuellement une tendance générale à revenir aux méthodes d'Euclide.

Les Éléments nous ont été transmis par les Arabes. Adélard de Bath, puis Gérard de Crémone et enfin Campanus ont donné aux 12e et 13e siècles les premières traductions latines d'après l'arabe. La version de Campanus — la première qui ait été imprimée — fut publiée à Venise en 1482 par Erhard Ratdolt et souvent réimprimée depuis. La première traduction sur le grec parut à Venise en 1505 par les soins de Zamberti. L'édition la plus récente est celle d'Heiberg, parue à Leipzig en 1883-1888. La dernière traduction en français, avec texte grec et latin, est celle de Peyrard : elle date de 1814-1818.

Le plus grand mathématicien de l'antiquité, ARCHIMÈDE (vers 287-212 av. J.-C.), est né à Syracuse ; il était parent du roi Hiéron, si nous en croyons Plutarque. Il est probable qu'il fit ses études à Alexandrie.

Sa défense de Syracuse contre les Romains commandés par Marcellus est restée légendaire. Polybe, Tite-Live et Plutarque ne tarissent pas sur les merveilleux engins dus à son génie inventif et qui lui permirent de tenir l'armée romaine en échec pendant trois années consécutives. Marcellus réussit enfin à s'emparer de la ville par surprise et, pendant la prise de possession, Archimède fut tué par un soldat. On grava sur son tombeau, comme il l'avait demandé, un dessin représentant une sphère inscrite dans un cylindre, pour rappeler une de ses plus belles découvertes. En 75 av. J.-C., Cicéron, alors questeur en Sicile, retrouva ce tombeau enfoui sous les ronces et les épines (Tusculanes, V).

Esprit profondément original, Archimède dédaigne les sentiers battus ; les sujets qu'il traite n'ont jamais été étudiés avant lui et il emploie pour arriver à son but des méthodes qui lui sont propres. Ses travaux sur la géométrie élémentaire qui nous sont parvenus sont les suivants.

Dans le livre *De la mesure du cercle,* il établit que le rapport de la circonférence au diamètre est compris entre $3\frac{10}{71}$ et $3\frac{1}{7}$ (2e Partie, Chap. 3). Le traité *Sur la sphère et le cylindre* comprend deux livres. Archimède y démontre en particulier : 1° que la surface d'une sphère est quadruple de celle d'un de ses grands cercles ; 2° que les surfaces et les volumes de la sphère et du cylindre circonscrit sont entre eux comme 2 et 3. Un recueil de *Lemmes,* dont nous possédons seulement la version arabe, contient plusieurs propositions intéressantes. Enfin le grand géomètre grec est encore l'auteur d'un jeu géométrique connu sous le nom de *loculus Archimedius* (1re Partie, Chap. 3).

Avec Archimède, la géométrie élémentaire, telle que nous la concevons aujourd'hui, est définitivement constituée. Elle comprend, en effet, la matière des Éléments d'Euclide, les mesures du cercle et de la sphère, ainsi que les propriétés des figures sphériques qui, chez les Anciens, étaient considérées comme faisant partie de l'astronomie et étaient assurément connues au temps du géomètre syracusain.

Né à Perge, en Pamphylie, Apollonius, auquel les Grecs ont décerné le titre de « grand géomètre », vécut à Alexandrie vers la fin du 3e et au commencement du 2e siècle avant Jésus-Christ. Pappus nous dépeint son caractère sous des traits peu favorables.

L'ouvrage capital d'Apollonius est un grand traité des *Coniques* en 8 livres, dont 7 seulement nous ont été conservés. Il y rassemble les travaux de ses devanciers pour en faire un tout homogène, puis il expose ses propres recherches avec une profondeur de vues qui excita l'admiration des géomètres de la Renaissance, époque à laquelle on publia les premières traductions de ses œuvres. Indépendamment des Coniques, Apollonius avait composé sur la géométrie divers autres ouvrages dont la plupart ne nous sont pas parvenus. Il avait notamment écrit deux livres perdus sur les *Contacts* ; il y exposait la série des problèmes où il s'agit de mener des circonférences tangentes à des droites ou à des circonférences données. Ce dernier ouvrage a été reconstitué par Viète en 1600.

Nous savons enfin, par divers passages de Proclus sur lesquels Paul Tannery a appelé l'attention, qu'il avait entrepris une revision des Éléments d'Euclide, notamment en ce qui concerne les définitions et les axiomes.

2e Période. — Après cette phase si brillante de la géométrie grecque, les savants vont se tourner de préférence vers les mathématiques appliquées, vers l'astronomie surtout. Nous n'aurons plus à signaler que quelques noms remarquables.

THÉODOSE (1er s. av. J.-C. ?) et MÉNÉLAÜS (fin du 1er s.) écrivent des ouvrages intitulés *Sphériques* où ils exposent les propriétés des figures tracées sur la sphère, propriétés dont les plus élémentaires étaient certainement connues avant eux.

On ne sait pas exactement à quelle époque a vécu HÉRON D'ALEXANDRIE. Cette question, qui a donné lieu à de nombreuses discussions, n'est pas encore élucidée ; néanmoins, d'après des recherches récentes, on est fondé à penser que le savant alexandrin est postérieur à notre ère.

Héron a écrit sur les Éléments d'Euclide un commentaire dont il ne nous reste que des fragments ; mais il s'est surtout créé une place à part dans le domaine de la géométrie pratique. Dans le *Traité de la Dioptre,* il décrit un instrument perfectionné analogue à notre théodolite, qui servait à la fois au nivellement et au levé de plans ; il y indique en outre la solution des problèmes techniques qu'on peut avoir à résoudre sur le terrain (2e PARTIE, Chap. 1).

On savait d'autre part par Eutocius, mathématicien du 6e siècle, que Héron avait composé un ouvrage intitulé *Métriques* ; on avait fait sur sa composition les hypothèses les plus diverses, que la découverte du manuscrit à Constantinople en 1896 est venue détruire. Les Métriques comprennent trois livres : le premier est consacré à la mesure des surfaces planes ou rondes, le second à la mesure des volumes et le troisième à des problèmes de divisions de surfaces et de volumes ; les démonstrations de Héron sont bien conduites, et elles sont concises, contrairement à l'habitude des grands savants de la première période.

On a enfin conservé sous la dénomination de *Collection héronienne* divers recueils composés probablement au 10e siècle de notre ère à Constantinople, contenant surtout des règles pratiques relatives à la mesure des surfaces et des volumes, et qui ont été publiés par Hultsch en 1864. Jusque vers le milieu du 19e siècle, ces écrits, où les erreurs sont nombreuses, avaient bien été considérés comme byzantins ; mais à la suite de la publication, en 1854, d'un remarquable mémoire de Th.-H. Martin, dont les conclusions ont été reprises et développées par M. Cantor dans ses Leçons sur l'Histoire des Mathématiques, on pensait qu'il ne fallait voir là que des compilations maladroites faites sur les Métriques mêmes et qu'elles constituaient le fond de ce dernier ouvrage : comme on y retrouvait la trace de l'influence égyptienne, on admettait dès lors que Héron n'avait fait que recueillir et améliorer les procédés pratiques en usage sur les bords du Nil. La publication du manuscrit de Constantinople a permis de constater que ces conclusions étaient inexactes : les Métriques constituent bien une œuvre originale et de source entièrement grecque.

Assurément, les géodètes byzantins ont utilisé l'ouvrage de Héron ; mais il se trouve aussi dans la collection pseudo-héronienne bon nombre de règles qui n'ont pas été indiquées par le géomètre alexandrin. On est donc amené à penser, contrairement à ce que l'on croyait, que les Byzantins ne se sont pas contentés de copier servilement les œuvres des mathématiciens de l'antiquité.

Un des plus grands astronomes grecs, Ptolémée (2e s.), est l'auteur de la *Composition mathématique,* plus connue sous le nom d'*Almageste* ; ce remarquable ouvrage, où sont exposées méthodiquement toutes les connaissances astronomiques de l'antiquité, contient quelques résultats géométriques intéressants, et en particulier le théorème qui exprime la relation existant entre les diagonales et les côtés du quadrilatère inscrit. Nous savons en outre que Ptolémée avait composé un livre, qui n'a pas été conservé, sur les fondements de la géométrie.

Il nous reste de Pappus, qui vécut vraisemblablement vers le commencement du 4e s., une œuvre importante, les *Collections mathématiques* en huit livres, dont le 1er et une partie du 2e sont perdus. Indépendamment de quelques questions originales, il expose certains travaux des géomètres qui l'ont précédé ; à cet égard, les Collections de Pappus sont précieuses pour se faire une idée de ceux de ces travaux qui ne nous sont pas parvenus.

Théon d'Alexandrie (fin du 4e siècle), père de la célèbre Hypatia, donne une édition d'Euclide qui est la plus courante dans les manuscrits ; il a également commenté l'Almageste.

Le célèbre philosophe néo-platonicien PROCLUS (412-485) est l'auteur d'un prolixe commentaire sur les Éléments d'Euclide dont il ne nous reste guère que ce qui a trait au Livre I. Ce travail ne présente d'intérêt qu'en ce qu'il a fourni la plus grande partie des renseignements que nous possédons sur l'histoire de la géométrie grecque.

Enfin EUTOCIUS (6e s.) a composé sur les livres d'Archimède relatifs à la mesure du cercle, à la sphère et au cylindre et sur les Coniques d'Apollonius des commentaires sans grande valeur propre, mais précieux au point de vue historique.

BIBLIOGRAPHIE

F. PEYRARD. — *Les Œuvres d'Euclide en grec, en latin et en français.* Paris, 1814-1818. 3 vol. in-4°.

I.-L. HEIBERG et H. MENGE. — *Euclidis opera omnia.* Tomes I à VII. Leipzig, 1883-96, in-8°.

F. PEYRARD. — *Œuvres d'Archimède* (traduites par). Paris, 1807, in-4°.

I.-L. HEIBERG. — *Archimedis opera omnia cum commentariis Eutocii.* Leipzig, 1880-81, 3 vol. in-8°.

I.-L. HEIBERG — *Apollonii Pergæi quæ Græce exstant cum commentariis antiquis.* Leipzig, 1890-93, 2 vol. in-8°.

A.-J.-H. VINCENT. — *Traité de la Dioptre par Héron d'Alexandrie.* Not. et Ext. des Mss. d. l. Bibl. Nat., tome 19, 2e pie, 1858.

TH. H. MARTIN. — *Recherches sur la vie et les ouvrages d'Héron d'Alexandrie.* Mém. d. l'Ac. d. Inscr. et Bell.-Lett., 1re série, tome IV, 1854.

PAUL TANNERY. — Études nombreuses sur Héron et la Collection héronienne dans divers recueils.

H. SCHÖNE. — *Herons von Alexandria Vermessungsleh e und Dioptra.* Leipzig, 1903, in-8°.

F. HULTSCH. — *Heronis Alexandrini geometricorum et stereometricorum reliquiæ.* Berlin, 1864, in-8°.

Abbé HALMA. — *Composition mathématique de Claude Ptolémée.* Paris, 1813-16, 2 vol. in-4°.

F. HULTSCH. — *Pappi Alexandrini Collectionis quæ supersunt e libris manu scriptis...* Berlin, 1875-78, 3 vol. in-8°.

G. FRIEDLEIN. — *Procli Diadochi in primum Euclidis elementorum librum commentarii.* Leipzig, 1873, in-8°.

§ 3. — LES ROMAINS

Les Agrimenseurs.

« La géométrie fut chez les Grecs dans le plus grand honneur ; aussi rien n'était plus brillant que leurs mathématiques. Mais chez les Romains, l'importance de cet art a été limitée à l'utilité du calcul et de la mesure. » (Cicéron. — Tusculanes, Liv. I, Chap. II.)

Chez ce peuple utilitaire, en effet, la géométrie ne pouvait guère être cultivée que pour les besoins de la vie courante : tracé des camps militaires, délimitation et division des contrées conquises, mesure des champs, etc. ; elle se réduisait donc à l'arpentage. Mais pour cette même raison, les arpenteurs romains, qu'on appelait *agrimensores* ou encore *gromatici,* jouèrent un rôle considérable. D'abord arbitres et experts dans les contestations cadastrales, ils constituèrent sous l'empire un corps de fonctionnaires nombreux et importants qui se recrutèrent dans des écoles régulières ouvertes à cet effet. Vers la fin de l'empire d'Occident, leur savoir se ressentit de la décadence générale ; néanmoins leurs pratiques survécurent et on en retrouve la trace dans tout le moyen âge.

Avant les récentes recherches sur l'âge de Héron et la publication de ses Métriques, on pensait avec M. Cantor que les arpenteurs romains avaient surtout puisé leurs connaissances dans les ouvrages du savant alexandrin. Actuellement, on doit rejeter cette conclusion, « non seulement parce que la tradition des agrimenseurs est antérieure à Héron, mais encore parce qu'elle est nettement différente des Métriques » (P. Tannery). Leurs procédés proviendraient dès lors d'une part de source étrusque et, d'autre part, des mêmes sources grecques que celles d'où a été extraite la collection pseudo-héronienne.

Les principaux écrits des agrimenseurs Frontinus, Nipsus, Balbus, etc., composés entre le 1er et le 6e siècle de notre ère, furent réunis pour l'enseignement dans les écoles et se conservèrent en partie intacts, mais en grande partie aussi altérés. Le recueil ainsi formé a été édité en dernier lieu à Berlin en 1848 ; en outre, on a publié depuis en Allemagne et en France le *Traité d'arpentage,* d'Epaphroditus et de Vitruvius Rufus, qui ne figurait pas dans la précédente collection.

Ces divers écrits renferment surtout des règles se rapportant à deux questions principales : calcul de l'aire ou du volume des figures les plus simples et tracés sur le terrain. Leur étude donne une piètre idée de la science de leurs auteurs et ne présente guère d'intérêt qu'au point de vue de l'histoire de la géométrie pratique.

Cependant, vers la fin de l'empire romain, quelques personnalités s'adonnèrent aux mathématiques théoriques. Parmi elles, nous avons un seul nom remarquable à citer, celui de Boèce (470-524). Illustre homme d'Etat, conseiller de Théodoric qui le laissa condamner et périr au milieu d'horribles supplices, il possédait un savoir encyclopédique et ses écrits lui ont assuré une grande influence pendant le moyen âge. On lui attribue en particulier un *Ars Geometriæ* qui contient la traduction des énoncés des quatre premiers Livres des Éléments d'Euclide, ainsi que des extraits des agrimenseurs. L'authenticité de cet ouvrage, qui contient un célèbre passage relatif à l'origine de nos chiffres, a été et est encore vivement discutée.

BIBLIOGRAPHIE

F. Blume, K. Lachmann und A. Rudorff. — *Die Schriften der Römischen Feldmesser*... Berlin, 1848, in-8°.

Cantor (Dr Moritz). — *Die römischen Agrimensoren*... Leipzig, 1875, in-8°.

Victor Mortet et Paul Tannery. — *Un nouveau texte des traités d'arpentage et de géométrie d'Epaphroditus et de Vitruvius Rufus*... Not. et Extr. des Mss. de la Bibl. Nat., tome 35, 2e pie, 1897.

G. Friedlein. — *Boetii, Anicii Manlii Torquati Severini... Accedit geometria quæ fertur Boetii.* Leipzig, 1867, in-8°.

§ 4. — LES HINDOUS

Géométrie versifiée.

Jusqu'au commencement du 19e siècle, la science des Hindous était restée ignorée. Ce fut donc une véritable révélation lorsqu'à cette époque plusieurs orientalistes anglais publièrent la traduction de certains ouvrages mathématiques sanscrits. On reconnut alors que les Hindous avaient été vraisemblablement nos maîtres dans les théories numériques : leur algèbre notamment était assez avancée pour qu'ils aient pu résoudre des questions dont la solution ne fut retrouvée par les Européens que dix siècles plus tard.

Leur géométrie est loin de présenter la même valeur scientifique que leur algèbre ; elle porte en divers points la trace évidente de l'influence grecque. Les énoncés sont rédigés *en vers* d'une façon très concise, pour pouvoir être sans doute retenus plus facilement par les élèves dans les écoles ; on n'y rencontre ni définitions, ni axiomes, ni démonstrations régulières. Si une preuve est jugée indispensable, l'auteur trace les lignes auxiliaires nécessaires, dispose sa figure de telle sorte que la proposition apparaisse comme évidente et il se contente de dire : « Voyez ! » ; si certains problèmes relativement compliqués sont résolus, c'est en réalité par l'emploi de l'algèbre. Signalons cependant qu'il est parfois fait usage du principe de similitude.

Les plus anciens ouvrages traitant de la géométrie qui nous aient été conservés ont un caractère théologique. Les autels hindous devaient avoir une orientation, devaient posséder une forme prescrites à l'avance. Les règles géométriques qui permettaient de remplir ces prescriptions étaient contenues dans les *Çulvasûtras* (*Règles du cordeau*) ; plusieurs de ces recueils sont parvenus jusqu'à nous. L'auteur de l'un d'eux, Baudhâyana, paraît avoir vécu aux environs de notre ère (2e siècle d'après M. Cantor) ; il enseigne d'intéressantes constructions géométriques exécutées au moyen du cordeau (2e Partie, Chap. 1).

La période classique des mathématiciens hindous commence avec Aryabhaṭṭa, né en 476 à Pâtaliputra. Son œuvre, l'*Aryabhâṭṭiyam,* est divisée en quatre sections, dont la seconde est intitulée « Éléments de Calcul » ; les trois autres sections ont trait à l'astronomie. Cet ouvrage est rédigé d'une façon très laconique ; on y trouve quelques règles de planimétrie et de stéréométrie dont plusieurs sont inexactes.

Brahmegupta, né en 598, écrit en 628 un traité d'astronomie intitulé *Brâhma-Sphûta-Siddhânta* (Système de Brahma corrigé), dont les 12e et 13e chapitres sont relatifs aux mathématiques pures ; le 1er est consacré à l'arithmétique (*Gánitád'hyáya*) et le 2e à l'algèbre (*Cuttacad'hyaya*). La géométrie y est considérée comme formant une division de l'arithmétique ; elle consiste surtout en questions numériques concernant la mesure des surfaces et des volumes, sans démonstrations. On y trouve entre autres choses la formule donnant la surface du quadrilatère inscrit en fonction des côtés : $\sqrt{(p-a)(p-b)(p-c)(p-d)}$; Brahmegupta n'a d'ailleurs envisagé que le cas particulier où les diagonales de ce quadrilatère sont perpendiculaires entre elles.

Nous n'avons ensuite à citer aucun mathématicien hindou avant

Bhâskara, dit Acârya ou le Savant, né en 1114; il est l'auteur du *Siddhântaçiromaṇi* (Couronnement du système), grand traité d'astronomie qui renferme deux sections portant comme titres particuliers *Lîlâvàtî* (la charmante — nom de la fille de Bhâskara à laquelle ce livre est dédié) et *Vîja-ganita* ou Calcul des racines. Le Lîlâvatî traite de l'arithmétique et le Vîja-ganita est consacré plus particulièrement à l'algèbre. La géométrie est surtout exposée dans la première section, avec plus de prolixité que chez Brahmegupta; indépendamment des problèmes sur la mesure des surfaces et des volumes, on y rencontre d'assez nombreuses questions sur les triangles rectangles, avec quelques démonstrations.

Après Bhâskara, on ne trouve plus que des commentateurs qui, jusqu'au 17e siècle, annotent ses œuvres sans toujours les bien comprendre; la science hindoue s'éteint rapidement.

BIBLIOGRAPHIE

Thibault. — *The Sûlvasûtras.* Calcutta, 1875.
Rodet. — *Leçons de calcul d'Aryabhata.* Jal Asiat., 1er sem. 1879.
Colebrooke. — *Algebra with Arithmetic and Mensuration from the Sanscrit of Brahmegupta and Bhâscara* (translated by). Londres, 1817, in-4°.

§ 5. — LES ARABES

Transmission des œuvres grecques.

La civilisation des Arabes fut plus brillante que profonde; en mathématiques, notamment, ils n'ont ajouté rien d'essentiel aux découvertes antérieures et ont puisé leurs connaissances aux sources hindoue et grecque. D'ailleurs, leurs savants appartinrent pour la plupart aux races conquises (Syriens, Persans, etc.) ou à celles dites infidèles (Chrétiens et Juifs).

Les Arabes ont cultivé de préférence la trigonométrie et l'algèbre, où ils faisaient usage de considérations géométriques; ils se sont à peu près bornés, en géométrie pure, à traduire et à commenter les œuvres grecques. Ces traductions furent surtout entreprises à Bagdad, qui fut de beaucoup le centre scientifique le plus important, sous la dynastie des Abassides (8e, 9e et 10e siècles). Almamoun (813-833) institua même à cet effet un collège spécial de chrétiens. Au premier rang des ouvrages ainsi transcrits, il faut citer les Éléments d'Euclide.

Cette période est la plus remarquable de la mathématique arabe. MOHAMMED BEN MOUSSA AL KHÂRIZMI publie vers l'an 820 le premier ouvrage connu sur l'algèbre et dont le titre, corrompu, a donné son nom à cette science (Abrégé pour le calcul par *djebr* et *mokâbalah*). Cet ouvrage, d'une importance capitale au point de vue historique, fut composé à la demande d'Almamoun pour les besoins de la vie courante ; il contient un chapitre sur la géométrie de mesure. Mohammed avait aussi composé, vraisemblablement avec ses deux frères, AHMED et ALHASAN, un écrit géométrique qui nous est parvenu en latin sous le titre *Liber trium fratrum de geometria.*

Un des plus célèbres astronomes arabes, ABOÛL WAFÂ (940-998), est l'auteur d'un excellent *Recueil de constructions géométriques*, que nous aurons à citer dans le cours du présent ouvrage (1re PARTIE, Chap. 3, et 2e PARTIE, Chap. 4). MAHOMET DE BAGDAD (10e siècle) compose un *Traité sur la division des surfaces,* calqué sur l'œuvre d'Euclide traitant du même sujet, et HASSAN BEN HAITHEM écrit (vers l'an 1009) un *Traité des connues géométriques* analogue aux Données du géomètre grec. Enfin NASSIR-ED-DIN (1201-1274) nous a laissé un intéressant commentaire des Éléments d'Euclide.

A partir du 13e siècle, les mathématiques sont en pleine décadence en Orient. Dans l'école espagnole, dont l'importance est loin d'atteindre celle de l'École de Bagdad, nous n'avons à signaler aucun nom remarquable.

En résumé, en dehors du traité d'Aboûl Wafâ, les Arabes n'ont pas produit de travaux originaux en géométrie.

BIBLIOGRAPHIE

MOHAMMED BEN MUSA. — *Algebra.* Édition Rosen. Londres, 1831, in-8°.

A. MARRE. — *Le Messâhat de Mohammed ben Moussa Al Khârizmi extrait de son Algèbre* (traduit et annoté par). — Annali di Matematica, tome 7. Rome, 1865.

M. CURTZE. — *Der liber trium fratrum de geometria.* Nova Acta Acad. Cæs. Leop.-Carol.-Germ naturæ Curiosorum, tome 49. Halle, 1887.

F. WOEPCKE. — *Analyse et extraits d'un recueil de constructions géométriques d'Aboûl Wafâ.* Jal Asiat., 1er sem. 1855.

DAVID GREGORY. — *Euclidis quæ supersunt omnia.* Oxford, 1703, in-fol. (Contient la traduction latine du *Traité sur la division des surfaces* de Mahomet de Bagdad).

§ 6. — L'OCCIDENT LATIN AU MOYEN AGE

1re *Période* (5e-12e s.).

Ignorance scientifique.

Depuis la chute de l'empire romain jusqu'au début du 12e siècle, l'Occident latin est plongé dans une profonde ignorance. Les ouvrages grecs sont inconnus et les écrits des agrimenseurs même sont très peu répandus. La géométrie en particulier est complètement délaissée ; classée dans le *quadrivium* (1) avec l'arithmétique, la musique et l'astronomie, ce qu'on en sait se réduit à quelques définitions et énoncés sans démonstration.

Les notions scientifiques tout à fait rudimentaires qu'on possède sont conservées dans les monastères. Les trois esprits les plus remarquables de cette période de ténèbres, les Anglo-Saxons Bède et Alcuin, et le Français Gerbert, sont des ecclésiastiques.

Bède (672-735) a composé un grand nombre d'écrits, dont quelques-uns relatifs à l'arithmétique, à la géométrie et à l'astronomie. On lui a attribué des *Propositiones ad acuendos juvenes* (Propositions pour aiguiser la perspicacité des jeunes gens), recueil de problèmes qui a probablement été le germe des ouvrages postérieurs sur les récréations mathématiques et qui contient quelques questions de géométrie pratique ; mais certains indices font supposer que l'auteur de cet ouvrage est plus vraisemblablement Alcuin.

Le précepteur et l'ami de Charlemagne, Alcuin (735-804), qui fut aussi disciple de Bède, eut une influence considérable sur ses contemporains. Il s'efforça de développer le goût de l'étude chez les moines et créa de nombreuses écoles auprès des cloîtres et des cathédrales.

Mais celui qui peut véritablement prétendre au titre de restaurateur des sciences en Occident est Gerbert (vers 930-1003). Originaire d'Auvergne, il entra dans les ordres, alla s'instruire en Espagne, devint par la suite archevêque de Reims, puis de Ravenne et enfin pape sous le nom de Sylvestre II. Ses connaissances, bien que très élémentaires, dépassaient tellement celles de ses contemporains que ceux-ci l'accusèrent de magie. Il consacra à l'enseignement une notable partie de son existence et acquit de ce fait

(1) Par opposition au *trivium*, qui comprenait la grammaire, la dialectique et la rhétorique.

une grande réputation. On lui doit en outre d'avoir rassemblé les quelques documents légués par les Romains et que son autorité fit répandre.

Gerbert composa divers écrits mathématiques, notamment un *Libellus Geometriæ* qui ne nous est pas parvenu. On possède sous son nom, bien qu'il ne paraisse pas en être l'auteur, une *Geometria* qui comprend trois parties distinctes dues vraisemblablement à des écrivains différents. La première partie, la plus originale, est un essai inachevé d'une exposition méthodique de la géométrie; dans la deuxième sont résolus divers problèmes d'arithmétique ; la troisième enfin a pour objet le calcul des longueurs, des surfaces et des volumes. Le noyau de cette dernière partie a peut-être été formé par le Libellus mentionné ci-dessus.

Pendant le 11e siècle, l'impulsion imprimée par Gerbert subit un temps d'arrêt, et il faut arriver au commencement du 12e siècle pour voir un véritable courant scientifique se dessiner sous l'influence des Sarrasins d'Espagne. Adélard de Bath (vers 1115) et Gérard de Crémone (1114-1187) traduisent les Éléments d'Euclide d'après les versions arabes.

2e *Période* (13e-*milieu du* 15e *s.*).

Influence arabe.

Vers le début du 13e siècle apparaissent les œuvres du grand mathématicien du moyen âge, Léonard de Pise dit Fibonacci. Après avoir vécu à Bougie où son père était facteur au comptoir pisan, il voyage en Orient et revient à Pise. Il y écr t en 1202 son fameux *Liber Abaci,* qui contient une exposition originale des connaissances arabes en arithmétique et en algèbre, et qui constituera le fond des écrits des mathématiciens de la Renaissance.

Indépendamment du Liber Abaci et de travaux algébriques importants, Fibonacci compose encore une *Practica Geometria* publiée en 1220. Cet ouvrage renferme tout ce qui est contenu dans Euclide et Archimède sur la mesure des surfaces et des volumes ; on y trouve en outre la division des figures planes dans un rapport donné, divers procédés d'arpentage et la partie élémentaire de la trigonométrie. Les données des problèmes sont numériques ; les démonstrations, où il est fait usage de l'algèbre, sont rigoureuses et présentées d'une façon très claire. En résumé, Léonard de Pise est un véritable mathématicien, supérieur à tous ceux qui l'ont précédé et suivi dans le moyen âge. Ses travaux ne se propagèrent néanmoins qu'avec une extrême lenteur.

Après lui, on constate une nouvelle décadence. Nous n'aurons plus à signaler que quelques esprits éminents qui, dans un milieu plus propice, eussent assurément pu fournir des productions présentant plus d'intérêt.

Un des hommes qui eurent le plus d'influence sur le développement intellectuel à la fin du moyen âge fut JORDANUS NEMORARIUS ou JORDANUS DE SAXE, qui fut élu en 1222 général des Dominicains, ordre se consacrant à l'enseignement. Les divers écrits mathématiques, non sans valeur, qu'il composa se répandirent rapidement dans les écoles et furent longtemps réédités et commentés ; l'autorité qu'il exerça sur ses contemporains fut d'ailleurs une des causes qui rendirent difficile la diffusion des ouvrages de Fibonacci dans les Universités. On doit notamment à Jordanus un ouvrage estimable, *De Triangulis,* divisé en quatre livres. Dans les deux premiers, il traite des figures rectilignes ; dans les deux derniers, du cercle et des lignes qui sont avec lui en rapport étroit ; le second livre est en particulier consacré à la division des figures.

Peu après, nous devons placer CAMPANUS DE NOVARE (fin du 13e siècle), surtout connu pour être l'auteur de la première traduction latine des Éléments d'Euclide qui ait été imprimée. Signalons aussi en passant un *Traité de Géométrie* anonyme, composé sous le règne de Philippe le Hardi (1270-1285) et qui a été retrouvé par M. Ch. Henry. Le mérite essentiel de cet opuscule est d'être le premier travail de ce genre écrit en français ; on y donne quelques règles de planimétrie et de stéréométrie. Citons enfin dans le même ordre d'idées que ce dernier traité, l'intéressante *Practica Geometria* de DOMINICUS DE CLAVASIO (ou DOMINICUS PARISIENSIS), mathématicien éminent pour son temps, qui fut astrologue à la cour de France dans la seconde moitié du 14e siècle.

Nous revenons maintenant au monde ecclésiastique. BRADWARDIN (1290-1348), qui fut archevêque de Canterbury, a laissé une *Geometria speculativa* qui contient d'intéressantes propositions sur les polygones étoilés et les figures isopérimétriques. Le plus remarquable des successeurs de Fibonacci, NICOLE ORESME, dont les découvertes ont été signalées par un érudit allemand, M. Curtze, mourut évêque de Lisieux en 1382 ; il a notamment exposé, dans son *Tractatus de latitudinibus formarum,* le principe du procédé retrouvé plus tard par Descartes pour représenter graphiquement la relation existant entre deux quantités variables au moyen d'une ordonnée (*latitudo*) et d'une abscisse (*longitudo*). Enfin, le cardinal Nicolas de Cusa (1401-1464), qui encouragea les mathématiques, est resté célèbre pour ses nombreux essais de quadrature du cercle.

BIBLIOGRAPHIE

Bède. — *De Arithmeticis propositionibus.* Patrologie latine de Migne, tome 90, col. 665. Paris, 1850.

Alcuin. — *Propositiones Alcuini... ad acuendos juvenes.* Patrologie latine de Migne, tome 101, col. 1143. Paris, 1851.

Gerbert. — *Opera mathematica.* Édition Bubnov. Berlin, 1899, in-8°.

B. Boncompagni. — *Scritti di Leonardo Pisano...* Rome, 1857-62.

Jordanus Nemorarius. — *De Triangulis.* Édition Curtze. Mitteil. des Coppernicusvereins für Wissensch. u. Kunst. Thorn, 1887.

Ch. Henry. — *Sur les deux plus anciens traités français d'algorisme et de géométrie.* Bulletino di Bibliografia... (Boncompagni). Rome, 1882.

Bradwardin. — *Geometria speculativa.* Paris, 1495 ou 1505, in-fol.

Oresme. — *De latitudine formarum.* Édition Curtze. Zeitsch. für Math. u. Physik. Leipzig, 1868.

Cusanus. — *Opera.* Bâle, 1565, in-fol.

§ 7. — LES MODERNES

1re *Période : La Renaissance (milieu du 15e-fin du 16e siècle).*

Union de l'algèbre et de la géométrie.

Après la stagnation du moyen âge, nous assistons à une reprise générale de l'activité intellectuelle. Les Byzantins, chassés de Constantinople par les Turcs, se réfugient en Occident où ils font connaître les travaux des géomètres alexandrins dans leur forme originale. En particulier, les œuvres d'Archimède (1543) et d'Apollonius (1537), traduites d'après le grec, paraissent pour la première fois. Ces publications donnent une vive impulsion aux études mathématiques.

Parmi les traducteurs les plus célèbres, nous citerons l'astronome allemand Muller dit Regiomontanus (1436-1476), qui dirigeait lui-même à Nuremberg l'imprimerie où furent exécutées de très belles éditions des mathématiciens grecs. Le Sicilien Maurolico

(1494-1575) a laissé, indépendamment de ses propres recherches, une traduction des Coniques d'Apollonius et une intéressante paraphrase d'Archimède. Mais c'est surtout à l'Italien COMMANDINO (1509-1575) que l'Europe est redevable de précieuses traductions des géomètres alexandrins, éclairées par de remarquables commentaires.

Toutefois, la véritable caractéristique de cette période réside en ce fait que l'union entre la géométrie et l'algèbre, ébauchée par les Hindous, les Arabes et les savants du moyen âge, va devenir de plus en plus intime et aboutir au 17e siècle à la création de la géométrie analytique et du calcul infinitésimal.

En 1494, paraît la *Summa de Arithmetica, Geometria, Proportioni et Proportionalita* du franciscain italien LUCA PACIUOLO, connu encore sous le nom de LUCAS DE BURGO (1445-mort après 1514). Cet ouvrage se divise en deux sections, l'une relative à l'arithmétique et à l'algèbre, l'autre à la géométrie. La dernière comprend huit parties, traitant de la mesure des surfaces et des volumes, de la division des figures et de diverses questions d'arpentage ; les problèmes géométriques sont souvent résolus avec le secours de l'algèbre, sur des données numériques. On constate dans la *Summa* de nombreux emprunts aux écrits de Léonard de Pise, dont les travaux se trouvèrent ainsi portés à la connaissance des géomètres ; mais la copie est inférieure au modèle tant par la forme que par le fond. Tel quel, cet ouvrage a néanmoins contribué puissamment au progrès des mathématiques au 16e siècle. Paciuolo est encore l'auteur d'un curieux ouvrage intitulé *De divina proportione* (1509), où il expose de nombreuses applications aux arts de la division d'une droite en moyenne et extrême raison.

De même que Paciuolo, les mathématiciens de la Renaissance font constamment usage de l'algèbre en géométrie, et inversement. On le constate en particulier chez les savants italiens CARDANO (1501-1576) et TARTAGLIA (1505-1557), auxquels l'algèbre doit de notables progrès et dont les démêlés sont restés célèbres. L'œuvre principale de Tartaglia, *General Trattato di numeri et misure* (1556-1560), est divisée en six parties dont les quatre dernières, consacrées à la géométrie, renferment d'intéressants problèmes ; on lui reproche toutefois de contenir beaucoup d'incorrections.

Nous arrivons ainsi au Français François VIÈTE (1540-1603), qui crée l'algèbre littérale et va permettre ainsi de réaliser l'union complète de la géométrie et de l'algèbre. Jusque-là, en effet, comme nous avons eu occasion de le signaler, les démonstrations géométriques présentées sous forme algébrique étaient basées sur les données numériques, et il ne pouvait en être autrement puisque l'algèbre était une science exclusivement numérique. Le raisonnement gagnait en commodité et en rapidité, mais il perdait en même temps la généralité que nous avons rencontrée chez les Grecs. L'emploi de symboles permettait de conserver à la géométrie ce dernier caractère, tout en lui gardant les avantages du calcul.

Viète ne se contente pas de créer l'algèbre moderne ; il l'applique à la géométrie. Il entreprend d'une manière systématique, notamment dans ses *Effectiones geometricæ* (1593) et dans son *Supplementum Geometriæ* (1593), la résolution algébrique des problèmes géométriques en même temps que la construction géométrique des formules algébriques. On doit encore à Viète, dans un ordre d'idées différent, la reconstitution de l'ouvrage perdu d'Apollonius, *Des Contacts,* qu'il publie en 1600 sous le pseudonyme d'Apollonius Gallus ; il y résout le problème, difficile pour son temps, de mener une circonférence tangente à trois circonférences données.

Signalons encore comme travaux d'application de l'algèbre à la géométrie les remarquables aperçus de Kepler (1571-1631) sur les polygones étoilés dans son immortel ouvrage *Harmonices Mundi* (1619).

Durant la Renaissance, les mathématiciens italiens se passionnent littéralement au sujet des constructions géométriques exécutées avec une ouverture de compas constante.

On s'occupe également des tracés géométriques approchés. Nous citerons sur ce point : le grand artiste italien Lionardo da Vinci (1452-1519), qui a indiqué dans ses manuscrits nombre de constructions approximatives mais paraissant avoir été tenues par lui pour exactes ; un opuscule anonyme de la fin du 15e siècle, la *Geometria deutsch* ; et un intéressant ouvrage du célèbre peintre et graveur allemand Albrecht Dürer (1471-1528), intitulé *Underweysung der messung mit dem zirkel und richscheyt* (Instruction sur le mesurage avec le compas et la règle) (1525). Mais à la différence de Vinci, Dürer sait que ses tracés ne sont pas rigoureux.

Enfin, on publie à la même époque de nombreux écrits sur la géométrie pratique, parmi lesquels nous signalerons l'excellent ouvrage du jésuite allemand CLAVIUS (1537-1612), connu aussi pour une bonne édition des Éléments d'Euclide, et celui du Hollandais SIMON STEVIN (1548-1620).

BIBLIOGRAPHIE

LUCAS DE BURGO. — *Summa de Arithmetica, Geometria, Proportioni et Proportionalita.* Venise, 1494, in-fol.

LUCAS DE BURGO. — *De divina proportione.* Venise, 1509, in-fol.

CH. RAVAISSON-MOLLIEN. — *Les Manuscrits de Léonard de Vinci* (Trad. franç. par). Paris, 1881-1891, 6 in-fol.

Geometria deutsch. — Édition Günther, Zeitsch. für Math. u. Phys. Leipzig, 1875.

ALBRECHT DÜRER. — *Underweysung der messung mit dem zirkel und richscheyt.* Nuremberg, 1525.

NICOLO TARTAGLIA. — *General Trattato di numeri et misure.* Venise, 1556-1560, in-fol.

FRANÇOIS VIÈTE. — *Opera mathematica.* Édition Schooten. Leyde, 1646, in-fol.

CLAVIUS. — *Opera mathematica.* Mayence, 1612, in-fol.

SIMON STEVIN. — *Œuvres mathématiques.* Édition Albert Girard. Leyde, 1634, in-fol.

KEPLER. — *Harmonices mundi, libri V.* Linz, 1619, in-fol.

2e *Période (du 17e au 19e siècle).*

Changement de forme de la géométrie grecque.

Avec le 17e siècle, commence une ère nouvelle dans l'histoire des mathématiques. Descartes, par la création de la géométrie analytique (1637), Newton et Leibniz par l'invention du calcul infinitésimal (2e moitié du 17e siècle) ouvrent un vaste champ de spéculations, fécond en importantes découvertes.

Pendant près de deux siècles, la géométrie pure est à peu près délaissée. Toutefois, quelques savants comme Pascal, Desargues, Huygens, La Hire en font encore l'objet de leurs travaux ; ils préparent l'avènement au début du 19e siècle de ce qu'on a appelé la géométrie supérieure et où devaient s'illustrer entre autres Monge, Carnot, Poncelet et Chasles.

En ce qui concerne plus particulièrement la géométrie élémentaire, nous n'avons rien d'important à signaler jusqu'à la fin du 18e siècle. Les seuls travaux originaux composés durant cette période et dont il mérite d'être parlé sont le *Cours mathématique* de Pierre Hérigone (1re moitié du 17e siècle), publié en 1644, et la *Characteristica Geometria* du grand savant et philosophe allemand Leibniz (1646-1716), composée en 1679, mais non publiée à l'époque. Ces deux ouvrages, où sont exposées des notations destinées à simplifier le langage et à faciliter le raisonnement en géométrie, sont les premiers essais connus de ce qu'on nomme aujourd'hui la « Logique mathématique » (1re Partie, Chap. 2, § 5).

Dans le cours du 19e siècle, on s'est livré à d'intéressantes recherches, on s'est en particulier beaucoup occupé des constructions géométriques. Les Anciens s'imposaient la condition, dans leurs opérations graphiques, de ne se servir que de la règle et du compas. On s'est donc ingénié à rechercher comment on devrait s'y prendre pour effectuer ces opérations avec la règle seule ou avec le compas seul ou encore par d'autres procédés, puis on a étudié le degré de simplicité et d'exactitude de ces constructions.

Dans le siècle qui vient de finir, les mathématiciens ont également porté leurs efforts sur l'examen des axiomes qui servent de base à la géométrie.

Enfin, depuis 1873, la « géométrie du triangle » a été l'objet d'importants travaux de la part de nombreux géomètres, au premier rang desquels il convient de citer : en France MM. E. Lemoine et H. Brocard, en Belgique M. J. Neuberg.

Nous nous contenterons, pour terminer, de dire quelques mots sur les modifications de forme subies en France par les traités de géométrie élémentaire du 17e siècle à nos jours.

Jusqu'au milieu du 17e siècle, la géométrie théorique est exclusivement enseignée au moyen des Éléments d'Euclide sous leur forme primitive, c'est-à-dire par l'emploi de démonstrations exclusivement géométriques. Parallèlement aux éditions de l'œuvre du savant grec, on publie de nombreux ouvrages dits de géométrie pratique, où, à côté de certaines questions qui ne se trouvent pas dans les Éléments, comme par exemple la mesure du cercle, sont exposés des problèmes numériques sur la planimétrie et la stéréométrie.

Ce fut le célèbre Antoine Arnauld (1612-1692), l'un des auteurs de la Logique de Port-Royal, qui, en France, porta le premier coup à l'autorité jusque-là incontestée d'Euclide, en publiant en 1667 ses *Nouveaux Elemens de Geometrie.* « Il n'estoit pas fort difficile à l'Auteur de la nouvelle Logique ou Art de penser, dit

Nicole qui a écrit la préface de l'ouvrage, de remarquer... les défauts de la méthode d'Euclide et d'avancer qu'on pourroit digérer la géométrie dans un meilleur ordre. » Arnauld expose donc les matières de la géométrie plane des Éléments dans un ordre différent de celui du géomètre grec, mais à peu près pareil à celui qui est suivi de nos jours ; il faut bien dire qu'il n'est pas toujours heureux en essayant de réformer Euclide. Son ouvrage est surtout caractérisé par l'introduction des démonstrations algébriques partout où cela est possible ; en outre, on n'y trouve plus ces fatigantes répétitions de l'énoncé que nous avons signalées chez les Anciens ; il est ainsi beaucoup plus facile à lire que les Éléments et restera longtemps le modèle suivi par les auteurs postérieurs.

En 1685, le R. P. BERNARD LAMY (1640-1715), prêtre de l'Oratoire, publie des *Elemens de Geometrie* conçus d'après le même plan que ceux d'Arnauld ; ils contiennent en outre ce que nous appelons aujourd'hui la géométrie de l'espace, ainsi que la mesure du cercle, sauf toutefois la détermination de π. Ce petit ouvrage, clair et concis, a été très estimé en son temps.

Vers la fin du 17e siècle, nous avons à mentionner la *Géométrie élémentaire et pratique* de SAUVEUR (1653-1716), rééditée en 1753 par Le Blond. La disposition est encore calquée sur celle d'Arnauld, mais nous voyons apparaître pour la première fois des énoncés pratiques pour la mesure des surfaces et des volumes, comme celui-ci : « L'aire d'un cercle est égale à la moitié du produit de sa circonférence par son rayon ». Toutefois, les démonstrations qu'il donne des propositions correspondant à ces énoncés, et qu'il base sur la doctrine des indivisibles, sont loin d'être rigoureuses.

Nous signalerons en passant la partie géométrique des *Élémens de Mathématiques* de VARIGNON (1654-1722), publiés en 1731, qui contient quelques intéressantes constructions approchées, et les *Élémens de Géométrie* de CLAIRAUT (1713-1765), parus en 1741, où l'auteur, sous une forme excellente, cherche à rendre l'étude de cette science plus attrayante en faisant découler les vérités géométriques des faits sensibles.

Enfin, en 1794, paraissent les remarquables *Éléments de Géométrie* de LEGENDRE (1752-1833) qui, dès leur apparition, eurent un succès considérable ; ils sont restés classiques pendant plus d'un siècle et forment encore aujourd'hui en France la base des ouvrages de géométrie élémentaire. Legendre y expose dans le même ordre qu'aujourd'hui la matière des Éléments d'Euclide, la planimétrie et la stéréométrie avec des énoncés pratiques, la mesure du cercle avec la détermination de π ; il y introduit enfin les propriétés des triangles sphériques. Il se montre beaucoup plus rigoureux que ses devanciers, bien qu'il ne réussisse pas toujours dans ses essais de réduction du nombre des principes admis par les géomètres grecs. On lui a reproché d'avoir eu trop souvent recours aux démonstrations par l'absurde, mais c'était une conséquence même de la condition qu'il s'était imposée de ne pas employer la méthode des limites, jugée par lui comme n'étant pas assez simple pour être introduite dans un ouvrage de cette nature.

Avec Legendre, la géométrie élémentaire est définitivement constituée sous sa forme actuelle ; ses successeurs ne feront que modifier certains points de détail. Nous devons cependant signaler, en terminant, qu'une tendance commence à se manifester dans l'enseignement, en France et en divers pays étrangers, en Italie surtout : mener de front l'exposition de la géométrie plane et celle de la géométrie de l'espace qui sont actuellement, comme chez Euclide, absolument distinctes. Cette idée, émise en 1826 par Gergonne, a été mise en pratique par Mahistre en 1844 et reprise en 1874 par M. Ch. Méray.

BIBLIOGRAPHIE

Pierre Herigone. — *Cours mathématique*, tome I. Paris, 1634, in-8°.
Antoine Arnauld. — *Nouveaux Elemens de Geometrie*. Paris, 1667, in-4°.
R. P. Bernard Lamy. — *Les Elemens de Geometrie*. Paris, 1685, in-12.
Sauveur, revu par Le Blond. — *Géométrie élémentaire et pratique*. Paris, 1753, in-4°.
Varignon. — *Élémens de mathématique*. Paris, 1731, in-4°.
Clairaut. — *Élémens de géométrie*. Paris, 1741, in-8°.
Adrien-Marie Legendre. — *Éléments de Géométrie*. Paris, 1794, in-8°.
A. Mahistre. — *Les Analogies de la Géométrie élémentaire* ou la *Géométrie dans l'espace ramenée à la Géométrie plane*. 2e édit., Paris, 1844.
Ch. Méray. — *Nouveaux Éléments de Géométrie*. Dijon, 1874 et 1903, in-8°.

PREMIÈRE PARTIE

DES DÉFINITIONS & DÉMONSTRATIONS GÉOMÉTRIQUES

CHAPITRE I

DÉFINITIONS ET DÉNOMINATIONS

§ 1. — Définitions.

Géométrie. — *a*) La géométrie est la science des propriétés de l'étendue figurée (d'Alembert, 1759).

b) La géométrie est une science qui a pour objet la mesure de l'étendue (Legendre, 1794).

c) La géométrie a pour but l'étude de la grandeur et de la forme des objets matériels, abstraction faite de leur essence (Paul Tannery, 1894, et Faifofer, 1903).

d) On donne le nom de *figure* à un ensemble quelconque de surfaces, de lignes ou de points.

La géométrie a pour but l'étude des propriétés des figures et, en particulier, comme son nom l'indique, la mesure de l'étendue (Rouché et de Comberousse, 1891).

e) La géométrie est la science des corps matériels envisagés seulement au point de vue de leurs *formes,* de leurs *étendues* et de leurs *positions relatives.*

Une *figure* est ce à quoi l'esprit réduit un corps quand il en fait l'étude au point de vue purement géométrique (CH. MÉRAY, 1903).

Point. — *a*) Ce qui est indivisible en tous sens, mais qui a une position (ARISTOTE, 4e s. av. J.-C.).

b) Le *point* est ce qui n'a aucune partie.

Les extrémités d'une ligne sont des *points* (EUCLIDE, 3e s. av. J.-C.).

c) Le *point* exprime ce qui est le plus limité en extension, par suite la position simple.

Tous les points sont superposables (LEIBNIZ, 1679).

d) Les extrémités d'une ligne se nomment *points* (LEGENDRE, 1794).

e) L'existence d'un atome suffit pour réaliser un *point* mathématique (CAUCHY, 1832).

f) Le *point* mathématique est une forme sans grandeur.

Le *point* est ce qui est déterminé par soi-même (DELBŒUF, 1860).

g) On donne le nom de *points* aux limites ou extrémités d'une ligne, aux intersections mutuelles des lignes (ROUCHÉ et DE COMBEROUSSE, 1866-91).

h) Un *point* correspond à l'idée abstraite que nous nous faisons d'un corps extrêmement petit dont nous ne considérons que la position dans l'espace, d'une région peu étendue, mais nettement délimitée d'un corps quelconque (CH. MÉRAY, 1903).

Ligne, surface, volume. — *a*) Parmi les grandeurs [géométriques], l'une n'est divisible qu'en un sens unique, c'est la *ligne* ; l'autre en deux, c'est la *surface* ; l'autre l'est en trois, c'est le *volume*. Il n'y a pas de grandeurs autres que celles-là, parce que trois est tout et que trois renferme toutes les dimensions possibles. En effet, ainsi que le disent les Pythagoriciens, l'univers entier et toutes les choses dont il est formé sont déterminés par le nombre trois. A les entendre, la fin, le milieu et le commencement forment le nombre de l'univers (ARISTOTE, 4ᵉ s. av. J.-C.).

b) Une *ligne* est une longueur sans largeur.

Une *surface* est ce qui a longueur et largeur seulement.

Les extrémités d'une surface sont des *lignes*.

Un *solide* est ce qui a longueur, largeur et épaisseur.

Un solide est terminé par des *surfaces* (EUCLIDE, 3ᵉ s. av. J.-C.).

c) Nous avons la notion de la *ligne* lorsque nous disons de mesurer seulement la longueur d'une route ou d'un mur, car alors nous ne pensons pas en plus à la largeur, mais nous ne tenons compte que de la distance dans un seul sens; tandis que si nous mesurons une aire, nous considérons la *surface*; si un puits, le *solide*. Dans ce dernier cas, nous réunissons ensemble toutes les distances pour dire que le puits est de tant, en longueur, en largeur et en profondeur. Les sens peuvent d'ailleurs nous donner une perception de ligne lorsque nous regardons les séparations des endroits éclairés et de ceux qui sont dans l'ombre, soit sur la Lune, soit sur la Terre. Car il y a là un intermédiaire sans dimension suivant la largeur, mais qui s'étend en longueur entre la lumière et l'ombre (APOLLONIUS, 3ᵉ s. av. J.-C. ; d'après Proclus).

d) Le chemin suivi par un point se déplaçant vers un autre est une *ligne*. Ce chemin est continu, car chacune de ses parties a des extrémités qui sont communes avec une précédente et une suivante.

Le déplacement d'une ligne dont les points ne se remplacent pas sans cesse donne une *surface*.

Le déplacement d'une surface dont les points ne se remplacent pas sans cesse donne un *corps*.

Mais le corps ne peut se déplacer sans que tous ses points ne se remplacent continuellement ; c'est pourquoi il ne produit pas de nouvelle dimension (LEIBNIZ, 1679).

e) L'étendue a trois dimensions : longueur, largeur et hauteur.

La *ligne* est une longueur sans largeur.

Surface est ce qui a longueur et largeur sans hauteur ou épaisseur.

Solide ou corps, ce qui réunit les trois dimensions de l'étendue (LEGENDRE, 1794).

f) La considération des corps matériels nous suggère l'idée d'*étendue* ou de *volume*. Le volume d'un corps est essentiellement limité ; sa limite, qui le sépare de l'espace environnant, prend le nom de *surface*. Les diverses faces d'un corps sont autant de surfaces dont les limites ou les intersections s'appellent *lignes* (ROUCHÉ et DE COMBEROUSSE, 1866-91).

g) L'idée de *ligne* nous vient des corps allongés, mais extrêmement déliés autrement.

Des corps extrêmement réduits en épaisseur nous donnent l'idée de *surface* (CH. MÉRAY, 1903).

Ligne droite. — I. Définitions reposant sur la notion de mouvement. — *a*) *La droite est la ligne telle que si l'on immobilise deux de ses points, tous les autres sont immobilisés par cela seul* (LEIBNIZ, 1679).

b) *La ligne droite est celle qui peut tourner autour de ses extrémités immobiles sans changer de place* (PEYRARD, 1809).

c) Il peut arriver que le mouvement d'une figure invariable soit tel que tous les points d'une ligne appartenant à cette figure restent immobiles pendant que tous les points situés en dehors de cette ligne se meuvent. Une pareille ligne s'appellera ligne droite (POINCARÉ, 1891).

Ces trois définitions, qui sont d'ailleurs au fond identiques, impliquent deux axiomes : la possibilité du mouvement d'une figure invariable et celle de l'immobilisation des points d'une ligne dans un mouvement particulier de la figure. Le dernier axiome est énoncé explicitement dans la troisième définition.

d) Le chemin le plus simple d'un point se déplaçant vers un autre est une droite (LEIBNIZ, 1679).

Définition vague.

II. Définitions reposant sur la notion de distance. — La notion de *distance de deux points* peut être considérée comme une notion première révélée par l'expérience : ce sera par exemple un nombre mesurant l'intervalle de ces deux points.

a) La ligne droite est le plus court chemin d'un point à un autre (ANT. ARNAULD, 1667. — VARIGNON, 1731. — LEGENDRE, 1794).

On a beaucoup critiqué cette définition, où se trouvent confondues les notions de ligne et de distance, essentiellement distinctes ; de plus, on peut la considérer comme une proposition démontrable, en partant d'une définition plus simple de la ligne droite.

On dit souvent, mais à tort, que la définition ci-dessus a été employée pour la première fois par ARCHIMÈDE. Le savant grec s'en sert seulement *à titre d'axiome* sous la forme suivante : *La ligne droite est la plus courte des lignes qui ont mêmes extrémités.*

b) La ligne droite est une série de points dont chacun

est à égale distance de trois points donnés (Fourier, 1795).

Soient A, B, C les trois points donnés qui, on le sait, déterminent un plan, et O le centre du cercle passant par ces trois points. Le lieu des points situés à égale distance de A, B, C est effectivement la droite perpendiculaire au plan ABC passant par O.

Mais, ainsi que le faisait observer Monge dans la discussion où Fourier caractérisait ainsi la ligne droite, « les définitions doivent être simples » ; et il est difficile de se faire une idée de la droite avec la définition donnée ci-dessus.

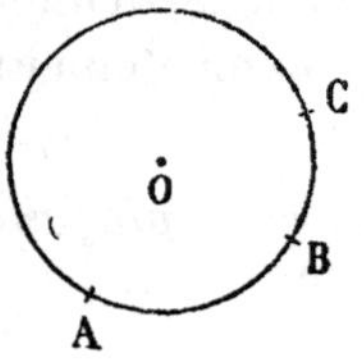

Celle-ci implique d'ailleurs deux axiomes, d'abord qu'il existe bien un lieu géométrique de points satisfaisant aux conditions énoncées, et ensuite que ce lieu comprend seulement une droite.

c) *La ligne droite* AB *est le lieu géométrique des points* M *tels qu'il n'y a aucun autre point* D *de l'espace pour lequel on ait en même temps* MA = DA *et* MB = DB (d'après Cauchy, 1832).

Cette définition qui, comme la précédente, implique deux axiomes, est aisée à justifier.

Considérons, en effet, un point M′ situé hors de AB. Il existe une infinité de points D tels qu'on ait M′A = DA et M′B = DB ; il suffit pour les obtenir de faire mouvoir M′ autour de A et B supposés immobiles, les distances M′A et M′B restant invariables. Ces points D n'existent plus si M′ est sur la droite en M, car M est immobilisé dans le mouvement.

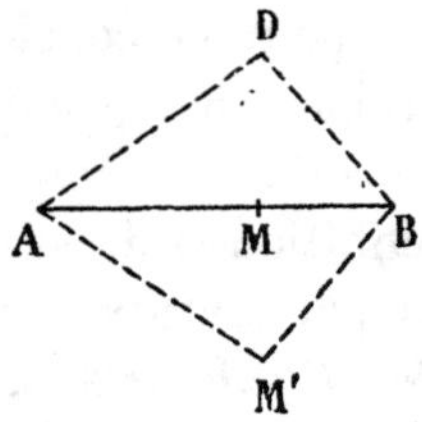

On voit que la définition de Cauchy est équivalente

à celle de Leibniz (définition *a*, p. 36), puisque partant de l'une on retombe sur l'autre.

III. La droite individualisée par deux points. — *a*) *La ligne droite est celle qui est également placée entre ses points* (Euclide, 3e s. av. J.-C. ; d'après Peyrard).

La ligne droite est celle qui repose également sur ses points (Euclide, d'après Duhamel).

La ligne droite est celle qui est ex æquo en tous ses points (Euclide, d'après Paul Tannery).

La définition d'Euclide « pèche un peu par la clarté et a pu donner lieu à des interprétations diverses. La ligne droite est, dit-il, celle qui repose également sur ses points. Que faut-il entendre par là ? Veut-il dire que si l'on considère deux quelconques de ses points, elle ne pourrait être posée sur eux de plusieurs manières différentes, de sorte que, par deux de ses points, on ne peut concevoir une seconde ligne droite ? Supposera-t-on, au contraire. que cette similitude entre ses points se rapporte aux différentes parties de la ligne droite ? Cela n'est pas vraisemblable ; car cette identité de forme dans toute l'étendue d'une ligne s'appliquerait aussi bien au cercle et à l'hélice qu'à la ligne droite... Nous sommes porté à admettre la première explication et nous croirons être d'accord avec Euclide en appelant

b) *ligne droite une ligne indéfinie telle que par deux points donnés on n'en peut faire passer qu'une seule* » (Duhamel).

c) *La plus simple de toutes les lignes est la ligne droite, dont la notion est familière à tout le monde et dont un fil tendu offre l'image.*

Cette ligne est caractérisée par la propriété suivante :

deux points déterminent une droite (ROUCHÉ et DE COMBEROUSSE, 1891).

d) *La ligne droite est la ligne entièrement définie par deux de ses points* A *et* B (BARBARIN, 1902).

IV. Définitions diverses. — *a*) *La droite est la ligne dont les extrémités sont ombragées par les points intermédiaires* (PLATON, 4e s. av. J.-C.).

Considérons un point lumineux L placé sur une droite entre ses extrémités A et B. La lumière (dans le vide) se transmettant en ligne droite, les points compris entre L et A d'une part, entre L et B d'autre part, étant supposés opaques, formeront une ombre rectiligne passant respectivement par A et B.

Mais cette définition, tout exacte qu'elle soit, repose sur des données entièrement expérimentales.

b) *La ligne droite est une ligne de direction constante. La ligne courbe est une ligne dont la direction change en chaque point* (UEBERWEG, d'après Delbœuf, 1860).

Cette définition implique la notion de direction, dont nous n'avons qu'une idée vague.

c) *La ligne droite est celle qui, étant menée d'un point à un autre, ne se détourne ni à droite ni à gauche et qui est la plus courte que l'on puisse mener entre ces deux points* (SIMPSON, 1766).

Définition surabondante ; elle implique à la fois la notion de direction et celle de distance.

d) *La trace d'un point qui serait mû de manière à tendre toujours vers un seul et même point est ce qu'on appelle une ligne droite.*

On appelle au contraire ligne courbe la trace d'un point qui, dans son mouvement, se détourne infiniment peu à chaque pas (BEZOUT, 1768).

Définition vague ; on ne voit pas avec précision comment un point tend vers un autre.

e) *La ligne droite est la limite qui sépare en deux parties égales le plan infini et homogène* (BERTRAND DE GENÈVE, 1812).

Définition manquant de précision.

f) *La droite est une ligne homogène, c'est-à-dire dont les parties, prises indifféremment, sont semblables entre elles et ne diffèrent qu'en longueur* (DELBŒUF, 1860).

Cette définition est insuffisante pour caractériser la ligne droite, car elle s'applique également à la circonférence et à l'hélice.

Plan. — I. Définitions reposant sur la notion de distance. — a) *Le plan est le lieu des points également disposés par rapport à deux points* A *et* B (LEIBNIZ, 1679).

Le plan est une série de points dont chacun est à égale distance de deux points donnés (FOURIER, 1795).

On sait, en effet, que le lieu des points de l'espace à égale distance de deux points donnés A et B est un plan perpendiculaire au milieu de la droite AB.

b) *Le plan* ABC *est la surface lieu des points* M *tels qu'il n'y a aucun autre point* D *de l'espace pour lequel on puisse avoir* MA = DA, MB = DB *et* MC = DC, *les points* A, B, C *étant supposés non en ligne droite* (CAUCHY, 1832).

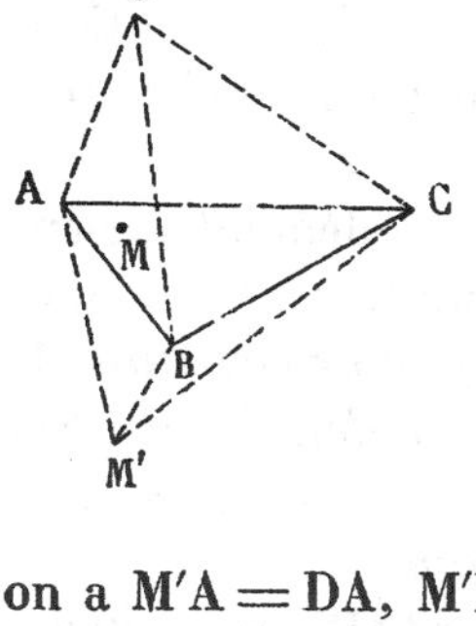

Pour tout point M′ situé en dehors du plan ABC, il y a en effet un point D, symétrique de M′ par rapport à ABC, pour lequel on a M′A = DA, M′B = DB et M′C = DC.

II. Le plan individualisé par deux droites. — a) *La sur-*

face plane est celle qui est également placée entre ses droites (EUCLIDE, 3e s. av. J.-C. ; d'après Peyrard).

Le plan est la surface qui est ex æquo pour toutes les droites qui y sont situées (EUCLIDE, d'après Paul Tannery).

« Si la définition d'Euclide ne paraît pas au premier abord absolument claire, voici comment tous les géomètres sont néanmoins d'accord pour l'entendre :

b) *Le plan est la surface entièrement définie par deux droites déterminées et sécantes* AB *et* AC *qu'elle renferme* » (BARBARIN, 1902).

Cette définition est la généralisation de celle de la droite.

III. Définitions diverses. — *a*) *Le plan est une surface que tous les points d'une ligne droite peuvent toucher* (VARIGNON, 1731).

Le plan est une surface dans laquelle, prenant deux points à volonté et joignant ces deux points par une droite, cette ligne est tout entière dans la surface (LEGENDRE, 1794 ; ROUCHÉ et DE COMBEROUSSE, 1866-91).

On a beaucoup critiqué cette définition, qui paraît inspirée de celle d'Euclide. Elle renferme plus de conditions qu'il n'en faut pour déterminer le plan : deux droites suffisent, et la définition précédente en admet un nombre indéterminé.

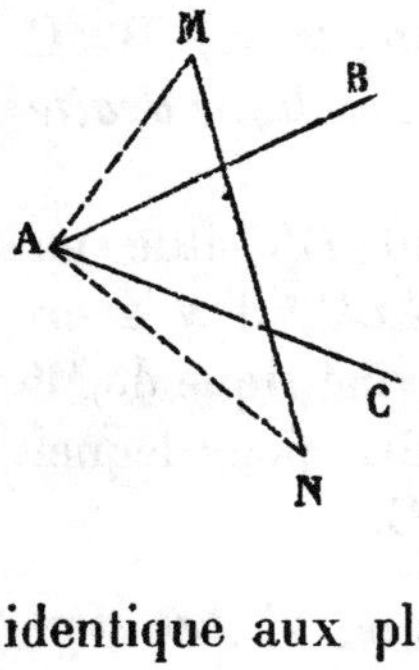

On peut d'ailleurs démontrer, en partant de la définition II, *b*, que *toute droite* MN *ayant deux points* M *et* N *dans un plan défini par les droites* AB *et* AC *est contenue tout entière dans le plan.*

En effet, le plan (AB, AC), étant identique aux plans (AB, AM) et (AB, AN), renferme les droites AM et AN; mais le plan (AM, AN), étant entièrement défini par ces droites, est identique à la fois aux plans (AM, MN) et (AB, AC); donc ce dernier renferme la droite MN.

b) *Le plan est la limite qui sépare en deux parties égales l'espace infini et homogène* (Bertrand de Genève, 1812).

La définition manque de précision.

c) *Le plan est une surface homogène* (Delbœuf, 1860).

Cette définition, généralisation de celle donnée pour la droite par le même auteur, est insuffisante pour caractériser le plan, car elle s'applique également à la surface de la sphère.

d) *Le plan est le lieu des perpendiculaires menées par un point à une droite quelconque de l'espace* (Duhamel, 1866).

Angle. — *a*) *Un angle plan est l'inclinaison mutuelle de deux lignes qui se touchent dans un plan et qui ne sont point placées dans la même direction* (Euclide, 3e s. av. J.-C.).

Il resterait à définir le terme « inclinaison », à moins de l'admettre comme notion première.

Il y a lieu d'observer que le terme « lignes » est mis ici pour « droites » ; les mots « dans un plan » sont superflus puisque les deux droites se rencontrent.

b) *L'angle est la contraction en un seul point d'une surface sous une ligne brisée* (Apollonius, 3e s. av. J.-C. ; d'après Proclus).

Ainsi l'angle rectiligne plan serait formé par la contraction du plan entre deux droites.

Cette définition est moins claire que celle d'Euclide, et on ne peut savoir, d'après les seules citations de Proclus, pour quelles raisons elle a été adoptée par Apollonius.

c) *Lorsque deux droites se rencontrent, la quantité*

plus ou moins grande dont elles sont écartées l'une de l'autre s'appelle angle (LEGENDRE, 1794).

Il y aurait à définir le terme « écartement ».

d) *La considération de deux droites* AB *et* AC *qui se rencontrent conduit à une idée nouvelle qui est celle d'inclinaison mutuelle ou d'angle et qui ne saurait être définie, c'est-à-dire ramenée à une idée plus simple* (DUHAMEL, 1866 ; ROUCHÉ et DE COMBEROUSSE, 1866-91).

e) *On appelle angle la partie d'un plan limitée par deux droites partant d'un même point* (BERTRAND DE GENÈVE, 1812 ; FAIFOFER, 1903).

Ainsi l'angle serait un espace plan, contrairement au 6ᵉ postulat du Livre I des Éléments d'Euclide : *qu'il soit demandé que deux droites ne contiennent pas d'espace.* La notion d'angle éveille plutôt en notre esprit une idée d'inclinaison mutuelle qu'une idée d'espace.

Mais on a surtout critiqué l'emploi abusif qui a été fait de cette définition par Bertrand de Genève.

f) *On appelle angle la figure formée par deux droites qui se rencontrent en un point où on les suppose toutes deux limitées* (DE TILLY, 1880).

Cette définition n'éveille pas en nous une idée précise de l'angle ; elle ne caractérise que sa forme.

Carré et rectangle. — *a*) *Parmi les figures quadrilatères, celle qui a ses côtés égaux et ses angles droits se nomme carré.*

Celle qui a ses angles droits, mais qui n'a pas ses côtés égaux, se nomme rectangle (EUCLIDE, Définitions en tête du Livre I, 3ᵉ s. av. J.-C.).

Ces définitions d'Euclide ont été conservées par Legendre dans ses Éléments de Géométrie de 1794 ; mais le savant français fait à ce sujet les réflexions suivantes : « Dans la définition ordinaire du *parallélogramme rec-*

tangle et du *quarré* on dit que les angles de ces figures sont droits ; il seroit plus exact de dire que leurs angles sont égaux. Car supposer que les quatre angles d'un quadrilatère peuvent être droits, et même que les angles droits sont égaux entre eux, c'est supposer des propositions qui ont besoin d'être démontrées. On éviteroit cet inconvénient et plusieurs autres du même genre, si, au lieu de placer les définitions, suivant l'usage, à la tête d'un livre, on les distribuoit dans le courant du livre, chacune à la place où ce qu'elle suppose est déjà démontré. »

Nous ajouterons qu'Euclide admet bien un peu plus loin, comme axiome, au début du Livre I, que les angles droits sont égaux entre eux, mais il démontre en revanche (Livre I, 32) que la somme des angles d'un triangle est égale à deux droits ; cette dernière proposition sert, comme on sait, à prouver que la somme des angles d'un quadrilatère est égale à 4 droits, et par suite que les quatre angles d'un quadrilatère peuvent être droits.

b) *Parmi les quadrilatères convexes, on distingue : ... le rectangle, qui a tous ses angles égaux entre eux ; ... le carré, qui a ses côtés égaux et ses angles égaux ; ...* (Rouché et de Comberousse, 1866-91).

Ces définitions ne donnent plus lieu à critique, si l'on admet que les côtés et les angles d'un polygone peuvent être tous égaux.

Parallélogramme. — *a*) *Parmi les figures quadrilatères, ... celle dont les côtés et les angles opposés sont égaux, mais dont tous les côtés ne sont pas égaux et dont les angles ne sont pas droits, se nomme rhomboïde* (Euclide, 3e s. av. J.-C.).

Robert Simpson (18e s.) a fait observer que cette définition renferme une condition superflue, car si les côtés opposés d'un quadrilatère sont égaux, les angles opposés sont nécessairement égaux.

b) *Parmi les quadrilatères, on distingue... le parallélogramme, qui a les côtés opposés parallèles* (LEGENDRE, 1794).

Circonférence et cercle. — *a*) *Un cercle est une figure plane comprise par une seule ligne qu'on appelle circonférence, et telle que toutes les droites menées à la circonférence d'un des points placés dans cette figure sont égales entre elles* (EUCLIDE, 3ᵉ s. av. J.-C.).

b) *Une ligne en mouvement étant placée de telle sorte que deux de ses points* A *et* B *restent immobiles, un autre point quelconque* C *de cette ligne décrit une circonférence* (LEIBNIZ, 1679).

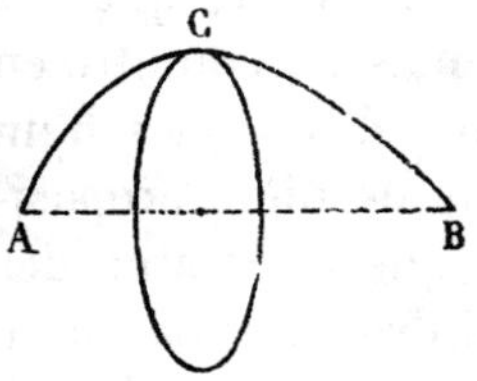

c) *La circonférence du cercle est une ligne courbe dont tous les points sont également distants d'un point intérieur qu'on appelle centre* (LEGENDRE, 1794. — ROUCHÉ et DE COMBEROUSSE, 1866-91).

d) *La circonférence est un assemblage de points dont chacun est à une distance donnée de deux points donnés* (FOURIER, 1795).

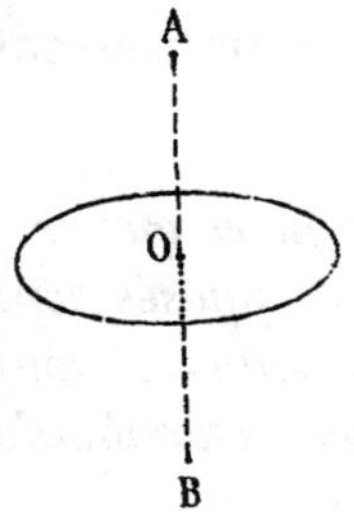

La circonférence ainsi définie est contenue dans le plan perpendiculaire mené par le milieu O de la droite qui joint les points donnés A et B, et son centre est en O.

e) *Prenons dans un plan un segment* OA *et sur ce segment un point* M ; *imaginons que le segment tourne autour du point* O, *tout en restant dans le plan et jusqu'à ce qu'il ait repris sa position primitive. Par ce mouvement, le segment* OM *décrit une portion de plan qui s'appelle cercle. Le point* M, *dans le mouvement considéré, décrit le contour du cercle ; cette ligne s'appelle circonférence* (Faifofer, 1903).

Figures égales. — *Deux figures sont égales quand on peut les superposer ; pour les superposer, il faut déplacer l'une d'elles jusqu'à ce qu'elle coïncide avec l'autre ; mais comment faut-il la déplacer ? Si nous le demandions, on nous répondrait sans doute qu'on doit le faire sans la déformer et à la façon d'un solide invariable ; le cercle vicieux serait alors évident.*

En fait, cette définition ne définit rien : elle n'aurait aucun sens pour un être qui habiterait un monde où il n'y aurait que des fluides. Si elle nous semble claire, c'est que nous sommes habitués aux propriétés des solides naturels qui ne diffèrent pas beaucoup de celles des solides idéaux dont toutes les dimensions sont invariables.

Cependant, tout imparfaite qu'elle soit, cette définition implique un axiome, la possibilité du mouvement d'une figure invariable (Poincaré, 1891).

Polygones semblables. — *a*) *Les figures rectilignes semblables sont celles dont les angles sont égaux chacun à chacun et dont les côtés placés autour des angles égaux sont proportionnels* (Euclide, 3e s. av. J.-C.).

Cette définition a été conservée, sous une forme un peu différente, par les auteurs modernes. Legendre, qui lui-même l'a adoptée dans ses Éléments de géométrie (1794), fait observer qu'elle contient trois conditions de trop ; mais c'est précisément la difficulté de faire rentrer le nombre strictement nécessaire de conditions dans une définition simple qui a fait qu'on n'a pas modifié celle d'Euclide, en France tout au moins.

Dans d'excellents *Éléments de Géométrie* dont la 13e

édition italienne a été traduite en français en 1903, M. Faifofer suppose une correspondance établie entre les points de deux figures, d'où le nom de *segments correspondants* et *d'angles correspondants* ; il donne alors la définition suivante :

b) *Si l'on peut établir, entre les points de deux figures, une correspondance univoque telle que deux angles correspondants quelconques soient égaux, on dit que les deux figures sont semblables.*

Mais, avec cette définition, l'exposition de la théorie de la similitude se trouve compliquée.

§ 2. — Dénominations.

Triangle. — Dans le Manuel égyptien d'Ahmès (2000 av. J.-C.), la base d'un triangle isocèle porte le nom de *tepro* (bouche) et le côté celui de *merit* (le large).

Les Grecs appellent le triangle *trigone* (3 angles) ou *tripleure* (3 côtés) ; il est *isocèle* (jambes égales) si deux de ses côtés sont égaux, *isopleure* (côtés égaux) si les trois côtés sont égaux, *scalène* (inégal) si les trois côtés sont inégaux, *orthogone* si un angle est droit, *ambligone* si un angle est obtus et *oxigone* si les trois angles sont aigus.

Les Romains emploient divers termes pour désigner le triangle : *triangulum, trigonum, triquetrum.* Il est *orthogone* ou *rectangle, isocèle, équilatéral* ou *isopleure, scalène, obtusangle, acutangle.*

Les qualificatifs grecs *isopleure, orthogone, ambligone* et *oxigone* se retrouvent au Moyen âge et à la Renaissance chez la plupart des auteurs.

Chez les Hindous, l'*avant-char* est un triangle isocèle dont la hauteur est égale à la base.

La hauteur d'un triangle est désignée chez les Grecs

par les mots *hupsos* (signifiant hauteur dans le sens général) ou *cathète* ; ce dernier terme est employé chez les Latins en même temps que *altitude*. Les Arabes se servent du mot *colonne*, et dans un manuscrit français de la fin du 13e siècle on trouve le terme *livel* ou *liviax* (niveau, verticale).

Les agrimenseurs romains désignent l'hypoténuse d'un triangle rectangle par le mot *podismus*.

Chez les Hindous, l'un des côtés d'un triangle étant pris pour *base*, les deux autres sont les *jambes* ; la hauteur relative à la base est la *perpendiculaire* ; les deux portions de base déterminées par le pied de la hauteur sont les *segments*. Dans le triangle rectangle, l'un des côtés de l'angle droit est le *côté*, l'autre le *droit*.

Quadrilatère. — On le dénomme *tétrapleure* (4 côtés) chez les Grecs, et en particulier *trapèze* (4 pieds) si ses quatre côtés sont inégaux.

C'est le *tétragone* des Hindous ; ceux ci donnent au plus grand côté le nom de *base* ; le côté opposé à la base est le *sommet*, et les deux autres côtés sont les *flancs*.

Les Latins lui donnent des noms divers: *quadrilatère*, *quadrangle* chez Alcuin (8e s.), *tétragone* dans la Géométrie de Gerbert (10e-11e s.), *helmuariphe* chez Campanus (13e s.) et à la Renaissance ; on reconnaît l'origine arabe de ce dernier mot. Le côté opposé à la base est la *corauste* dans la Géométrie de Gerbert.

Dans un manuscrit français de la fin du 13e siècle, c'est la *combe* (1) *non équilatère* ; pour Errard de Bar-le-Duc (16e s.), le quadrilatère est un *trapézoïde*.

Chez les Grecs un quadrilatère ayant un angle rentrant est un *koïlogone* (de *koïlos*, creux, et *gonia*, angle); pour

---

(1) Combe, vallée étroite.

Léonard de Pise (13e s.), c'est la *figure barbue* (ou en forme de barbe).

En Angleterre, on donne actuellement le nom de *kite* (cerf-volant) à un quadrilatère convexe ayant deux côtés consécutifs égaux, ainsi que les deux autres. C'est un *spear-head* (fer de lance) si ce quadrilatère possède un angle rentrant.

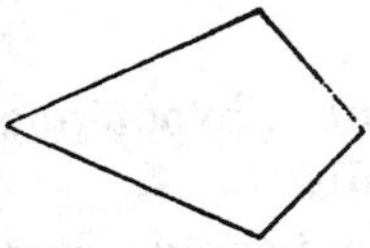

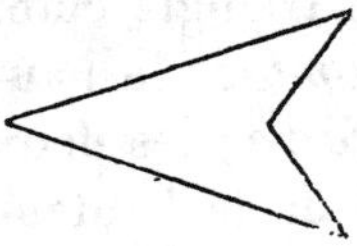

Carré. — C'est le *tétragone* chez les Grecs. Il est parfois appelé, dans la Collection héronienne, *tétragone équilatéral rectangle* : cette dernière dénomination est en même temps, comme on voit, une définition précise.

Pour les Romains, c'est le *quadratum*, dont, par corruption, on a fait *carré*.

Losange. — Les Grecs l'appellent *rhombe* ; dans les écrits héroniens, on le désigne aussi sous la dénomination de *tétragone équilatéral non rectangle*.

Le nom de *rhombe* lui a été conservé à peu près exclusivement jusqu'à la Renaissance. Toutefois, Vincent de Beauvais (13e s.) l'appelle *climiam*, Campanus (13e s.) *helmuayn*, et le manuscrit français du 13e siècle *combe équilatère*.

Le terme *losange* ne serait autre que l'ancien mot français « losange » (louange) et proviendrait de ce que les armoiries destinées à rappeler les hauts faits des seigneurs féodaux, à faire leur louange, étaient jadis encadrées dans un rhombe.

Parallélogramme. — Les Grecs l'appellent *rhomboïde*, Vincent de Beauvais (13e s.) *simile climiam*, et Campanus (13e s.) *similis helmuayn*.

« Le mot *parallélogramme,* suivant son étymologie, signifie *lignes parallèles* ; il ne convient pas plus à la figure de quatre côtés, qu'à celles de six, de huit, etc. dont les opposés seroient parallèles. Le mot *parallélipipède* signifie de même *plans parallèles,* il ne désigne pas plus le solide à six faces que ceux qui en auroient huit, dix, etc. dont les opposées seroient parallèles. Il paroît donc que les dénominations de parallélogramme et parallélipipède, qui d'ailleurs ont l'inconvénient d'être fort longues, devroient être bannies de la géométrie. On pourroit leur substituer celles de *rhombe* et *rhomboïde* qui sont beaucoup plus commodes et conserver, si l'on vouloit, le nom de *lozange* au quadrilatère dont les côtés sont égaux » (Legendre, 1794).

Rectangle. — On le dénomme *hétéromèque, parallélogramme orthogone,* ou simplement *orthogone* chez les Grecs, *rectangle* et *tétragone plus long par un autre côté* chez les Latins, *oblong* chez les Hindous, *tétragone long* et *barlong* vers la fin du Moyen âge et à la Renaissance.

Trapèze. — Dans le Manuel égyptien d'Ahmès (2000 av. J.-C.) on voit figuré un trapèze isocèle dont la grande base porte le nom de *tepro* (bouche), la petite base celui de *troncature* ou *sectionnante,* les côtés celui de *merit* (le large).

Le trapèze actuel est appelé *mensa* (table) ou *mensula* par les Latins. Chez Vitruvius Rufus (2e s.) un *trapèze rectangle* est énoncé sous la même dénomination qu'aujourd'hui ; la petite base est le *sommet* et le côté perpendiculaire aux deux bases est la *cathète.* Dans la Géométrie de Gerbert (10e-11e s.) figure de même un trapèze rectangle dénommé simplement *trapèze* ; on y distingue la *base,* la *corauste* ou petite base et la *cathète.*

Léonard de Pise (13e s.) considère le trapèze comme

une sorte de quadrilatère *ayant la tête enlevée*. Stevin (16e s.) l'appelle *hache* parce que, dit-il, il ressemble mieux à une hache qu'à une table.

C'est vers le milieu du 18e siècle que le terme *trapèze* a été appliqué en France au quadrilatère ayant deux côtés parallèles ; il avait déjà eu cette signification particulière chez quelques auteurs grecs de la décadence, notamment chez Pappus (4e s.).

Cercle. — Chez les Grecs le cercle est désigné par le mot *kuklos,* dont nous avons fait *cycle,* et chez les Romains par le mot *circulus* (diminutif de *circus,* cirque), dont nous avons fait *cercle.*

Le mot *diamètre* est d'origine grecque ; les Romains s'en servent également, en même temps que de la dénomination *ligne pour mesurer.*

Les Grecs n'ont pas de terme spécial pour désigner le rayon ; ils l'appellent *ligne qui part du centre*. Les Latins emploient les mots *semi-diamètre* et *radius,* dont nous avons fait *rayon*. Les Hindous désignent ce dernier par le même mot que l'ouverture de compas, c'est-à-dire par le mot *carcata* (littéralement *écrevisse*). Chez les Arabes c'est le *semi-diamètre*.

Les termes *arc, flèche* et *corde* ont été empruntés à l'art de la guerre ; le dernier seul est d'origine grecque.

Le secteur est appelé chez les Grecs *tomeus* (coupeur), chez les Latins *sector,* chez les Arabes *échancrure*.

Le Grec Proclus (5e s.) appelle *angle en forme de corne* l'angle mixtiligne que font entre eux un arc de cercle et la tangente à une extrémité de cet arc.

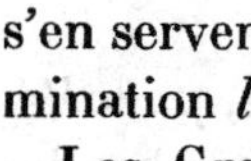

La partie AB de la ligne des centres comprise dans la surface commune à deux cercles sécants O et O' est la *morsure* chez les Hindous. Ce segment intervenait dans le calcul des éclipses ; dans la mythologie aryenne, celles-ci étaient causées par la morsure d'un dragon nommé Râhu. C'est également la raison pour laquelle le fuseau AMBN commun aux deux sphères engendrées par les cercles O et O′ en pivotant autour de leurs centres était appelé par les astronomes hindous la *bouchée* ou le *morceau*.

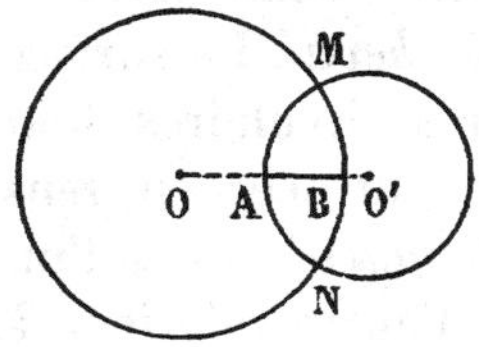

Surfaces limitées par des arcs de cercle. — La surface ombrée ci-contre comprise entre trois demi-circonférences tangentes deux à deux est désignée chez Archimède (3e s. av. J.-C.) par le mot *arbelos* (tranchet de cordonnier).

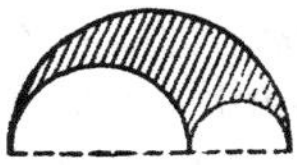

La surface ombrée de la figure ci-contre comprise entre quatre demi-circonférences tangentes deux à deux est appelée *salinon* (figure de la houle) par Archimède ; d'après Heiberg, il faudrait lire *selinon* (lierre).

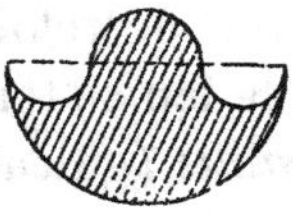

Chez les Hindous, la surface formée par deux arcs de cercle dont les convexités sont tournées du même côté et par la droite qui les coupe est une *dent d'éléphant* ; la surface formée par deux arcs de cercle égaux dont les convexités sont tournées en sens contraires est un *grain d'orge* ; celle constituée par un segment de couronne circulaire est une *jante de roue*.

Chez les Arabes, la surface limitée par deux arcs de cercle dont les convexités sont tournées du même côté, et tous deux plus petits que la demi-circonférence, est une *lune* (*croissant* chez les Hindous); si les arcs sont plus grands qu'une demi-circonférence, c'est un *fer à cheval*. La surface limitée par deux arcs circulaires dont les convexités sont tournées en sens contraires est appelée *myrobolan* si l'un des arcs est égal et l'autre inférieur à une demi-circonférence; c'est un *navet* si les deux arcs sont plus grands qu'une demi-circonférence.

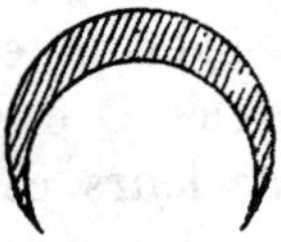

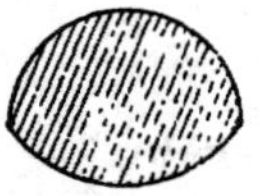

Solides. — Les mots *prisme, parallélépipède, tétraèdre, octaèdre, cube, cylindre, cône, sphère* sont d'origine grecque; en particulier, *prisme* signifie dans son sens général « chose sciée », et *cylindre* dérive d'un verbe signifiant « faire rouler ». Le terme *pyramide,* qu'on faisait dériver autrefois de mots grecs, soit de *pur* (feu) parce que le feu se termine naturellement en pointe, soit de *puramis* (gâteau conique qu'on offrait aux morts), se rattache simplement, d'après MM. Revillout, à l'égyptien *pir-em-us* qui désignait la hauteur abaissée du sommet de la pyramide sur la base.

Les Grecs appellent *plinthide* (carreau) un parallélépipède rectangle, dont l'une des dimensions est inférieure aux deux autres supposées égales; c'est un *dokos* (solive) si cette dimension est supérieure aux deux autres égales. Un *bomisque* (autel) est le polyèdre en forme de tas de sable.

Chez les Hindous, le tétraèdre est un *solide à six arêtes,* la pyramide et le cône sont des *aiguilles* ou des *solides aigus.*

Figures égales et équivalentes. — Chez Euclide, ce

terme s'entend aussi bien des figures pouvant coïncider par superposition que de celles ayant même surface ou même volume.

Legendre (1794) introduit le qualificatif *équivalentes* pour désigner les figures ayant des aires égales.

Dans certains pays étrangers, en Allemagne notamment, ces dernières figures sont encore appelées *égales* ; les figures superposables sont dites *congruentes* (du latin *congruo, ere*, coïncider).

Divers. — Les Pythagoriciens (6e-5e s. av. J.-C.) appellent *gnomon* la figure obtenue en retranchant d'un carré ABCD un carré EFCG. « Lorsqu'on place un gnomon autour d'un carré, la grandeur varie, mais la forme ne change pas » (Aristote).

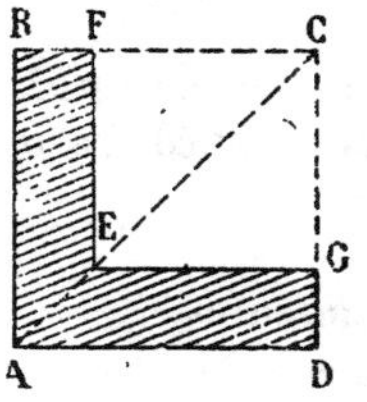

On trouve dans les Éléments d'Euclide (3e s. av. J.-C.) la notion du gnomon étendue à un parallélogramme quelconque.

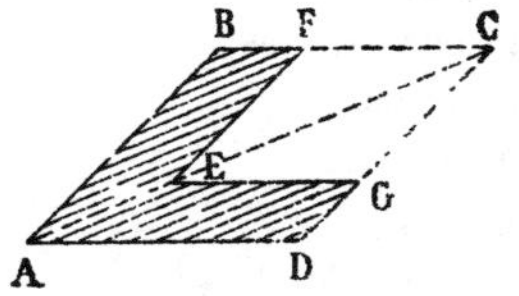

Le problème du partage d'un segment de droite en moyenne et extrême raison porte chez les Grecs la dénomination de *segment d'or* ; et à la Renaissance, de *proportion divine*.

Les polyèdres réguliers sont *les figures du cosmos* pour les Pythagoriciens. En particulier, ceux-ci donnent au cube, dont les trois dimensions sont égales entre elles, le nom d'*harmonie*.

Les polygones étoilés sont, au Moyen âge, désignés par le qualificatif d'*égrédients* (à angles saillants). Képler (17e s.) paraît leur avoir donné la dénomination qu'ils ont conservée depuis ; il appelle les polygones réguliers ordinaires *figures régulières primaires* ou *radicales*.

Dans un manuscrit français du 13e siècle, l'aire plane est désignée par le mot *planeces* ; la superficie de la sphère est appelée *orneure du cercle* (terme qui correspond probablement à *ornière*).

Pour Albert Dürer (16e s.), l'ellipse est la *ligne de l'œuf*, l'hyperbole la *ligne de la fourche*, la parabole la *ligne du feu*, et la spirale la *ligne de l'escargot*.

§ 3. — Curieuses définitions.

La Géométrie pratique composée par le noble philosophe maistre CHARLES DE BOVELLES (2e éd. Paris, 1566).

AU LECTEUR.

Amy lecteur, qui cherches les mesures,
Et quantitez des lignes et figures,
Et de tous corps, par art de Geometrie
Et plusieurs poincts et secrets d'industrie
Qui en cest art sont trouvez plus notables,
Et pour les gens d'esperit profitables,
Qui leur sçavoir redigent en effect :
Avoir te fault ce livre, qui fut faict
Dedans Noyon, par Charles de Bovelles,
Qui n'est jamais sans faire œuvres nouvelles.
Entens le donc, et si n'oublie pas
L'esquiere droict, la Reigle et le Compas :
Car de ces trois despend l'art et practique,
Et le profit du sçavoir géométrique.

Du poinct. — Le poinct ressemble à l'unité en Arithmétique ; car comme unité n'est pas nombre, mais est le commencement et principe de tous nombres : aussi le poinct est commencement de toute longueur, et de toute corporelle dimension, n'ayant en soy ne longueur, ne largeur, ne profondité.

De la ligne. — La ligne est semblable et proportionnée au nombre de deux. Car à tout le moins deux poincts sont necessaires à produire et tirer une ligne de l'un jusques à l'autre : comme il appert par la ligne AB. La ligne tient une seule dimension, car elle est seulement longue, sans largeur et sans profondité.

De la plaine, autrement dicte superficie. — Ressemble par juste proportion au nombre de trois : car pour le moins sont necessaires 3 points pour clorre et fermer une plaine. Au moindre champ de terre, quel qu'il soit, faut 3 lisières pour le fermer : comme il appert au triangle ABC. La plaine est longue, et large, sans profondité.

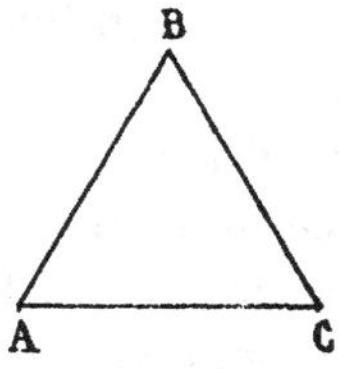

Du corps. — Le corps se prend en Geometrie non par la substance du corps humain subject et servant à l'âme, mais pour toute mesure corporelle ayant trois dimensions, c'est à sçavoir, longueur, largeur et profondité. Et ressemble le corps au nombre de quatre. Car pour le moins faut quatre poincts pour clorre et constituer un corps. Comme il appert au corps triangulaire ou pyramidal ABCD, ayant longueur, largeur et haulteur.

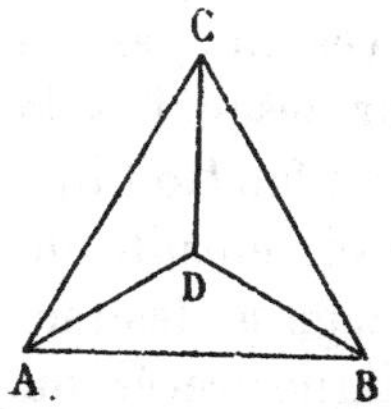

De l'angle droict. — L'angle droict est le plus noble, et principal des angles.

Du cercle. — Le cercle est la plus belle et la plus noble figure de toutes les autres superficies.

Elemens de géométrie, par Louis Bertrand
(Paris-Genève, 1812).

Du plan, de la ligne droite. — Jadis, un chasseur ayant tué dans la plaine un daim d'un coup de flèche, voulut savoir à quelle distance il avoit atteint sa proie ; et à cet effet, posant successivement son arc sur cette distance, il trouva dans le nombre de fois qu'il put l'y poser, la longueur qu'il avoit intention de mesurer. Puis réfléchissant à cette circonstance que lorsqu'il posoit son arc sur le terrain, il fesoit une singulière attention à ne le poser que selon une certaine direction, exclusive de toute autre ; cette direction, dit-il, qu'on nomme ligne droite, et dont j'ai une idée si claire, si l'on me demandoit en quoi elle consiste et ce qui la distingue de toute autre, comment répondrois-je ? Dirois-je que c'est la direction que suit une flèche au sortir de l'arc, ou celle que prend un fil chargé d'un plomb quand il est retenu par son autre extrémité ; ou mieux encore celle d'un rayon de lumière qui pénètre dans un lieu obscur ? Mais aucune de ces images ne mettroit sous les yeux les propriétés par lesquelles la ligne droite se distingue de toute autre ; il en faudroit une qui les fît au moins entrevoir ; on tâcheroit ensuite de s'en faire des idées distinctes. Or cette image à désirer, ne seroit-elle pas celle que présente une ligne tracée au cordeau sur une plaine ? Abstraction faite des bornes de la plaine, cette ligne ne la partageroit-elle pas en deux parties égales, sans se porter vers l'une plus que vers l'autre ? Ces idées ne se rapprocheroient-elles pas encore plus des idées abstraites si l'on substituoit à la plaine la surface d'un lac parfaitement calme, et à la ligne tirée au cordeau sur cette plaine, le trait subtil que l'imagination trace de droit fil sur la surface de ce lac ? Par rapport ensuite à cette surface, qu'on qualifieroit de plâne, ne diviseroit-elle pas l'espace en deux parties égales sans se porter vers l'une plus que vers l'autre et ne seroit-ce pas en cela que consisteroit son caractère distinctif ?...

Le dessin expliqué par la nature, par Mme MARIE PAPE-CARPENTIER (2e éd. Paris, 1873).

Point et lignes. — Le *point* est à la fois l'étoffe dont se compose la ligne et le but qui l'attire sans relâche. Chaque point existe jusqu'au moment où la *ligne* l'atteint et l'absorbe. Puis elle passe outre, et continue sa marche vers des points plus éloignés qu'elle atteindra et dépassera successivement.

Cette extension perpétuelle de la ligne alimentée par les points sans cesse renaissants, c'est l'extension perpétuelle de l'activité humaine, alimentée par les désirs incessants, marchant de celui qui est réalisé à celui qui ne l'est pas encore ; les atteignant l'un après l'autre ; et les voyant se succéder jusques aussi loin que se prolongent cette activité humaine et cette ligne géométrique : jusque dans l'inépuisable infini...

Le caractère moral auquel se rapporte la *ligne courbe,* c'est la douceur ; le caractère auquel correspond la ligne droite, c'est la rigueur.

L'une représente le cours de la vie pratique, toute de nécessités, de rapports avec nos proches, nos semblables, vie pleine de ménagements pour autrui, de concessions réciproques, de condescendance mutuelle.

L'autre représente la vie théorique, l'idéal, l'IDÉE

hardie, indépendante, absolue ! Ainsi que l'idée, la ligne droite part, s'élance comme une flèche sans frein dans une carrière sans terme. Nulle circonstance ne modifie son inflexible tracé, nulle complaisance ne la fait dévier dans son élan superbe...

La ligne courbe représente la douceur, la bienveillance, la charité. Appuyée sur la ligne droite de l'axe, elle la suit dans sa carrière, mais en l'enveloppant pour en voiler la rigueur. C'est la clématite et le chèvrefeuille vêtissant l'ormeau sévère de leurs enlacements parfumés.

Comme la charité, la ligne courbe se développe conciliante, sympathique. Elle condescend à toutes les nécessités de notre vie, se prête à toutes les créations artistiques de notre imagination et se diversifie de mille manières pour la satisfaction de nos besoins et le plaisir de nos yeux. A la grâce elle joint la force et la fécondité. Ses révolutions produisent des solides qui la rappellent. Elle s'avance vers un but indiqué par sa propre courbure et s'étaye de tous les rayons qu'elle embrasse. Elle est forte de sa mesure, de son harmonie et de sa variété ; et porte vaillamment sur ses arcs grandioses les tabliers de nos ponts, les voûtes de nos tunnels, comme elle soutient depuis des siècles les aqueducs des vieilles cités romaines et les contreforts de nos antiques cathédrales.

Cône. — Dans l'ordre moral, le cône indique une des meilleures formes que puisse emprunter le progrès. Il pénètre, mais sans lutte, sans déchirement. Un seul point de contact lui suffit, une idée, une vérité, il ne lui en faut pas davantage. Le marteau écrase, la torche incendie, la violence révolte et fait crier vengeance aux pierres mêmes. Le cône fait tranquillement et sûrement sa route à travers le bois et le fer, comme le progrès fait la sienne à travers le monde.

Cylindre. — Le cylindre, modelé sur la base du cône, vient après lui comme pour soutenir ce qui a été établi et perfectionner ce qui a besoin de l'être. Debout, le cylindre fournit les colonnes aux édifices, le piédestal aux morts, la vis d'Archimède aux vivants.

Couché, tantôt il lamine les métaux, empierre les routes, broie le cacao, glace le papier, lustre les étoffes ; tantôt, canal sûr et économique, il se prolonge sous le pavé des rues pour distribuer aux habitations la lumière, l'eau, la chaleur ; ou se dresse dans les airs pour conduire et porter loin de nous les gaz infects, la fumée noire.

Le cylindre, c'est encore le fifre aux notes agiles, la flûte aux doux sons, la flûte de Pan, les cordes de la harpe, les tuyaux de l'orgue majestueux.

La géométrie à l'Académie française (Dictionnaire de l'Académie, 7e éd., 1877).

On va voir que le dictionnaire de l'Académie ne brille, en ce qui concerne les termes de géométrie, ni par la précision, ni par la rigueur.

Ligne. — Trait simple, considéré comme n'ayant ni largeur ni profondeur.

Trait. — Ligne qu'on trace avec la plume.

Surface. — Superficie, l'extérieur, le dehors d'un corps.

Superficie. — La surface ou l'étendue d'un corps solide, considéré quant à sa longueur et à sa largeur, sans égard à sa profondeur, à son épaisseur.

Volume. — L'étendue, la grosseur d'une masse, d'un corps, d'un paquet.

Angle. — Ouverture de deux lignes qui se rencontrent en un point, inclinaison qu'elles ont l'une sur l'autre.

Inclinaison. — Exprime en mathématiques la relation d'obliquité (?).

Obliquité. — Inclinaison d'une ligne ou d'une surface sur l'autre.

Convexe. — Se dit, par opposition à concave, d'une surface bombée sphériquement.

On ne voit pas pourquoi la surface doit être sphérique.

Bomber. — Rendre convexe.

Concave. — Se dit, par opposition à convexe, d'une surface creusée sphériquement.

Parallélogramme. — Quadrilatère dont les côtés opposés sont égaux et parallèles.

Définition surabondante ; il suffit que deux côtés opposés soient égaux et parallèles.

La 6e édition du dictionnaire définissait ainsi le parallélogramme : *Figure plane dont les côtés opposés sont parallèles.* Tous les polygones réguliers d'un nombre pair de côtés sont compris dans cette dernière définition.

Carré. — Se dit d'une surface plane qui a quatre côtés et quatre angles droits.

« Surface plane » et « polygone » sont synonymes en langage académique. Il en résulte aussi que tous les rectangles seraient en même temps des carrés, car on a omis de dire que les quatre côtés doivent être égaux.

Arc. — En termes de géométrie, signifie une portion quelconque du cercle lorsqu'elle est moindre que sa moitié.

On confond ici les mots « cercle » et « circonférence » ; la restriction « lorsqu'elle est moindre que sa moitié » est d'ailleurs contraire à ce qui est admis en géométrie.

Cylindre. — Corps de figure longue et ronde et d'égale grosseur partout.

Cette définition se passe de commentaires.

Géométrie Nouvelle humoristico-intuitive,
par H. Baron (Angers, 1893).

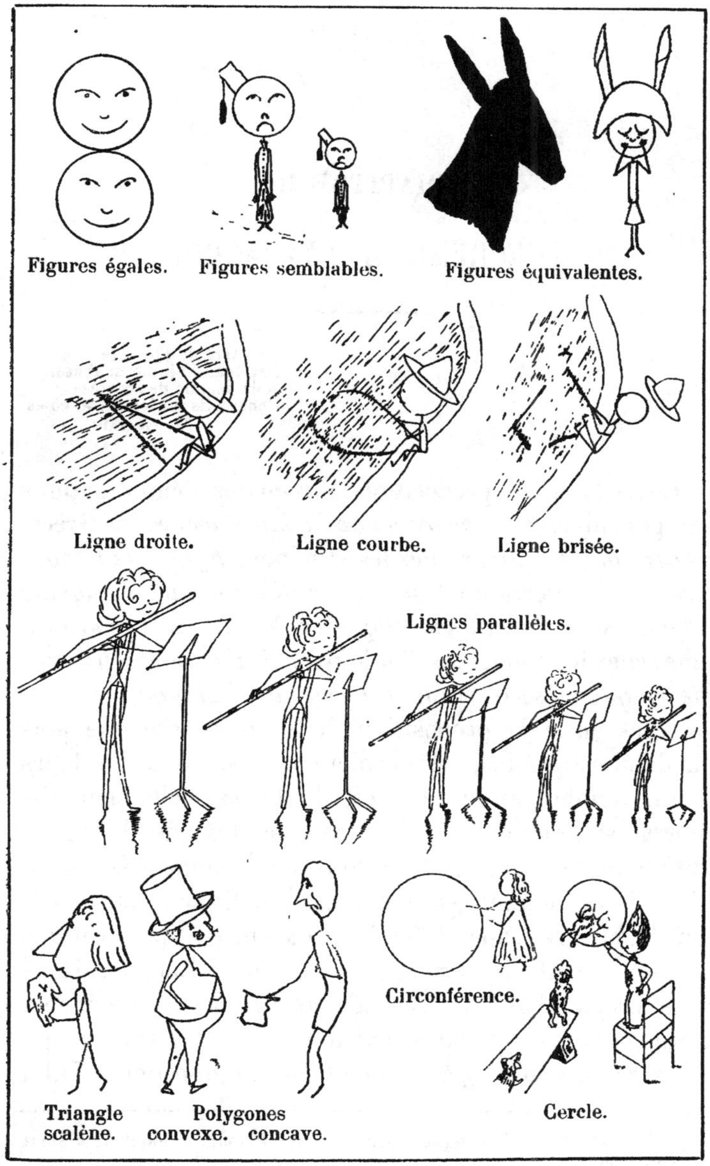

CHAPITRE II

THÉORÈME DE PYTHAGORE

Le carré de l'hypoténuse
Est égal, si je ne m'abuse,
A la somme des carrés
Construits sur les autres côtés.
Fr. NOHAIN.

Cette fameuse proposition a reçu les dénominations les plus diverses : *théorème de la mariée* chez les Grecs, *chaise de la mariée* chez les Hindous, *figure de l'épousée* chez les Persans [1], *invention digne d'une hécatombe* et *maître de la mathématique* au Moyen âge, *pont aux ânes* chez les collégiens d'aujourd'hui, *théorème du carré de l'hypoténuse* et enfin *théorème de Pythagore*.

C'est aussi la proposition dont on a donné le plus de démonstrations ; ces dernières se réduisent d'ailleurs à un nombre assez restreint de types réellement distincts, si l'on ne tient pas compte des cas de figure différents, ce que nous ferons en général. La solution étant donnée pour un cas de figure déterminé, on l'adaptera sans difficulté aux autres cas, comme nous le montrerons pour la solution d'Euclide. Nous rejetterons d'ailleurs les démonstrations détournées dont on trouve quelques exemples dans les auteurs qui se sont occupés spécialement de la question. Enfin

---

[1] Le théorème réciproque porte chez les Persans le nom de « sœur de l'épousée ».

nous indiquerons, pour chaque solution, l'ouvrage le plus ancien où nous l'avons rencontrée.

Notations. — Dans ce qui va suivre nous désignerons par ABC le triangle considéré, rectangle en A. Afin de simplifier l'écriture, nous représenterons par a^2, b^2 et c^2 les carrés construits sur l'hypoténuse a et sur les côtés b et c ($b < c$), par le signe $=$ l'égalité de deux figures superposables, c'est-à-dire non seulement égales en aire, mais encore en éléments, et enfin par le signe $\equiv$ l'équivalence de deux figures ayant même aire.

§ 1. — Historique.

Sur le triangle 3, 4, 5. — On sait que le triangle dont les côtés sont égaux respectivement à 3, 4, 5 unités de longueur est rectangle, car $3^2 + 4^2 = 5^2$. Ce triangle a joué un grand rôle dans l'antiquité, où on lui attribuait un caractère en quelque sorte sacré. Chez les Grecs, il paraît avoir été considéré comme le symbole du mariage ; Platon l'a fait entrer dans la composition de son célèbre *nombre nuptial*.

Plutarque (Sur Isis et Osiris, 1er s.) le dénomme « le plus beau des triangles » et rapporte que c'est à lui que les Égyptiens assimilaient « la nature de l'univers ». Parmi les propriétés énumérées par l'écrivain grec, il nous suffira de citer les suivantes : « 3 est le premier nombre impair (l'unité n'était pas alors considérée comme un nombre), 4 est le carré du premier nombre pair 2, et 5 est la somme de 3 et de 2 ; le carré de 5 donne le nombre des lettres de l'alphabet égyptien et celui des années que vivait le bœuf Apis. » On peut ajouter que l'aire de ce triangle est 6, nombre entier qui suit 5, et que le cube de cette aire est égal à la somme des cubes des côtés : $6^3 = 3^3 + 4^3 + 5^3$.

Nous avons vu (Introd., §§ 1 et 4) que les harpédonaptes égyptiens et les prêtres hindous se servaient du triangle 3, 4, 5 pour élever sur le terrain une perpendiculaire à une droite. Cette propriété était également connue des Chinois, car elle est signalée dans le Tcheou-pei (Introd., § 1).

L'auteur du théorème général est-il Pythagore ? – Mais de cette remarque que dans le triangle 3, 4, 5 la somme des carrés des deux côtés est égale au carré de l'hypoténuse, il restait un pas considérable à franchir pour découvrir et prouver que cette propriété s'étend à un triangle rectangle quelconque. Il paraît hors de conteste que cette conception est due à Pythagore, car elle constitue la base de ses recherches géométriques et arithmétiques.

Toutefois, cette question d'attribution au célèbre philosophe grec a été l'objet de nombreuses discussions ; sur la découverte du théorème lui-même est venue en effet se greffer une légende relative à un sacrifice de Pythagore à ce sujet, et cette légende a été fort controversée.

La première mention qui en ait été faite se trouve dans l'Architecture de Vitruve (1er s.), où l'auteur latin, après avoir rappelé la propriété du triangle 3, 4, 5 d'être rectangle, conclut ainsi : « Quand Pythagore eut fait cette découverte, il ne douta pas qu'elle ne lui eût été inspirée par les Muses, et l'on dit qu'en action de grâces il leur fit un sacrifice. »

Plutarque (1er s.) rapporte les vers suivants d'un logisticien du nom d'Apollodore, vers qui sont peut-être l'origine de la version de Vitruve :

> Pythagore inventant la célèbre figure
> Offrit une victime et rendit grâce aux dieux.

Cependant, on ne reconnaît pas dans ces vers, d'une

façon précise, le théorème qui nous occupe. Diogène Laerce (3e s.) reproduit les vers d'Apollodore, en mentionnant non plus une seule victime, mais une *hécatombe.*

Citons maintenant Proclus (5e s.) : « Si l'on écoute ceux qui veulent raconter l'histoire des anciens temps, on peut en trouver qui attribuent ce théorème à Pythagore et lui font sacrifier un bœuf après sa découverte. »

Mais d'un autre côté, les auteurs antiques sont à peu près unanimes à reconnaître que les Pythagoriciens se refusaient à répandre le sang, ce qui conduit Cicéron à douter de la véracité de la légende.

Un écrivain grec du 3e s., Porphyre, va nous permettre de concilier ces témoignages contradictoires. Après avoir rappelé que l'usage était chez les Pythagoriciens de donner en offrande des pains, des gâteaux, de l'encens, de la myrrhe, mais jamais d'animaux, il ajoute : « Les auteurs les plus dignes de foi disent qu'il (Pythagore) offrit un *bœuf de pâte de froment* après avoir découvert que le carré de l'hypoténuse est égal à ceux des deux autres côtés. »

En résumé, comme l'a dit A. J. H. Vincent, cette fameuse hécatombe sur laquelle on a fait tant de commentaires se réduirait à un bœuf...... de pain d'épice.

Quelle a été la démonstration de Pythagore? — La démonstration la plus ancienne qui soit connue du théorème du carré de l'hypoténuse, et qui est encore la plus répandue, est celle qui est contenue dans les Éléments d'Euclide ; mais suivant le rapport formel de Proclus, elle est due au géomètre alexandrin.

Il est assez difficile de conjecturer quelle a pu être la démonstration employée par Pythagore. Nous donnons plus loin (§ 3, X) l'essai de restitution qui en a été fait par Bretschneider et qui repose sur la représentation géométrique de la formule

$$(b+c)^2 = b^2 + 2bc + c^2.$$

Selon M. Paul Tannery, la géométrie de Pythagore était assez avancée pour qu'il pût faire cette démonstration au moyen des triangles semblables. D'après M. Cantor enfin, on devait, pour établir la proposition, distinguer un grand nombre de cas particuliers, comme on le faisait à la même époque pour d'autres théorèmes importants; on partait vraisemblablement du triangle rectangle isocèle. Dans ce dernier cas, la démonstration est immédiate; on voit en effet, en menant les diagonales indiquées sur la figure ci-dessus, que le carré de l'hypoténuse peut être partagé en 4 triangles rectangles égaux au triangle donné ABC, et les carrés des côtés chacun en 2 de ces mêmes triangles.

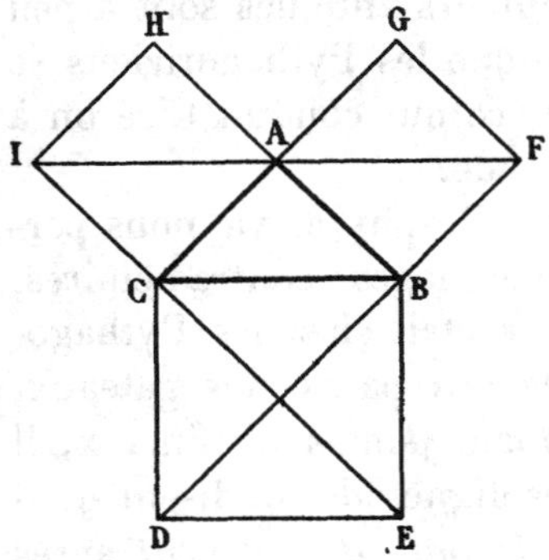

BIBLIOGRAPHIE

J. J. I. Hoffmann. — *Der Pythagoräische Lehrsatz mit 32 theils bekannten, theils neuen Beweisen.* Mayence, 1821.

A. J. H. Vincent. — *Lettre sur le théorème de Pythagore.* Nouv. Ann. Mathém., 1852.

Bretschneider. — *Die Geometrie und die Geometer vor Euklides.* Leipzig, 1870, gr. in-8°.

J. Wipper. — *Sechsundvierzig Beweise des Pythagoräischen Lehrsatzes.* Leipzig, 1880, broch. in-8°.

§ 2. — Démonstrations basées sur l'équivalence des figures.

I

Éléments d'Euclide. Livre I, 47 (3e s. av. J.-C.).

On peut envisager huit cas de figure, selon que les carrés construits sur les côtés du triangle ABC recouvrent ou non ce triangle, ce que nous exprimerons, pour abréger, en disant que ces carrés sont intérieurs ou extérieurs à ABC :

1° a^2, b^2 et c^2 extérieurs ;
2° a^2 et b^2 extérieurs, c^2 intérieur ;
3° a^2 et c^2 extérieurs, b^2 intérieur ;
4° a^2 extérieur, b^2 et c^2 intérieurs ;
5° a^2 intérieur, b^2 et c^2 extérieurs ;
6° a^2 et b^2 intérieurs, c^2 extérieur ;
7° a^2 et c^2 intérieurs, b^2 extérieur ;
8° a^2, b^2 et c^2 intérieurs.

1er Cas (*fig. a*). — C'est le cas de figure envisagé par Euclide ; nous ne ferons qu'esquisser la démonstration, d'ailleurs classique.

Menons AK parallèle à CD, traçons AD, IB. On a tri. ACD = tri. ICB comme ayant CI = CA, CB = CD et $\widehat{ICB} = \widehat{ACD}$. On voit aisément d'autre part que tri. ICB = 1/2 carré b^2 et tri. CAD = 1/2 rect. CK ; donc rect. CK = b^2. De même rect. BK = c^2, et enfin, puisque rect. CK + rect. BK = a^2, $a^2 = b^2 + c^2$.

2e Cas (*fig. b*). — On a encore rect. CK = b^2. Pour montrer que rect. BK = c^2, remarquons d'abord que GF passe par E, car si l'on joint F à E, tri. BFE = tri. ABC comme ayant un angle égal (côtés perpendiculaires) compris entre côtés égaux ; donc BFE

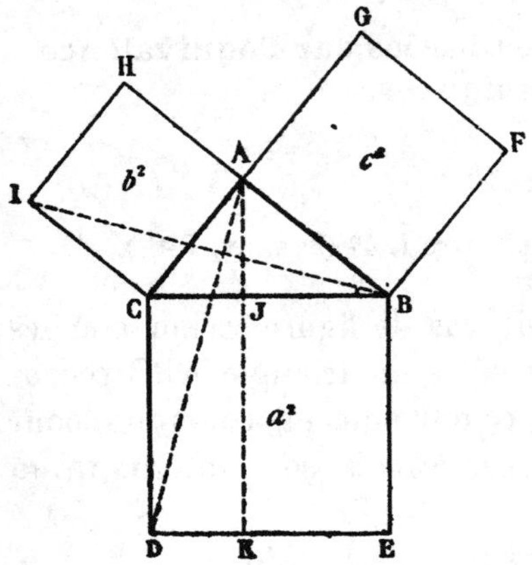

Fig. *a.*

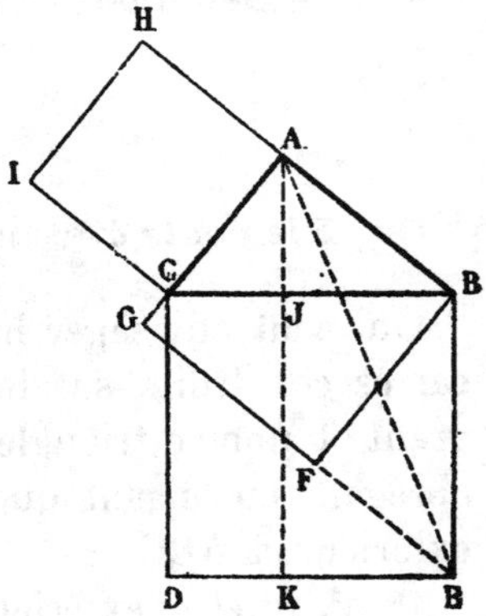

Fig. *b.*

est rectangle en F et GFE est une droite. On a rect. BK $=$ 2 tri. ABE $= c^2$.

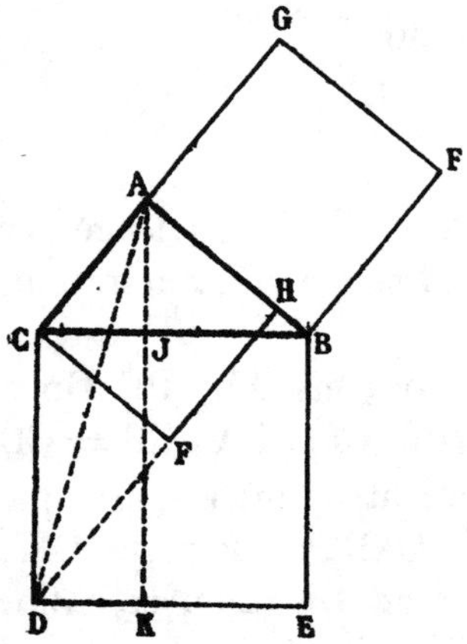

Fig. *c.*

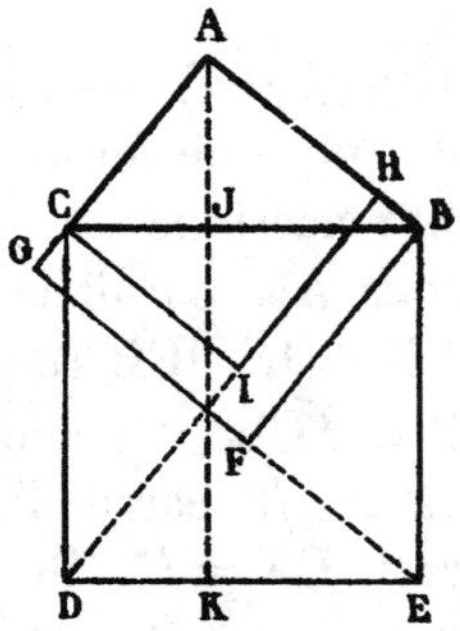

Fig. *d.*

3ᵉ Cas (*fig. c*). — La démonstration est tout à fait analogue à la précédente : b^2 y remplace c^2, et inversement.

4e Cas (*fig. d*). — HI passe par D et GF par E (voir 2e cas). Pour montrer que rect. CK $= b^2$ et rect. BK $= c^2$, on procédera comme on l'a fait pour la seconde de ces relations dans le 2e cas.

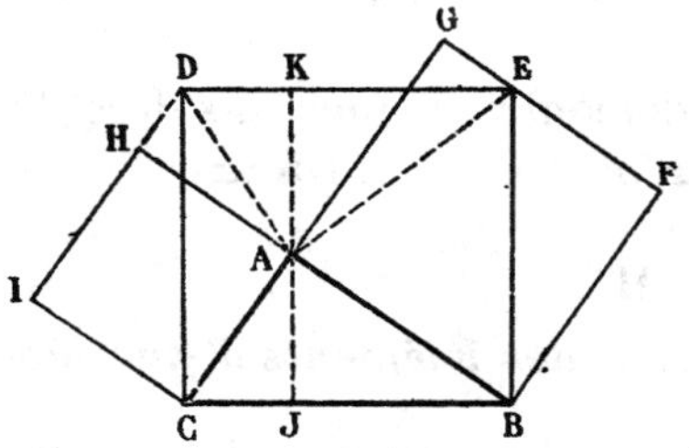

Fig. *e*.

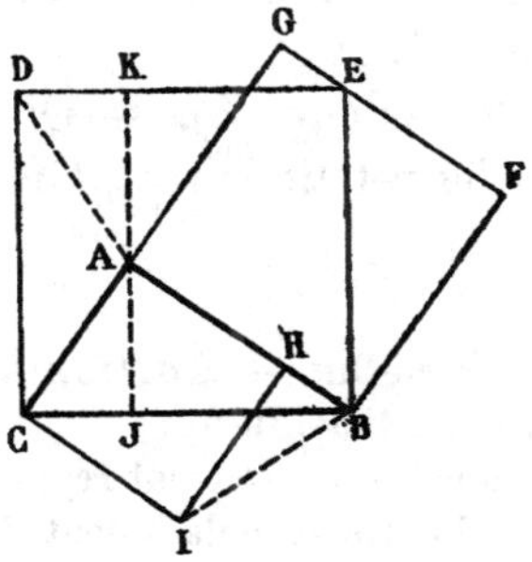

Fig. *f*.

5^e Cas (*fig. e*). — HI passe par D et GF par E (voir 2^e cas). On a rect. CK $=$ 2 tri. CAD $= b^2$; de même, rect. BK $=$ 2 tri. BAE $= c^2$.

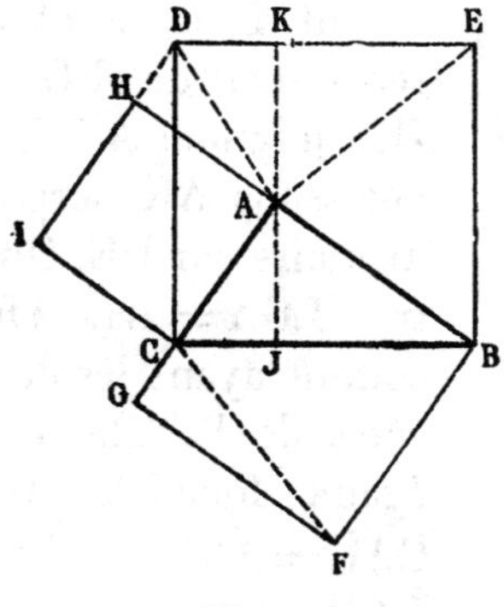

Fig. *g*.

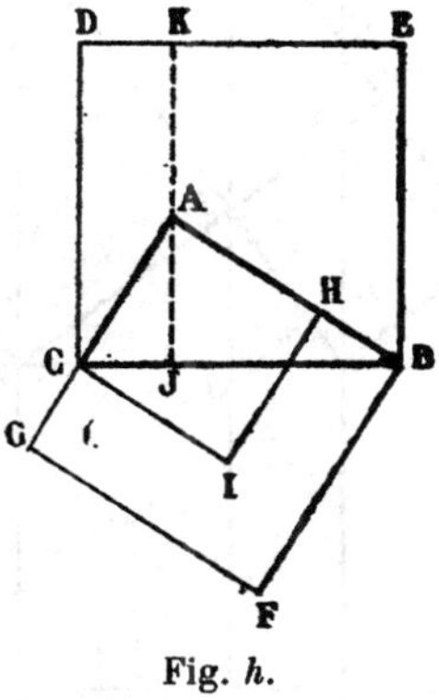

Fig. *h*.

6e Cas (*fig. f*). — On a tri. CAD $=$ tri. CIB comme ayant un angle (côtés perpendiculaires) compris entre côtés égaux ; mais tri. CAD $= 1/2$ rect. CK, tri. CIB $= 1/2\ b^2$;

donc rect. CK $= b^2$. La relation rect. BK $= c^2$ se prouve comme au 5e cas.

7e Cas (*fig. g*). — HI passe par D (voir 4e cas); rect. CK $=$ 2 tri. CAD $= b^2$. D'autre part, tri. AEB $=$ tri. FCB; mais tri. AEB $= 1/2$ rect. BK, tri. FCB $= 1/2\ c^2$; donc rect. BK $= c^2$.

8e Cas (*fig. h*). — On démontre comme aux 6e et 7e cas les relations rect. CK $= b^2$ et rect. BK $= c^2$.

II

Nassir-ed-Din. — ***Édition arabe des Éléments d'Euclide.*** Rome, 1594, in-fol.

Démonstration souvent reproduite, à quelques changements près; on la trouve notamment dans la ***Géométrie*** d'Amiot, Paris, 1850, in-8°.

Nassir-ed-Din considère huit cas de figure; nous nous contenterons de traiter le cas où aucun des carrés ne recouvre le triangle.

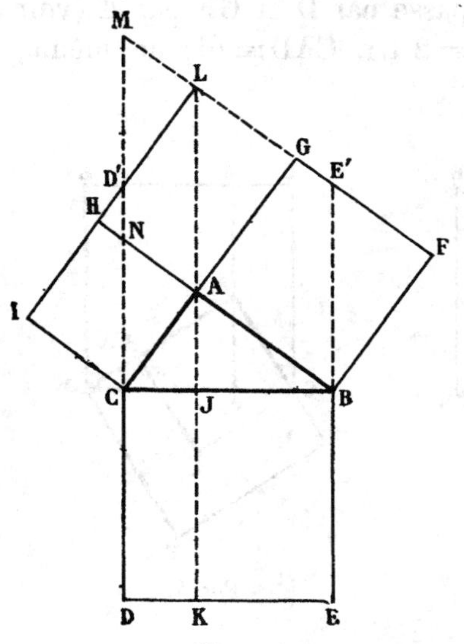

Fig. *a*.

Soit L le point de rencontre de FG et HI; joignons A à L et abaissons AK perpendiculaire sur DE. On a tri. LGA $=$ tri. ABC comme ayant les deux côtés de l'angle droit égaux; donc LA $=$ BC, $\widehat{GAL} = \widehat{ABC} = \widehat{CAJ}$ et LAJK est une ligne droite.

Prolongeons DC jusqu'à sa rencontre D′ avec IH. On a parall. ACD′L $= b^2$, comme ayant même base CA et même hauteur CI. On a aussi parall. ACD′L = rect. CK comme ayant même base LA = BC = CD et même hauteur CJ ; donc rect. CK $= b^2$. De même, si l'on prolonge EB jusqu'en E′ à sa rencontre avec FG, on a parall. ABE′L $= a^2$ et parall. ABE′L = rect. BK ; par suite rect. BK $= a^2$, et $c^2 = a^2 + b^2$.

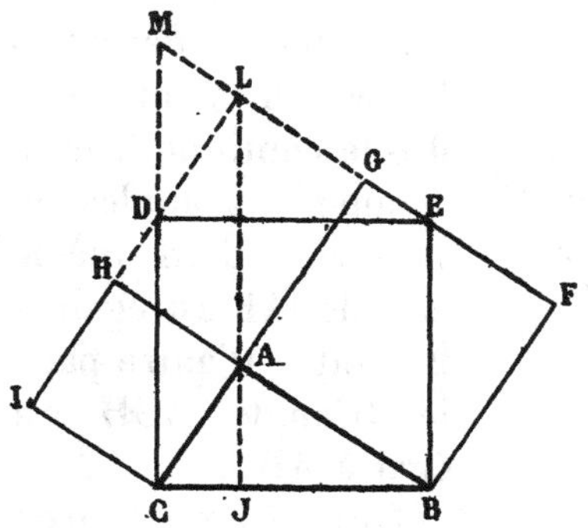

Fig. *b*.

On peut remarquer que CD′ = BE′ = CB, puisque tri. ID′C = tri. ABC = tri. FBE′ ; par suite le rectangle BCD′E′ est le carré construit sur l'hypoténuse, si l'on suppose que a^2 recouvre ABC ; on a donc la figure *b*, un peu plus simple que la précédente.

Variante (J. J. I. Hoffmann, 1821). — Les lignes tracées étant les mêmes que dans la démonstration précédente (*fig. a* et *b*), on prolonge CD jusqu'à sa rencontre en M avec FG. On a comme ci-dessus parall. ACD′L $= b^2$ et parall. ANML = parall. ACD′L $= b^2$; d'autre part, parall. ABE′L $= c^2$. Ainsi parall. BNME′ $= b^2 + c^2$, et puisque parall. BNME′ $= a^2$ comme ayant des bases égales LA = BC = CD et même hauteur BC, on en déduit $a^2 = b^2 + c^2$.

III

Tempelhoff. — ***Anfangsgründen der Geometrie.*** Berlin, 1769.

Terquem. — ***Nouveau manuel de géométrie*** (Collection Roret). Paris, 1838, in-18.

On construit sur DE un triangle rectangle ZDE égal

à ABC, mais dans une position renversée. On mène AZ, HG, AI et AF ; ces deux dernières lignes forment une droite continue, car la somme des angles en A situés d'un même côté de IAF est égale à 2 droits. D'autre part, le triangle AGH est égal à ABC.

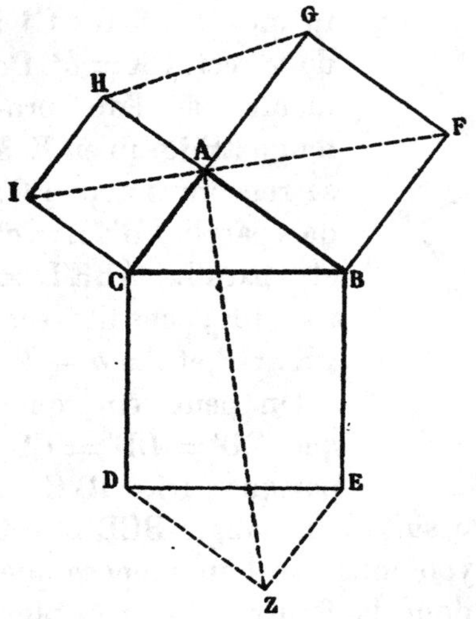

Les hexagones CIHGFB et CABEZD sont équivalents, car ils sont constitués par des quadrilatères égaux, IHGF et ACDZ, ICBF et ZEBA ; on a en effet, par exemple, quadr. IHGF = quadr. ACDZ, car IH = AC, HG = CD, GF = DZ, $\widehat{IHG} = \widehat{ACD}$, $\widehat{HGF} = \widehat{CDZ}$.

Or si de chacun des hexagones considérés plus haut nous retranchons deux fois la surface du triangle ABC, nous obtenons respectivement $b^2 + c^2$ et a^2. On a donc

$$a^2 = b^2 + c^2.$$

IV

J. J. I. Hoffmann. — ***Der Pythagoräische Lehrsatz.*** Mayence, 1821.

Menons les perpendiculaires BF = AB à BA en B, CI = AC à CA en C, BE = BC à BC en B : IAF est une droite. Les deux quadrilatères IFBC et ABEC sont équivalents ; en effet, en décomposant par une diagonale chacun en deux triangles, on a d'abord

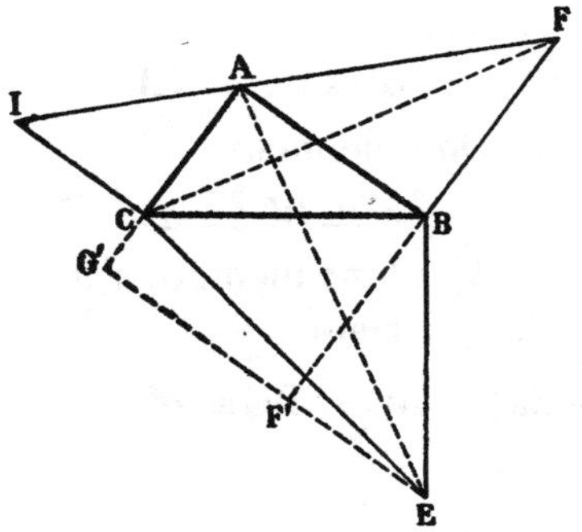

$$\text{tri. CBF} = \text{tri. ABE}$$

comme ayant un angle égal en B compris entre côtés égaux.

On peut écrire ensuite

$$\text{tri. ICF} = \text{tri. ACE},$$

car ces deux triangles ont des bases égales IC = CA et des hauteurs égales BF + CA et G'F' + F'E.

Par suite,

$$\text{quadr. IFBC} = \text{quadr. ABEC}.$$

Si l'on retranche de chacun de ces deux quadrilatères le triangle ABC, les restes obtenus sont équivalents, c'est-à-dire qu'on a

$$1/2\, a^2 = 1/2\, b^2 + 1/2\, c^2,$$

d'où $$a^2 = b^2 + c^2.$$

V

Oscar Werner. — ***Archiv d. Math. und Physik*** (Grunert), 1855.

Menons IZ parallèle à BC et les perpendiculaires CX et AJ à BC. On a

$$b^2 = \text{parall. IZBC} = \text{BC} \times \text{CX}.$$

Mais l'égalité des triangles ICX et CJA donne

$$CX = CJ ;$$

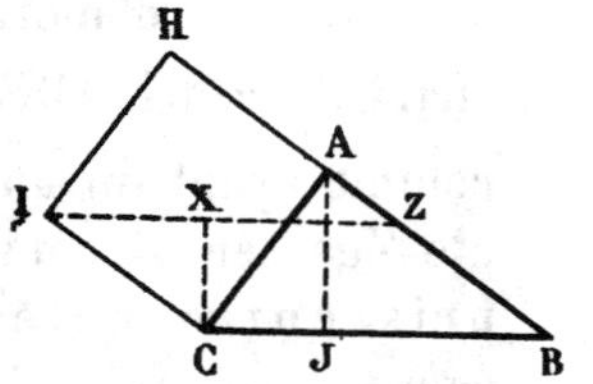

donc

$$b^2 = BC \times CJ.$$

On a de même

$$c^2 = BC \times BJ.$$

Ajoutant membre à membre, il vient

$$b^2 + c^2 = BC(CJ + BJ) = BC \times BC = a^2.$$

VI

P. Fabre. — ***Journal de Math. élém.*** (Vuibert), 1888.

Par A menons AQ égale et parallèle à CD. Dans le parallélogramme ABEQ, la hauteur BZ est égale à la base QE, car les deux triangles rectangles QED et ZBE sont égaux. Donc

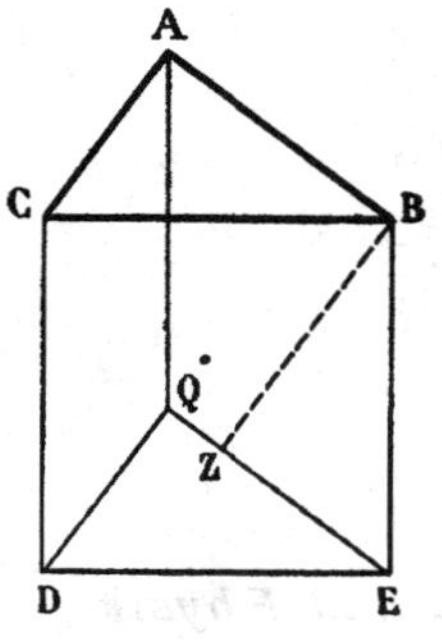

$$c^2 = \text{parall. } ABEQ ;$$

de même

$$b^2 = \text{parall. } ACDQ ;$$

d'où

$$b^2 + c^2 = \text{pentag. } CBEQD + \text{tri. } ABC$$
$$= \text{pentag. } CBEQD + \text{tri. } QED,$$

car les triangles ABC et QED sont égaux.

On a enfin

$$b^2 + c^2 = \text{carré } CBED = a^2.$$

VII

RENAN. — ***Revue scientifique,*** 1889.

Menons IB et CF ; abaissons de C et de B sur IB et CF des perpendiculaires ; elles se rencontrent en un point de la perpendiculaire AJ à CB. En effet, R étant par exemple le point où la perpendiculaire en C rencontre AJ, on voit que les triangles ICB et CAR sont égaux, comme étant équiangles et ayant IC = AC ; par suite AR = BC. De la même façon, si R′ est le point où la perpendiculaire en B rencontre AJ, les triangles FBC et BAR′ sont égaux et AR′ = BC. Les deux points R et R′ se confondent donc.

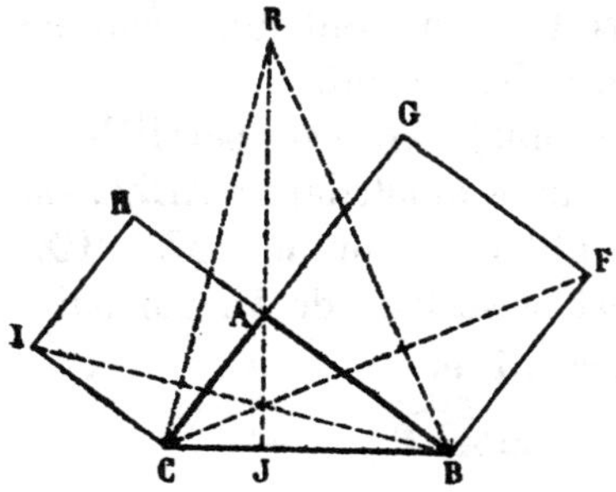

Cela posé, on a

$$\text{tri. CAR} = \text{tri. ICB} = \frac{1}{2} b^2, \quad \text{tri. BAR} = \text{tri. FBC} = \frac{1}{2} c^2,$$

donc $$\text{tri. CAR} + \text{tri. BAR} = \frac{1}{2}(b^2 + c^2).$$

D'autre part,

tri. CAR + tri. BAR

$$= \frac{AR}{2}(JC + JB) = \frac{BC}{2} \times BC = \frac{a^2}{2}.$$

On a donc $$a^2 = b^2 + c^2.$$

VIII

Démonstration inédite communiquée par M. PITON-BRESSANT, à Villeneuve-Saint-Georges.

Soient Z, Y et X les centres des carrés a^2, b^2 et c^2.

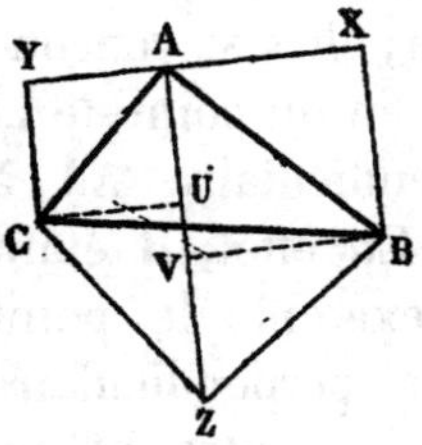

YAX est une ligne droite, car les angles en A situés au-dessous de cette ligne ont une somme égale à deux droits.

De plus, AZ est parallèle à BX, car le quadrilatère ABZC est inscriptible, et comme $BZ = CZ$, AZ est bissectrice de A ; par suite $\widehat{BAZ} = 45°$ et

$$\widehat{XAZ} = 1 \text{ dr.} = \widehat{AXB}.$$

On a maintenant $AZ = BX + CY$. Abaissons en effet les perpendiculaires BV et CU sur AZ ; on obtient ainsi les carrés AUCY et AVBX. Les triangles rectangles égaux VBZ et UZC donnent $UZ = BV = BX$, et comme $AU = CY$, $AZ = UZ + AU = BX + CY$.

Enfin, les quadrilatères ABZC et YXBC sont équivalents, car on a

$$\text{quadr. ABZC} = \frac{AZ}{2} \times (CU + BV) = \frac{AZ}{2} \times YX,$$

$$\text{quadr. YXBC} = \frac{BX + CY}{2} \times YX = \frac{AZ}{2} \times YX.$$

Si l'on retranche de chacun de ces quadrilatères leur partie commune ABC, les restes obtenus seront encore équivalents, c'est-à-dire qu'on aura

$$\text{tri. BCZ} = \text{tri. AYC} + \text{tri. AXB},$$

$$4 \text{ tri. BCZ} = 4 \text{ tri. AYC} + 4 \text{ tri. AXB},$$

ou

$$a^2 = b^2 + c^2.$$

Remarque. — On a donc cette propriété remarquable qui, à notre connaissance, n'a pas encore été signalée : *La droite joignant le sommet de l'angle droit d'un triangle rectangle au centre du carré de l'hypoténuse est la somme des droites qui joignent chacun des deux autres sommets au centre du carré adjacent.*

IX

Autre démonstration

communiquée par M. Piton-Bressant.

La figure a la même disposition que dans la solution précédente ; on mène AJ perpendiculaire sur CB, puis YJ, YZ. AZ est parallèle à YC ; donc

$$\text{tri. AYC} = \text{tri. ZYC.} \qquad (1)$$

D'autre part, dans le quadrilatère inscriptible AYCJ, on a $\widehat{J}_1 = \widehat{J}_2 = 45^\circ$ puisque YA = YC ; par suite $\widehat{J}_1 = \widehat{C}_1$ et YJ est parallèle à CZ ; donc

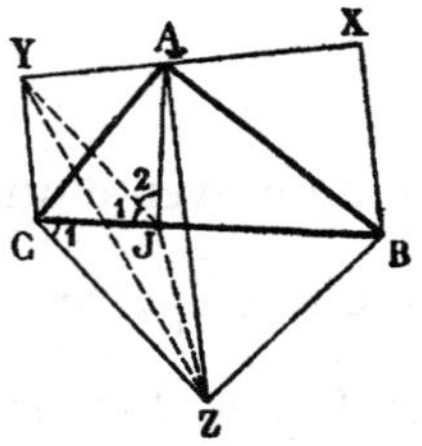

$$\text{tri. ZYC} = \text{tri. CJZ.} \qquad (2)$$

Rapprochant (1) de (2), on en tire

$$\text{tri. AYC} = \text{tri. CJZ.}$$

On trouverait de même que

$$\text{tri. AXB} = \text{tri. BJZ,}$$

d'où

$$\text{tri. AYC} + \text{tri. AXB} = \text{tri. BCZ}$$

et enfin $$a^2 = b^2 + c^2.$$

§ 3. — Démonstrations par transposition d'éléments.

X

Démonstration de Pythagore, d'après BRETSCHNEIDER.

SIMPSON (trad. de l'anglais). — ***Éléments de Géométrie.*** Paris, 1766.

Considérons le carré construit sur $b+c$: il surpasse la somme b^2 et c^2 de deux rectangles ayant chacun pour aire bc (*fig. a*).

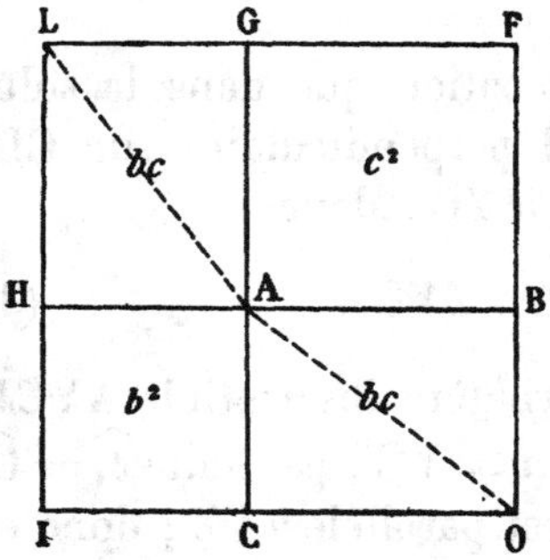

Fig. *a*.

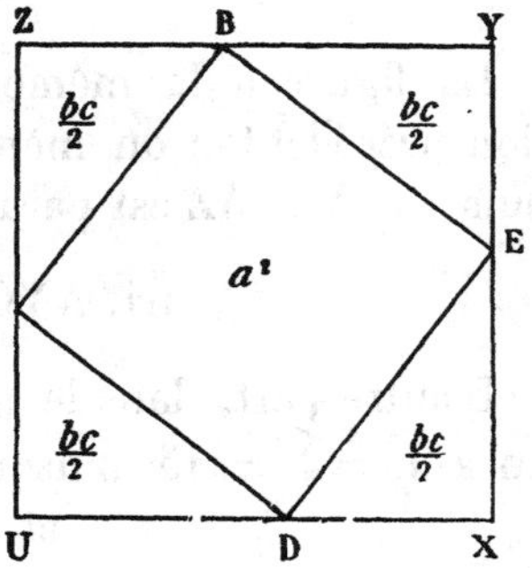

Fig. *b*.

Ces deux rectangles, partagés chacun au moyen d'une diagonale, donnent 4 triangles égaux d'aire $\frac{bc}{2}$; ces 4 triangles, disposés comme l'indique la fig. *b*, forment avec leurs côtés un carré de côté $b+c$, et avec leur hypoténuse un autre carré de côté a : le premier surpasse le second de l'aire des 4 triangles considérés, et il en résulte qu'on a bien

$$b^2+c^2=a^2.$$

Variantes : 1° J. Wipper, d'après Hubert (1762). — ***Sechs. Bew. d. Pyth. Lehrs.*** Leipzig, 1880.

En admettant connue la formule

$$(b+c)^2 - 4\frac{bc}{2} = b^2 + c^2, \qquad (1)$$

on peut employer la fig. *b* seulement ; cette dernière donne en effet

$$(b+c)^2 - 4\frac{bc}{2} = a^2,$$

ou, d'après (1), $b^2 + c^2 = a^2$.

[La fig. *a* donne d'ailleurs une démonstration géométrique de la formule (1).]

2° (*fig. c*) H. Boad. — ***Geometry.*** Londres, 1733.
J. Delbœuf. — ***Prolégomènes philosophiques de la géométrie.*** Liége et Paris, 1860, in-8°.

Cette variante revient à réunir les fig. *a* et *b* en une seule ; la démonstration est la même que celle de Bretschneider. On pourrait d'ailleurs considérer 8 cas de figure comme pour la solution d'Euclide.

3° (*fig. d*). — ***Philosophical Transactions.*** Londres, 1683.

La démonstration est au fond la même que la précédente, mais la disposition de la figure est un peu différente.

L'aire du pentagone CBFLI surpasse $b^2 + c^2$ de 3 triangles égaux à ABC ; l'aire du pentagone DEYAU, égal au précédent, surpasse a^2 de la même quantité. Donc $b^2 + c^2 = a^2$.

On pourrait de même considérer 7 autres cas. Celui

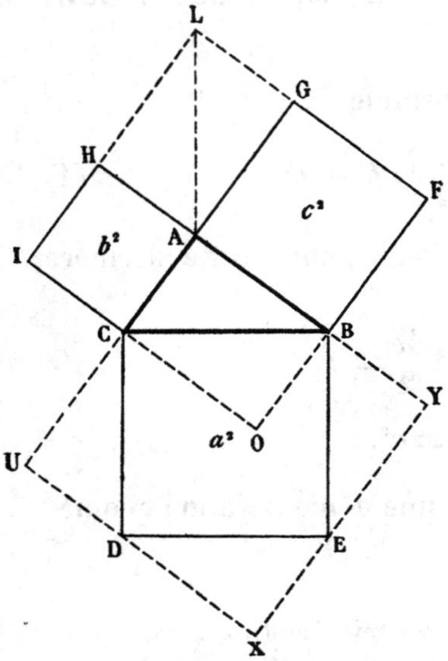

Fig. *c.*

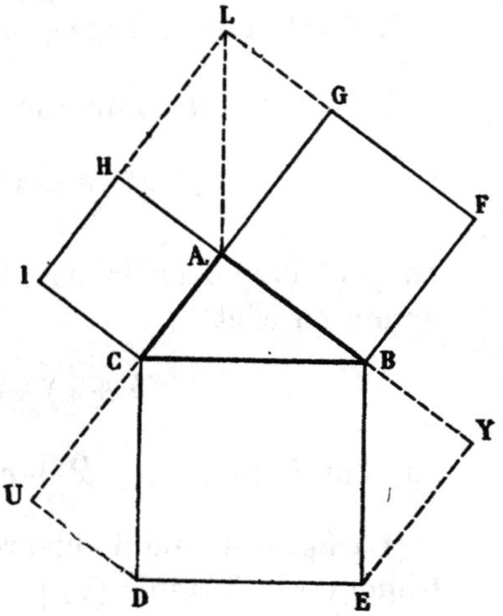

Fig. *d.*

donnant la figure la plus simple correspondrait à b^2 et c^2 extérieurs et à a^2 intérieur.

XI

Bhâskara. — ***Vîja Ganita*** (12e s.).

L'auteur hindou juxtapose 4 triangles égaux à ABC, comme l'indique la figure *a* ; leurs hypoténuses forment ainsi le carré CE de côté *a* et leurs longs côtés donnent le carré intérieur AY de côté $c - b$. Bhâskara se contente ensuite de dire : « Voyez ! »

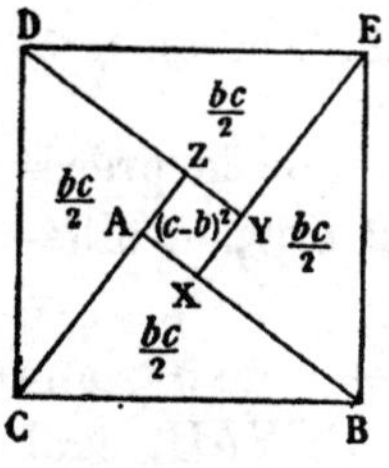

Fig. *a.*

Il admet implicitement la formule

$$(c - b)^2 + 4\frac{bc}{2} = b^2 + c^2. \quad (1)$$

[Il démontre, géométriquement, un peu plus loin, la formule $(c-b)^2=(c+b)^2-4bc$, qui se ramène immédiatement à la précédente.]

La figure *a* montrant que

$$(c-b)^2+4\frac{bc}{2}=a^2,$$

on a bien en effet $b^2+c^2=a^2$.

Variantes : 1° On peut se dispenser de l'usage de la formule (1), en employant un procédé analogue à celui de Bretschneider, ce qui reviendra en somme à démontrer géométriquement cette formule.

Considérons le carré BZ construit sur $c-b$; si nous lui accolons, ainsi qu'il est indiqué sur la fig. *b*, les carrés IA ou b^2 et BG ou c^2, nous voyons qu'on peut considérer la somme des carrés b^2 et c^2 comme équivalente à celle du carré BZ d'aire $(c-b)^2$ et des deux rectangles IX et XF ayant chacun pour aire bc : c'est le résultat traduit par la formule (1).

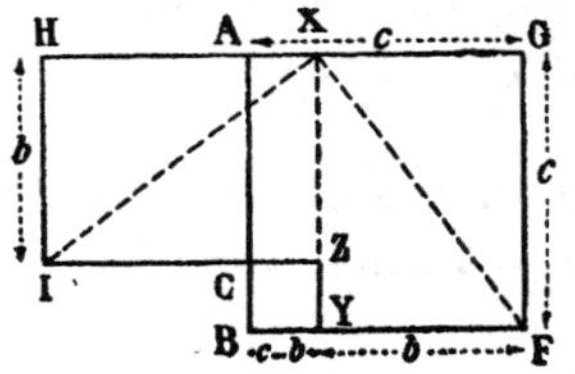

Fig. *b*.

Ces deux rectangles partagés chacun par une diagonale donnent 4 triangles rectangles égaux d'aire $\frac{bc}{2}$; ceux-ci, disposés autour du carré BZ ou $(c-b)^2$ comme le montre la figure *a*, forment un carré de côté *a*. On a donc bien

$$b^2+c^2=a^2.$$

2° Sauveur, revu par Le Blond. — ***Géométrie élémentaire et pratique.*** Paris, 1753, in-4°.

Cette démonstration est la même au fond que la précédente, mais elle est présentée d'une manière plus simple : la fig. *c* est la réunion des fig. *a* et *b*.

A l'aide de 4 triangles égaux à ABC, construisons les carrés CE ou a^2 et AY ou $(b - c)^2$ et plaçons deux de ces mêmes triangles en CUD et DSE ; supposons enfin AB prolongé jusqu'à sa rencontre en T avec UD. UDS est une ligne droite, UA le carré b^2 et TE le carré c^2.

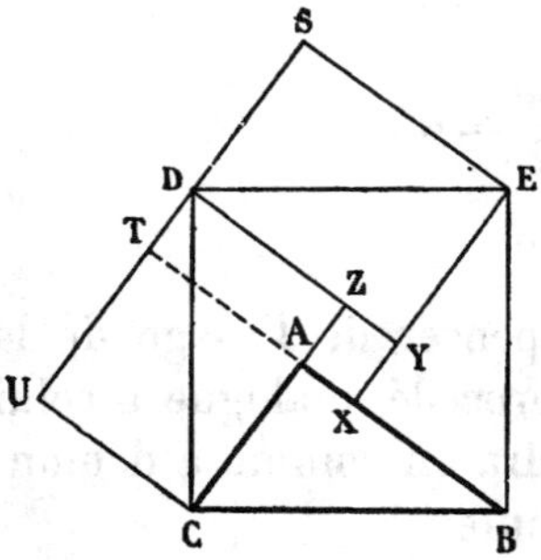

Fig. *c*.

On voit immédiatement que le carré a^2 d'une part, la somme des carrés b^2 et c^2 d'autre part, se composent du carré AY et de 4 triangles égaux à ABC.

3° On peut encore procéder comme suit : UV est le rectangle construit sur $c + b$ et $c - b$; achevons le rectangle UG de côtés $c + b$ et c.

Si l'on ajoute au rectangle UV les carrés IA et ZG d'aire b^2, on obtient la partie ombrée de la fig. *d* qui est équivalente à $b^2 + c^2$; car si l'on transporte le rectangle UC en CX, on obtient une figure formée de 2 carrés IA ou b^2 et BG ou c^2. [C'est la traduction géométrique de la formule $(c + b)\,(c - b) + 2b^2 = b^2 + c^2$.]

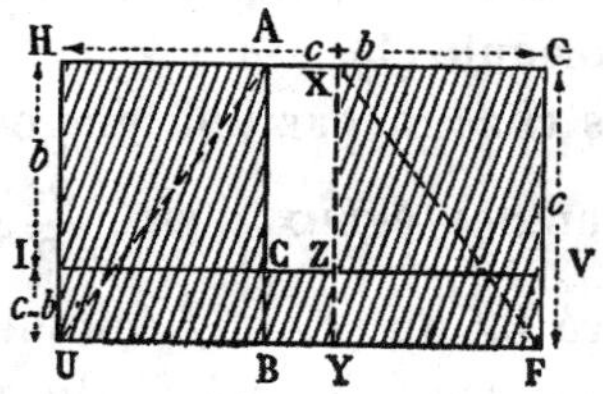

Fig. *d*.

Décomposons maintenant par une diagonale les deux rectangles UA et YG de la partie ombrée et disposons-les autour du carré BZ comme dans la fig. *a* : on obtient précisément a^2.

Ainsi la partie ombrée est équivalente d'une part à b^2+c^2, et d'autre part à a^2.

XII

A. Marre, d'après l'ouvrage sanscrit « *Youcti Bâcna* ». — *Bulletino di bibliog.* (Boncompagni), tome XX, 1887.
Rouché et de Comberousse. — *Traité de Géométrie*, 6e édit., Paris, 1891, 2 vol. in-8°.

On construit les carrés CE et AF sur BC et AB ; on sait (§ 2, I, 5e Cas) que E se trouve sur GF. Menons par D les parallèles DP à GF et DH à AG ; DH rencontre le prolongement de GF en H. La figure DHGP est un carré de côté b, car les deux triangles PCD et HED, égaux à ABC, donnent DP = HD = b.

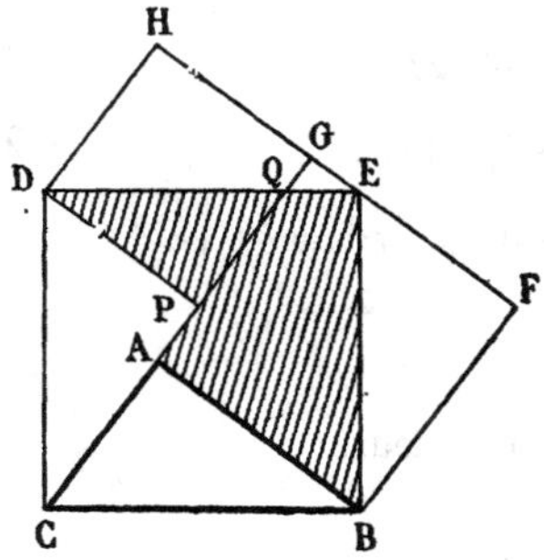

Dès lors, si l'on enlève les deux triangles ABC et PCD qui, avec le pentagone ombré APDEB, constituent a^2, pour les disposer en HED et FBE, on forme avec ces deux triangles et le pentagone un polygone APDHFB qui est la somme des carrés b^2 et c^2.

XIII

P. J. N. Reichenberger. — *Philosophia et mathesis universa.* Ratisbonne, 1774.

Supposons a^2 extérieur, b^2 et c^2 intérieurs à ABC ; prolongeons les côtés de c^2 et b^2 concourant en I et F jusqu'à leur rencontre avec le pourtour de a^2. On sait (§ 2, I, 4e Cas) que HI passe par D et GF par E.

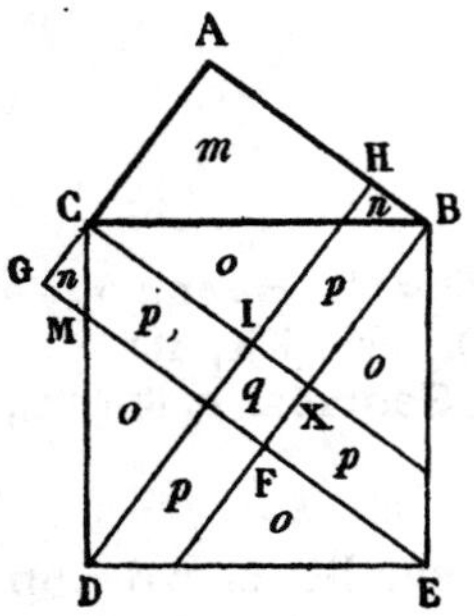

On a, en ayant égard aux notations de la figure,

$$a^2 = 4o + 4p + q. \qquad (1)$$

Mais $b^2 + c^2 = 2m + 2o + 2n + 2p + q.$

D'autre part, le triangle ABC, formé de $m + n$, est égal au triangle CBX, formé de $o + p$; on a donc

$$2m + 2n = 2o + 2p,$$

et
$$b^2 + c^2 = 4o + 4p + q. \qquad (2)$$

Rapprochant (1) et (2), il vient $a^2 = b^2 + c^2$.

Variante : Du même auteur.

La disposition des carrés est la même que ci-dessus ; seules les droites tracées diffèrent. On a

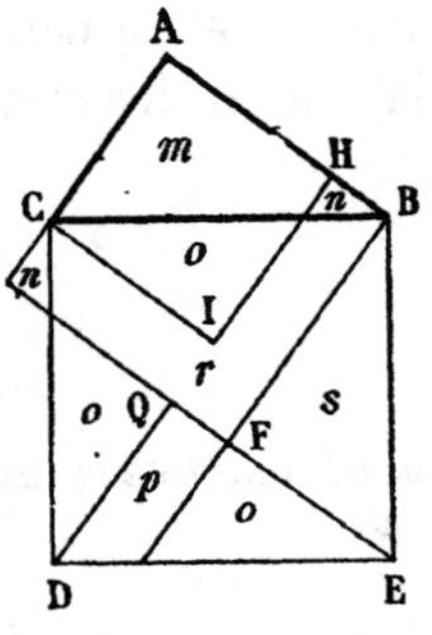

$$a^2 = p + 3o + r + s,$$
$$b^2 + c^2 = 2m + 2n + 2o + r.$$

Or les triangles égaux ABC, FBE et QED donnent

$$m + n = s = p + o.$$

Il en résulte

$$b^2 + c^2 = (s) + (p + o) + (2o + r) = a^2.$$

XIV

Ozanam, revu par M. de C. G. F. (Montucla). — ***Récréations mathématiques et physiques,*** tome I. Paris, 1778, in-8°.
J. Wipper, d'après R. Wolf (1869). — ***Sechs. Bew. des Pyth. Lehrs.*** Leipzig, 1880.

Prolongeons EB jusqu'à sa rencontre en E′ avec GF, puis DC jusqu'à son point de concours N avec AH et menons E′O parallèle à BC : on détermine ainsi 5 éléments *m*, *n*, *o*, *p*, *q*, qui, disposés d'une autre façon, forment le carré a^2.

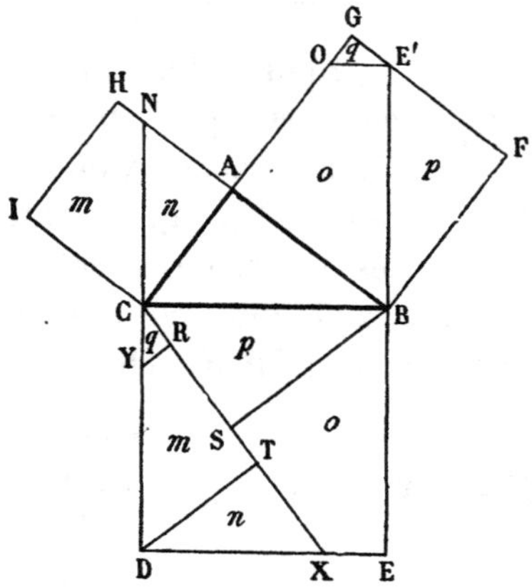

A cet effet, prenons DX = DY = CN ; menons CX et de Y, D et B abaissons des perpendiculaires YR, DT et BS sur CX. Les 5 éléments ainsi constitués sont égaux aux précédents chacun à chacun, ainsi qu'il est facile de le montrer.

XV

Périgal. — ***Messenger of Mathematics,*** 1873.
J. Wipper, d'après Serebrowsky (1877). — ***Sechs. Bew. des Pyth. Lehrs.*** Leipzig, 1880.

Soit U le centre du carré c^2. Menons par U les droites ZV et YX, l'une parallèle et l'autre perpendiculaire à CB.

On partage ainsi le carré c^2 en 4 quadrilatères égaux dont les côtés égaux UZ, UX, UV et UY ont pour valeur $\frac{CB}{2}$; il suffit en effet de remarquer que CYXB étant un parallélogramme, $YX = CB$ et $UX = \frac{YX}{2} = \frac{CB}{2}$.

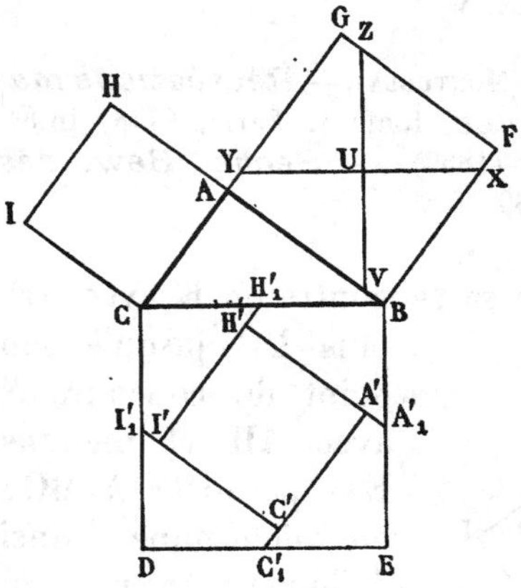

On peut donc disposer ces quadrilatères dans le carré a^2, où les points H'_1, A'_1,... sont les milieux des côtés.

Nous n'avons plus maintenant qu'à montrer que le rectangle I'H'A'C' est un carré égal à IHAC. On a en effet, par exemple,

$$H'A' = H'A'_1 - A'A'_1 = BX - AY = CY - AY = CA.$$

XVI

J. Wipper. — *Sechs. Bew. des Pyth. Lehrs.* Leipzig, 1880.

Construisons les deux triangles rectangles LTS et AT'S'. On a $LS = AS'$. En effet, menons LA et prolongeons DC jusqu'à sa rencontre D' avec HI. On sait (§ 2, II) que ACD'L est un parallélogramme et que tri. ID'C = tri. ABC; par suite $CD' = CB = CD$.

Les triangles égaux CD'S et DCS' donnent alors $D'S = CS'$, et comme $D'L = CA$, on en déduit $LS = AS'$. Les triangles LTS et AT'S' sont donc égaux. Or, si l'on retranche du premier b^2 et c^2 et du second a^2, il reste respectivement

tri. ICS + tri. HLA + tri. GLA + tri. FBT + tri. ABC

et tri. DCS′ + tri. EBT′ + tri. ABC.

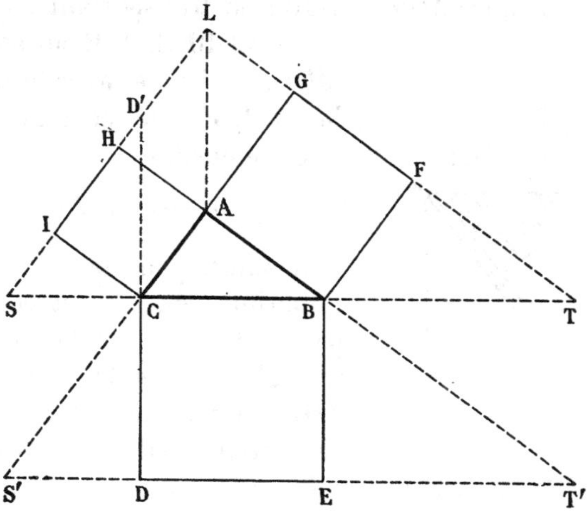

Pour démontrer le théorème, il nous suffit de montrer qu'on a

tri. ICS + tri. HLA = tri. DCS′,

et tri. GLA + tri. FBT = tri. EBT′.

En ce qui concerne la première relation, par exemple, juxtaposons le triangle HLA au triangle ICS de manière à former le triangle CD′S ; nous avons vu que le triangle CD′S était égal à DCS′.

XVII

Démonstration inédite

communiquée par M. Rojot, à Lille.

Supposons a^2 extérieur, b^2 et c^2 intérieurs à ABC.

On sait que HI passe par D et GF par E (§ 2, I, 4e Cas). On a d'abord

$$c^2 = \text{rect. BK.}$$

En effet, c^2 se compose du quadrilatère ombré JBFM et des triangles AGM et AJB ; en transportant AGM sur son égal BFE, AJB sur son égal MKE, on forme, avec le quadrilatère JBFM, le rectangle BK.

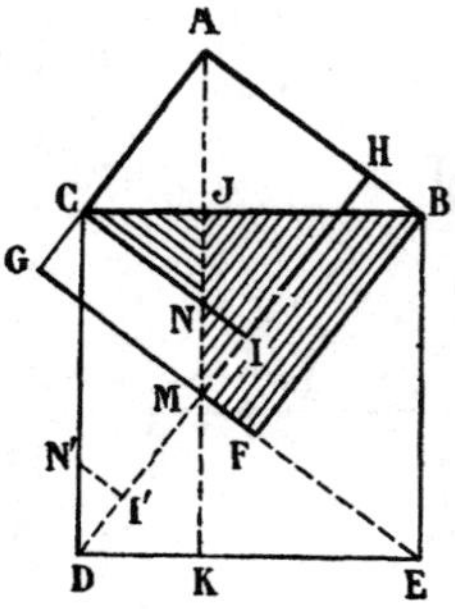

On a ensuite

$$b^2 = \text{rect. CK.}$$

Il suffit, pour le prouver, de remarquer que b^2 est constitué par le triangle ombré CJN, le triangle AJC et le quadrilatère AHIN. En portant AJC sur son égal MKD, AHIN en CH'N' et enfin NIM sur son égal N'I'D, on forme avec le triangle CJN le rectangle CK.

Il en résulte

$$b^2 + c^2 = a^2.$$

§ 4. — Démonstrations algébriques.

XVIII

Bhâskara. — ***Vîja Ganita*** (12e s.).

Wallis. — ***A Treatise of Algebra.*** Oxford, 1685, in-fol.

Abaissons la perpendiculaire AJ sur CB. Les triangles

rectangles JAC et JBA ainsi déterminés, qui sont semblables à ABC, donnent

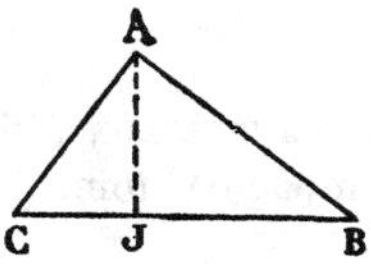

$$\frac{CJ}{AC} = \frac{AC}{BC},$$

ou $$\overline{AC}^2 = CJ \times BC, \qquad (1)$$

et $$\frac{BJ}{AB} = \frac{AB}{BC} \quad \text{ou} \quad \overline{AB}^2 = BJ \times BC. \qquad (2)$$

Ajoutons les relations (1) et (2) membre à membre :

$$\overline{AC}^2 + \overline{AB}^2 = (CJ + BJ)BC = \overline{BC}^2.$$

Variante : R. P. Lamy. — ***Les Elemens de Geometrie.*** Paris, 1685, in-12.

On a comme ci-dessus

$$\overline{AC}^2 = CJ \times BC,$$
$$\overline{AB}^2 = BJ \times BC.$$

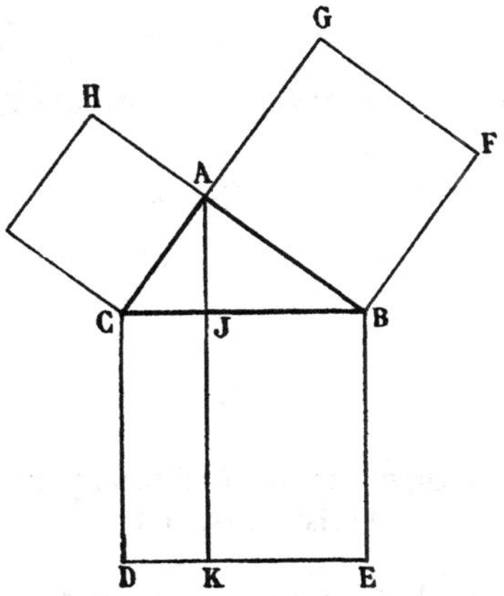

Mais $$CJ \times BC = \text{aire rect. } CK,$$
$$BJ \times BC = \text{aire rect. } BK;$$

donc $$\overline{AC}^2 + \overline{AB}^2 = \text{rect. } CK + \text{rect. } BK = \overline{BC}^2.$$

XIX

A. MARRE, d'après le mathématicien aveugle SAUNDERSON (1682-1739). — ***Bulletino di Bibliog.*** (Boncompagni), tome XX, 1887.

Cette démonstration tient à la fois de celle de Pythagore (§ 3, X) et de celle de Bhâskara (§ 3, XI). On forme les carrés AZYX ou $(c-b)^2$, DEBC ou a^2, RSTU ou $(c+b)^2$ au moyen de 8 triangles égaux à ABC.

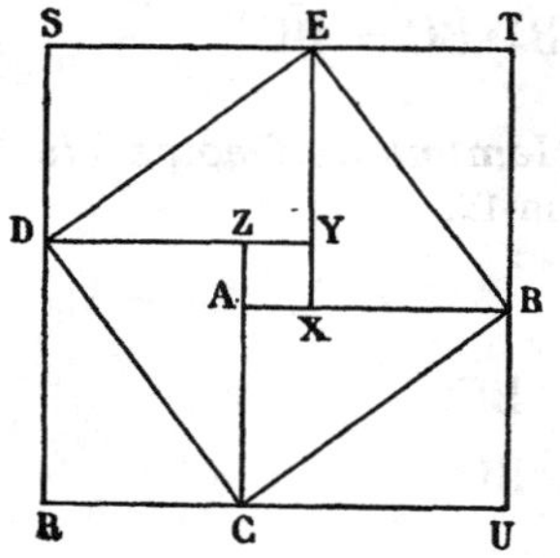

On a

$$a^2 = (c+b)^2 - 4 \text{ tri. ABC},$$

$$a^2 = (c-b)^2 + 4 \text{ tri. ABC},$$

d'où

$$2a^2 = (c+b)^2 + (c-b)^2.$$

Mais le second membre est équivalent à $2b^2 + 2c^2$; donc

$$2a^2 = 2b^2 + 2c^2,$$

et

$$a^2 = b^2 + c^2.$$

XX

BEZOUT. — ***Cours de mathématiques,*** 2e Partie. Paris, 1768, in-8°.

Abaissons de A la perpendiculaire AJ sur BC. Les triangles semblables JAC, JBA et ABC donnent

$$\frac{\text{tri. JAC}}{\overline{AC}^2} = \frac{\text{tri. JBA}}{\overline{AB}^2} = \frac{\text{tri. ABC}}{\overline{BC}^2}.$$

Une propriété connue des proportions permet d'écrire

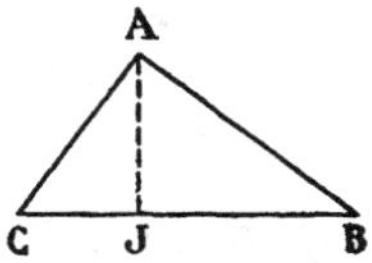

$$\frac{\text{tri. JAC} + \text{tri. JBA}}{\overline{AC}^2 + \overline{AB}^2} = \frac{\text{tri. ABC}}{\overline{BC}^2},$$

et comme

$$\text{tri. JAC} + \text{tri. JBA} = \text{tri. ABC},$$

$$\overline{AC}^2 + \overline{AB}^2 = \overline{BC}^2.$$

XXI

J. J. I. Hoffmann. — ***Der Pythagoräische Lehrsatz.*** Mayence, 1821.

Décrivons de C comme centre, avec CA comme rayon, une demi-circonférence qui rencontre CB en Y et Z. Une propriété bien connue de la tangente AB à la demi-circonférence nous permet d'écrire

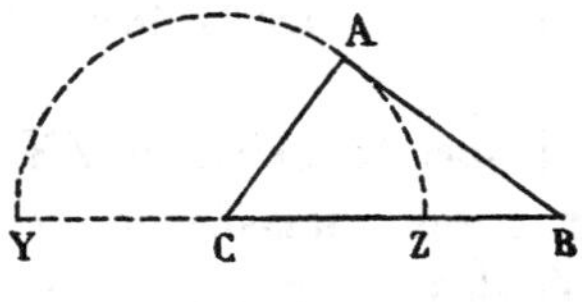

$$\overline{AB}^2 = BY \times BZ, \text{ ou}$$

$$\overline{AB}^2 = (BC + AC)(BC - AC),$$

$$\overline{AB}^2 = \overline{BC}^2 - \overline{AC}^2,$$

d'où

$$\overline{BC}^2 = \overline{AB}^2 + \overline{AC}^2.$$

XXII

J. J. I. Hoffmann. — ***Der Pythagoräische Lehrsatz.*** Mayence, 1821.

On porte sur AB, AZ = AC ; on décrit de C comme centre, avec CZ comme rayon, une demi-circonférence qui rencontre AB en Y, CB en X et en U. La propriété connue d'un couple de sécantes à une circonférence donne ici

$$BZ \times BY = BU \times BX,$$

ou, en ayant égard aux notations de la figure,

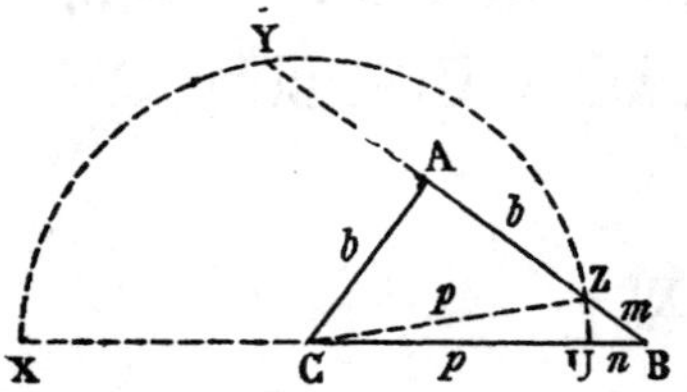

$$m(m+2b) = n(n+2p),$$

ou

$$m^2 + 2bm = n^2 + 2pn.$$

Or, on a dans le triangle rectangle isocèle AZC (§ 1)

$$2b^2 = p^2.$$

Donc $b^2 + m^2 + 2bm + b^2 = n^2 + 2pn + p^2,$

ou $$b^2 + (b+m)^2 = (n+p)^2,$$

et enfin $$b^2 + c^2 = a^2.$$

XXIII

Möllmann. — ***Archiv d. Math. u. Ph.*** (Grunert), 1851.

Soient Z le centre du cercle inscrit à ABC et ZX, ZY, ZU les perpendiculaires aux côtés abaissées de Z, toutes égales au rayon r. La figure AUZX est un carré de côté r ; on a d'autre part, comme on sait, BX = BY et CY = CU.

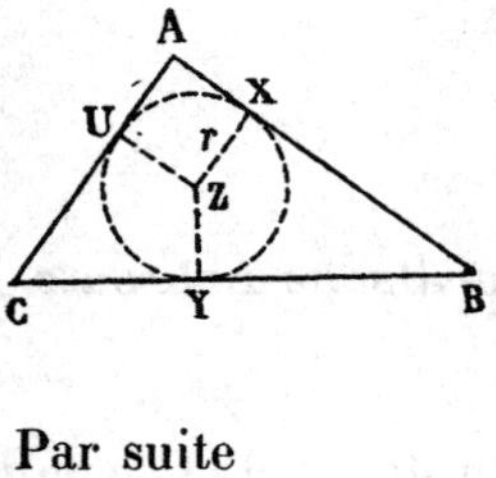

On trouve aisément

$$b + c - a = 2r.$$

Par suite

$$(b+c+a)(b+c-a) = (b+c+a)\,2r$$
$$= 2br + 2cr + 2ar = 4 \text{ surf. ABC} = 2bc.$$

Mais on a aussi

$$(b+c+a)(b+c-a)=(b+c)^2-a^2\,;$$

donc $$(b+c)^2-a^2=2bc,$$

c'est-à-dire $$b^2+c^2=a^2.$$

XXIV

Garfield ([1]). — ***The mathematical Magazine,*** 1882.

Élevons CD = CB perpendiculaire à CB et abaissons de D la perpendiculaire DZ sur le prolongement de AC. L'aire de chacun des triangles égaux ABC et ZDC a pour expression $\frac{bc}{2}$, celle du triangle BCD, $\frac{a^2}{2}$. Or, ces trois triangles forment un trapèze d'aire $\frac{(b+c)^2}{2}$;

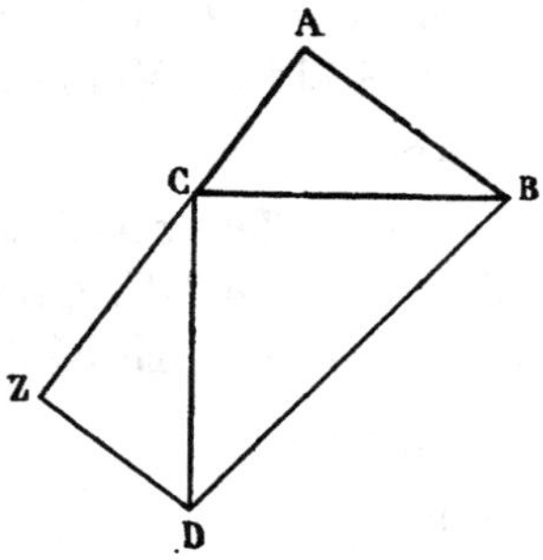

on a donc $$\frac{(b+c)^2}{2}=\frac{a^2}{2}+2\frac{bc}{2},$$

d'où $$b^2+c^2=a^2.$$

§ 5. — Variétés.

Curieuses propriétés de la figure du carré de l'hypoténuse. — Désignons par Z, X et Y les centres des

(1) Président des États-Unis, assassiné en 1881.

carrés construits sur les côtés du triangle rectangle ABC. YAX est une ligne droite (§ 2, VIII).

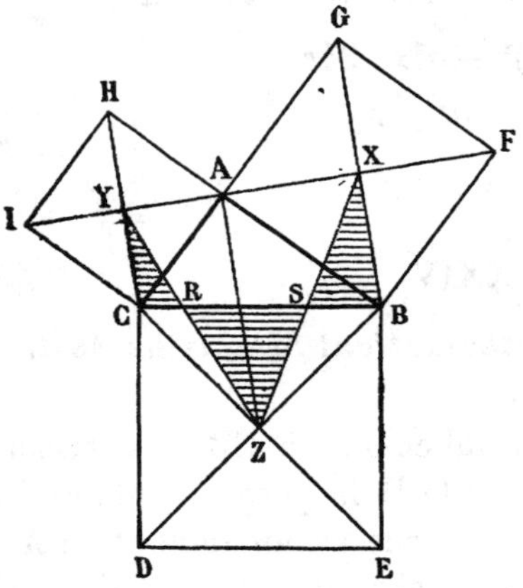

Fig. *a*.

1° (*fig. a*). — AZ *est la somme de* BX *et de* CY. — On en trouvera la preuve § 2, VIII.

2° (*fig. a*). — *Le triangle* RZS *est équivalent à la somme des triangles* CYR *et* BXS (J[al] de Vuibert, 1891).

En effet, nous savons (§ 2, VIII) que AZ est parallèle à BX et CY. On a alors tri. CZY = tri. CYA et tri. BZX = tri. BXA.

Mais tri. CZB = tri. CYA + tri. BXA ;
donc tri. CZB = tri. CZY + tri. BZX.

Si l'on retranche de part et d'autre la somme tri. CZR + tri. BZS, on obtient enfin

tri. RZS = tri. CYR + tri. BXS.

3° (*fig. a*). — *Le triangle* YZX *est équivalent à chacun des quadrilatères* YXBC *et* ABZC. — Nous avons vu en effet (§ 2, VIII) que chacun de ces quadrilatères a pour aire $\frac{AZ}{2} \times YX$; c'est précisément l'aire du triangle YZX, puisque AZ est perpendiculaire à YX (§ 2, VIII).

4° (*fig. a*). — *Le triangle* YZX *est équivalent au carré construit sur la demi-somme des côtés de l'angle droit.*

Car l'expression $\frac{AZ}{2} \times YX$ de l'aire de YZX peut s'écrire (1°)

$$\frac{BX+CY}{2} \times YX = \frac{\overline{YX}^2}{2} = 1/2\left(\frac{b\sqrt{2}}{2}+\frac{c\sqrt{2}}{2}\right)^2$$
$$= 1/4\,(b+c)^2.$$

5° (*fig. a*). — *Les quadrilatères* ABEC, ABDC, IFBC *sont équivalents.*

On a en effet

$$\text{quad. ABEC} = \text{tri. ABC} + 1/2\,a^2 = \text{quad. ABDC},$$
$$\text{quad. IFBC} = \text{tri. ABC} + 1/2\,b^2 + 1/2\,c^2.$$

6° (*fig. b*). — *Les droites* AZ, BY *et* CX *sont les hauteurs du triangle* YZX (Archives de Grunert, 2ᵉ série, XIV).

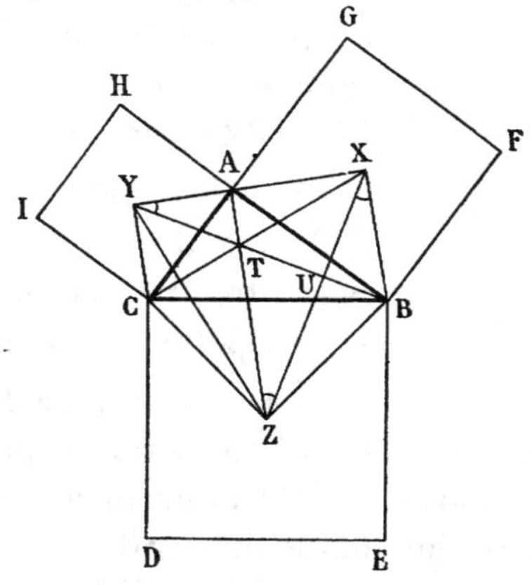

Fig. b.

On sait déjà (§ 2, VIII) que AZ est la hauteur relative au sommet A.

D'autre part, les triangles rectangles AZX et XYB sont égaux, car AZ = XY (§ 2, VIII) et XA = XB ; donc $\widehat{AZX} = \widehat{XYB}$. Mais $\widehat{AZX} = \widehat{ZXB}$ comme alternes-internes ; par suite, $\widehat{XYB} = \widehat{ZXB}$, et comme YX est perpendiculaire à XB, il en résulte que YB est perpendiculaire sur XZ.

On montrerait de même que CX est perpendiculaire sur YZ.

On peut remarquer que de l'égalité des triangles AZX et XYB résulte BY = ZX ; de même CX = YZ.

7° (*fig. c*). — *Le point de concours des médianes est le même pour les triangles* ABC *et* YZX.

Abaissons de Z sur CB une perpendiculaire qui rencontre CB en R. Menons les médianes AR du triangle ABC et ZT du triangle YZX ; il suffit de montrer que AR et ZT se coupent respectivement aux 2/3 de leur longueur, en un certain point U.

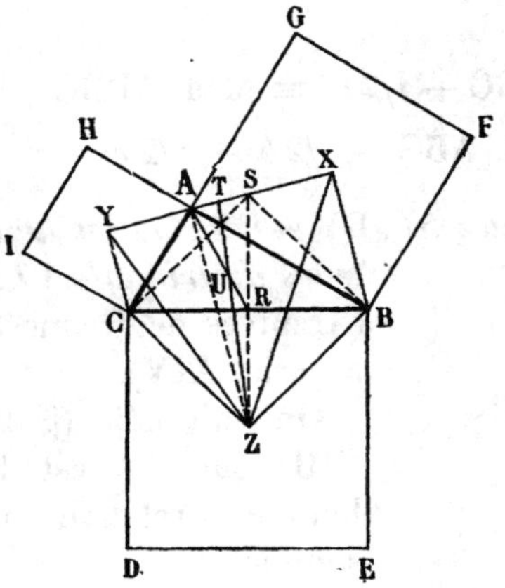

Fig. *c*.

En effet, la circonférence décrite de R comme centre avec RC = RZ comme rayon passe par A, puisque $\widehat{CAB}$ est droit ; elle rencontre YX en un second point, S. Comme $\widehat{ZAS}$ est droit (§ 2, VIII), ZRS est un diamètre de la circonférence tracée qui est perpendiculaire sur le diamètre CB ; le quadrilatère CSBZ est par suite un carré, qui donne SC = SB.

Or, les deux triangles rectangles SYC et SXB sont égaux, car SC = SB et $\widehat{YSC}$, $\widehat{XSB}$ sont complémentaires ; donc CY = AY = SX et T, milieu de YX, est aussi milieu de AS. Ainsi AR et ZT sont deux médianes du triangle AZS qui se coupent en un point U aux 2/3 de leur longueur.

Le triangle AZS a donc aussi même point de concours des médianes que ABC et YZX.

8° (*fig. d*). — *Les droites de la figure d'Euclide* BI, CF *et la perpendiculaire* AJ *concourent en un même point* (J[al] de Vuibert, 1879-80).

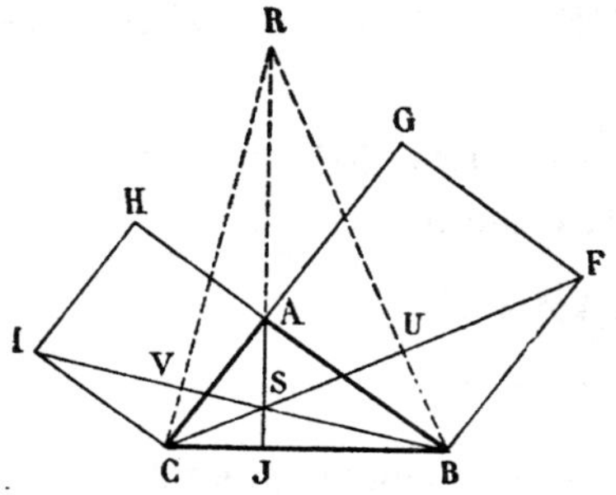

Fig. *d*.

Il suffit de prouver que les perpendiculaires BU et CV à CF et BI se coupent en un même point R de AJ, car alors les droites CU, BV et RJ seront les hauteurs du triangle RBC. Or, nous avons fait cette preuve antérieurement (§ 2, VII).

9° (*fig. e*). — *Les triangles* AGH, BEF, CDI *sont équivalents entre eux et à* ABC (F. J. — *Exercices de géométrie*. Paris, 1896).

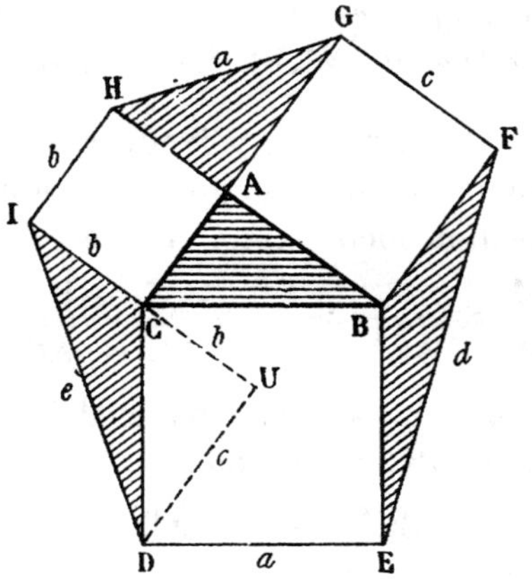

Fig. *e*.

On voit aisément que tri. HAG = tri. ABC comme ayant les côtés de l'angle droit égaux.

En second lieu, DU désignant la hauteur du triangle CDI relative à D, on a tri. CUD = tri. ABC comme ayant CD = CB et les angles en C égaux ; mais tri. CUD = tri. CDI comme ayant même hauteur DU et des bases égales CU = CA = CI. Donc tri. CDI = tri. ABC.

On verrait de même que tri. BEF = tri ABC.

10° (*fig. e*). — *La somme des carrés construits sur les côtés de l'hexagone* IHGFED *équivaut à* 8 *fois le carré de l'hypoténuse.*

Désignons par e et d les côtés ID et FE.

Le triangle rectangle DUI donne

$$e^2 = 4b^2 + c^2.$$

De même, $$d^2 = 4c^2 + b^2.$$

La somme dont il s'agit a donc pour expression

$$b^2 + a^2 + c^2 + (4c^2 + b^2) + a^2 + (4b^2 + c^2)$$
$$= 2a^2 + 6(b^2 + c^2) = 8a^2.$$

Généralisations. — 1° *Si l'on construit sur les côtés d'un triangle rectangle comme côtés homologues, des polygones semblables, le polygone correspondant à l'hypoténuse est la somme des polygones correspondant aux autres côtés* (EUCLIDE. — *Éléments*, VI, 31. 3e s. av. J.-C.).

Désignons par M, N, P les aires des polygones semblables dont il s'agit. Une proposition bien connue donne

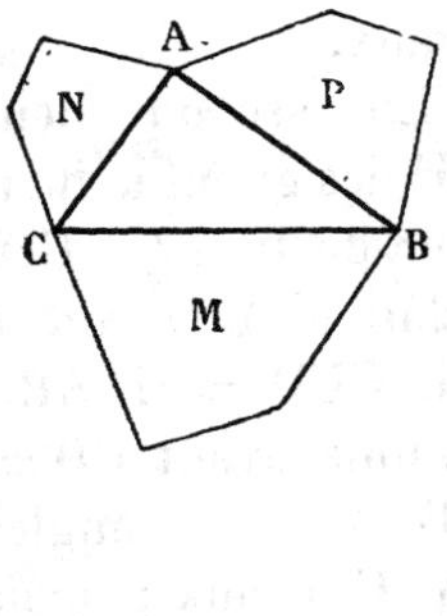

$$\frac{M}{\overline{BC}^2} = \frac{N}{\overline{AC}^2} = \frac{P}{\overline{AB}^2} = \frac{N + P}{\overline{AC}^2 + \overline{AB}^2}.$$

Mais on sait, d'après le théorème de Pythagore, que

$$\overline{BC}^2 = \overline{AC}^2 + \overline{AB}^2.$$

Donc $$M = N + P.$$

2° *Sur deux côtés* AB *et* AC *d'un triangle quelconque* ABC, *on construit des parallélogrammes quelconques* ABFG *et* ACIH ; *on prolonge les côtés* FG *et* IH *jusqu'à leur rencontre en* L, *on mène la droite* AL *et on la prolonge au delà de* BC *d'une longueur* JK = LA. *Le parallélogramme* BCDE *ayant pour côtés, en grandeur et en direction,* BC *et* JK, *est équivalent à la somme des deux précédents* (Pappus. — *Collections,* IV. 4e siècle).

Menons par B et C des parallèles E′BE et D′CD à LK. On a

parall. ABFG = parall. ABE′L,
parall. ACIH = parall. ACD′L.

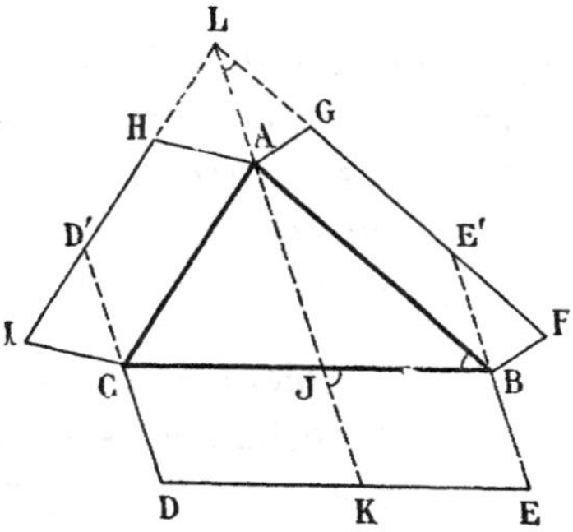

Mais on a aussi, puisque JK = AL,

parall. ABE′L = parall. BEKJ,
parall. ACD′L = parall. CDKJ.

Donc parall. ABFG + parall. ACIH = parall. BCDE.

Remarques. — L'énoncé de Pappus est en réalité un peu moins simple que celui que nous avons adopté. Le géomètre grec indique qu'on doit construire le parallélogramme BCDE sur les segments BC et CD faisant entre eux en C l'angle $\widehat{ABC} + \widehat{ALG}$; ce qui revient d'ailleurs au même, puisque, d'après notre construction, $\widehat{BJK} = \widehat{ABC} + \widehat{JAB} = \widehat{ABC} + \widehat{ALG}$.

Si l'on applique le procédé de démonstration ci-dessus au théorème de Pythagore, on retombe sur la solution de Nassir-ed-Din (§ 2, II).

3° *Le carré de la diagonale d'un parallélépipède rectangle est équivalent à la somme des carrés des arêtes* (EUCLIDE. — *Éléments*).

Nous ne croyons pas utile de donner la démonstration très simple de cette proposition bien connue.

4° *Dans toute pyramide triangulaire où trois faces sont perpendiculaires entre elles, le carré de la quatrième face est équivalent à la somme des carrés des trois premières* (DE GUA. — *Hist. Ac. des Sc.*, 1783).

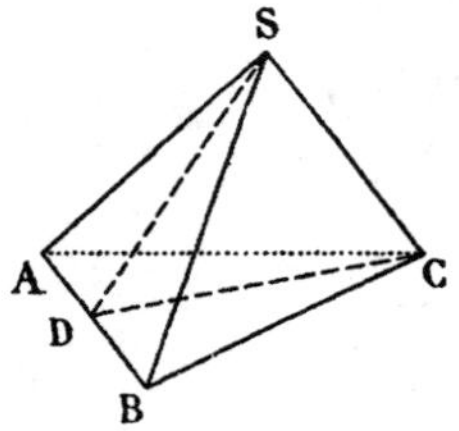

Soient S le sommet du trièdre trirectangle, ABC la base correspondante de la pyramide. Abaissons la perpendiculaire SD sur AB et menons CD.

CS étant perpendiculaire au plan ASB, CD l'est à AB d'après le théorème des trois perpendiculaires.

On a alors, en appliquant le théorème de Pythagore aux triangles rectangles de la figure,

$$\begin{aligned}\overline{AB}^2 \times \overline{DC}^2 &= \overline{AB}^2 \times (\overline{SD}^2 + \overline{SC}^2)\\ &= \overline{AB}^2 \times \overline{SD}^2 + \overline{AB}^2 \times \overline{SC}^2\\ &= \overline{AB}^2 \times \overline{SD}^2 + (\overline{SA}^2 + \overline{SB}^2)\,\overline{SC}^2\\ &= \overline{AB}^2 \times \overline{SD}^2 + \overline{SA}^2 \times \overline{SC}^2 + \overline{SB}^2 \times \overline{SC}^2.\end{aligned}$$

On a donc $\overline{ABC}^2 = \overline{ASB}^2 + \overline{ASC}^2 + \overline{BSC}^2$.

La démonstration d'Euclide par Pierre Hérigone. — Nous avons signalé (Introd., § 7, 2e Période) la tentative faite par Pierre Hérigone (17e s.) pour simplifier le langage et faciliter le raisonnement en géométrie à l'aide d'un mode spécial de notations.

Les symboles qu'il emploie à cet effet sont entre autres : **est, snt** (sont), ⊓ (à), ⊔ (ou), — (droite), = (2 droites parallèles), < (angle quelconque), L (angle droit), □ (carré), ◇ (parallélogramme quelconque), Δ (triangle), 2|2 (signe de l'égalité), + (signe de l'addition), **commun add.** (indication de l'opération d'ajouter une même quantité aux deux membres d'une égalité).

Ce procédé lui a permis de réunir dans son *Cours mathématique* (1644), sous un très petit volume, une grande quantité de matière, notamment les 15 Livres d'Euclide en français et en latin.

A titre d'exemple, nous extrayons du tome I la démonstration du théorème de Pythagore d'après Euclide.

La colonne de gauche de la démonstration indique les références aux propositions, postulats et axiomes antérieurs.

Liv. I, Proposit. XLVII

Aux triangles rectangles, le quarré du costé qui soustient l'angle droict, est égal aux quarrez des costez qui contiennent l'angle droict.

Hypoth.	**Req. ∏ demonstr.**
< *bac* **est** ⌋,	□ *bc* 2|2 □ *ab* + □ *ac*.

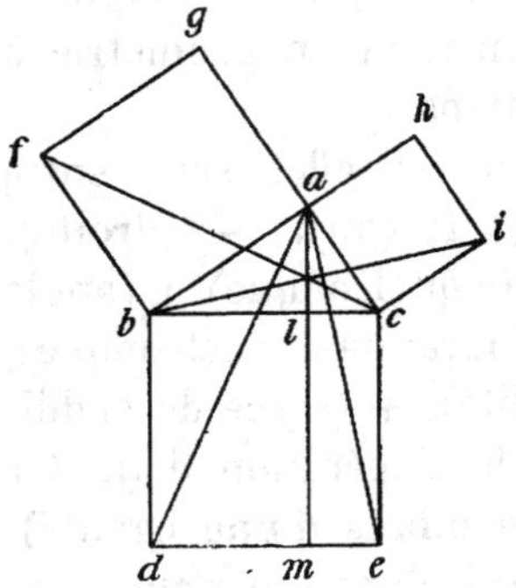

hyp.	< *bac* **est** ⌋,
constr.	< *bag* **est** ⌋,
14, I (4)	*gac* **est** —,
29 d. I (5)	*ab* 2|2 *bf*,
29 d. I (5)	*bd* 2|2 *bc*,
12 a. I (6)	< *dbc* 2|2 < *fba*.
	< *abc* **commun add.**
2 a. I (7)	< *abd* 2|2 < *fbc*,
4, I (8)	△ *abd* 2|2 △ *fbc*, α
41, I (9)	◇ *blmd* 2|2 2△ *abd*,
41, I (9)	□ *af* 2|2 2△ *fbc*,
6 a. I (10)	◇ *blmd* 2|2 □ *af*, β
d. α	△ *ace* 2|2 △ *icb*,
d. β	◇ *clme* 2|2 □ *ai*,
concl.	
2 a. I (7)	□ *be* 2|2 □ *af* + □ *ai*

Prœpar.

46, I (1)	*be* **est** □ *bc*,
46, I (1)	*af* **est** □ *ab*,
46, I (1)	*ai* **est** □ *ac*,
31, I (2)	*am* = *bd* ⊔ *ce*,
I, p. 1 (3)	*ad*, *ae*, *bi*, *cf* **snt** —

---

(1) Propos. 46 du Livre I. — Décrire un carré sur une droite donnée.

(2) — 31 — I. — Par un point donné, conduire une droite parallèle à une droite donnée.

(3) Postulat 1 du Livre I. — On demande qu'on puisse conduire une droite d'un point quelconque à un point quelconque.

(4) Propos. 14 du Livre I. — Si à un point d'une droite, deux droites placées de côtés différents font avec elle deux angles consécutifs égaux à deux droits, ces deux droites n'en forment qu'une seule.

(5) Définition 29 du Livre I. — Parmi les figures quadrilatères, celle qui a ses côtés égaux et ses angles droits se nomme carré.

(6) Axiome 12 du Livre I. — Tous les angles droits sont égaux entre eux.

(7) Axiome 2 du Livre I. — Si à des grandeurs égales on ajoute des grandeurs égales, les totaux seront égaux.

(8) Propos. 4 du Livre I. — Deux triangles qui ont un angle égal compris entre deux côtés égaux chacun à chacun sont égaux.

(9) Propos. 41 du Livre I. — Si un parallélogramme et un triangle ont la même base et sont compris entre les mêmes parallèles, le parallélogramme est double du triangle.

(10) Axiome 6 du Livre I. — Les grandeurs qui sont doubles d'une même grandeur sont égales entre elles.

Relations entre les polygones réguliers. — Nous supposerons les polygones réguliers considérés inscrits dans un même cercle.

On forme un triangle rectangle :

I. En prenant comme côtés de l'angle droit les demi-côtés du triangle équilatéral et de l'hexagone régulier, et comme hypoténuse le côté de l'hexagone (*fig. a*) ;

II. En prenant comme côtés de l'angle droit le côté de l'hexagone régulier et comme hypoténuse le côté du carré (*fig. b*) ;

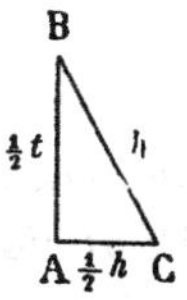

Fig. *a*.

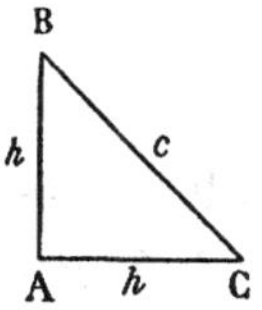

Fig. *b*.

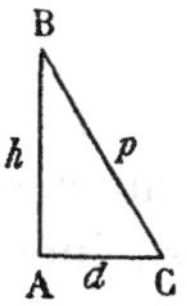

Fig. *c*.

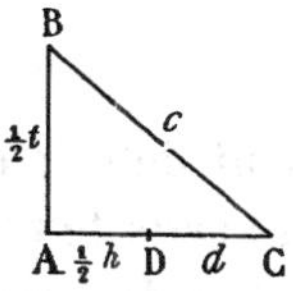

Fig. *d*.

III. En prenant comme côtés de l'angle droit les côtés de l'hexagone et du décagone réguliers et comme hypoténuse le côté du pentagone régulier (*fig. c*) ;

IV. En prenant : 1° comme côtés de l'angle droit le demi-côté AB du triangle équilatéral et une longueur AC formée du demi-côté AD de l'hexagone régulier et du côté DC du décagone régulier ; 2° comme hypoténuse le côté du carré (*fig. d*).

Toutes ces relations se démontreront aisément, par l'application du théorème du carré de l'hypoténuse, au moyen des formules suivantes qui donnent les côtés des polygones réguliers inscrits dans le cercle de rayon r :

$$t = r\sqrt{3}, \qquad c = r\sqrt{2}, \qquad h = r,$$

$$p = \frac{r}{2}\sqrt{10 - 2\sqrt{5}}, \qquad d = \frac{r}{2}(\sqrt{5} - 1).$$

CHAPITRE III

CASSE-TÊTE GÉOMÉTRIQUES

On peut définir comme suit le casse-tête géométrique dans son sens le plus général : *il s'agit, étant donné un certain nombre de figures géométriques, de les découper de manière à constituer, par l'assemblage des éléments ainsi obtenus, des figures de forme donnée.*

Comme on le verra, ce genre de questions est très ancien, mais ce n'est qu'au 19e siècle qu'on en a trouvé la solution générale. Nous suivrons autant que possible l'ordre chronologique dans notre exposition.

§ 1. — Loculus d'Archimède (3e s. av. J.-C.).

On savait, par des passages de deux auteurs latins, Marius Victorinus (4e s.) et Atilius Fortunatianus (6e s.), qu'ARCHIMÈDE devait avoir composé un jeu géométrique. Ils rapportent que dans ce jeu, dénommé par eux *Loculus Archimedius, il s'agit, étant donné un carré d'ivoire découpé en 14 morceaux de formes polygonales très différentes, de reproduire avec ces morceaux non seulement le carré primitif, mais aussi d'autres figures.*

Ausone (4e s.), dans une lettre à Paulus, mentionne aussi ce jeu, sans cependant l'attribuer à Archimède.

On était toutefois sans renseignements précis à ce sujet lorsqu'en 1899, M. Henri Süter, de Zurich, retrouva une version arabe d'un livre d'Archimède sur la question. Dans ce livre, le grand géomètre se propose de *découper un carré en 14 éléments qui soient dans un rapport rationnel avec la figure entière,* qu'il appelle « syntemachion » (assemblage de rognures). Le but d'Archimède est donc inverse de celui indiqué par les auteurs latins et, comme on pouvait s'y attendre, plus scientifique aussi ; mais le jeu dont ils font mention avait assurément été inspiré par le travail du savant syracusain.

Il faut donc voir là, vraisemblablement, l'origine des casse-tête géométriques.

Le problème comporte une infinité de solutions ; nous ne donnerons que celle d'Archimède.

Construction. — Soient ABGD le carré donné, E, N, Z les milieux des côtés GB, GD et DA. Menons ZE, ZB, ZG et AG. AG est coupé respectivement en L et F par ZB et ZE. Joignons B au milieu M de AL, E au milieu C de ZG et C à N. Enfin, faisons passer par le milieu H de BE et par A une droite HK limitée à ZB, par H et par le milieu T de BZ une droite HT, par C et B et une droite CO limitée à ZG et DG.

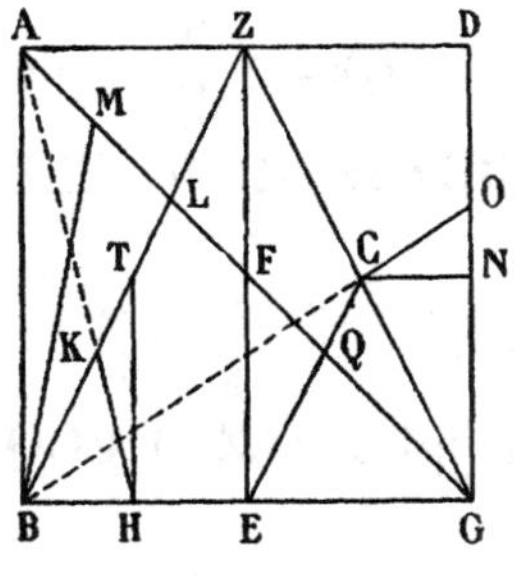

Le carré ABGD est ainsi divisé en 14 éléments, dont 7 pour le rectangle ZB et 7 pour le rectangle ZG, satisfaisant à la condition imposée, ainsi que nous allons le montrer.

Valeur des éléments. — Désignons par S l'aire du carré entier.

I. *Rectangle* ZG. — 1° Tri. GNC $=$ 1/4 tri. DGZ $=$ 1/16 S.

2° Puisque BG $=$ 4CN, on a OG $=$ 4ON, NG $=$ 3ON ; par suite, tri. CNO $=$ 1/3 tri. GNC $=$ 1/48 S.

3° Quad. DOCZ $=$ tri. DGZ — (tri. GNC $+$ tri. CNO) $=$ 1/4 S — (1/16 $+$ 1/48) S $=$ 1/6 S.

4°, 5°, 6° On a tri. EFQ $=$ 1/24 S, tri. GCQ $=$ 1/24 S et tri. EGQ $=$ 1/12 S. En effet, les triangles semblables FCQ et GEQ donnent $\frac{FC}{EG} = 1/2 = \frac{CQ}{EQ} = \frac{FQ}{GQ}$; donc tri. EFQ $=$ 1/2 tri. EGQ $=$ tri. GCQ, tri. EFQ $=$ 1/3 tri. EFG. Mais tri. EFG $=$ 1/2 tri. ZEG $=$ 1/8 S ; donc tri. EFQ $=$ tri. GCQ $=$ 1/24 S et tri. EGQ $=$ 1/12 S.

7° Quad. FQCZ $=$ tri. ZEC — tri. EFQ $=$ 1/8 S — 1/24 S $=$ 1/12 S.

II. *Rectangle* ZB. — 1° Tri. FZL $=$ tri. EFQ $=$ 1/24 S.

2° Tri. KHT $=$ 1/48 S. En effet, les triangles semblables KHT et KBA donnent $\frac{HT}{BA} = 1/2 = \frac{KT}{BK}$; donc tri. KHT $=$ 1/2 tri. BHK $=$ 1/3 tri. BHT $=$ 1/12 tri. ZEB $=$ 1/48 S.

3° Tri. BHK $=$ 2 tri. KHT $=$ 1/24 S.

4° Tri. ALZ $=$ 1/12 S, car les triangles ALZ et EGQ sont égaux.

5°, 6° Tri. ABM $=$ tri. LBM $=$ 1/12 S ; en effet, comme BG $=$ 2AZ, on a BL $=$ 2LZ et tri. LAB $=$ 2 tri. ALZ $=$ 1/6 S ; donc tri. ABM $=$ tri. LBM $=$ 1/2 tri. LAB $=$ 1/12 S.

7° Pentag. LFEHT $=$ trap. ZEHT — tri. FZL $=$ 3/4 tri. BEZ — tri. FZL $=$ 3/16 S — 1/24 S $=$ 7/48 S.

La figure ci-dessous indique, en quarante-huitièmes de l'aire totale, la valeur des aires partielles.

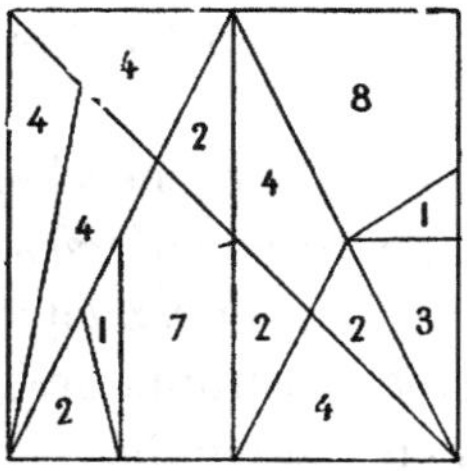

REMARQUE. — La construction et les résultats qui précèdent sont valables pour un parallélogramme quelconque.

Applications. — On peut se proposer diverses questions sur les éléments de la figure du « loculus ». En voici un exemple à titre d'indication : nous supposons les aires évaluées en quarante-huitièmes du carré total.

Grouper les éléments de cette figure de telle sorte que les aires des nouveaux fragments obtenus soient représentées par trois nombres entiers égaux (fig. a), ou par trois nombres entiers consécutifs (fig. b), ou par les huit premiers nombres entiers et le nombre 12 (*fig. c*).

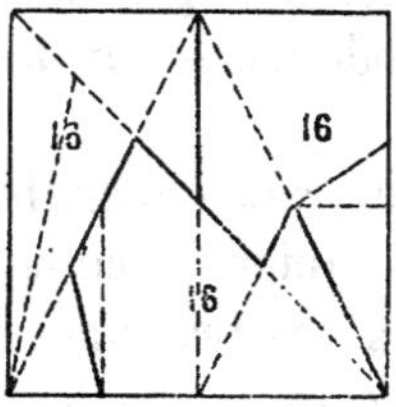

Fig. *a*.

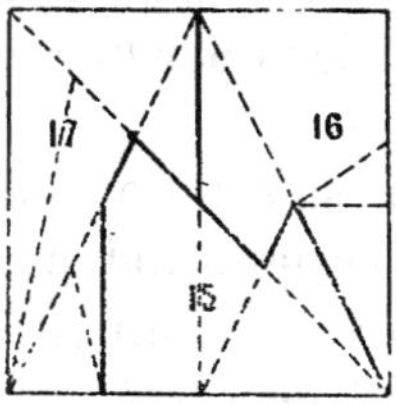

Fig. *b*.

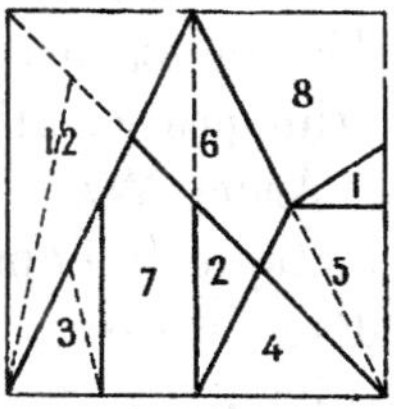

Fig. *c*.

BIBLIOGRAPHIE

H. SÜTER. — *Der Loculus Archimedius oder das Syntemachion des Archimedes*. — Zeitschr. für Math. u. Phys. Leipzig, 1899.

§ 2. — Composition d'un carré au moyen de carrés égaux. — Décomposition d'un carré en carrés égaux.

Géométriquement, le problème qui consiste à construire le côté d'un carré équivalent à plusieurs carrés égaux est très simple : il suffit d'appliquer successivement, autant de fois qu'il est nécessaire, la construction résultant du théorème de Pythagore.

Mais la question devient plus difficile si l'on cherche, comme nous allons le faire, à *composer matériellement un carré au moyen de carrés élémentaires égaux* (que constitueraient, par exemple, des carreaux céramiques), ceux-ci pouvant d'ailleurs être divisés en fragments.

La décomposition d'un carré en plusieurs carrés égaux appelle des observations analogues.

I. Solution d'Aboûl Wafâ (10e s.). — Ce problème devait être un de ceux qui se présentaient dans les travaux architecturaux des Arabes ; c'est ce besoin pratique qui a fourni à Aboûl Wafâ l'occasion de traiter théoriquement la question dans son *Recueil de constructions géométriques*. Il est en effet dit dans ce dernier ouvrage que le but de l'auteur est de remplacer les procédés défectueux des praticiens par une méthode basée sur des principes scientifiques.

Aboûl Wafâ fonde sa solution sur une propriété arithmétique du nombre entier n indiquant combien on considère de carrés égaux. Il distingue deux cas principaux suivant : 1° que n est un carré ou une somme de deux carrés ; 2° qu'il n'est ni l'un ni l'autre.

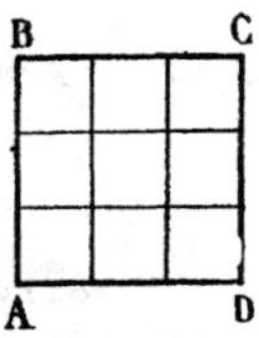

Fig. *d*.

1er Cas : Le nombre entier n est un carré a^2 ou une somme de deux carrés a^2 et b^2.

Composer un carré de a^2 carrés. — Le côté AB du carré cherché est égal à a ; la figure d donne la construction pour $a^2 = 3^2$.

Décomposer un carré en a^2 carrés. — Il suffit de diviser deux côtés consécutifs AB et BC du carré en a parties égales et de mener des parallèles à ces côtés par les points de division ; on voit (*fig. d*) la construction pour $a^2 = 3^2$.

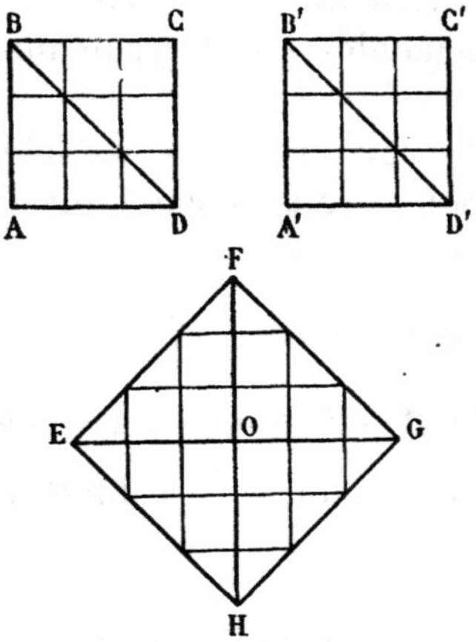

Fig. *e*.

Composer un carré de $2a^2$ *carrés.* — A l'aide du problème précédent, on compose d'abord deux carrés ABCD et A'B'C'D' constitués chacun par a^2 carrés élémentaires (*fig. e*).

On partage ensuite chacun des deux carrés ainsi formés au moyen d'une diagonale, et on assemble les quatre triangles rectangles ainsi obtenus de telle sorte que leurs sommets d'angle droit soient réunis en un même point O : ils donnent alors un carré EFGH.

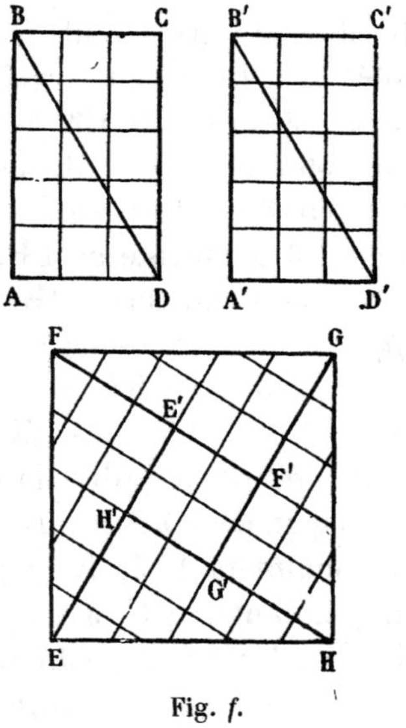

Fig. *f*.

Décomposer un carré en $2a^2$ *carrés égaux.* — Solution inverse de la précédente ; les triangles rectangles isocèles formés le long du pourtour du carré EFGH, étant assemblés deux par deux, donneront des éléments carrés (*fig. e*).

Composer un carré de $a^2 + b^2$ *carrés égaux* $(a > b)$. — On forme (*fig. f*) deux rectangles ABCD et A'B'C'D' dont les côtés sont égaux à a et b fois le côté du carré élémentaire, puis on divise chacun d'eux par une diagonale en deux triangles rectangles dont l'hypoténuse est le côté du carré cherché.

En disposant ces triangles comme il est indiqué, on obtient le carré EFGH ; nous avons supposé sur la figure $a = 5$, $b = 3$. Ce procédé est basé sur la relation

$$a^2 + b^2 = 4\frac{ab}{2} + (a - b)^2.$$

Le carré entier $a^2 + b^2$ (EFGH) est formé de 4 triangles d'aire $\frac{ab}{2}$ (EE'F, FF'G,...) et d'un carré central de côté $a - b$ (E'F'G'H').

Décomposer un carré en $a^2 + b^2$ carrés égaux ($a > b$). — La construction est inverse de la précédente ; elle est basée sur ce fait que dans la figure *f*, les lignes de division partagent les côtés du carré en $a = 5$ parties égales ; car EE' par exemple, se trouvant divisé en 5 parties égales, il en est de même de EF.

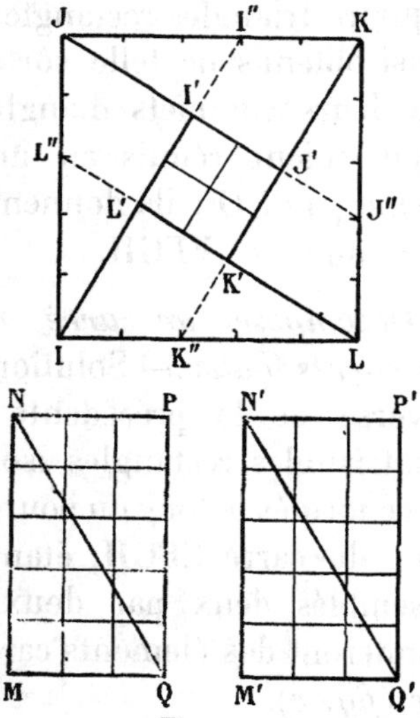

Fig. *g*.

Soit donc un carré IJKL (*fig. g*); on divise ses côtés en a parties égales. Désignons par L'', I'', J'', K'' le $(a - b)^e$ point de division de chacun des côtés à partir des sommets I, J, K, L ; en joignant I à I'', J à J'', K à K'', L à L'', on obtient quatre triangles II'J, JJ'K,... et un carré central I'J'K'L'. On dispose ces triangles deux par deux de façon à former deux rectangles égaux MNPQ et M'N'P'Q'; on divise les côtés MN et M'N', NP et N'P' de ces rectangles respectivement en a et b parties égales, et des parallèles aux autres côtés menées par les points de division décomposent chacun des rectangles en ab carrés. Il ne reste plus qu'à partager le carré central I'J'K'L' en $(a-b)^2$ carrés.

2e Cas : Le nombre entier n n'est ni un carré ni une somme de deux carrés.

Nous résoudrons d'abord les deux questions suivantes, auxquelles se ramène le problème proposé, ainsi que nous le montrerons plus loin.

Composer un carré de deux carrés dont les côtés c et d sont quelconques ($c > d$). — Superposons le carré AEFG de côté d au carré ABCD de côté c de sorte que ces deux carrés aient un angle et un côté communs, et prolongeons EF, GF jusqu'à leur rencontre avec CD et BC en I et H.

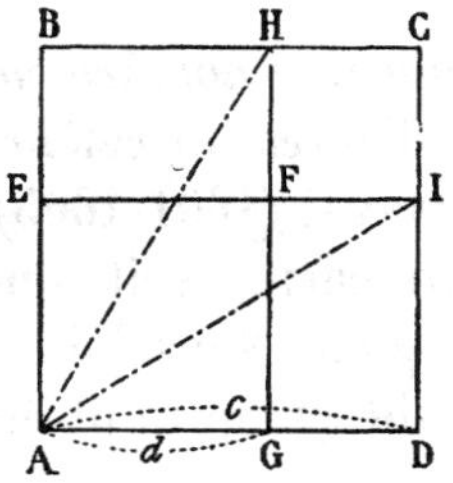

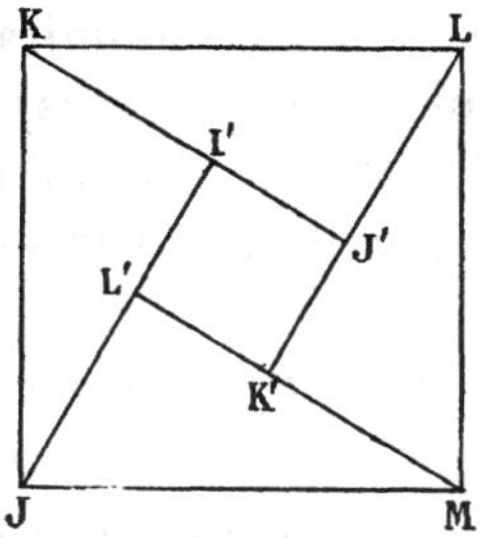

Le carré ABCD découpé par GH et FI donne : 1° le carré FHCI de côté $c-d$; 2° le rectangle ABHG d'aire cd, qu'on peut diviser en deux triangles rectangles égaux par la diagonale AH ; 3° le rectangle GFID. Ce dernier forme avec le carré AEFG un rectangle AEID d'aire cd, qu'on peut diviser par la diagonale AI en deux triangles rectangles égaux entre eux et à ceux d'hypoténuse AH.

En disposant le carré FHCI en I'J'K'L' et les quatre

triangles rectangles obtenus sur son pourtour comme il est indiqué, on obtient bien un carré JKLM.

Diviser un carré en deux autres, le côté c de l'un de ces derniers étant donné. — Sur les quatre côtés du carré proposé JKLM comme diamètre, on décrit des demi-circonférences sur lesquelles on porte à partir des sommets J, K, L, M des cordes JI′, KJ′, LK′, ML′ égales à c.

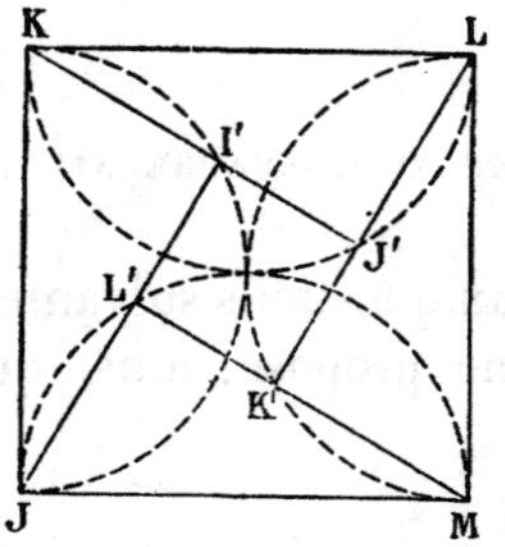

On démontre sans difficulté que ces cordes dessinent un carré I′J′K′L′ et quatre triangles rectangles égaux JI′K,... au moyen desquels on forme les deux carrés demandés en suivant en sens inverse la construction du problème précédent.

Composer un carré de n carrés égaux, le nombre entier n étant quelconque. — On sait, d'après un célèbre théorème du mathématicien français FERMAT (1601-1665), que tout nombre entier est soit un carré, soit une somme de 2, de 3 ou de 4 carrés au plus. Nous laisserons de côté les deux premières hypothèses, qui ont été considérées précédemment (1er cas).

Si n est de la forme $a^2 + b^2 + c^2 + d^2$, on réunira $a^2 + b^2$ carrés élémentaires en un seul carré k^2 (1er cas), puis $c^2 + d^2$ carrés en un autre carré l^2 (1er cas) et enfin on assemblera k^2 et l^2 au moyen de la première construction préliminaire (2e cas).

Si n est de la forme $a^2 + b^2 + c^2$, l^2 se réduira à c^2 carrés élémentaires.

Diviser un carré en n carrés égaux, le nombre entier n étant quelconque. — Soient $n = a^2 + b^2 + c^2 + d^2$ et e le côté du carré donné; ce dernier doit être divisé en

n carrés de côté $\frac{e}{\sqrt{n}}$. On peut grouper a^2+b^2 de ces carrés pour former un carré k^2 $\left[k^2=(a^2+b^2)\frac{e^2}{n}\right]$, et les c^2+d^2 carrés restants pour former un carré $l^2\left[l^2=(c^2+d^2)\frac{e^2}{n}\right]$.

D'autre part, la longueur $k=\sqrt{\frac{a^2+b^2}{n}}\cdot e$ peut être déterminée par une construction géométrique connue. Ayant trouvé k, on décomposera le carré proposé e^2 en deux autres k^2 et l^2 dont l'un k^2 est donné (2e prop[on] prél[re]), et il ne restera plus qu'à diviser k^2 et l^2 respectivement en a^2+b^2 et c^2+d^2 carrés égaux, problème résolu antérieurement (1er cas).

Cas particuliers. — La méthode générale que nous venons d'exposer peut être assez compliquée dans l'application, surtout lorsque n est quelconque ; on peut trouver dans certains cas particuliers des solutions directes plus rapides.

Composer un carré de 3 carrés égaux. — Comme $3=1^2+1^2+1^2$, on voit qu'on aurait ici à utiliser la construction du 2e cas si l'on employait la méthode générale. Mais on peut donner de ce problème une élégante solution qui fut indiquée par Aboûl Wafâ dans une réunion de géomètres et de praticiens. Le problème posé dans cette réunion avait pour objet de *découper matériellement trois briques carrées de manière à former un carré avec les fragments obtenus.*

Soient ABCD, $A_1B_1C_1D_1$, $A_2B_2C_2D_2$ les 3 carrés égaux ; divisons chacun des deux derniers en deux parties égales par une diagonale et disposons les triangles obtenus le long du contour du premier comme nous l'avons indiqué sur la fig. ci-après en AEB′, BFC′, ... En joignant maintenant les points E, F, G, H, on obtient un quadrilatère **EFGH** qui, ainsi qu'on le démontre aisément, est un carré. Or les triangles **A″A′H** et **A″AE**, **B″B′E** et **B″BF**, ... sont égaux entre eux, de sorte qu'en

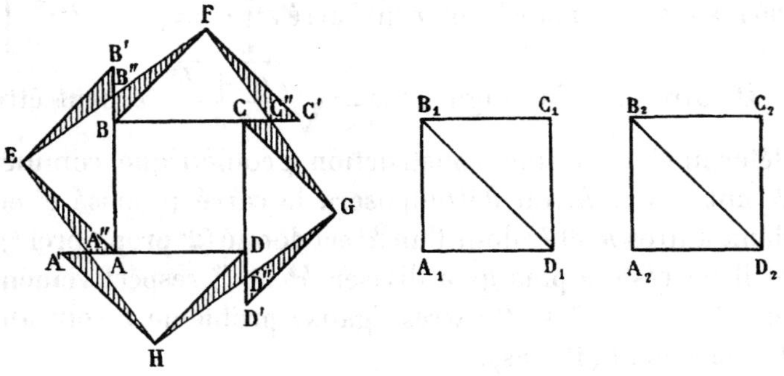

découpant les triangles **A″A′H**, **B″B′E**, ... et les mettant à la place de **A″AE**, **B″BF**, ..., on forme bien matériellement le carré **EFGH** au moyen des 3 carrés donnés.

Composer un carré de 5 *carrés égaux.* — La solution que nous allons donner, inspirée de la précédente, est plus rapide que celle résultant de la méthode générale (1er cas : $5 = 1^2 + 2^2$).

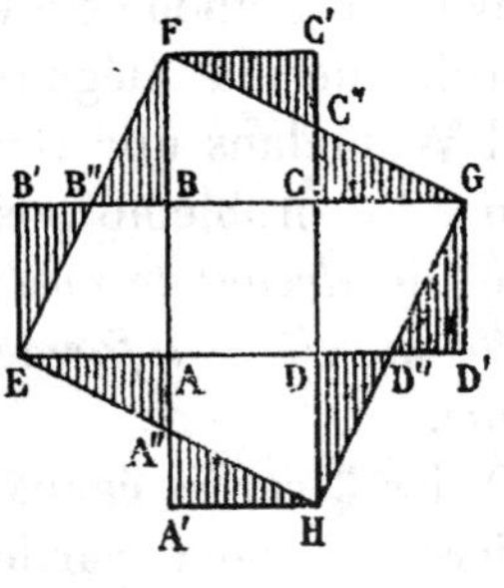

Disposons autour d'un des carrés, **ABCD**, les 4 autres en **AEB′B**, **BFC′C**, ... et joignons **E** à **F**, **F** à **G**, ... : **EFGH** est un carré. Comme les triangles **A″A′H** et **A″AE**, **B″B′E** et **B″BF**, ... sont égaux entre eux, on voit qu'en découpant les triangles **A″A′H**, **B″B′E**, ... et les portant en **A″AE**, **B″BF**, ..., on obtient bien le carré **EFGH** au moyen des 5 carrés donnés.

II. — Solution de Montucla (1778). — *Composer un carré de n carrés égaux, c étant le côté commun des n carrés donnés.*

On peut toujours former un rectangle au moyen de ces n carrés, par exemple en les juxtaposant : le rectangle dont il s'agit aura alors pour base nc et pour hauteur c. Le problème se trouve ainsi ramené au suivant :

Convertir un rectangle en un carré équivalent par une transposition d'éléments.

Soit ABCD le rectangle donné, de côtés $AB = a$ et $BC = b (a < b)$; du point A, avec une ouverture de compas égale à la moyenne proportionnelle entre AB et BC, décrivons un arc de cercle qui coupe BC en un certain point E. Élevons en E sur AE une perpendiculaire qui rencontre AD en un certain point I. On peut faire les deux hypothèses suivantes : 1° I est situé en dehors du segment AD; 2° I est situé entre A et D. Le cas particulier où I se confond avec D se déduit aisément des deux autres cas généraux.

1er Cas : I *en dehors de* AD. — Cette hypothèse peut se traduire par l'inégalité $b < 2a$. On doit en effet avoir $AI > AD$ ou $\frac{ab}{\sqrt{ab - a^2}} > b$; en simplifiant, on trouve $b < 2a$.

Menons par D une parallèle à AE qui rencontre BC en H, et les perpendiculaires élevées en A et E à AE, respectivement en G et F.

Les rectangles ABCD et AEFG, équivalents séparément au parallélogramme AEHD, sont équivalents entre eux. Or, aire $ABCD = AB \times BC = \overline{AE}^2$; le rectangle AEFG est donc un carré, puisque sa base étant AE, sa hauteur est aussi AE.

Prenons maintenant à partir de A, sur AE, $AM = DF$,

et sur AD, AL = EC ; élevons en M et L des perpendiculaires à AE et AD, et désignons pour simplifier par des chiffres les différents fragments obtenus, ainsi que nous l'avons indiqué sur la figure ci-contre.

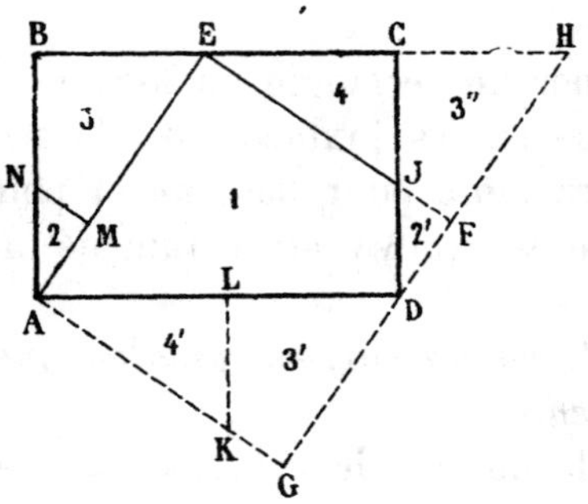

Les triangles ABE et CDH étant égaux, ainsi que 2 et 2′, il en est de même de 3 et 3″. Les triangles EFH et AGD étant égaux, ainsi que 4 et 4′, il en est de même de 3″ et 3′ et par suite de 3 et 3′. Les fragments 1, 2, 3, 4 du rectangle donné ABCD donneront donc par leur nouvel arrangement 1, 2′, 3′, 4′ le carré AEFG.

2ᵉ Cas : I *entre* A *et* D. — On a ici $b > 2a$. Menons par D une parallèle à AE qui rencontre BC en H et les perpendiculaires élevées en A et E à AE, respectivement en G et F. On démontrerait comme pour le 1ᵉʳ cas que AEFG est un carré.

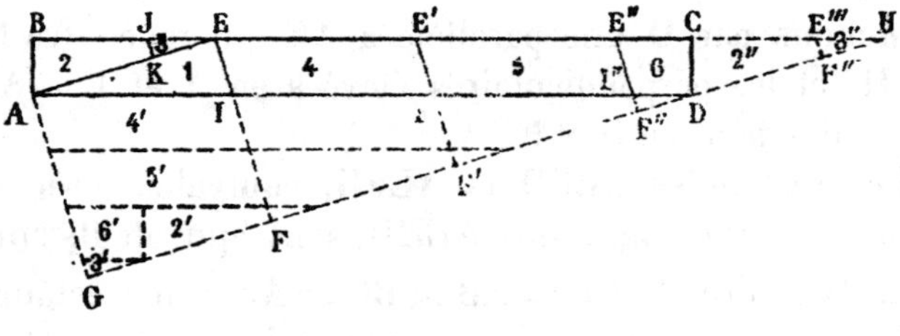

Portons sur BC des longueurs EE′, E′E″, E″E‴, ... égales entre elles et à AI, jusqu'à ce qu'on arrive à dépasser le point C, et par les points E′, E″, E‴,... menons des parallèles à EF ; puis prenons sur EA, EK = HF‴ et au point K élevons une perpendiculaire KJ. Le rectangle ABCD est ainsi partagé en des fragments 1, 2, 3, 4, 5, 6,... qui, par un nouvel arrangement 1, 2′, 3′, 4′, 5′, 6′,... formeront le carré AEFG.

En effet, on peut passer du rectangle ABCD au parallélogramme AEHD en transportant le triangle ABE sur son égal DCH. On peut ensuite passer du parallélogramme AEHD au carré équivalent AEFG de la manière suivante. Remarquons d'abord que, dans le cas de figure considéré, I″D = AD — 3AI = E‴H ; les triangles rectangles E‴F‴H et I″F″D sont donc égaux et on a E‴F‴ = I″F″ ; on voit de même que E″F″ = I′F′, E′F′ = IF. Nous pouvons donc faire glisser successivement le triangle E‴F‴H en I″F″D, puis le trapèze F″E″E‴F‴ (formé de I″E″E‴F‴ et de I″F″D) sur son égal F′I′I″F″, puis le trapèze F′E′E″F″ (formé de I′E′E″I″ et de F′I′I″F″) sur son égal FII′F′, et enfin le trapèze FEE′F′ (formé de IEE′I′ et de FII′F′) sur son égal AIFG.

On obtient de cette façon, pour ainsi dire mécaniquement, la position que doivent occuper les fragments du rectangle donné pour constituer le carré AEFG.

Remarque. — La solution de Montucla, que nous avons d'ailleurs complétée et sensiblement modifiée en ce qui concerne le 2ᵉ cas, n'est au fond qu'un cas particulier de la méthode générale de M. Guitel pour la décomposition des polygones équivalents en éléments superposables, méthode que nous exposerons dans le paragraphe suivant.

Décomposer un carré de côté C *en* n *carrés égaux.* — Le côté c d'un des n carrés élémentaires est donné par l'expression $\frac{C}{\sqrt{n}}$. On pourra donc former un rectangle contenant n carrés et équivalent au carré donné ; on se trouve ainsi ramené à la construction précédente.

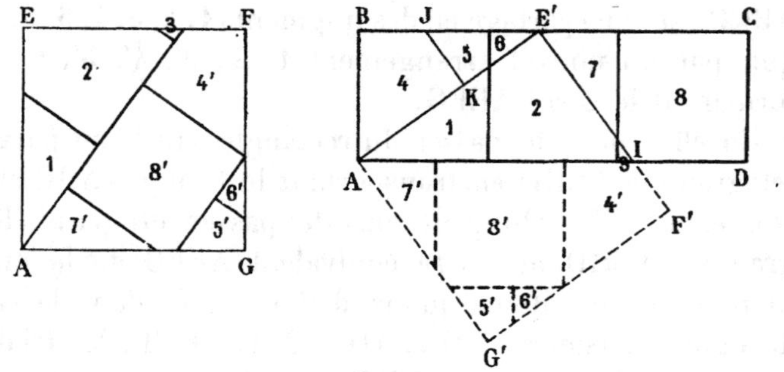

Étant donné, par exemple, le carré AEFG, qu'il s'agit de décomposer en 3 carrés égaux, on détermine, soit numériquement, soit graphiquement, la valeur de l'expression $\frac{AE}{\sqrt{3}}$, qui donne la hauteur du rectangle ABCD formé de 3 carrés égaux et équivalent à AEFG.

En procédant comme il a été indiqué au 2e cas, on est conduit à sectionner le rectangle ABCD suivant les droites AE', E'I et JK : on obtient ainsi 8 éléments qui, disposés autrement, forment un carré AE'F'G'. Nous avons reporté sur le carré AEFG la position de ces éléments qui, inversement, peuvent reproduire le rectangle ABCD formé de 3 carrés.

III. Solution de M. Perigal (1875). — M. Perigal n'a en réalité traité que la question suivante : *Convertir un carré en un rectangle équivalent dont un côté est donné.* Mais on peut aisément adapter sa très simple solution au problème ci-après, auquel, nous venons de le voir, on peut ramener la question de composition et de décomposition des carrés.

Convertir un rectangle en un carré équivalent par une transposition d'éléments. — Soient ABCD le rectangle de côtés AB $= a$, BC $= b$ ($a < b$) et EAFG le carré équivalent de côté $c = \sqrt{ab}$ que nous juxtaposons à ABCD de façon que le sommet A soit commun et que les côtés AD et AF se trouvent sur une même droite. Menons DE ; nous distinguerons deux cas, selon que la parallèle à DE menée par C rencontre AD en un certain point L situé sur le segment AF ou sur le segment FD.

1er Cas : L *sur* AF. — Par A, C, F faisons passer des parallèles AI, CL et FP à DE. Divisons maintenant le parallélogramme AICL en deux trapèzes par une parallèle quelconque JK à AB ; prenons ensuite sur FP, FN $=$ AJ et par N menons NO parallèle à EG. Le rectangle et le carré considérés sont alors divisés chacun en 4 éléments superposables.

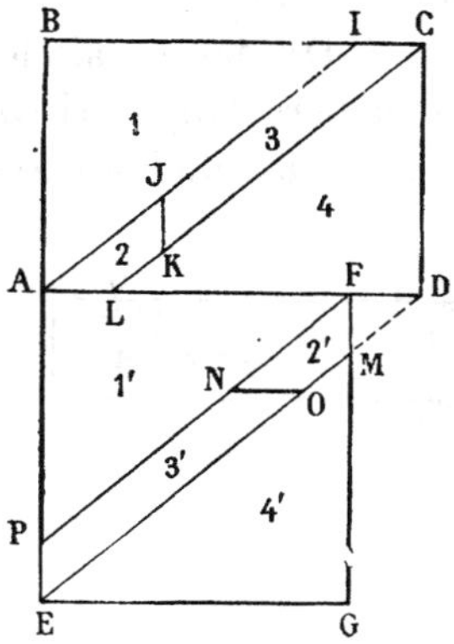

En effet, les triangles semblables EAD et PAF donnent

$$\frac{c}{\text{AP}} = \frac{b}{c}; \quad \text{d'où} \quad \text{AP} = \frac{c^2}{b} = a = \text{AB}.$$

On montrerait de la même façon que MG $= a =$ CD ; les triangles rectangles 1 et 1′, 4 et 4′ sont donc égaux. On voit aisément que les trapèzes 2 et 2′, 3 et 3′ sont respectivement égaux.

La construction comporte une infinité de solutions, puisque la position de la droite JK est arbitraire.

Le cas de figure que nous venons de considérer correspond à l'inégalité $b < 4a$. En effet, L étant sur AF, on doit avoir AL $<$ AF ; il en résulte AL + AF $<$ 2AF ou, puisque AF = EG = LD, AD $<$ 2AF, c'est-à-dire $b < 2\sqrt{ab}$ et enfin $b < 4a$.

2e Cas : L *sur* FD. — On a ici $b > 4a$. On ne peut plus alors mener la droite JK entre les deux parallèles AI et LC, et la construction précédente n'a plus lieu.

M. Perigal n'a pas envisagé cette hypothèse, en sorte que la démonstration est incomplète, mais on peut la parfaire comme suit.

On porte le côté AF du carré sur FD autant de fois qu'il est possible sans toutefois dépasser le point L. Par les points A, F, X, ..., L on mène à DE des parallèles qu'on prolonge de manière à traverser le rectangle ABCD et le carré EAFG, puis par F, X, ... des parallèles à AB.

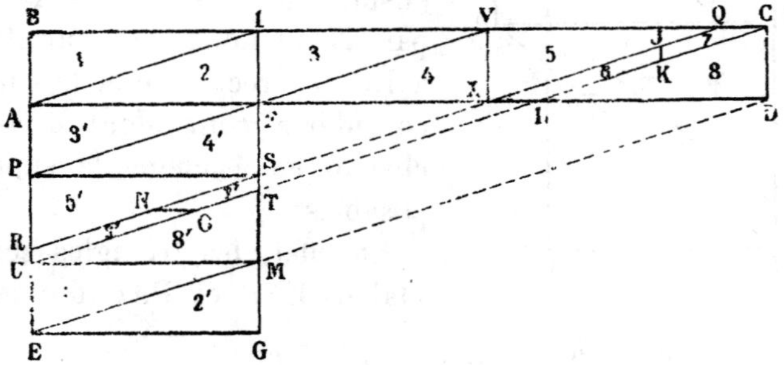

Enfin on fait passer parallèlement à AB une droite arbitraire JK qui divise en deux trapèzes le parallélogramme XQCL ; on prend SN = CK, et on mène NO parallèle à EG.

Dans le cas de figure représenté, on a ainsi divisé le rectangle ABCD et le carré EAFG en 6 triangles rectangles égaux entre eux et en 2 trapèzes ; chacun des triangles du rectangle est d'ailleurs égal à chacun des triangles du carré comme ayant les angles égaux et un côté égal AB = IF = ... = AP = PR... D'autre part, les trapèzes 7 et 7′, par exemple, sont égaux, car ils ont les angles égaux, même hauteur et une base égale.

Remarque. — La solution que nous venons d'exposer conduit à une construction plus rapide que celle de Montucla. Elle est aussi plus simple, car ici la construction du 1er cas est utilisée tant qu'on a $b < 4a$, tandis qu'avec la solution de Montucla on ne se trouve dans le 1er cas que si $b < 2a$.

Application. — *Composer un carré de* 3 *carrés égaux.* — Nous n'avons qu'à appliquer ici la règle relative au 1er cas. La figure est suffisamment claire pour nous dispenser d'explications. Nous signalerons toutefois que nous avons fait passer la droite de division du parallélogramme AICL par I afin d'obtenir un plus petit nombre d'éléments.

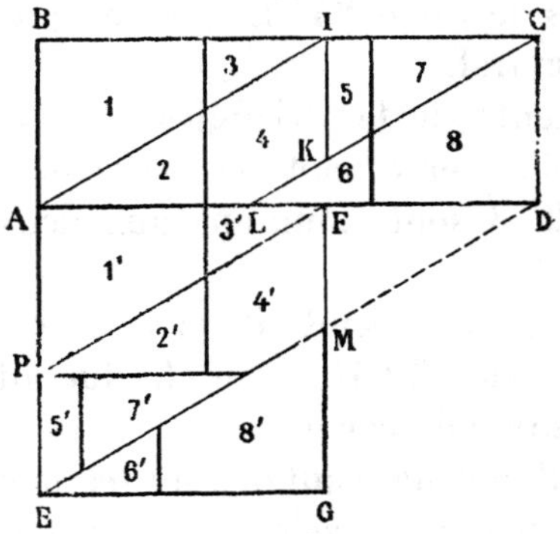

IV. Solution de M. de Coatpont (1877). — *Décomposer un carré de côté* C *en* n *carrés égaux.* — Soit $n = 3$; sur le côté BC du carré donné ABCD, portons une longueur BK égale au côté c d'un des 3 carrés, soit égale à $\frac{C}{\sqrt{3}}$ $\left(\frac{C}{\sqrt{n}}\text{ pour } n \text{ carrés}\right)$.

Décrivons une circonférence ayant même centre que le carré ABCD et un diamètre égal à c et menons les tangentes suivantes à cette circonférence : IP passant par I milieu de KC, RS et TU perpendiculaires à IP, et NV parallèle à la même droite IP. Prenons enfin NR = IC et élevons les perpendiculaires KL et RQ à BC et AD : le carré proposé se trouve alors décomposé en fragments qui, assemblés d'une autre manière, donneront un rectangle EFGH formé de 3 carrés égaux juxtaposés, le carré RTUS tracé en premier lieu étant le carré central.

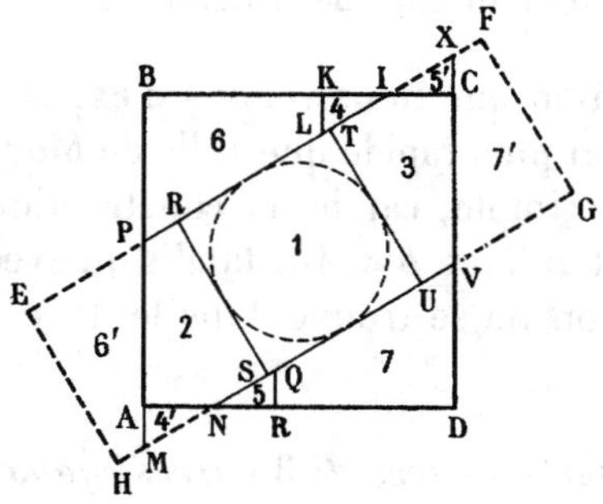

On voit en effet aisément que les triangles 4 et 4', 5 et 5', les trapèzes 6 et 6', 7 et 7' sont respectivement égaux ; les éléments 1, 2, 3 sont communs aux deux figures.

Si *n* était supérieur à 3, on obtiendrait de la même façon la position du rectangle EFGH et on effectuerait sans difficulté la décomposition du carré.

On peut obtenir une infinité de solutions autres que celle résultant de la construction précédente, en faisant glisser le rectangle EFGH parallèlement à lui-même de façon que le sommet E reste sur la droite BE ; les triangles et trapèzes qui ne sont pas communs au carré et au rectangle restent égaux entre eux.

Composer un carré de n carrés égaux de côté c. — On détermine le côté C du carré cherché au moyen de la relation $C = c\sqrt{n}$, et on opère comme au problème précédent.

BIBLIOGRAPHIE

F. Woepcke. — *Analyse et extraits d'un recueil de constructions géométriques d'Aboûl Wafâ.* J^al Asiat., 2e sem. 1855.

Ozanam, revu par M. de C. G. F. (Montucla). — *Récréations mathématiques et physiques*, tome I. Paris, 1778, in-8°.

Henry Perigal. — *Geometrical dissections and transformations.* Messenger of Mathem., 1875.

Paul Busschop. — *Problème de Géométrie.* N^lle^ Corresp. Math., 1876.

de Coatpont. — *Sur un problème de M. Busschop.* N^lle^ Corresp. Math., 1877.

§ 3. — Décomposition de polygones équivalents en éléments superposables.

L'objet de cette question est le suivant : *Étant donnée une figure polygonale* A, *il s'agit de la décomposer en éléments qui, assemblés d'une autre façon, donnent une figure polygonale* B *de forme donnée et équivalente à la première.*

La possibilité de cette opération paraît avoir été démontrée pour la première fois par le savant hongrois Bolyai (1832-33) ; la décomposition effective (pour les polygones plans et sphériques) a été indiquée par un officier allemand, Gerwien, en 1833, puis par divers auteurs. En nous limitant à ceux d'entre ces derniers dont nous avons pu consulter les travaux, nous citerons MM. Sévène (1867), Guitel, S. de la Campa, de Ceuta, Gérard (1895), Elling Holst, de Christiania (1896).

Nous suivrons à peu près textuellement, sauf avis contraire, la méthode de M. Guitel, qui nous paraît être la plus pratique dans l'application.

I. Les figures A et B sont des parallélogrammes ayant une base commune et même hauteur. — Soient les parallélogrammes ABCD et AB'C'D ; on peut distinguer deux cas, suivant que B'C' empiète ou non sur BC.

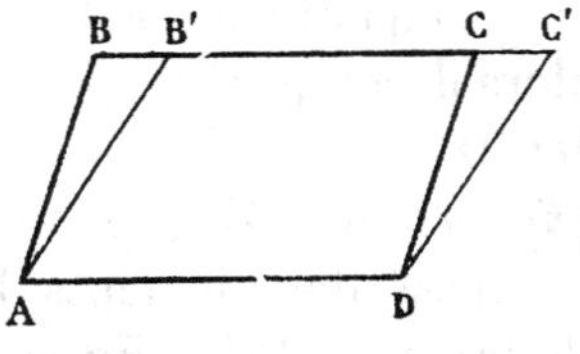

1er Cas. — On passe alors de la première figure à la seconde en transportant le triangle ABB' sur son égal DCC'.

2e Cas. — On porte successivement sur le côté opposé à la base commune AD, et à partir de B′, des segments égaux à B′C′ autant de fois qu'il est nécessaire pour que le dernier empiète sur le segment BC. Par les points

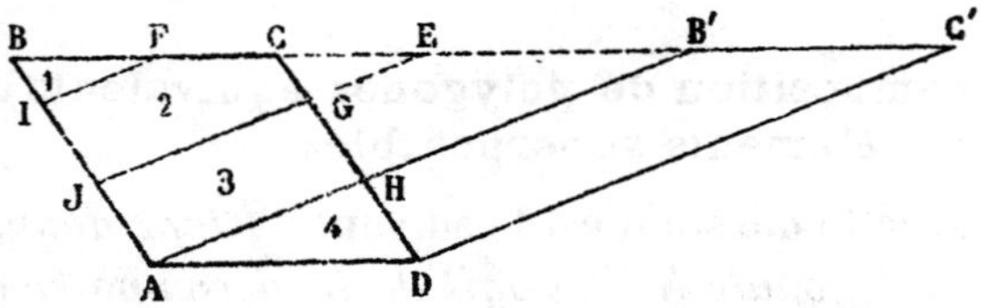

Fig. *a.*

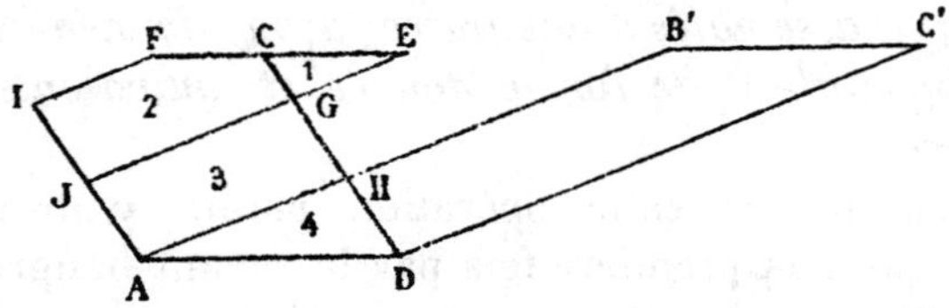

Fig. *b.*

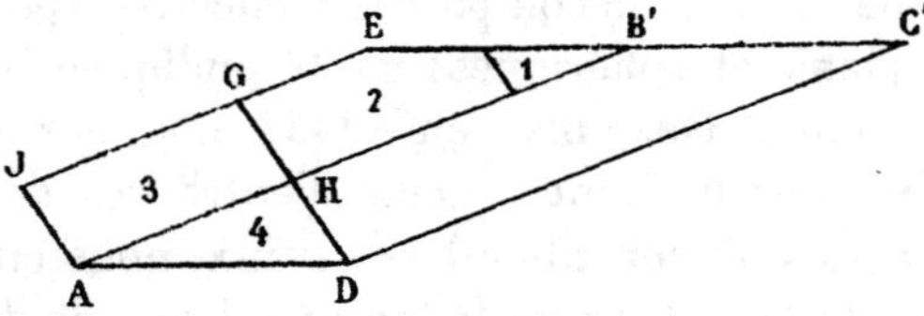

Fig. *c.*

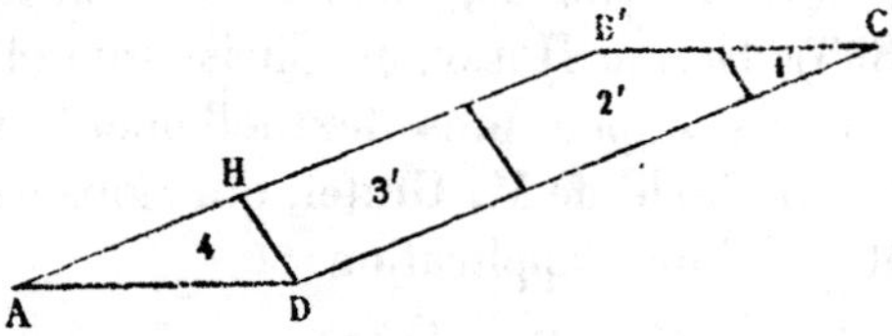

Fig. *d.*

ainsi obtenus E, F,..., on mène des parallèles à C′D. Le parallélogramme ABCD est alors décomposé en polygones qui peuvent reproduire AB′C′D.

Portons en effet l'élément 1 (*fig. a*) en CGE (*fig. b*); puis le trapèze JIFE (*fig. b*), composé des éléments 1 et 2, en GEB′H (*fig. c*) ; et enfin le trapèze AJEB′ (*fig. c*), composé des éléments 1, 2, 3, en DHB′C′ (*fig. d*) : on obtient ainsi le parallélogramme AB′C′D.

La construction des figures successives, que nous avons données simplement pour plus de clarté, serait bien entendu inutile dans la pratique ; la première, complétée, suffirait.

Voici, pour le 2e cas, la construction de M. Elling Holst. Soit E le point de rencontre des côtés CD et AB′ ; on porte DE sur AB et AE sur DC′ autant de fois qu'il est possible. Par les points ainsi obtenus, H, G,... sur AB et H′, F′,... sur DC′, on mène des parallèles respectivement aux côtés de AB′C′D et aux côtés de ABCD ; les polygones ainsi déterminés dans chaque parallélogramme sont égaux chacun à chacun.

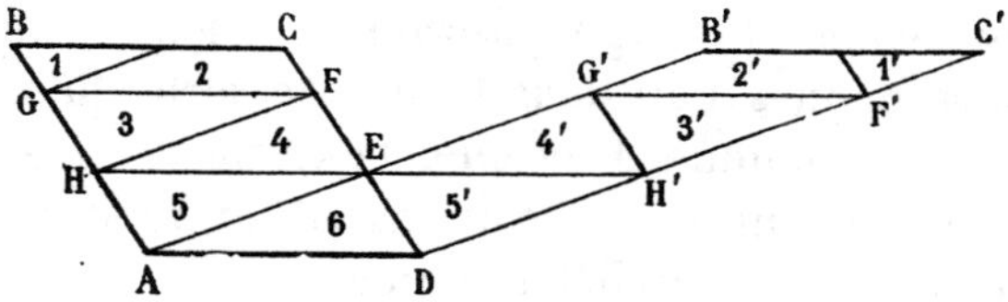

Avec la première construction, le nombre d'éléments est moindre, mais il y a lieu de remarquer qu'en groupant convenablement les éléments que nous obtenons ici, 1, 2 et 3, 4 et 5, 6, on retombe précisément sur les fragments donnés par l'autre solution.

II. Les figures A et B sont des parallélogrammes équivalents. — Soient les parallélogrammes équivalents ABCD et A′B′C′D′. Il est évident que le plus grand côté A′B′ du second est plus grand que la plus petite hauteur du premier et peut être inscrit en AB′ entre les deux bases AD et BC relatives à cette hauteur.

Supposons donc A′B′C′D′ placé en AB′C′D′ et soient C″, D″ les points d'intersection de C′D′ avec BC et AD.

Le parallélogramme AB'C''D'', qui est équivalent à A'B'C'D', est par conséquent aussi équivalent à ABCD.

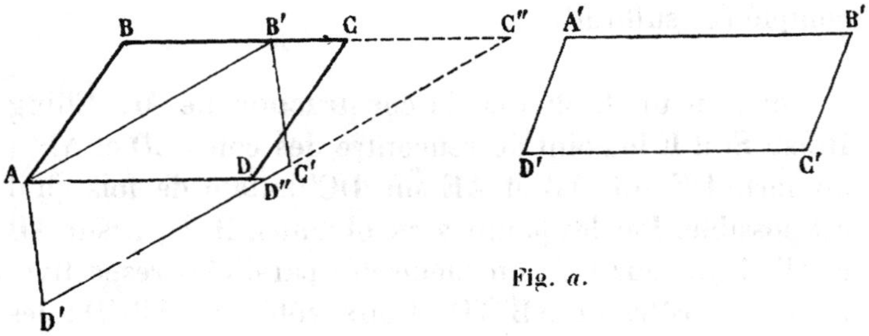

Fig. *a*.

ABCD et AB'C''D'', ayant même hauteur, ont aussi même base et AD'' = AD ; ainsi D'C' passe par D.

Nous avons donc pu inscrire les deux parallélogrammes donnés l'un dans l'autre de sorte qu'ils aient un sommet commun A et que, pour chacun d'eux, un des côtés passant par A soit inscrit entre deux côtés opposés de l'autre parallélogramme.

Cela étant, nous allons montrer comment on peut effectivement décomposer ABCD de manière à obtenir A'B'C'D' par un nouvel arrangement des éléments. Pour simplifier les figures, nous supposerons que nous nous trouvons dans les conditions du 1er cas, I.

On passe d'abord de ABCD à AB'C''D en découpant ABB' et le portant en DCC'' (*fig. b*). On passe ensuite de A'B'C'D' (ou de AB'C'D') à AB'C''D en découpant ADD' et le portant en B'C''C' (*fig. c*).

Superposons maintenant ces deux compositions de AB'C''D (*fig. d*) et découpons cette dernière figure suivant B'C' et CD : on obtient ainsi 4 fragments qui permettent de passer directement de ABCD à A'B'C'D'. Les fig. *e* et *f* donnent la disposition présentée par ces fragments pour former respectivement ABCD et A′B′C′D′.

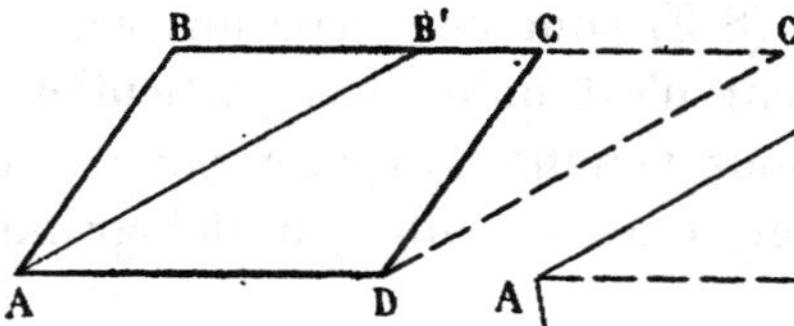

Fig. *b*.

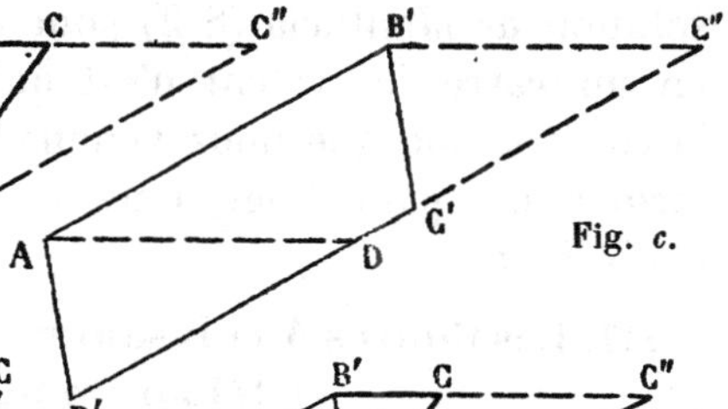

Fig. *c*.

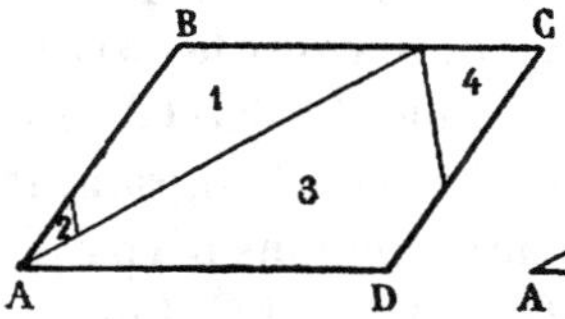

Fig. *e*.

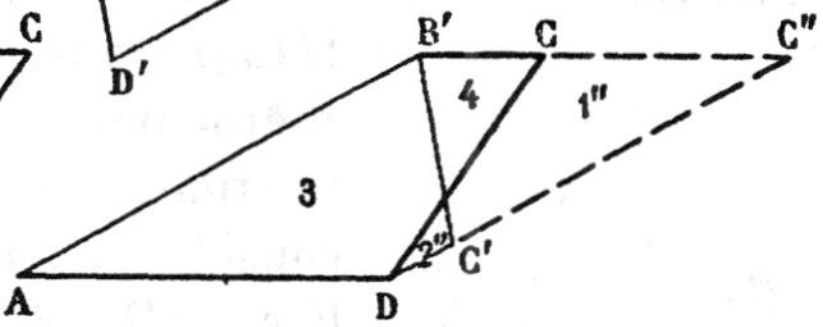

Fig. *d*.

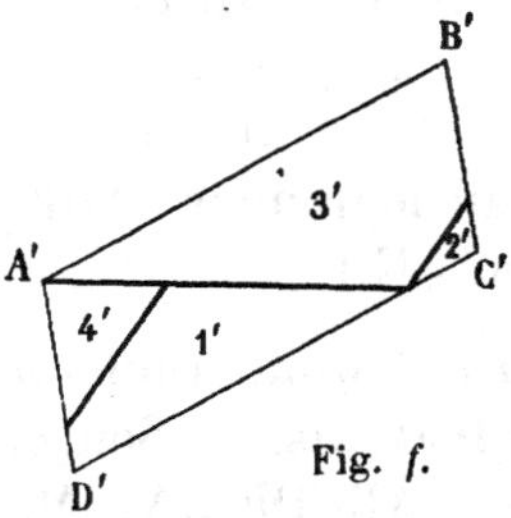

Fig. *f*.

REMARQUES. — 1° On voit sur la figure *a* que les parallélogrammes AB′C′D′ et AB′C″D″ ont une base commune AB′ et que les bases opposées C′D′ et C″D″ sont dirigées suivant une même droite. Ce résultat subsiste évidemment si A′ se trouve en un point de AD différent de A : le parallélogramme qui sert de comparaison entre ABCD et A′B′C′D′ se trouve alors reporté en A′B′C″D″ (*fig. g*).

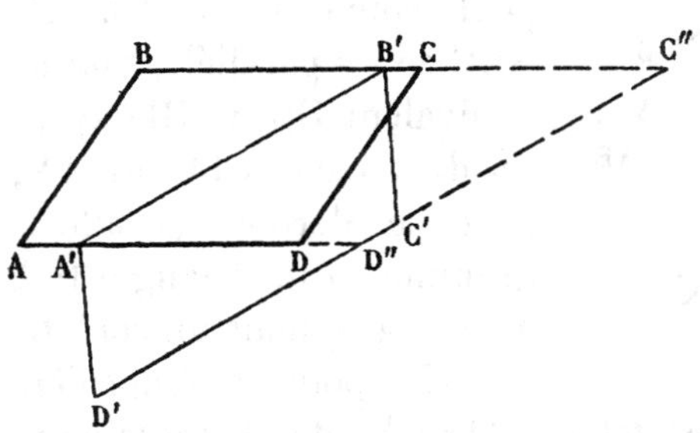

Fig. *g*.

On étendrait sans difficulté à ce cas de figure la décomposition que nous avons donnée sur les figures *b* à *f* ; nous en trouverons d'ailleurs une application dans la suite.

2° Ainsi que nous l'avions annoncé, on voit que la solution de Montucla (§ 2) pour convertir un rectangle en un carré équivalent n'est qu'un cas particulier de la construction que nous venons d'exposer pour transformer un parallélogramme en un parallélogramme équivalent.

III. Les figures A et B sont un triangle et un parallélogramme équivalents ayant même base. — Soient ABC et ADEC le triangle et le parallélogramme considérés. Par B, menons BG parallèle à AD ; BG = AD = EC. Les triangles BGF et ADF, BGH et CEH sont respectivement égaux.

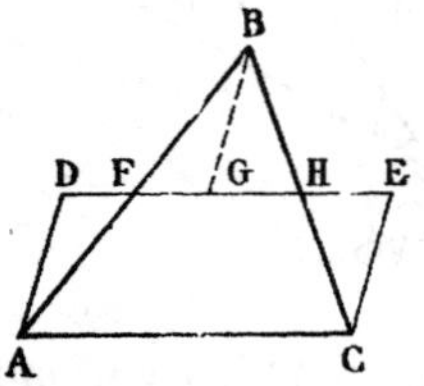

On passera donc du triangle ABC au parallélogramme ADEC en portant BGF en ADF et BGH en CEH.

IV. Les figures A et B sont un polygone quelconque et un parallélogramme équivalents. — Soit un polygone ABCDE...X. Menons la diagonale AC. On peut convertir le triangle ABC en un parallélogramme équivalent IHCA (III) ayant un de ses côtés IA sur AX, puis ce dernier parallélogramme en un triangle JCA ayant également un côté JA sur AX ; pour cette dernière construction, si J est tel que IJ = AI et si K est le point de rencontre de HI et CJ, il suffira de transporter le triangle KHC en KIJ.

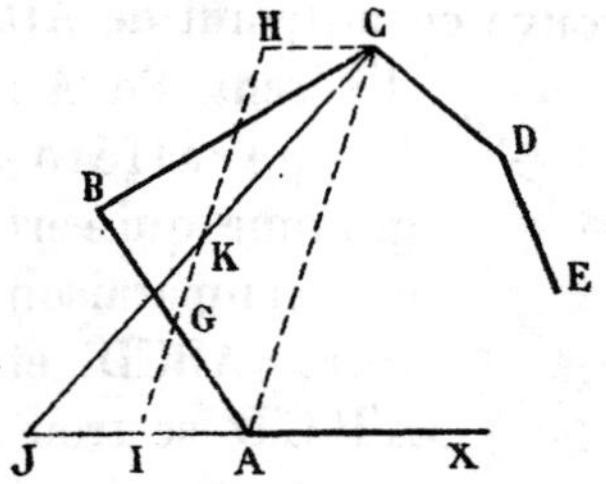

On a donc ainsi obtenu par une transposition d'éléments un polygone AJCDE... X équivalent au proposé et ayant un côté de moins.

En opérant de proche en proche de la même façon, on finira par obtenir un triangle que l'on pourra décomposer en éléments reproduisant le parallélogramme donné B.

V. Les figures A et B sont des polygones équivalents. — On décompose les polygones A et B de manière à obtenir des parallélogrammes équivalents C et D ; on décompose ensuite C et D de manière à pouvoir passer de l'un à l'autre de ces parallélogrammes. Ces deux décompositions, superposées, déterminent les éléments qui permettent de passer directement de A à B.

Applications. — En s'appuyant sur les principes précédents, M. Guitel a imaginé plusieurs séries de casse-tête dont l'objet peut être énoncé ainsi : *Étant donnée une figure polygonale, former le carré équivalent par une transposition d'éléments.*

On commence par convertir la figure donnée en un parallélogramme ABCD, puis celui-ci en un second AB'C''D dont un côté serait celui du carré équivalent ; on décompose ensuite ce carré AB'C'D' en fragments qui puissent reproduire AB'C''D. En superposant ces deux compositions du parallélogramme AB'C''D,

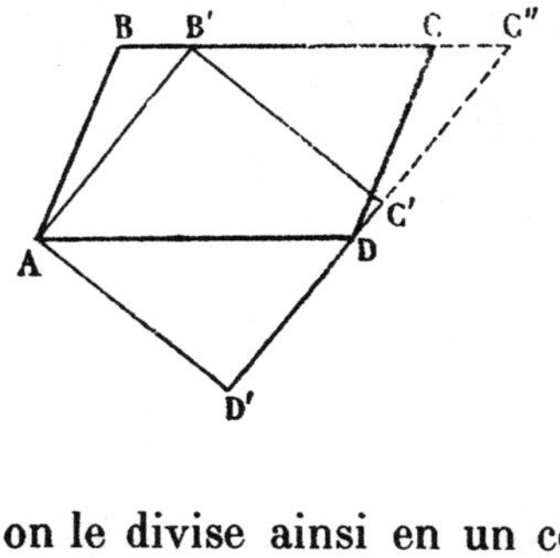

on le divise ainsi en un certain nombre d'éléments qui permettent de passer directement de la figure donnée au carré AB'C'D'.

On pourra avoir avantage, dans certains cas, à utiliser la remarque 1° de II, pour diminuer le nombre de ces éléments.

Nous donnons ci-après trois applications de la règle précédente, choisies parmi celles qui nous ont été obligeamment communiquées par M. Guitel.

Sur nos figures, nous distinguons les lignes du polygone donné par des traits forts, celles du carré équivalent par des traits fins, et enfin celles du parallélogramme de comparaison par des traits fins interrompus.

Composer un carré au moyen de 3 carrés donnés. — Juxtaposons les 3 carrés donnés de manière à former un rectangle ABCD (*fig. a*) ; inscrivons ensuite dans ce rectangle le côté A′B′ du carré équivalent de telle sorte

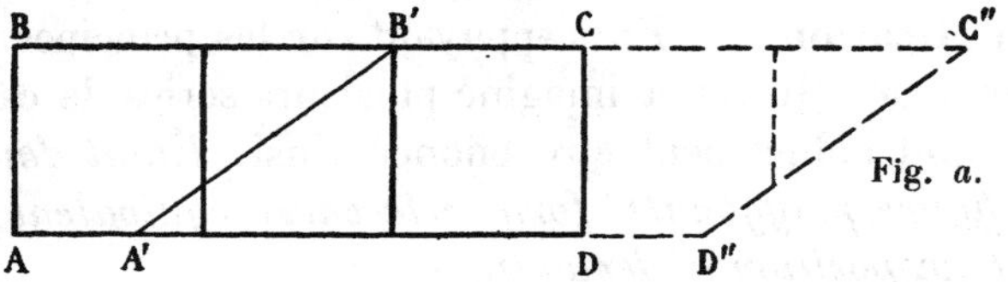

Fig. *a*.

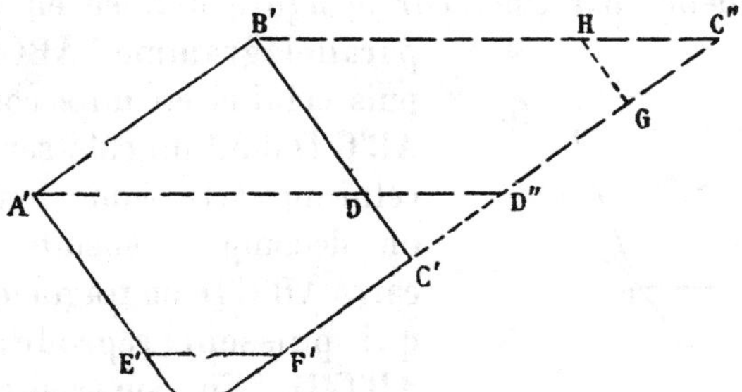

Fig. *b*.

que B′ coïncide avec le sommet supérieur de droite du second carré, afin d'avoir le nombre minimum d'éléments (si A′ se trouvait en A, la construction donnerait 8 éléments au lieu de 7. Voir, § 2, solution de la même question par le procédé de Montucla).

On passe du rectangle ABCD au parallélogramme de comparaison A′B′C″D″ (*fig. a*) en transportant ABB′A′ en DCC″D″. On passe du carré A′B′C′D′ au parallélogramme A′B′C″D″ (*fig. b*) en portant (I, 2ᵉ cas) C″D″ de D′ en F′, menant la parallèle F′E′ à A′D″, transportant le triangle D′E′F′ en C′DD″, puis le trapèze E′A′D″F′ en DB′C″D″ : D′E′ (ou DC′) vient se placer en GH.

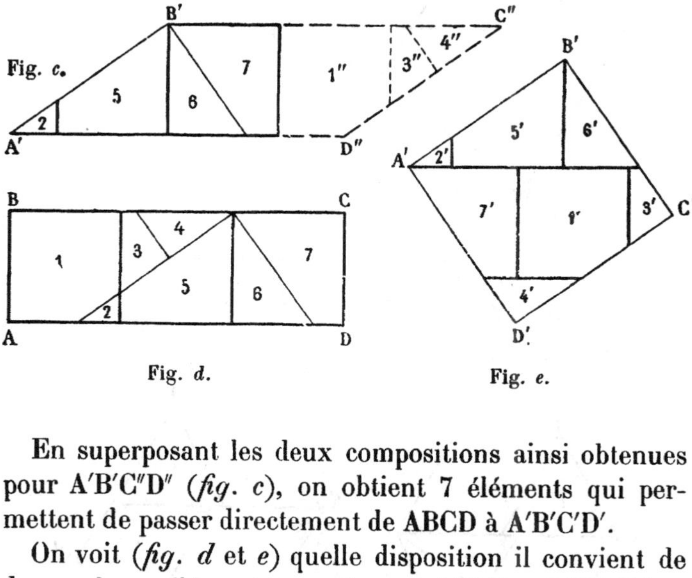

Fig. d.

Fig. e.

En superposant les deux compositions ainsi obtenues pour A′B′C″D″ (*fig. c*), on obtient 7 éléments qui permettent de passer directement de ABCD à A′B′C′D′.

On voit (*fig. d* et *e*) quelle disposition il convient de donner à ces éléments pour former ABCD et A′B′C′D′.

Convertir un hexagone régulier en un carré. — Divisons l'hexagone donné ABEFGH en deux trapèzes isocèles que nous juxtaposons de manière à former un parallélogramme ABCD (*fig. a*).

On opère ensuite comme dans la question précédente.

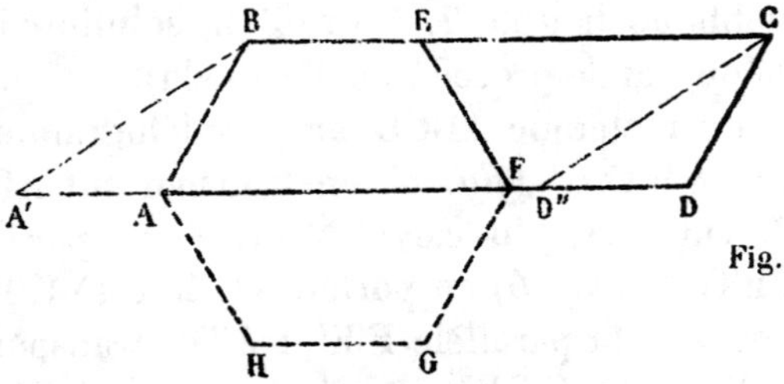

Fig. *a.*

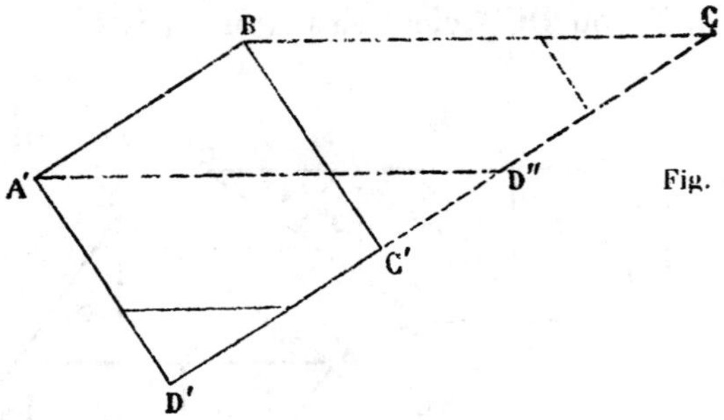

Fig. *b.*

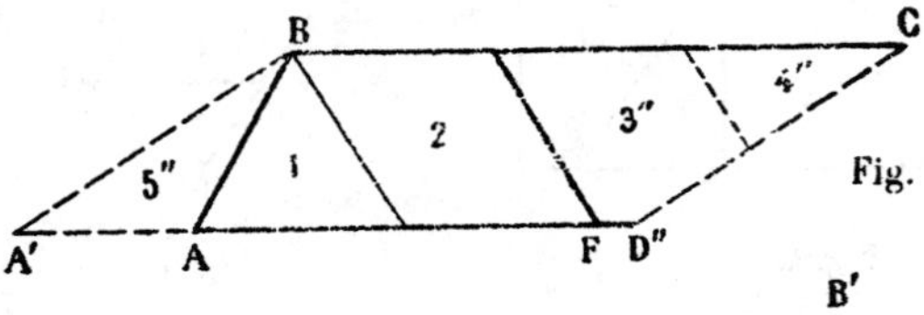

Fig. *c.*

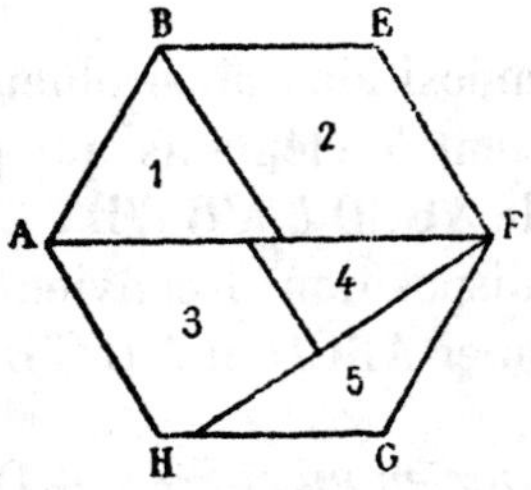

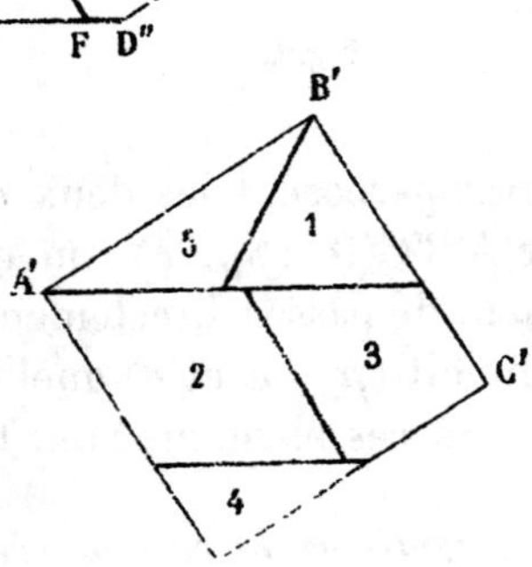

Fig. *d.* Fig. *e.*

Les figures ci-dessus nous paraissent suffisamment détaillées pour que des explications soient inutiles.

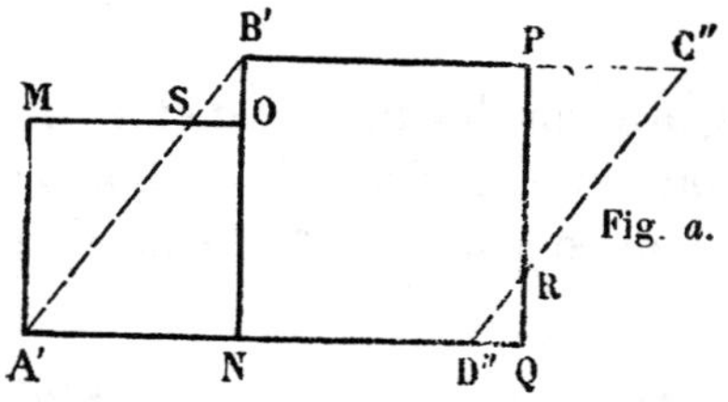

Fig. a.

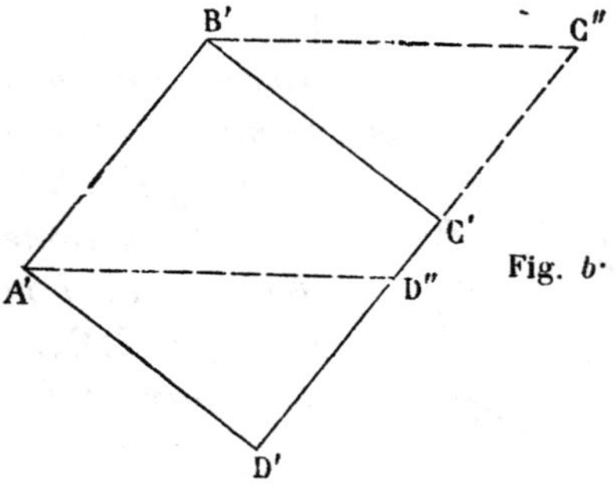

Fig. b.

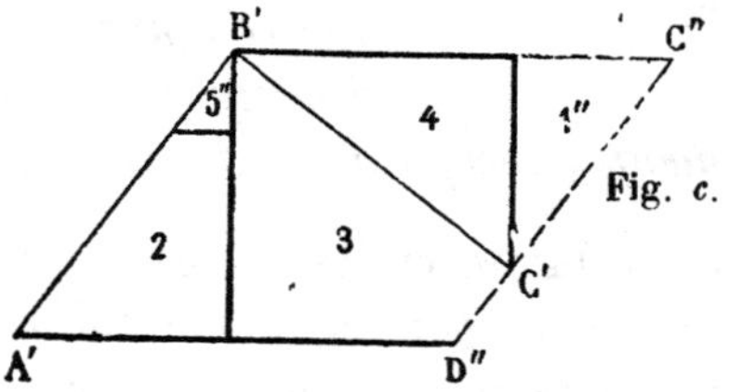

Fig. c.

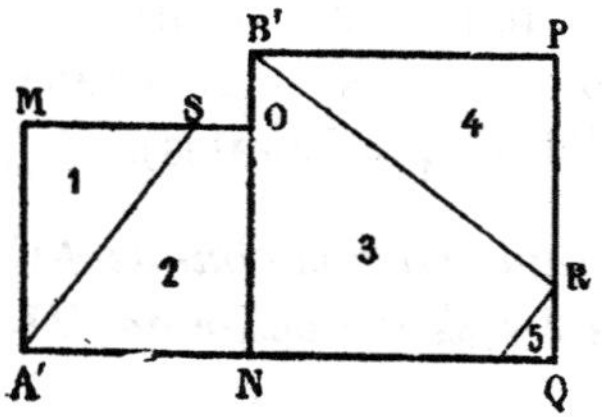

Fig. d.

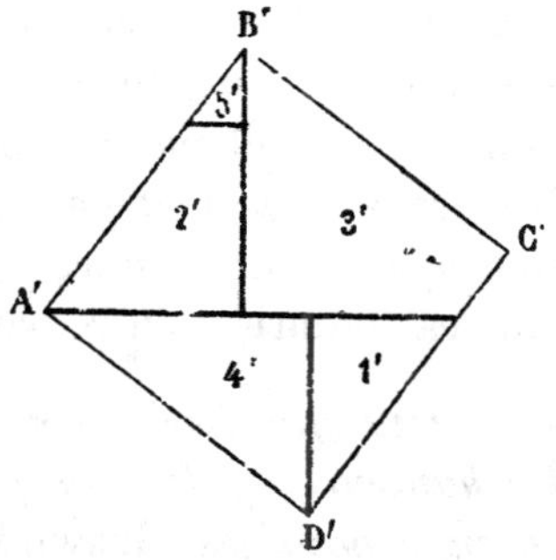

Fig. e.

Convertir en un carré la figure formée par deux carrés inégaux juxtaposés. — Soient les deux carrés inégaux A'MON et NB'PQ juxtaposés comme l'indique la fig. *a*. On sait, d'après le théorème de Pythagore, que A'B' est le côté du carré équivalent à la figure formée par les deux carrés. S étant le point de rencontre de MO et de A'B' (*fig. a*), on porte, sur le prolongement de B'P, PC'' = MS, et par C'' on mène C''D'' parallèle à B'A'; on voit aisément que le parallélogramme A'B'C''D'' est équivalent à la figure formée par les deux carrés : A'B'C''D'' est donc le parallélogramme de comparaison. On achève comme précédemment.

Remarque. — La comparaison des figures *d* et *e* conduit à une démonstration du théorème de Pythagore peu différente de celle donnée sous le n° XII au Chapitre II (1re Partie).

Questions diverses. — *On a plusieurs triangles* ABC, CBD, DBE, ... *ayant un sommet commun et des bases égales* AC, CD, DE *en ligne droite ; si l'on mène par* C, D,... *des parallèles aux côtés passant par le sommet commun, on décompose chacun des triangles en éléments superposables* (Gerwien).

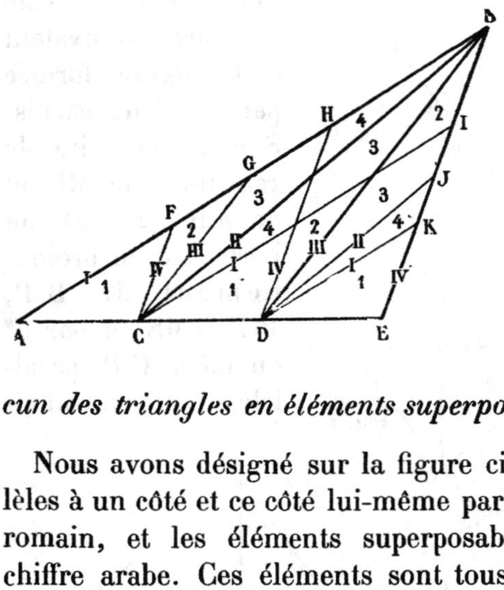

Nous avons désigné sur la figure ci-dessus les parallèles à un côté et ce côté lui-même par un même chiffre romain, et les éléments superposables par le même chiffre arabe. Ces éléments sont tous égaux entre eux comme ayant leurs angles égaux et leurs côtés égaux (parallèles comprises entre parallèles équidistantes).

Deux triangles ABC, ADC *ont une base commune* AC *et des hauteurs égales ; on peut les décomposer en éléments superposables* (Gerwien).

Cette proposition est la base du procédé Gerwien pour la décomposition des polygones équivalents en éléments superposables. On distingue trois cas, suivant que BD coupe AC entre A et C, ou au point C, ou extérieurement à AC. Nous ne traiterons ici que le 1er cas, dont le 2e est un cas limite ; quant au 3e, nous le laisserons de côté en raison de la complication de la figure.

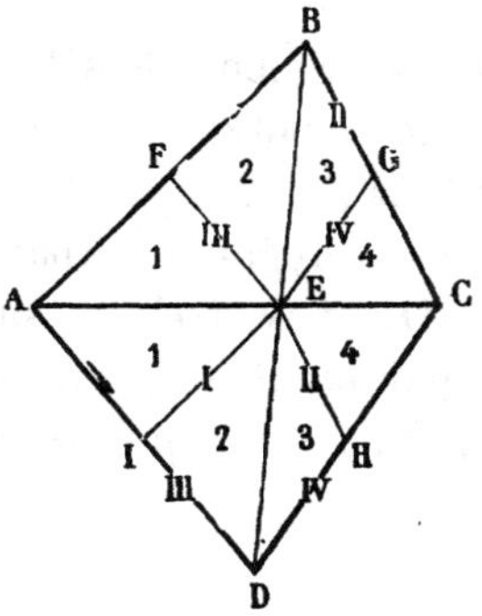

Soit E le point de rencontre de BD et de AC ; on mène par ce point dans chaque triangle des parallèles aux côtés de l'autre triangle. Les triangles donnés se trouvent ainsi décomposés en éléments superposables chacun à chacun.

BIBLIOGRAPHIE

GERWIEN. — *Zerschneidung jeder beliebigen Anzahl von gleichen geradlinigen Figuren in dieselben Stücke.* J^{al} für d. reine u. ang. Mathem. (Crelle). Berlin, 1833.

H. SÉVÈNE. — *Note sur un problème de géométrie élémentaire.* Nouv. Ann. Math., 1867.

E. GUITEL. — *Propriétés relatives aux polygones équivalents.* Assoc. fr. p. l'av. des Sciences, 1895.

L. S. DE LA CAMPA. — *Sur les polygones équivalents.* Revista cientifico-militar. Barcelone, 1895.

ELLING HOLST. — *Décomposition de polygones équivalents en parties superposables.* Interméd. des mathématiciens, 1896.

§ 4. — Problème de Hart.

HART a posé en 1877 le problème suivant, qu'il n'a résolu que dans les cas particuliers de polygones circonscriptibles et inscriptibles :

Étant donnés deux polygones semblables, décomposer le plus grand de telle sorte qu'en disposant convenablement les éléments obtenus, on obtienne un troisième polygone semblable aux deux autres et qui contienne le plus petit dans son intérieur.

I. *Polygones circonscriptibles.* — Soient ABCD... (*fig. a*) et A′B′C′D′... (*fig. b*) les deux polygones semblables, E, F, G, H, ... et E′, F′, G′, H′, ... les points de contact des cercles inscrits dans ces polygones. Abaissons de O les perpendiculaires OE, OF, OG, OH, ... sur les côtés de ABCD... et désignons par m, n, p, q, ... les distances des sommets A′, B′, C′, D′, ... aux points de contact E′, F′, G′, H′, ...

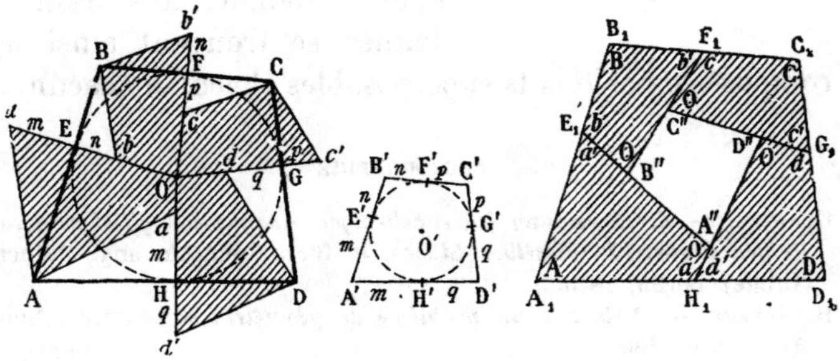

Fig. *a*. Fig. *b*. Fig. *c*.

Prenons maintenant sur OE extérieurement à ABCD... et sur OH intérieurement au même polygone (le quadrilatère AEOH est l'homologue de A′E′O′H′ où A′E′ = A′H′ = m) des longueurs Ea' et Ha égales à m. Faisons de même Eb = Fb' = n, Fc = Gc' = p, Gd = Hd' = q, ... Les triangles rectangles AHa et AEa', BEb et BFb', ... sont respectivement égaux ; il en résulte que la somme des aires des quadrilatères ombrés de la figure a équivaut à l'aire ABCD... Nous allons montrer que ces quadrilatères disposés comme l'indique la figure c forment un polygone $A_1B_1C_1D_1$ ..., semblable aux polygones donnés, et laissent entre eux un vide A″B″C″D″ ... égal à A′B′C′D′ ...

En effet, en premier lieu $A_1E_1B_1$, $B_1F_1C_1$, ... (*fig. c*) sont des lignes droites, car les triangles AEa' et BEb par exemple (*fig. a*) sont semblables comme ayant un angle égal en E compris entre côtés proportionnels : $\frac{AE}{m} = \frac{EB}{n}$; il en résulte que les angles Aa'O et BbO sont supplémentaires et que A_1E_1 et E_1B_1 (*fig. c*) forment une ligne droite.

En second lieu, le polygone $A_1B_1C_1D_1$ ... est semblable aux deux autres, car on a déjà $A_1 = A$, $B_1 = B$, ... et on trouve aisément par des considérations de similitude que

$$\frac{Aa' + Bb}{AB} = \frac{Bb' + Cc}{BC} = \cdots \text{ ou } \frac{A_1B_1}{AB} = \frac{B_1C_1}{BC} = \cdots$$

Enfin A″B″C″D″... est égal à A′B′C′D′..., car on a par exemple $A'' = A$ comme supplémentaires du même angle $E_1A''H_1$ (*fig. c*) ou EOH (*fig. a*), et on voit que A″B″ (*fig. c*) est égal (*fig. a*) à $a'b = m + n = A'B'$ (*fig. b*).

Le polygone $A_1B_1C_1D_1$... est aussi circonscriptible, et les points E_1, F_1, G_1, H_1, ... sont les points de contact du cercle inscrit.

La construction n'est possible que si le plus grand A′E′ ou A′H′ des segments déterminés sur les côtés de A′B′C′D′... par les points de contact du cercle inscrit à ce polygone est inférieur au rayon du cercle inscrit au polygone ABCD... .

II. *Polygones inscriptibles*. — Soient ABCD... et A′B′C′D′... les deux polygones donnés, E, F, G, H, ... et E′, F′, G′, H′, ... les milieux des côtés, O le centre du cercle circonscrit à ABCD... : les droites OE, OF, OG, OH, ... sont, comme on sait, perpendiculaires sur les côtés de ABCD.... Prenons sur ces perpendiculaires, de part et d'autre de E, F, ..., des longueurs $Ea' = Ea$, $Fb = Fb'$, ... égales respectivement à la moitié de A'B', de B'C', ...

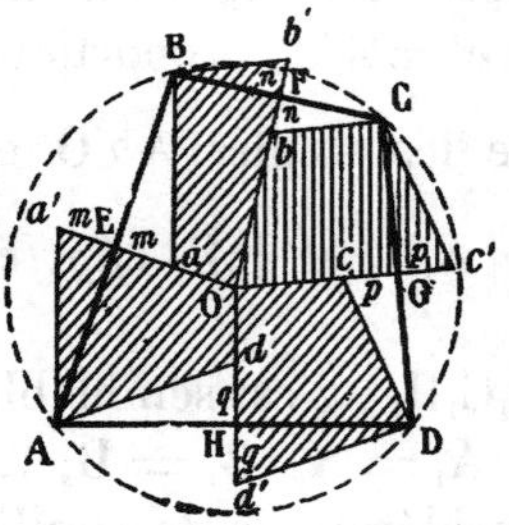

Fig. *a*.

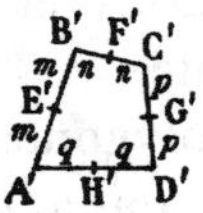

Fig. *b*.

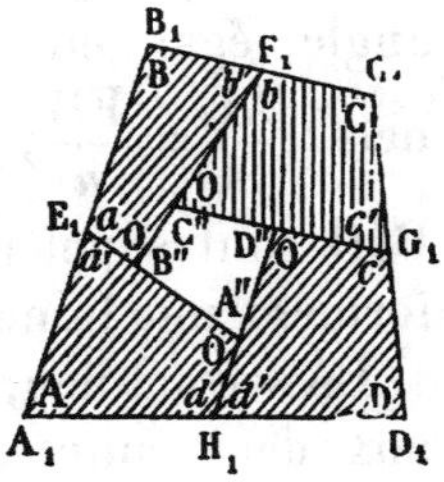

Fig. *c*.

Les triangles rectangles AEa' et BEa, BFb' et CFb, ... sont respectivement égaux, et les quadrilatères ombrés de la figure a, disposés comme il est indiqué à la figure c, forment un polygone $A_1B_1C_1D_1$ ... semblable aux polygones donnés, et laissent entre eux un vide A″B″C″D″ ... égal au polygone A'B'C'D' ... Le polygone $A_1B_1C_1D_1$ ... est inscriptible et E_1, F_1, G_1, H_1, ... sont les milieux de ses côtés. La démonstration est absolument analogue à celle de la question précédente.

La construction n'est possible que si la longueur de chaque perpendiculaire abaissée de O sur les milieux des côtés de ABCD... est supérieure à la moitié du côté correspondant de A'B'C'D'...

BIBLIOGRAPHIE

HARRY HART. — *Geometrical dissections and transpositions*. Messenger of Mathem., 1877.

CHAPITRE IV

PARALOGISMES GÉOMÉTRIQUES

Nous avons vu (Introd., § 2) que le grand géomètre grec Euclide (3e s. av. J.-C.) avait composé un ouvrage intitulé les *Pseudaria*, où il avait exposé les divers genres de faux raisonnements auxquels peut être conduit un débutant en géométrie. Cet ouvrage ne nous est pas parvenu.

Les questions qui suivent, et qui sont vraisemblablement de même nature que celles traitées par le savant alexandrin, ont pour but de montrer que cette œuvre d'Euclide n'était pas sans utilité et qu'il est bon de mettre les commençants en garde contre des constructions ou des raisonnements hâtifs.

§ 1. — Fautes de construction.

On a souvent défini la géométrie d'une manière humoristique en disant qu'elle était « *l'art de raisonner sur des figures inexactes* ». Les paralogismes suivants vont nous prouver qu'il ne convient pas de prendre cette définition à la lettre et qu'une démonstration dont les déductions successives sont rigoureuses, mais qui est établie en utilisant une figure erronée, peut conduire à une conclusion absurde.

Il est donc avantageux, dans la recherche de la solution d'une question, d'exécuter aussi exactement que possible les tracés géométriques ; cette façon de procéder présente encore cet intérêt qu'elle permet souvent de découvrir entre les lignes de la figure des relations restées sans cela inaperçues.

I. Par un point pris hors d'une droite, on peut mener deux perpendiculaires à cette droite. — Soient en effet deux circonférences O et O′ qui se coupent en B et C et que nous supposons tracées à la main, de même que toutes les lignes de la figure ci-contre. Tirons les droites BO et BO′ et prolongeons-les jusqu'aux points de rencontre A et A′ avec les circonférences. Menons enfin la droite AA′ *qui rencontre respectivement en* C_1 *et* C'_1 les arcs BDC et BD′C.

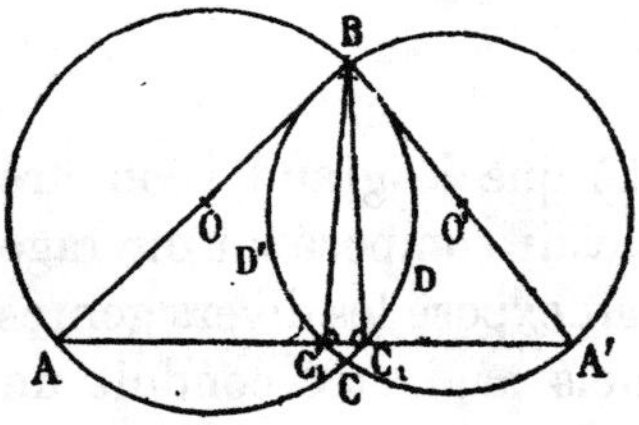

Or les angles BC_1A et BC'_1A' sont inscrits chacun dans une demi-circonférence et sont par conséquent droits. Nous avons ainsi mené par B deux perpendiculaires BC'_1 et BC_1 à la droite AA′.

Réfutation. — L'erreur commise provient de ce que la droite AA′ passe en réalité par le point d'intersection C des deux circonférences, comme il est aisé de le constater en traçant la figure avec la règle et le compas. Nous allons montrer *par le raisonnement* qu'il doit bien en être ainsi. Il en résultera que BC

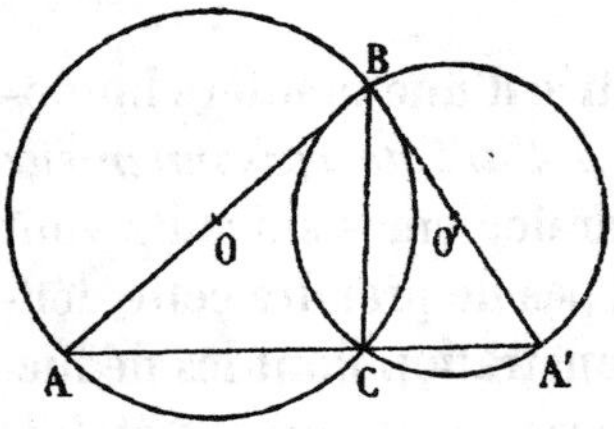

est l'unique perpendiculaire pouvant être abaissée de B sur AA'.

Joignons en effet A et A' à C ; les angles ACB et A'CB sont droits comme inscrits dans une demi-circonférence et leur somme est égale à deux droits. Par suite ACA' est une ligne droite. Ainsi la droite déterminée par les points A et A', et qui est unique, passe par C.

II. Un angle obtus est égal à un angle droit (*Mathesis,* 1892, p. 161. — *Éducation mathématique* des 1er octobre 1898 et 15 juillet 1906). — Considérons un quadrilatère ABCD dont un angle C est droit, un angle D obtus et dont les côtés opposés BC et AD sont égaux. Élevons des perpendiculaires sur les milieux E et F de AB et CD ; ces perpendiculaires ne peuvent être parallèles, car si elles l'étaient, AB et CD le seraient aussi, $\widehat{B}$ serait droit et AD = BC devrait se confondre avec la perpendiculaire abaissée de D sur AB : $\widehat{D}$ serait alors droit, contrairement à l'hypothèse. Les perpendiculaires en E et F se rencontrent par suite en un certain point I. On ne peut faire que les deux hypothèses suivantes : I est intérieur ou I est extérieur à ABCD.

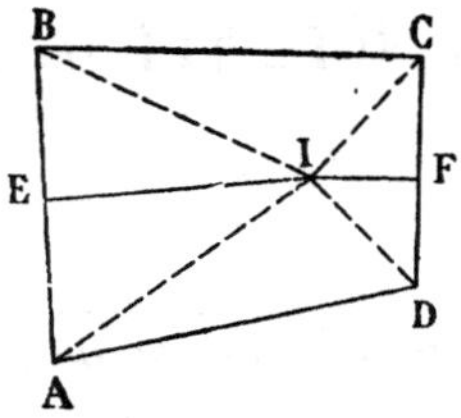

Fig. *a*.

1° Supposons d'abord I intérieur à ABCD (*fig. a*). Joignons ce point aux quatre sommets. Les triangles AID et BIC sont égaux comme ayant les trois côtés égaux chacun à chacun ; donc

$$\widehat{ADI} = \widehat{BCI}.$$

Si à chacun de ces deux angles on ajoute un même angle $\widehat{FDI} = \widehat{FCI}$, on a

$$\text{angle obtus D} = \text{angle droit C}.$$

2° Supposons maintenant I extérieur à ABCD (*fig. b*). Joignons de même I aux quatre sommets. On voit comme ci-dessus que $\widehat{ADI} = \widehat{BCI}$.

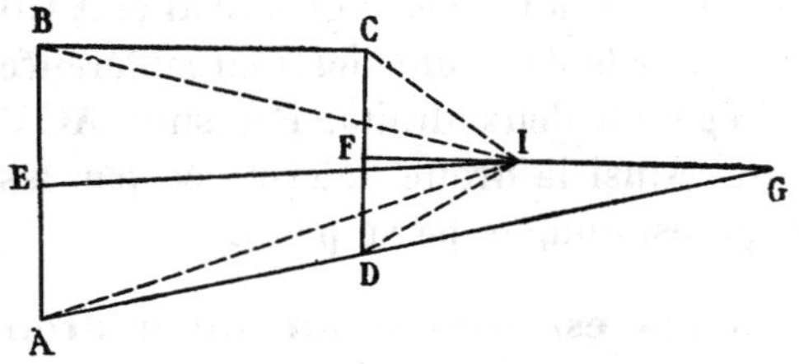

Fig. *b*.

Si de chacun de ces angles on retranche un même angle $\widehat{FDI} = \widehat{FCI}$, on a encore

$$\widehat{D} = \widehat{C}.$$

Réfutation. — Il nous suffit de montrer que *le point* I, *intersection des perpendiculaires en* E *et* F, *est du côté de* AD *où ne se trouve pas* BC. Nous aurons ainsi prouvé : pour le cas 1°, qu'il est impossible que I soit placé à l'intérieur de ABCD ; et pour le cas 2°, que I doit se trouver sur la perpendiculaire en F, non pas entre F et le point G où AD rencontre cette perpendiculaire comme le suppose implicitement la figure *b*, mais au delà de G. En ce qui concerne plus particulièrement ce dernier cas, le triangle AID se trouve alors retourné par rapport à la droite AD, et le fait de retrancher $\widehat{FDI}$ de $\widehat{ADI}$, qui a servi de base au raisonnement, n'a plus aucune signification.

Pour démontrer la proposition annoncée, portons (*fig. c*) sur la perpendiculaire en D à AD, du côté opposé à BC, une longueur DC′ = DC ; soit O le point de rencontre des perpendiculaires élevées sur les milieux F et F′ de DC et DC′ : O est le centre du cercle passant par C, D et C′. Si l'on fait tourner la figure BCD autour de O de façon que C vienne en D, BCD viendra en ADC′ (par hypothèse AD = BC). B venant en A, OB = OA, et la perpendiculaire élevée sur le milieu E de AB passe par O. Ainsi le

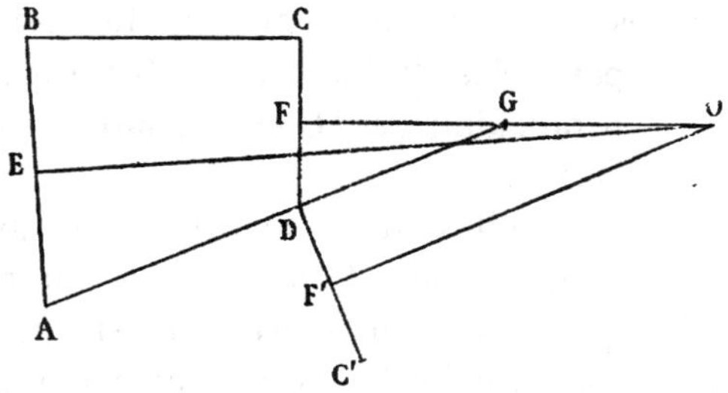

Fig. *c*.

point O, intersection des perpendiculaires élevées sur les milieux de AB et CD, n'est autre que le point I des figures *a* et *b*. Or, le point O se trouvant sur la perpendiculaire au milieu F′ de DC′, OF′ est parallèle à AD et se trouve du côté de AD où n'est pas C. Donc O et C sont de part et d'autre de AD.

Remarque. — La construction qui fait l'objet de la question précédente est parfois présentée comme suit. Soit A′BCD un rectangle ; on mène par un des sommets D une droite arbitraire sur laquelle on porte DA = DA′. On élève ensuite des perpendiculaires sur les milieux E et F de AB et DC.

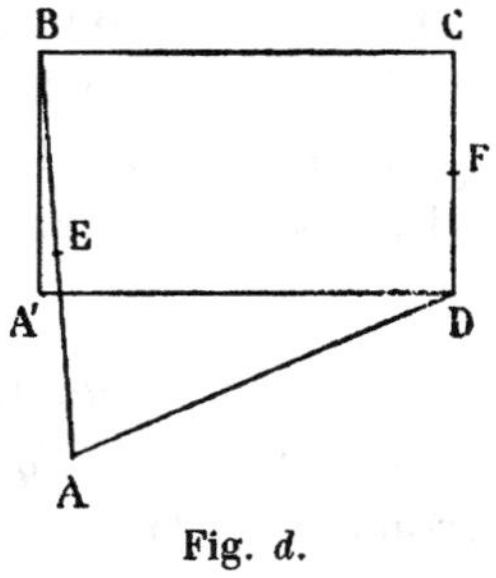

Fig. *d*.

Les deux procédés sont donc au fond absolument identiques, mais l'hypothèse dont nous sommes partis est un peu plus simple.

III. Tous les triangles sont isocèles (*Mathesis*, 1893). — Soit ABC un triangle quelconque. Menons la bissectrice BI de l'angle B et élevons une perpendiculaire sur le milieu D du côté opposé AC.

Si les deux droites ne se rencontrent pas, elles sont parallèles, la bissectrice BI est perpendiculaire à AC et le triangle est isocèle.

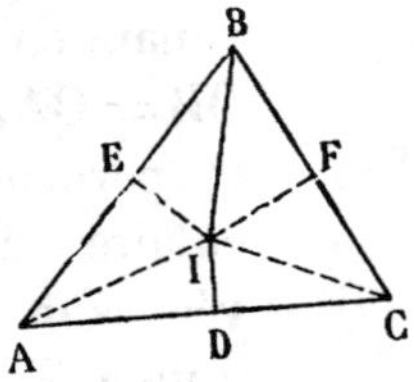

Fig. *a*.

Si elles se rencontrent en un certain point I, on ne peut faire que deux hypothèses : I est intérieur ou I est extérieur au triangle ABC. Nous allons montrer que dans ces deux cas le triangle est encore isocèle.

1° Supposons d'abord I intérieur à ABC et abaissons de I les perpendiculaires IE, IF à AB et BC (*fig. a*); tirons IA, IC. Les deux triangles rectangles BIE et BIF sont égaux comme ayant le côté BI commun et les angles en B égaux; donc BE = BF. Les deux triangles rectangles AIE, CIF sont aussi égaux comme ayant les hypoténuses égales IA = IC et les côtés IE = IF égaux ; donc AE = CF. Par suite, en ajoutant aux longueurs égales BE et BF des segments égaux AE et CF, on obtient des sommes égales BA et BC. Le triangle ABC est donc isocèle.

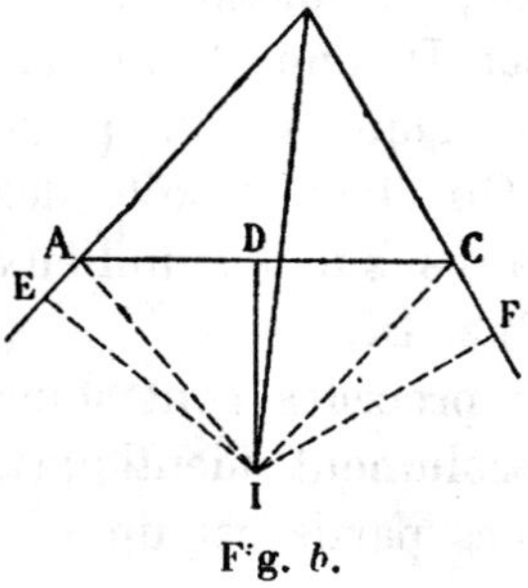

Fig. *b*.

2° Supposons maintenant I extérieur au triangle (*fig. b*) ; abaissons IE, IF perpendiculaires sur AB et BC et tirons AI, IC. On verrait comme ci-dessus que les triangles BIE et BIF, AIE et CIF sont respectivement égaux ; d'où BE = BF et AE = CF. Par suite, *en retranchant de* BE *et de* BF *des segments égaux* AE *et*

CF, les restes obtenus BA et BC seront encore égaux ; ainsi BA = BC et le triangle ABC est isocèle.

Réfutation. — L'erreur commise provient : pour le cas 1°, de ce que le point I ne peut être situé à l'intérieur de ABC ; pour le cas 2°, de ce que, en supposant F placé sur le prolongement de BC (*fig. b*), E doit se trouver entre A et B et non pas sur le prolongement de BA ; la démonstration précédente est alors en défaut.

1° Le point I ne peut se trouver à l'intérieur de ABC. Circonscrivons en effet (*fig. c*) un cercle au triangle ABC ; la bissectrice de $\widehat{B}$ et la perpendiculaire élevée sur le milieu D de AC se rencontrent au point I, milieu de l'arc AIC ; ce point I est donc nécessairement extérieur au triangle.

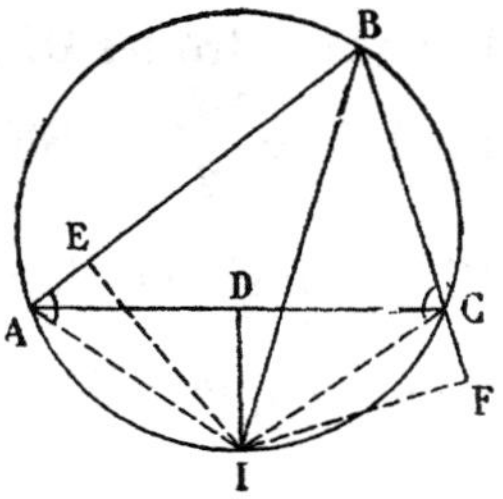

Fig. *c*.

2° F étant sur le prolongement de BC, E doit se trouver entre A et B. En effet, il résulte de l'hypothèse faite que $\widehat{BCI}$ est obtus. Or $\widehat{BCI}$ et $\widehat{BAI}$ étant supplémentaires, $\widehat{BAI}$ est aigu ; dès lors, le pied E de la perpendiculaire abaissée de I sur AB doit tomber entre A et B.

§ 2. — Fautes de raisonnement.

Les démonstrations ne doivent être basées que sur des définitions précises. Pascal nous enseigne (De l'Esprit géométrique) à « substituer toujours mentalement les définitions à la place des définis, pour ne pas se tromper par l'équivoque des termes que les définitions ont restreints ».

Il convient d'autre part de n'exécuter sur les nombres que des opérations permises, et à cet égard on doit savoir retrouver, sous les apparences d'une logique inattaquable, le point faible d'un calcul qui a conduit à un résultat absurde.

Les exemples qui vont suivre mettront en évidence toute l'importance de ces remarques.

I. Dans un triangle quelconque, l'un des côtés est égal à la somme des deux autres. — Soient ABC le triangle considéré et D, E, F les milieux de ses côtés. Tirons les droites DF, FE. On sait que $DF = \frac{BC}{2} = BE$, $FE = \frac{AB}{2} = DB$. Ainsi la longueur de la ligne brisée ABC est la même que celle de la ligne brisée ADFEC.

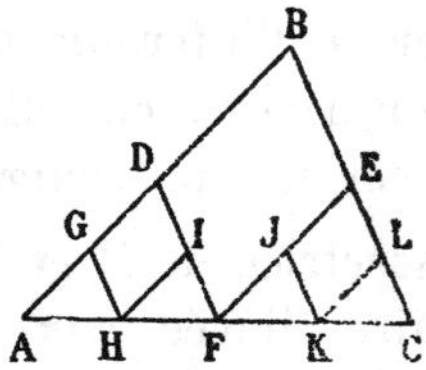

Si l'on prend maintenant les milieux G, H, I et J, K, L des côtés des deux triangles ADF et FEC, on montre de la même façon que

lig. bris. AGHIFJKLC = lig. br. ADFEC = lig. br. ABC.

En continuant ainsi indéfiniment, on voit que les lignes brisées successivement formées ont toutes pour longueur AB + BC. Or la longueur des segments constituant les lignes va constamment en diminuant, leurs sommets se rapprochent de plus en plus de AC et *à la limite, le périmètre des lignes brisées finit par se confondre* avec AC. Donc AB + BC = AC.

Réfutation. — La conclusion précédente est basée sur une fausse interprétation du terme « limite », dont la définition précise est la suivante : Une grandeur *variable* L a pour limite une grandeur fixe A lorsque la différence entre L et A peut devenir et rester moindre que toute quantité donnée à l'avance, aussi petite qu'elle soit.

Les grandeurs L et A sont ici respectivement le périmètre des lignes brisées et la longueur du côté AC. Mais L est *constant* et non variable, et la différence entre L et A est également constante. On ne se trouve donc plus du tout dans les conditions de la définition précédente, et il n'est alors pas surprenant que nous soyons arrivés à un résultat absurde.

REMARQUE. — On peut être tenté de voir quelque analogie entre le paralogisme précédent et la définition de la longueur d'un arc de cercle. « La longueur d'un arc de cercle est la limite vers laquelle tend le périmètre d'une ligne brisée inscrite dans cet arc lorsque les côtés de cette ligne tendent vers zéro », ce qu'on exprime encore en disant d'une façon abrégée « qu'à la limite, la la ligne brisée et l'arc se confondent ».

Mais dans ce dernier cas, le périmètre de la ligne brisée est une quantité variable telle que sa différence avec la longueur de l'arc devient aussi petite qu'on veut ; on se trouve donc dans les conditions requises par la définition de la limite.

II. La circonférence d'un cercle est égale à son diamètre. — Soit un cercle de centre O et de diamètre $AB = D$. Décrivons sur OA et OB comme diamètres deux circonférences de centres C et D ; la somme des longueurs des circonférences sera $\frac{\pi D}{2} + \frac{\pi D}{2} = \pi D$, c'est-à-dire égale à la longueur de la circonférence primitive.

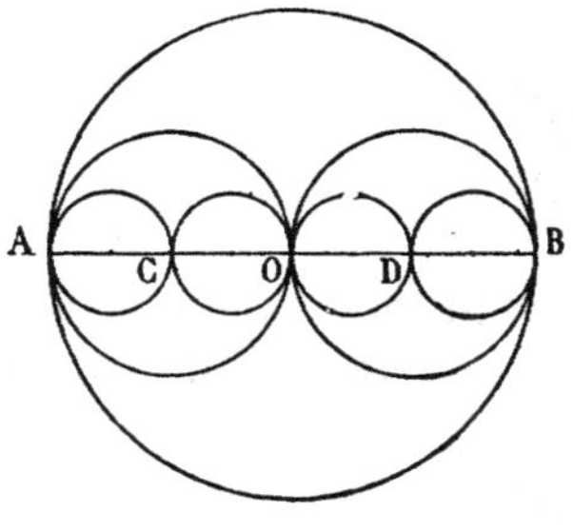

Décrivons de même sur AC, CO, DO et DB, quatre circonférences dont le diamètre sera $\frac{D}{4}$ et dont la somme des longueurs sera $4 \times \frac{\pi D}{4}$ c'est-à-dire encore πD.

Si l'on continue ainsi indéfiniment, les longueurs des circonférences de chaque groupe ont toujours pour somme la longueur de la circonférence O ; mais leur diamètre diminuant constamment, *ces circonférences se confondront à la limite avec* AB et on aura

$$\text{circonf. } O = \text{diam. } AB.$$

Réfutation. — On prouvera la fausseté de ce raisonnement comme dans la question précédente.

III. — Une portion de segment rectiligne est égale au segment entier, ou encore : **La partie est égale au tout** (C[t] Coccoz. *Illustration du 12 janvier* 1895). — Soit ABC un triangle quelconque où $\widehat{B}$ est supposé être le plus grand angle. Menons la droite BD de telle sorte

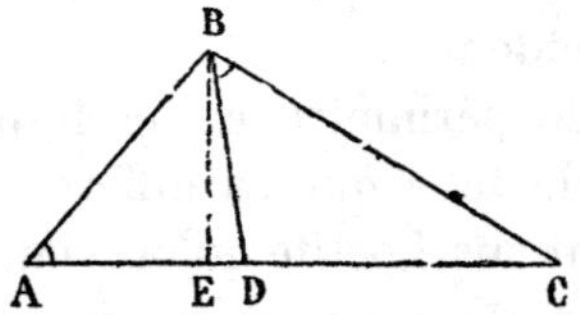

que $\widehat{CBD} = \widehat{A}$ et abaissons sur AC la perpendiculaire BE. Les deux triangles équiangles ABC et BDC donnent

$$\frac{ABC}{BDC} = \frac{\overline{AB}^2}{\overline{BD}^2}.$$

En outre, les deux triangles, ayant même hauteur BE, sont entre eux comme leurs bases AC et DC ; on a donc

$$\frac{ABC}{BDC} = \frac{AC}{DC}.$$

On déduit des deux relations précédentes

$$\frac{\overline{AB}^2}{AC}=\frac{\overline{BD}^2}{DC}. \qquad (1)$$

D'autre part, un théorème connu nous permet d'écrire

$$\overline{AB}^2=\overline{AC}^2+\overline{BC}^2-2AC\times EC, \qquad \text{(tri. ABC)}$$
$$\overline{BD}^2=\overline{DC}^2+\overline{BC}^2-2DC\times EC. \qquad \text{(tri. BDC)}$$

Portant ces valeurs dans (1), il vient

$$\frac{\overline{AC}^2+\overline{BC}^2-2AC\times EC}{AC}=\frac{\overline{DC}^2+\overline{BC}^2-2DC\times EC}{DC}.$$

En simplifiant, on trouve successivement

$$AC+\frac{\overline{BC}^2}{AC}=DC+\frac{\overline{BC}^2}{DC},$$

$$\frac{\overline{BC}^2}{AC}-DC=\frac{\overline{BC}^2}{DC}-AC,$$

et enfin

$$(\overline{BC}^2-AC\times DC)\,DC=(\overline{BC}^2-AC\times DC)\,AC. \qquad (2)$$

En divisant les deux membres par $\overline{BC}^2-AC\times DC$, il vient $DC=AC$, c'est-à-dire que la portion DC du segment AC est égale au segment entier.

Réfutation. — Il suffit d'observer que dans la relation (2), la quantité $\overline{BC}^2-AC\times DC$ est nulle, puisque les triangles semblables considérés précédemment donnent

$$\frac{BC}{DC}=\frac{AC}{BC}.$$

Or, on sait qu'on peut diviser les deux membres d'une égalité par une même quantité, mais sous la condition expresse que cette dernière soit différente de zéro.

L'absurdité à laquelle nous sommes arrivés provient donc de ce fait que nous avons divisé les deux membres de (2) par une quantité nulle.

On peut encore remarquer que (2) peut se mettre sous la forme

$$(\overline{BC}^2 - AC \times DC)(AC - DC) = 0.$$

Quels que soient AC *et* DC, la relation (2) est toujours satisfaite puisque le premier facteur est constamment égal à zéro. Il ne suit donc nullement de cette relation qu'on doive avoir $AC - DC = 0$ ou $AC = DC$.

DEUXIÈME PARTIE

LA GÉOMÉTRIE DE MESURE

CHAPITRE I

LES ANCÊTRES DE NOS INSTRUMENTS DE DESSIN ET DE TOPOGRAPHIE

§ 1. — Dessin.

La règle. — L'emploi de la règle dans les tracés remonte à un temps immémorial. Les dessins qui figurent au *Manuel égyptien d'AHMÈS* (INTROD., § 1) sont tracés à la règle par une main, il est vrai, inhabile.

Au temps de Vitruve (1er s.), les charpentiers employaient déjà un cordeau enduit de rouge, de blanc ou de noir pour le tracé des lignes droites.

Le compas. — Dans les productions de l'art primitif qui nous sont parvenues, les cercles sont toujours tracés à la main ; le *Manuel égyptien d'AHMÈS* nous montre un cercle inscrit dans un carré ; mais la figure est grossièrement faite et on reconnaîtrait plutôt un heptagone qu'un cercle sans le texte qui accompagne le dessin.

Cependant, la division de la circonférence en 4, 6, 8

ou 12 parties égales, qu'on rencontre assez fréquemment dans l'ornementation chez les Égyptiens ; la division sexagésimale de la circonférence, vraisemblablement imaginée par les Chaldéens, laissent supposer que ces anciens peuples ont connu une sorte de compas.

D'autre part, si nous en croyons divers auteurs de l'antiquité, l'invention du compas serait due à un neveu de Dédale, PERDIX. « Le premier, il unit l'une à l'autre par un lien commun deux branches d'acier, de sorte que, toujours séparées par la même distance, l'une reste immobile et l'autre décrit un cercle » (Ovide, Métamorphoses). Jaloux de son neveu, Dédale le précipite du haut de la citadelle consacrée à Minerve, mais la déesse change l'enfant en perdrix. Une autre version attribue l'invention à Dédale lui-même.

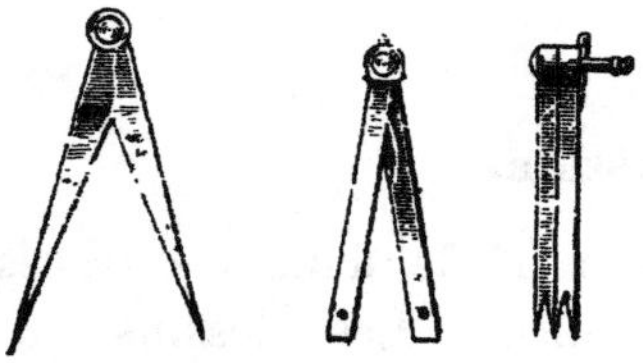

Fig. *a*. Fig. *b*.
Compas.

Quoi qu'il en soit, les Grecs et les Romains se sont certainement servis de notre compas, qu'on trouve représenté sur les tombeaux et dont certains échantillons sont parvenus jusqu'à nous. Les figures *a* et *b* en donnent des exemples. Le premier type est identique à notre compas actuel de charpentier ; le second, qui ne pouvait servir que pour prendre une mesure souvent répétée, est formé de deux branches montées sur un axe et dont les têtes se superposent ; les deux branches étant placées dans la position correspondant à la mesure prise, on venait les y fixer par la pression d'une cheville de bronze engagée dans une ouverture de l'axe.

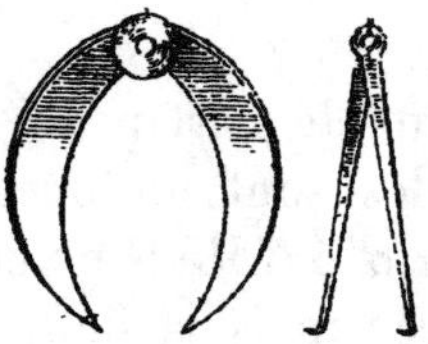

Fig. *c*.
Compas de calibre.

La figure *c* montre des compas de calibre : le premier, représenté sur un monument funéraire, servait plus particulièrement à la mesure des distances sur les surfaces courbes ; le second, à extrémités courbées de manière à pouvoir pénétrer dans les creux, a été retrouvé dans une maison de Pompéi que l'on suppose avoir été celle d'un sculpteur. Dans cette dernière maison, on a également trouvé l'instrument reproduit ci-contre (*fig. d*) et qui n'est autre chose que notre compas actuel de réduction.

Fig. *d*. Compas de réduction.

L'équerre. — S'il faut en croire Pline l'Ancien (Livre VII, Chap. LVI), l'équerre aurait été inventée par Théodore de Samos, architecte du temple d'Ephèse. Il est plus vraisemblable d'admettre que son emploi remonte à l'antiquité la plus reculée.

Chez les Égyptiens, l'équerre se désignait par le terme *hapt*, qui est le sens primitif du syllabique  ou *hap* ayant la forme de l'équerre. Aussi leurs documents la nomment-ils assez souvent et on y voit les rois eux-mêmes tenir l'équerre en main. On a conservé un tableau mural représentant un atelier de menuisier où l'équerre figure sous forme de deux branches à angle droit.

Les Grecs et les Romains ont d'autre part connu l'équerre sous la forme triangulaire employée aujourd'hui pour le dessin.

Le rapporteur. — Cet instrument ne paraît pas avoir été connu dans l'Antiquité et au Moyen âge, et ce fait n'a rien qui doive surprendre. Jusqu'à la Renaissance, en effet, les arpenteurs ne semblent pas s'être servis des angles d'une façon régulière dans leurs relevés sur le terrain ; le besoin du rapporteur, qui permet précisément le report des angles sur papier, ne se faisait donc pas sentir.

On trouve le nom et l'appareil mentionnés d'une façon explicite, pour la première fois sans doute, dans un ouvrage de Philippe Danfrie (1597) où l'auteur décrit un instrument dont il est l'inventeur. C'est le *graphomètre,* auquel est adjoint un *rapporteur* pour le report des angles ; ce rapporteur, en forme de demi-couronne circulaire, est muni d'une règle graduée mobile autour du centre.

L'échelle de réduction des Chaldéens. — L'emploi des échelles de réduction était familier aux Chaldéens.

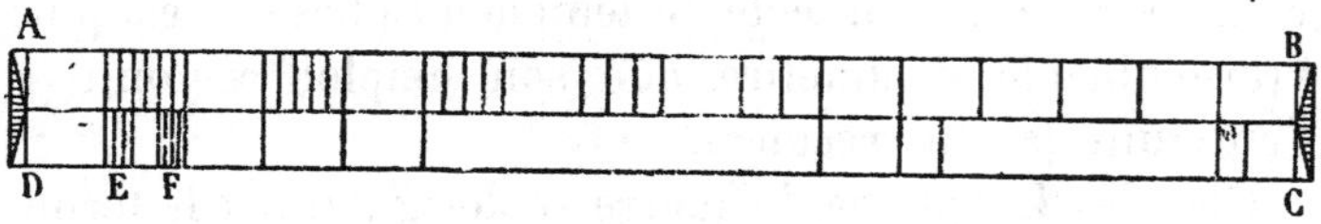

Règle de Goudea. — Restitution (tiers de la grandeur).

Les fouilles que M. de Sarzec a exécutées à Tello (Mésopotamie), de 1881 à 1888, ont mis à jour deux statues de diorite poli du *patési* Goudea, un des chefs de la classe sacerdotale de la Chaldée auxquels on doit la construction d'admirables monuments. Ces statues, qui sont au musée du Louvre, remonteraient à 3000 ans avant notre ère. Sur l'une d'elles, connue sous le nom *d'architecte au plan,* Goudea tient sur ses genoux une tablette où figure le plan d'une fortification accompagné d'une règle divisée en partie détruite. Sur l'autre, qu'on désigne sous le nom *d'architecte à la règle,* le chef chaldéen tient une tablette où se trouvent représentés un style à dessiner ou à écrire et une règle divisée à peu près complète ; celle-ci a une section transversale triangulaire et sa forme rappelle celle de nos doubles décimètres.

Sa longueur, de 265 millimètres pour la partie graduée, correspond à la demi-coudée assyrienne ; cette longueur est divisée en 16 parties égales. Sur l'un des bords, AB, cinq des divisions primitives prises de deux en deux, sans doute pour éviter la confusion, sont partagées successivement en 6, 5, 4, 3 et 2 parties égales ; sur l'autre bord, DC, les tiers de division sont subdivisés en 3 parties (E) et en 4 (F).

On pouvait ainsi obtenir les fractions suivantes de la demi-coudée :

$$\frac{1}{16\times 2}=\frac{1}{32}, \frac{1}{16\times 3}=\frac{1}{48}, \frac{1}{16\times 4}=\frac{1}{64}, \frac{1}{16\times 5}=\frac{1}{80},$$

$$\frac{1}{16\times 6}=\frac{1}{96}, \quad \frac{1}{16\times 3\times 3}=\frac{1}{144}, \quad \frac{1}{16\times 3\times 4}=\frac{1}{192}.$$

Il était donc possible d'effectuer des mesures de longueurs réelles au moyen de cette règle, comme nous le faisons aujourd'hui avec le double décimètre. Mais il est également très probable que, de même que ce dernier, elle était surtout employée comme échelle de réduction. Son voisinage sur la statue de Goudea avec le plan à petite échelle d'un édifice ne peut être en effet fortuit et il doit exister une relation entre la graduation et le rapport des dimensions réelles aux dimensions figurées de l'édifice. M. Dieulafoy a établi que le coefficient de réduction de cette règle est 1/2304 et que ses divisions et subdivisions sont proportionnelles à des multiples du pied et de la coudée, mesures linéaires employées par les Chaldéens.

Le compas de proportion. — Cet instrument célèbre, qu'il ne faut pas confondre avec notre compas actuel de réduction, paraît avoir été imaginé vers la fin du

16e siècle par GUIDALBO DEL MONTE, qui en fit construire un exemplaire à Urbain.

Il fut ensuite perfectionné par GALILÉE, qui publia en 1606 un opuscule spécial en italien sur ce sujet : *Le Operazioni del Compasso geometrico e militare*. Un ennemi du grand savant, qui se cachait sous le pseudonyme de Balthasar Capra, faisait paraître un an plus tard, en latin, un ouvrage sur le compas de proportion qui n'était qu'une mauvaise copie de l'œuvre de Galilée ; celui-ci, dans une réplique restée fameuse, n'eut pas de peine à confondre son ignorant adversaire.

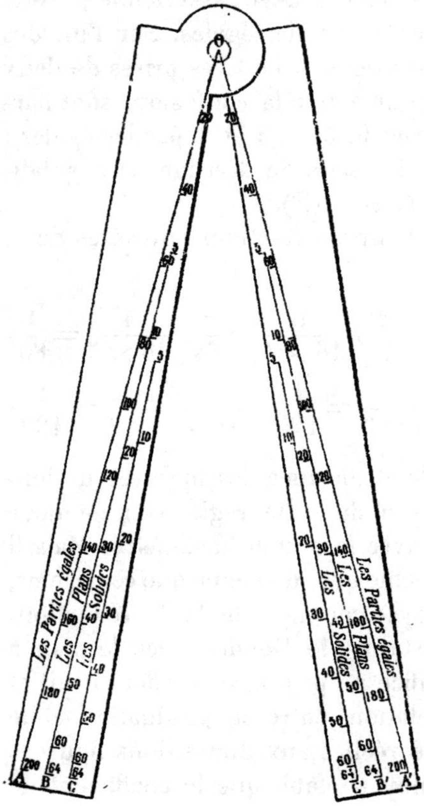

Compas de proportion.

Quoi qu'il en soit, l'instrument acquit en peu de temps une très grande vogue ; les nombreuses traductions ou imitations de l'ouvrage de Galilée parues dans le cours du 17e siècle ne laissent aucun doute sur ce point. Des méthodes de calcul plus rapides ou plus précises en firent ensuite cesser l'emploi, et le compas de proportion est tombé de nos jours dans un oubli complet : à notre avis, on pourrait cependant s'en servir encore avec avantage pour le dessin.

Le compas de proportion se compose essentiellement de deux branches aplaties en cuivre sur les faces desquelles sont tracés divers rayons égaux ou *lignes* divisées OA et OA′, OB et OB′, OC et OC′,... qui sont identiques deux à deux. Dans une des combinaisons les plus adoptées, on faisait figurer la *ligne des parties égales* (OA et OA′), la *ligne des plans* (OB et OB′), la *ligne des solides* (OC et OC′) sur une face du compas (celle représentée ci-contre), puis la *ligne des cordes* (OD et OD′) et la *ligne des polygones* (OE et OE′) sur l'autre face [1].

Le compas de Guidalbo del Monte ne devait comprendre que les lignes des parties égales et des polygones.

Le compas de Galilée comportait, en plus des 5 lignes mentionnées ci-dessus, la *ligne des métaux* qui permettait de résoudre divers problèmes relatifs à la densité des métaux, et une ligne particulière pour déterminer le côté d'un carré égal à un segment de cercle. Il pouvait être aussi employé à la résolution des problèmes d'arpentage ; à cet effet, Galilée avait adjoint à l'instrument des pinnules, un quadrant divisé et un fil à plomb afin de pouvoir opérer comme avec le quadrant géométrique (Voir § 5). Mais cette extension des usages du compas de proportion ne s'est pas généralisée.

Signalons enfin que le savant italien appelait respectivement lignes *arithmétique*, *géométrique* et *stéréométrique* les lignes des parties égales, des plans et des solides.

---

[1] Il nous a paru inutile de représenter l'autre face du compas avec les deux lignes des cordes et des polygones. Enfin, pour plus de clarté, nous avons, sur la figure ci-contre, supprimé les subdivisions des lignes.

Nous allons maintenant indiquer le mode de division des cinq lignes énumérées précédemment et l'emploi qu'on peut en faire dans la construction des problèmes de géométrie.

Ligne des parties égales (OA, OA′). — Les rayons OA et OA′ sont divisés en un même nombre de parties égales, 200 par exemple ; pour plus de commodité, la longueur OA est prise égale à une mesure linéaire (sur la figure 10 centimètres).

S'il s'agit de *diviser une droite* MM′ *en un certain nombre de parties égales,* 5 par exemple, on prend la distance MM′ à l'aide du compas à pointes sèches, on place l'une des pointes du compas sur la branche OA en une division qui soit un multiple de 5, par exemple 200, et on rapproche la branche OA′ jusqu'à ce que l'autre pointe du compas tombe sur la même division 200 de OA′. Il ne reste plus qu'à mesurer l'intervalle NN′ existant entre les divisions $\frac{200}{5} = 40$ de OA et OA′ pour avoir la 5e partie de MM′.

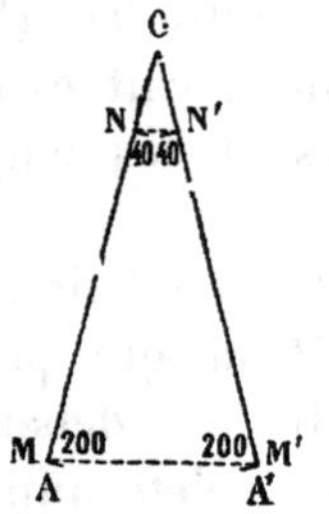

Supposons maintenant qu'on ait *à diviser une droite* MM′ *en segments proportionnels à deux nombres donnés,* 5 *et* 9 *par exemple.* On ouvre le compas de proportion de sorte que la distance entre les points $50 + 90 = 140$ de OA et OA′ soit égale à MM′ ; la distance NN′ des points 50 de OA et OA′ est un des segments cherchés,

car on a $$\frac{MM'}{NN'} = \frac{OM}{ON} = \frac{140}{50},$$

d'où $$\frac{MM' - NN'}{NN'} = \frac{140 - 50}{50} = \frac{9}{5}.$$

Si l'on avait à diviser la droite en segments proportionnels à des droites p et q, on porterait p de O en N et N', puis q de N en M et de N' en M'; on ouvrirait le compas jusqu'à ce que la distance entre M et M' fût égale à la droite donnée et on achèverait comme ci-dessus.

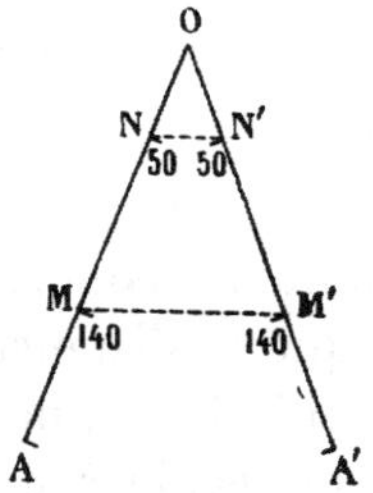

Ligne des plans (OB, OB'). — Supposons qu'un nombre entier, de préférence carré parfait, $64 = 8^2$ par exemple, soit inscrit en B. Posons $d = \frac{OB}{8}$, et écrivons les nombres 5, 10, 20, 30, ..., 60 à des distances de O égales à $d\sqrt{5}$, $d\sqrt{10}$, $d\sqrt{20}$, $d\sqrt{30}$, ..., $d\sqrt{60}$; les subdivisions sont faciles à déterminer, puisque le nombre n correspond à la distance $d\sqrt{n}$.

Soit à *trouver un triangle semblable à un triangle donné et dont l'aire en soit les 3/5.*

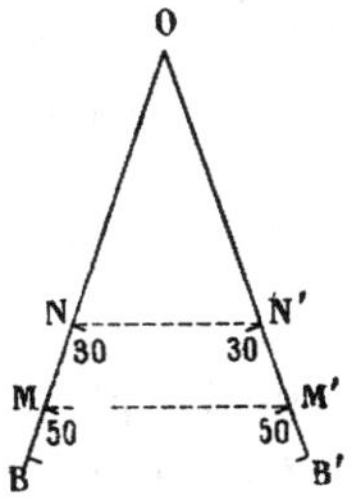

On ouvre le compas de proportion de sorte que la distance entre les points 50 de OB et OB' soit égale à un côté MM' du triangle donné ; le côté homologue NN' du triangle cherché est égal à la distance des points 30 de OB et OB'. Le rapport des aires des deux triangles serait bien en effet de

$$\frac{\overline{NN'}^2}{\overline{MM'}^2} = \frac{\overline{ON}^2}{\overline{OM}^2} = \frac{d^2 \times 30}{d^2 \times 50} = \frac{3}{5}.$$

Soit maintenant à *trouver la moyenne proportionnelle entre deux segments donnés p et q.*

On porte p et q sur la ligne des parties égales et on trouve par exemple que ces deux segments correspondent respectivement à 34 et 45 divisions ; on a donc

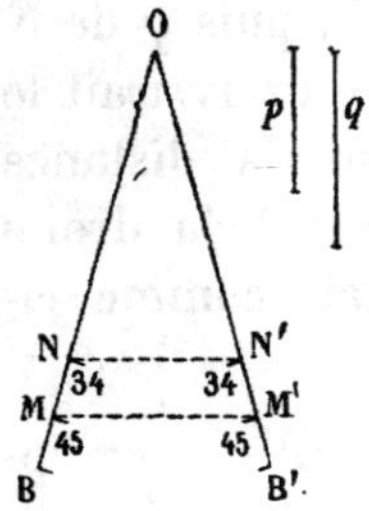

$$\frac{p}{q} = \frac{34}{45}.$$

On ouvre maintenant le compas de proportion de sorte que la distance MM′ entre les points 45 des lignes des plans OB et OB′ soit égale à q ; la moyenne proportionnelle cherchée est alors la distance NN′ existant entre les points 34 des mêmes lignes. On a en effet successivement

$$\frac{NN'}{MM'} = \frac{ON}{OM} = \frac{d\sqrt{34}}{d\sqrt{45}}; \quad \text{d'où } \overline{NN'}^2 = \overline{MM'}^2 \times \frac{34}{45}.$$

Mais $MM' = q$, $\quad \frac{34}{45} = \frac{p}{q}$; $\quad$ donc $\overline{NN'}^2 = q^2 \times \frac{p}{q} = pq.$

Ligne des solides (OC, OC′). — Supposons qu'un nombre entier, de préférence cube parfait, $64 = 4^3$ par exemple, soit inscrit en C. Posons $d = \frac{OC}{4}$ et écrivons les nombres 5, 10, 20, ..., 60 à des distances de O égales à $d\sqrt[3]{5}$, $\quad d\sqrt[3]{10}$, $\quad d\sqrt[3]{20}$, $\quad \ldots$, $\quad d\sqrt[3]{60}$.

On se servira de cette ligne comme de celle des plans ; ainsi, on trouvera sans difficulté un tétraèdre semblable à un tétraèdre donné et dont le volume en soit les $\frac{m}{n}$.

Ligne des cordes (OD, OD′). — Les divisions de cette ligne OD donnent les longueurs des cordes degré par degré du demi-cercle qui a pour diamètre OD.

Soit par exemple à *déterminer la corde d'un arc de $n°$ dont le rayon r est donné.*

On ouvre le compas de proportion de sorte que la distance MM′ existant entre les divisions 60 de OD et OD′ soit égale au rayon donné ; le point M correspondant à la division 60 est le milieu de OD et OM est le rayon du demi-cercle de la graduation. La distance NN′ existant entre les divisions n de OD et OD′ est la corde cherchée, car le rapport $\frac{OM}{MM'}$ des rayons est égal à celui $\frac{ON}{NN'}$ des cordes de n° correspondantes.

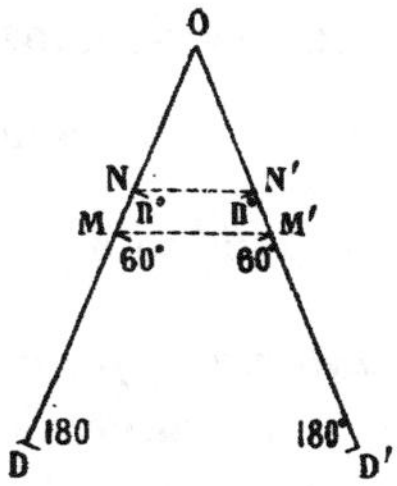

Pour résoudre le problème inverse, c'est-à-dire pour *trouver le nombre de degrés d'un arc dont la corde c et le rayon r sont donnés,* on dispose le compas de sorte que la distance MM′ entre les divisions 60 de OD et OD′ soit égale à r ; puis, ayant pris la corde c à l'aide du compas à pointes sèches, on pose les deux pointes de telle sorte qu'elles se trouvent chacune sur une ligne des cordes et au même point de division ; la lecture de la division donne le nombre de degrés de l'arc.

Ligne des polygones (OE, OE′). — Les divisions de cette ligne OE donnent les longueurs des côtés d'un certain nombre de polygones réguliers dans un cercle dont le rayon est $\frac{OE}{\sqrt{3}}$. Le côté du triangle équilatéral inscrit dans ce cercle est donc égal à OE.

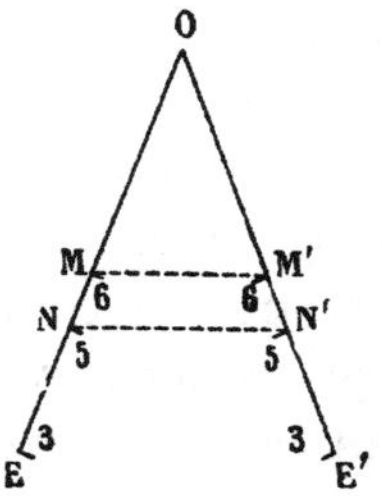

Soit à *inscrire un pentagone dans un cercle de rayon r.*

On ouvre le compas de proportion de sorte que la distance MM′ existant entre les divisions 6 de OE et OE′

soit égale à r : MM′ est le côté de l'hexagone inscrit dans le cercle de rayon r ; la distance NN′ entre les divisions 5 de OE et OE′ est alors le côté du pentagone inscrit dans le même cercle, car le rapport $\frac{OM}{MM'}$ des rayons est égal à celui $\frac{ON}{NN'}$ des côtés des pentagones correspondants.

Si l'on a maintenant à *décrire un pentagone régulier sur un segment donné c comme côté,* on ouvre le compas de façon que la distance NN′ existant entre les divisions 5 de OE et OE′ soit égale à c. Le rayon du cercle circonscrit au pentagone est alors égal à la distance MM′ entre les divisions 6 de OE et OE′, et le problème s'achève aisément.

BIBLIOGRAPHIE

Daremberg et Saglio. — *Dictionnaire des antiquités grecques et romaines,* tome II. Paris, 1887, in-4°.
Philippe Danfrie. — *Déclaration de l'usage du graphomètre...* Paris, 1597.
Léon Heuzey. — *Découvertes en Chaldée.* Paris, 1884, in-fol.
Marcel Dieulafoy. — *L'Acropole de Suse.* Paris, 1890-92, in-fol.
Galileo Galilei. — *Le Operazioni del Compasso geometrico e militare.* Padoue, 1606, in-fol.

§ 2. — Tracés sur le terrain.

Le cordeau chez les Égyptiens. — Les *harpedonaptes* ou *tendeurs de cordeau* égyptiens (Introd., § 1) devaient connaître certains procédés géométriques pour la construction de l'angle droit ; les temples et les pyramides d'Égypte sont en effet exactement orientés aux quatre points cardinaux. Leur nom grec, que l'on croit être la traduction d'un terme égyptien, fait supposer d'autre part qu'ils se servaient d'un cordeau dans leurs constructions géométriques. On sait enfin, grâce aux inscriptions relevées sur les temples qui ont été conservés, que dans la cérémonie rituelle d'implantation de la pierre de base des édifices, on employait un cordeau et des piquets de bois ; cette pratique remonterait au moins à l'an 2300 av. J.-C. Mais les documents égyptiens sont muets sur la description des procédés des harpedonaptes et il est facile d'en comprendre la raison ; ceux-ci tenaient, en effet, à ne pas initier le vulgaire à leurs mystérieux tracés.

Il nous paraît néanmoins vraisemblable d'admettre, avec M. Cantor, que les Égyptiens connaissaient la propriété du triangle de côtés 3, 4, 5 d'être rectangle. Dès lors, ayant deux piquets A et B placés dans la direction du méridien et distants de 4 unités de longueur, avec un cordeau de longueur 12 portant des nœuds à des distances 3 et 5 de ses extrémités, il suffisait de faire coïncider ces nœuds avec A et B ; tendant alors les deux brins libres jusqu'à se toucher, on obtenait en C un point de la perpendiculaire élevée en A sur AB. Ce procédé s'est conservé dans la pratique jusqu'à nos jours.

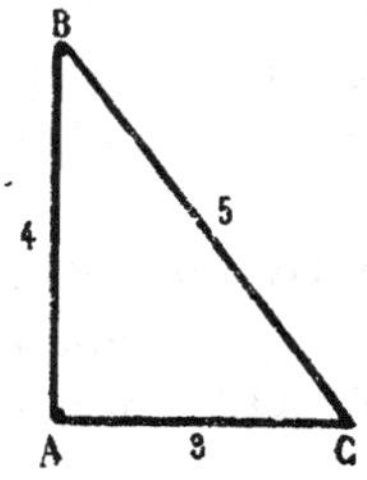

Peut-être aussi les Égyptiens employaient-ils la méthode que nous allons rencontrer chez les Hindous.

Le cordeau chez les Grecs. — On retrouve chez Héron (*Traité de la Dioptre,* XXV, 1er s. ?) une trace de cet emploi du cordeau, probablement inspiré de la tradition égyptienne.

Dans le problème traité par le savant alexandrin, il s'agit de reconstituer les limites d'une propriété de forme polygonale où les bornes placées aux sommets ont disparu, à l'exception de deux ; la position de toutes les bornes est repérée au moyen d'un plan par rapport à deux directions principales normales entre elles. Il suffit de retrouver sur le terrain ces deux directions, à l'aide des deux bornes existantes, et le problème s'achèvera ensuite sans difficulté.

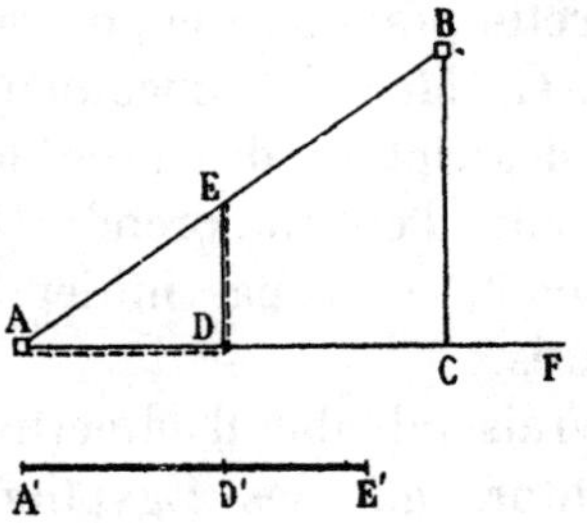

Soient A et B ces deux bornes. Le plan de la propriété indique la distance BC de B à une certaine droite AF, et en même temps la distance AC ; il s'agit de tracer sur le terrain les droites AF et BC qui sont les directions cherchées.

On marque un point E quelconque sur AB, on mesure AE et AB. Si l'on suppose abaissée une perpendiculaire ED sur AF, les triangles semblables AED, ABC donnent $AD = AC \cdot \frac{AE}{AB}$ et $ED = BC \cdot \frac{AE}{AB}$. On porte les longueurs AD et ED, calculées à l'aide de ces relations, à la suite l'une de l'autre sur un cordeau, respectivement en A'D' et D'E', on fixe A' en A, E' en E et on tend les deux brins A'D' et E'D' du cordeau. La position de D' détermine alors celle de D : AD est l'une des directions cherchées.

Le cordeau chez les Hindous. — Nous avons vu (Introd., § 4) que la description des procédés géométriques employés par les Hindous pour la construction des autels était contenue dans les *Çulvasûtras* ou ***Règles du cordeau*** ; nous allons indiquer quelques-unes de ces règles d'après Baudhâyana (2e s. ?).

Les autels pouvaient affecter les formes les plus diverses et les plus bizarres : ils étaient carrés, rectangulaires, circulaires, en forme de tortue, de faucon, de roue de voiture, etc. L'axe de la figure était toujours orienté suivant la direction Est-Ouest et on l'appelait « la ligne du dos » ; la tête de l'animal représenté était placée au levant et sa queue au couchant ; les côtés parallèles à l'axe étaient les « flancs » ou les « hanches », et leur distance à cet axe « l'épaule ».

Voyons d'abord comment Baudhâyana opère pour *tracer une perpendiculaire à l'axe* EO, celui-ci étant supposé préalablement orienté et des piquets étant placés en E et O. Il prend un cordeau O″E′ ayant une bouclette à chaque extrémité et de longueur double de OE ; soit O′ son milieu ; il prend ensuite le quart O′N′ de O′O″ en repliant la longueur O′O″ deux fois sur elle-même : on a O″N′ $=3/4$ et N′E′ $=5/4$, si OE est prise comme unité de longueur. En passant les bouclettes dans les piquets O et E et en tendant le cordeau vers le point marqué N′, on obtient la perpendiculaire ON à OE. L'auteur hindou indique un procédé analogue en se basant sur la propriété du triangle 5, 12 et 13 d'être rectangle.

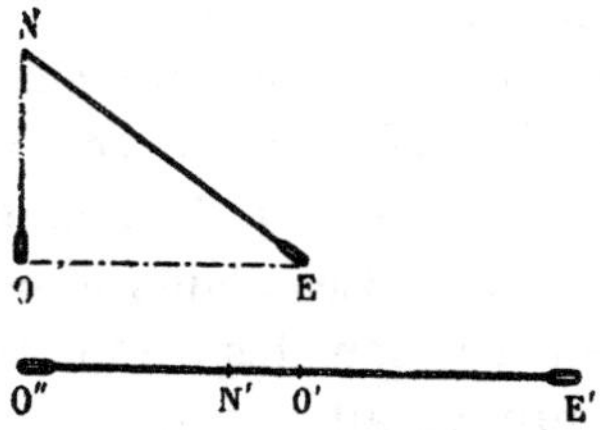

Voici maintenant la solution de Baudhâyana pour *tracer un carré de côté donné a*. On prend un cordeau de longueur a ayant une bouclette à chacune de ses extrémités et une marque en son milieu. En un point X de la ligne d'orientation OE on plante un piquet dans lequel on engage les deux bouclettes, et avec la marque on décrit une circonférence $\left(\text{de rayon } \frac{a}{2}\right)$; à chacune des extrémités O et E du diamètre intercepté sur la ligne d'orientation, on plante un piquet. Passant une des bouclettes au piquet O, on trace une circonférence avec l'autre bouclette (rayon a) et on fait de même au piquet E. Ces deux circonférences se rencontrent en des points F et G qu'on joint par une droite ; celle-ci, perpendiculaire à OE, coupe la circonférence de centre X aux points N et S où l'on plante à nouveau des piquets. On place les deux bouclettes en O et on décrit une circonférence avec la marque ; on fait de même en N, E, S. Les points d'intersection de ces quatre circonférences sont les sommets du carré cherché, ainsi qu'on le prouverait aisément.

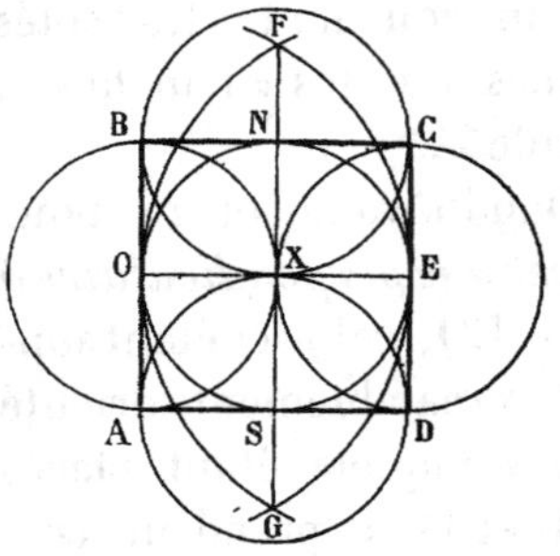

Puis Baudhâyana enseigne le moyen de transformer une figure d'autel en une autre semblable et qui soit dans un rapport donné avec la première. Par exemple, pour *obtenir un carré* B *d'aire double d'un carré donné* A, il indique que le côté de B est représenté par la longueur du cordeau tendu suivant la diagonale de A.

Enfin, l'auteur hindou se propose encore de transformer une figure d'autel en une autre en lui conservant une aire constante. Il donne à ce sujet diverses règles parmi lesquelles nous ne retiendrons que celle relative à la question suivante : *Transformer un carré en un triangle isocèle de même aire et dans lequel la hauteur soit égale à la base (avant-char).*

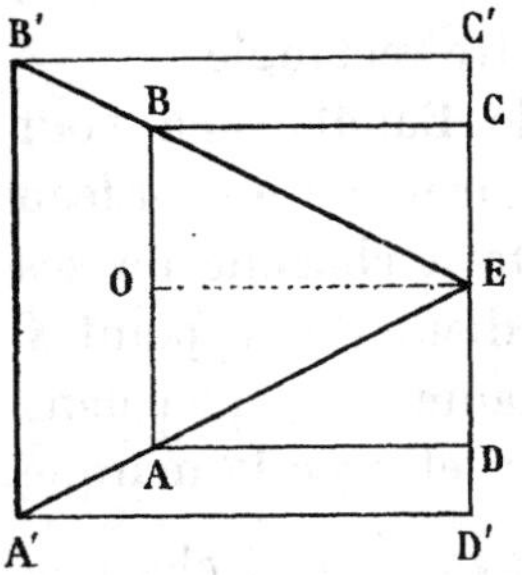

Soient ABCD le carré donné, OE l'axe de l'autel parallèle à BC et passant par le milieu E de CD. On détermine d'abord, comme nous venons de le dire, un carré A'B'C'D' double du proposé et ayant même axe, puis on place un piquet en E. On dispose les bouclettes de deux cordeaux en E, et ces cordeaux tendus suivant EAA', EBB' donnent le triangle AEB, qui est le triangle isocèle demandé ; son aire est en effet égale à la moitié de celle de A'B'C'D' ou à celle de ABCD.

Le cordeau au Moyen âge et à la Renaissance. — Le procédé suivant est indiqué par Léonard de Pise dans sa *Géométrie pratique* (1220) pour *abaisser par un point* P *donné sur le terrain une perpendiculaire sur une droite tracée* L. On fixe en P une extrémité d'un cordeau et on tend celui-ci de manière que l'autre extrémité Q passe au delà de L ; on marque le point de rencontre A du cordeau et de L, puis on détermine sur L avec PA un point A' tel que PA' = PA. Il suffit alors de prendre avec le cordeau la distance AA' et par pliage on obtient le milieu B de AA' : les points P et B déterminent la perpendiculaire cherchée.

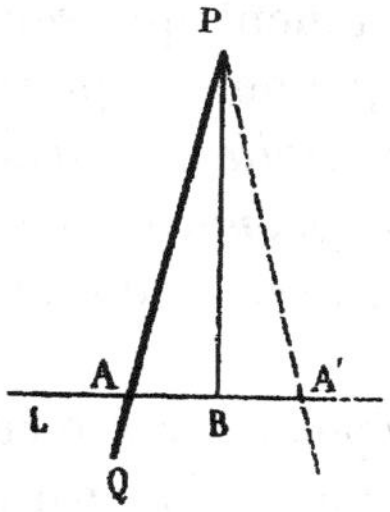

Voici maintenant un problème tiré de la 3e éd^{on} de la *Géométrie* d'Errard de Bar-le-Duc (1619). Il s'agit de *déterminer la distance* AB *de deux points dont l'un* A *est inaccessible*. On prend un cordeau qu'on divise par un pliage en deux parties égales. C étant pris sur AB ou sur son prolongement, on place les extrémités du cordeau respectivement en B et C et on tend ses

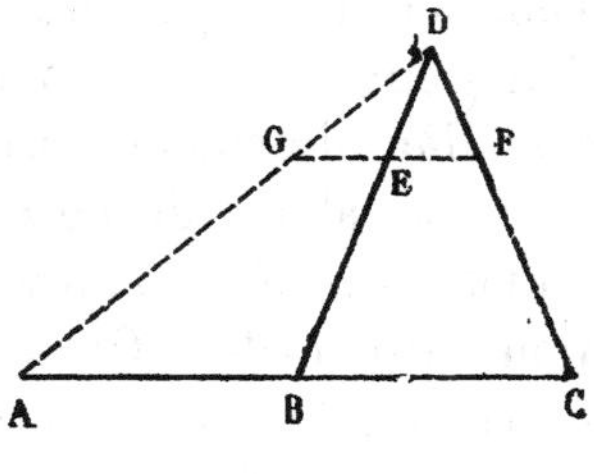

deux moitiés de façon à obtenir le triangle isocèle BDC. On porte au moyen du cordeau deux longueurs égales DE et DF suivant les côtés DB et DC du triangle BDC et on détermine l'intersection G des deux alignements AD et EF, à l'aide de jalons. Si DE a été pris le tiers de DB, par exemple (ou EF le tiers de BC), GE qu'on mesure directement est le tiers de AB.

En résumé, le cordeau, dans ce dernier problème, a servi à mener une parallèle EF à une droite BC.

La groma des Romains. — L'instrument qui remplissait dans l'antiquité le même office que notre équerre d'arpenteur portait différents noms : *étoile* ou *astérisque* chez les Grecs, *ferramentum* ou *groma* chez les Romains, d'où le nom de *gromatici* souvent donné aux arpenteurs latins.

Son emploi paraît remonter à une époque très reculée. Les Étrusques notamment se servaient d'un pareil instrument : en Étrurie, comme en Égypte, les temples étaient orientés aux quatre points cardinaux.

La groma fut à peu près exclusivement employée chez les agrimenseurs romains. Ceux-ci, lors de la fondation d'une colonie, par exemple, commençaient par tracer sur le terrain concédé par l'État deux axes rectangulaires : l'un, le « cardo maximus », allant du sud au nord ; l'autre, le « decumanus maximus », allant de l'est à l'ouest ; les parts des colons étaient déterminées au moyen de parallèles à ces deux directions principales. On voit que pour toutes ces opérations très simples, à peu près les seules connues des agrimenseurs, il suffisait d'avoir un instrument permettant d'obtenir deux visées rectangulaires : c'est là l'objet principal de la groma.

On a été longtemps sans connaître quelle avait été la forme exacte de cette dernière ; on avait fait les hypothèses les plus diverses à ce sujet, jusqu'au jour (1852) où un archéologue italien, Gazzera, en retrouva le dessin à Ivrée sur le tombeau d'un arpenteur romain. La groma se composait d'une tige portant à son extrémité inférieure une douille; dans celle-ci pouvait s'engager un pied ferré appelé *ferramentum,* d'où le nom souvent donné à l'instrument tout entier. Deux règles se croisant à angle droit étaient fixées à la tige dans un plan perpendiculaire à celle-ci. Un fil à plomb était suspendu à l'une des extrémités de chacune des réglettes; l'autre extrémité portait un trait de repère ou une cheville proéminente (*corniculum*) où l'arpenteur faisait passer un fil à plomb mobile qu'il tenait à la main et dont les dégauchissements successifs avec les deux fils fixes donnaient deux plans de visée perpendiculaires l'un sur l'autre. Les visées étaient facilitées par la présence d'une ouverture (*lumen*) ménagée au point de rencontre de la tige et des deux règles, et qui est indiquée sur la figure ci-dessus. Sur certains instruments, les réglettes portaient chacune deux chevilles à leurs extrémités, avec un fil à plomb fixe à chaque cheville.

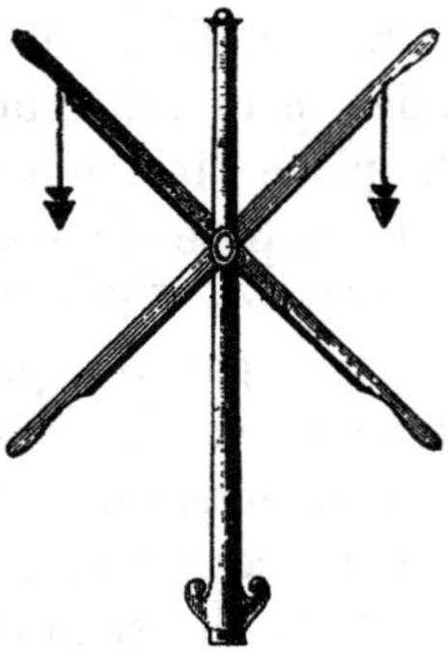

La groma des Romains (d'après l'inscription découverte par Gazzera).

Pour obtenir des résultats exacts avec la groma, il fallait que le plan des deux règles fût bien horizontal, ainsi que Héron en fait la remarque ; comme la tige devait être perpendiculaire à ce plan par construction, il suffisait donc à cet effet de la disposer verticalement dans deux directions au moyen du fil à plomb.

Afin de donner un exemple de l'emploi de la groma, nous allons résumer un passage de l'agrimenseur Nipsus.

Il s'agit de *déterminer la largeur* AB *d'une rivière*, l'extrémité A étant inaccessible. On élève en B sur AB, au moyen de la groma, une perpendiculaire sur laquelle on prend deux longueurs égales quelconques BC = CB'; en B' on élève une nouvelle perpendiculaire sur BB'. On place l'instrument en C et on le dispose de sorte que le plan de visée d'une des deux règles passe par A; puis on se retourne et on fait marquer par un jalon le point A' où cette direction rencontre la perpendiculaire B'A'; le segment B'A' est égal à la largeur cherchée de la rivière, car les deux triangles ABC et A'B'C' sont égaux.

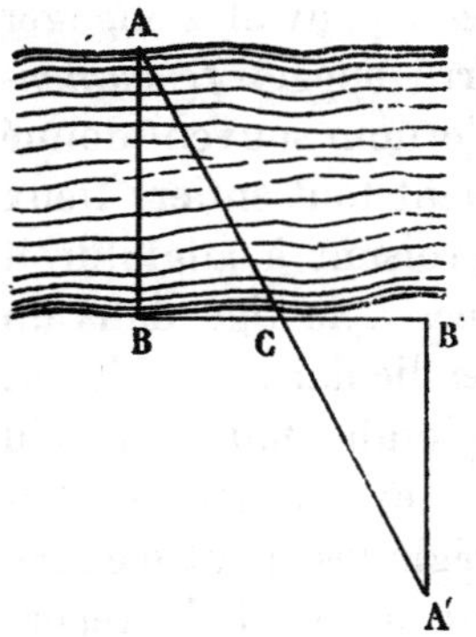

L'équerre d'Élie Vinet (1583). — Elle se compose d'un plateau de bois de forme carrée ou circulaire d'un demi-pied de côté ou de diamètre et de 3 doigts d'épaisseur, sur lequel sont tracées deux rainures rectangulaires. Sur sa face inférieure est ménagée une ouverture qui permet de faire reposer le plateau sur un pied.

La croix arpentique de Simon Stevin (fin du 16e s.). — Elle comporte un plateau de cuivre avec deux traits rectangulaires, reposant sur un pied ferré divisé en pieds et pouces afin de pouvoir s'en servir le cas échéant pour mesurer. Aux extrémités des traits gravés sur le plateau sont disposées des pinnules, soit pleines, soit munies d'ouvertures, qui permettent de faire les visées.

On voit qu'après Simon Stevin, il reste peu de chose à faire pour arriver à notre équerre actuelle.

La dioptre de Héron. — Les Grecs ont employé dans leurs opérations géodésiques un instrument appelé ***dioptre,*** du nom de l'organe servant à viser, organe que l'on a dénommé plus tard chez les Latins *mediclinium* et chez les Arabes *alhidhât,* dont les Français ont fait *alidade.*

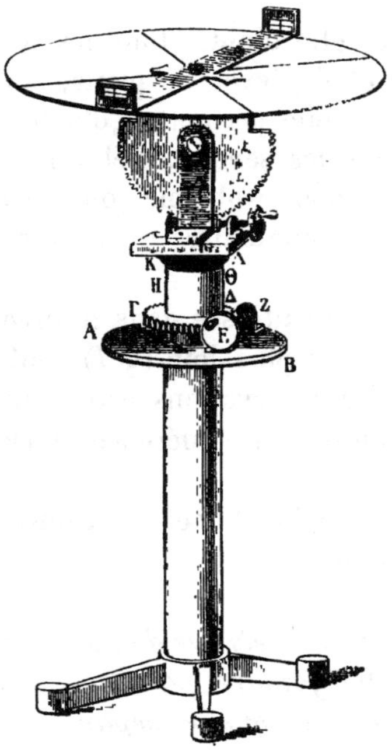

Dioptre de Héron.
Restitution de M. Hermann Schöne (1903).

On sait d'après un passage de Théon de Smyrne qu'un disciple d'Aristote, Dicéarque de Messine, se servait d'une dioptre pour mesurer la hauteur des montagnes ; Ptolémée nous apprend également que Hipparque (2e s. av. J.-C.) employait un instrument de ce nom dans ses observations astronomiques (Voir § 4, *Bâton de Jacob*). Mais la dioptre restée célèbre est celle décrite par Héron d'Alexandrie (1er s. ?) dans le traité qu'il lui a consacré, et qui était surtout destinée aux opérations sur le terrain ; on peut la considérer comme le germe de notre théodolite actuel.

Autant qu'on peut en juger par la description incomplète qui nous en est parvenue, la dioptre de Héron se composait essentiellement d'une alidade mobile sur un plateau circulaire ; ce dernier était fixé à un arc denté qui permettait de lui donner une inclinaison quelconque au moyen d'une vis sans fin. Le plateau était d'autre part mobile autour d'un axe vertical, grâce à une roue dentée ΓΔ également mue par une vis sans fin EZ.

On pouvait résoudre avec cette dioptre tous les problèmes usuels d'arpentage et de lever de plans, *sans jamais mesurer d'angles,* car elle permettait d'obtenir des lignes de visée dans tous les sens et d'élever des perpendiculaires. Pour ce dernier problème, on devait se servir de deux diamètres rectangulaires tracés sur le plateau circulaire.

La dioptre pouvait encore être utilisée dans le nivellement, comme nous le verrons plus loin (§ 7) ; enfin lorsqu'on s'en servait dans les observations astronomiques, on traçait sur le plateau une circonférence divisée en 360°.

Voici deux exemples de l'emploi de cet instrument, extraits du *Traité de la Dioptre.*

Étant donnés deux points A *et* B *tels que de l'un on ne puisse apercevoir l'autre, les joindre par une ligne droite, quelle que soit la distance qui les sépare.*

On fait en A un alignement quelconque AG ; puis au moyen de la dioptre on élève à AG, en un certain point G, une perpendiculaire GD de longueur arbitraire, puis en D une nouvelle perpendiculaire à GD, et ainsi de suite jusqu'à ce qu'on aperçoive B d'un point L.

En mesurant les diverses longueurs, on a trouvé

AG = 20 coudées	GD = 22
DE = 16	EZ = 30
— ZH = — 14	HC = 12
CK = 60	KL = 8
— LB = — 50	72
32	

En faisant la somme des longueurs de direction $\overline{AG}$

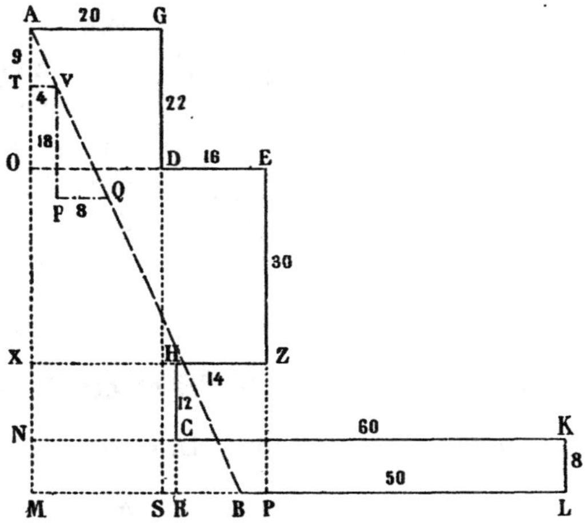

et retranchant celles de direction opposée, on trouve que la valeur de MB est de 32 coudées ; faisant de même la somme des longueurs de direction $\overline{GD}$, on trouve que AM vaut 72 coudées. Le point M se détermine aisément sur le terrain.

On prend alors sur AM une longueur arbitraire AT, de 9 coudées par exemple ; si l'on mène par T la perpendiculaire TV à AT, le point V étant supposé sur la droite AB, la longueur TV sera donnée par la proportion $\frac{TV}{AT} = \frac{MB}{AM}$. En continuant ainsi, on obtiendra autant de points que l'on voudra de l'alignement AB.

Mesurer un champ [polygonal] où l'on ne peut pénétrer, soit à cause d'une plantation épaisse, soit à cause d'embarras provenant de constructions, soit enfin parce qu'il n'est pas permis d'y entrer.

Soit ABG...C le champ polygonal considéré, qu'on divise en triangles par des diagonales partant du sommet C. Au moyen de la dioptre, prolongeons CH et ZH hors du champ, de quantités HL et HK qui soient une même fraction $\frac{1}{n}$ ou un même multiple de CH et ZH. Le triangle LHK est semblable au triangle CHZ et on a

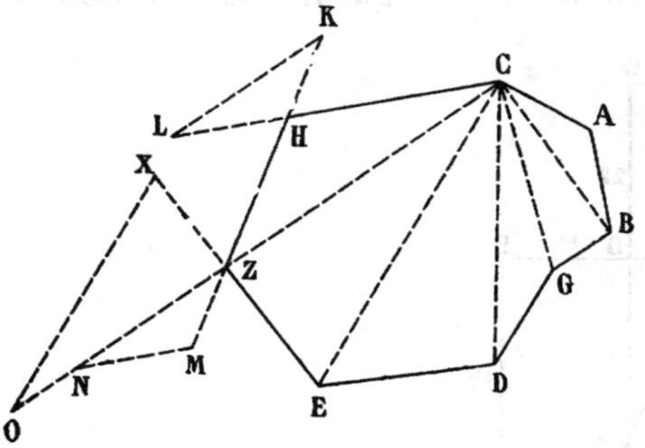

$$\text{aire CHZ} = n^2 \times \text{aire LHK}.$$

On procède de même pour le triangle CAB.

On détermine l'aire des triangles restants comme nous allons le montrer pour CZE. On prolonge HZ d'une quantité ZM = HK ; puis au moyen d'un cordeau sur lequel on porte successivement les longueurs HL, LK, on détermine à partir de M les segments MN et NZ tels que MN = HL et NZ = LK. Les deux triangles ZMN et KHL sont égaux et on a $\widehat{NZM} = \widehat{LKH} = \widehat{HZC}$; ainsi ZN est dans le prolongement de ZC.

On prolonge ensuite EZ d'une longueur $XZ = \frac{1}{m}$ EZ et sur ZN on prend $ZO = \frac{n}{m} \cdot LK = \frac{1}{m} \cdot nLK = \frac{1}{m} ZC$. Les triangles ZCE et ZOX sont semblables et on a

$$\text{aire}\, ZCE = m^2 \times \text{aire}\, ZOX.$$

BIBLIOGRAPHIE

J. B. Venturi. — *Commentari sopra la storia e le teorie dell' otica.* Bologne, 1814, in-4°.

A. J. H. Vincent. — *Extraits des manuscrits relatifs à la géométrie pratique des Grecs.* Not. et Extr. des Mss. d. l. Bibl. Nat., tome 19, 2e partie, 1858.

Hermann Schöne. — *Herons von Alexandria Vermessungslehre und Dioptra.* Leipzig, 1903, in-8°.

F. Blume, K. Lachmann und A. Rudorff. — *Die Schriften der Römischen Feldmesser...* Berlin, 1848-52.

Gazzera. — *Del ponderario e delle antiche lapidi eporediesi.* Mém. de l'Ac. des Sc. de Turin, 1854.

Elie Vinet. — *L'Arpanterie.* 2e édon, Bordeaux, 1583.

Stevin. — *Les Œuvres mathématiques de Simon Stevin de Bruges.* Édition Albert Girard. Leyde, 1634, in-fol.

Thibault. — *The Súlvasútras.* Calcutta, 1875.

§ 3. — Mesure directe des distances.

La chaîne d'arpenteur dans l'Antiquité. — Chez les Égyptiens, la mesure directe des distances s'effectuait en particulier au pas par des opérateurs spéciaux nommés *bimatistes*.

Les Grecs employaient un roseau (*kalamos*) ou une corde de jonc tressé (*schoïnion*). « Pour mettre la corde hors d'état de s'allonger et de se raccourcir, dit Héron, on la tend fortement entre deux pieux et après l'avoir ainsi tendue pendant quelque temps, on la tire de nouveau ; après avoir répété plusieurs fois la même manœuvre, on frotte la corde avec un mélange de cire et de résine. Il vaudra mieux encore la tendre verticalement et y laisser pendant assez longtemps un poids suspendu. »

Les arpenteurs romains se servaient d'une perche longue de dix pieds ou *decempeda,* d'où le nom de *decempedatores* qu'on leur donnait parfois.

On trouve mentionnée pour la première fois notre chaîne d'arpenteur actuelle dans un ouvrage de Stevin paru en 1605.

L'odomètre de Héron (1er s. ?). — Cet instrument avait pour but la mesure directe des distances en employant une voiture. Une tige fixée sur le moyeu d'une des roues mettait en mouvement une roue à palettes, et celle-ci, par un système d'engrenages à roues dentées et vis sans fin, faisait mouvoir un index sur une circonférence graduée. Le chemin parcouru se lisait directement sur la circonférence.

Vitruve (1er s.), dans son *Architecture* (livre X), décrit un instrument analogue.

§ 4. — Mesure indirecte des distances.

L'ombre. — Nous avons vu (Introd., § 2) que Thalès (6e s. av. J.-C.) s'était servi de l'ombre pour mesurer la hauteur d'une pyramide. Comme il opérait à l'instant de la journée « où l'ombre nous est égale », il lui suffisait de mesurer la longueur de l'ombre de la pyramide.

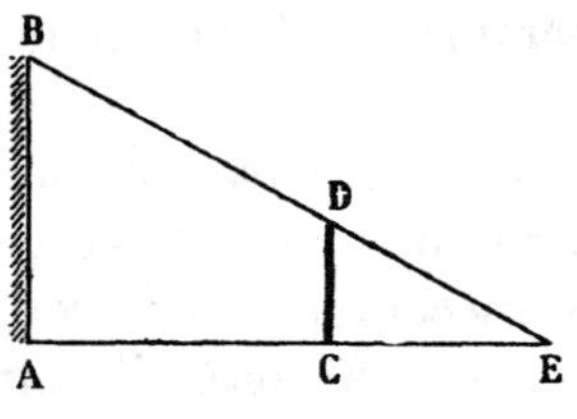

Il est probable qu'il employait un procédé analogue pour déterminer la distance des vaisseaux en mer.

Euclide (3e s. av. J.-C.) dans son *Optique* décrit, pour

la mesure d'une hauteur par l'ombre, un procédé qui utilise les propriétés des triangles semblables.

Soient AB la hauteur à mesurer, AE son ombre sur le sol supposé horizontal, CD une autre hauteur [un bâton par exemple] dont l'extrémité supérieure affleure la droite BE. On a

$$AB = AE \cdot \frac{CD}{CE}.$$

Le procédé indiqué par Euclide a été reproduit fréquemment après lui, notamment dans les Géométries pratiques du Moyen âge et de la Renaissance.

Voici comment le grand peintre Léonard de Vinci (15-16e s.) résout le même problème : « Si tu veux mesurer une hauteur [d'une tour] avec l'ombre du soleil, prends un bâton qui soit d'une brasse, fixe-le et attends que le soleil lui fasse faire deux brasses d'ombre; et aussitôt mesure l'ombre de la tour, et si elle est de 100 brasses, la [hauteur de la] tour sera de 50 ; c'est une bonne règle ». On voit que le procédé de l'artiste italien a une grande analogie avec celui de Thalès. Il ajoute d'ailleurs : « Autant *bc* entre en *ac*, autant la hauteur de la tour entre en *an* » ; on retombe ici sur la solution d'Euclide.

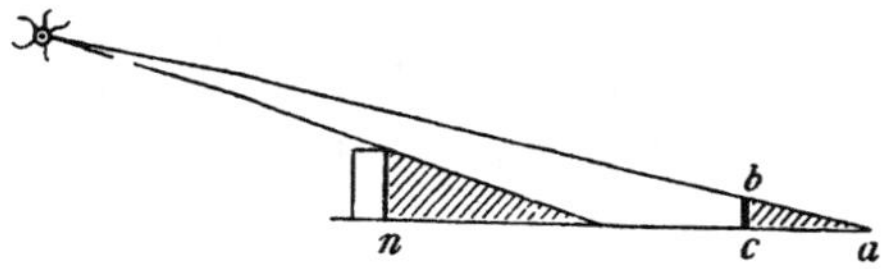

Le bâton. — Nous venons de rencontrer l'emploi accessoire du bâton dans la mesure par l'ombre. Nous allons maintenant donner des exemples de son usage direct, d'après divers auteurs du Moyen âge et de la Renaissance.

Mesurer la largeur AB *d'une rivière,* ou plus généralement, *mesurer une distance horizontale* AB *dont une extrémité* B *est inaccessible.*

1re SOLUTION (*Géométrie* de GERBERT, 10e-11e s.). — On plante à l'extrémité accessible A (*fig. a*) un bâton AC un peu plus court que la hauteur de l'opérateur. Celui-ci se recule en arrière jusqu'à ce qu'il aperçoive les points C et B en coïncidence apparente : soit à ce moment DE sa position.

On a alors

$$\frac{DB}{DE} = \frac{AB}{AC}, \quad \text{d'où} \quad \frac{DB - AB}{DE - AC} = \frac{AB}{AC},$$

et

$$AB = AC \cdot \frac{AD}{DE - AC}.$$

Les longueurs AC, AD, DE (hauteur de l'œil de l'opérateur au-dessus du sol) peuvent être facilement déterminées.

On pourrait aussi employer deux bâtons AC et DE ce qui dispenserait de faire entrer dans le calcul la hauteur de l'opérateur.

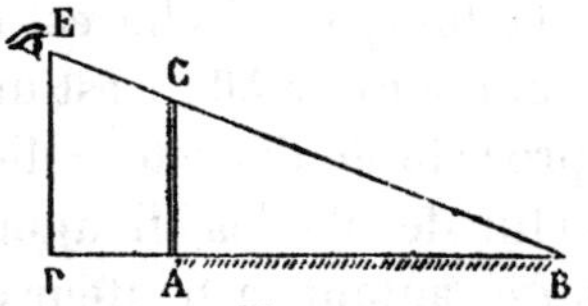

Fig. *a*.

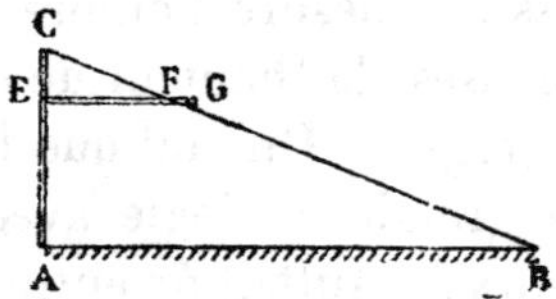

Fig. *b*.

2e SOLUTION (*Géométrie* de GERBERT). — On plante verticalement en A (*fig. b*) un bâton AC de hauteur un peu moindre que celle de l'opérateur ; sur ce bâton s'en trouve fixé un second EG perpendiculairement au premier. On note le point F où le rayon visuel CB rencontre EG. On a

$$AB = EF \times \frac{CA}{CE}.$$

[Il serait plus commode de se reculer en arrière de A jusqu'en un certain point A′ tel que le rayon visuel C′B passe par l'extrémité G du bâton horizontal ; il suffirait alors de retrancher A′A de la distance A′B calculée comme ci-dessus, pour obtenir AB.]

3ᵉ Solution (Léonard de Vinci, 15ᵉ-16ᵉ s.). — L'opérateur emploie un bâton fiché en terre en AC (*fig. c*) et dont la hauteur est égale à la distance de l'œil au sol. On vise le point B après s'être reculé au delà de A et on marque le point E où le rayon visuel rencontre le bâton AC. Pour mesurer la longueur DC avec précision, on peut se servir d'un fil ou d'une baguette dont une extrémité est en C et dont l'autre est à l'œil. On a

$$AB = CD \times \frac{AE}{EC}.$$

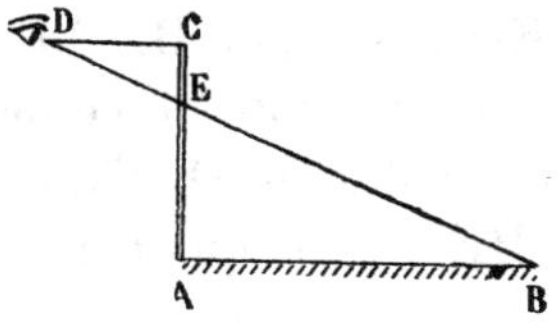

Fig. *c*.

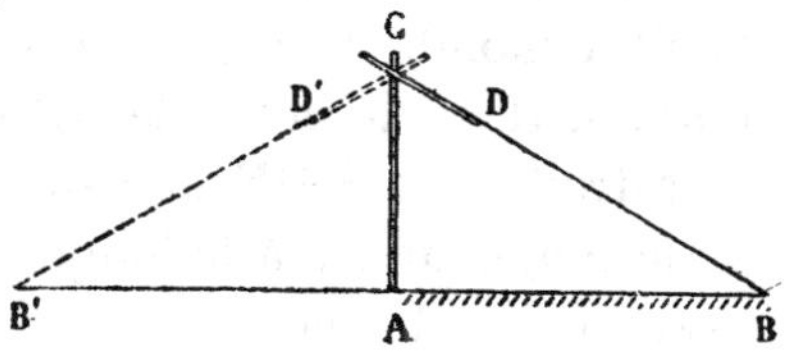

Fig. *d*.

4ᵉ Solution (*Géométrie* d'Errard, 3ᵉ éd., 1619). — On place verticalement un bâton AC en A (*fig. d*), puis on en fixe un second CD en un point du premier, de sorte que sa direction passe par B. On fait pivoter le système de 180° autour de AC ; la direction CD′ du bâton auxiliaire venant rencontrer en B′ le sol supposé horizontal, la distance AB′ est égale à la longueur cherchée et il ne reste plus qu'à la mesurer directement.

Si l'opérateur est muni d'un chapeau à larges bords, il peut se dispenser de l'emploi du bâton CD. Appuyant le menton sur le bâton AC, il dispose son chapeau de telle sorte que le rayon visuel affleurant le bord passe par B ; se retournant et répétant la même opération, il détermine le point B′.

Mesurer une hauteur AB *dont le pied* A *est accessible, le sol dans un certain rayon étant supposé horizontal.*

1re SOLUTION (*Géométrie* de GERBERT, 10e-11e s.). — On emploie un instrument (*fig. a*) composé de deux bâtons CD et $EF = \frac{CD}{2}$, le second, de longueur à peu près égale à la hauteur de l'opérateur, étant disposé perpendiculairement et au milieu du premier ; ces bâtons « sont des objets que jamais le géomètre ne doit oublier de prendre avec lui ».

L'opérateur cherche dans la plaine une position EG telle que le bâton CD étant placé verticalement au moyen du fil à plomb, le rayon visuel ED passe par B. On a alors, si H est le point de AB où la direction EF coupe cette droite, BH = HE, et il suffit pour obtenir AB d'ajouter la longueur CF à la longueur HE = AG, qu'on peut mesurer directement.

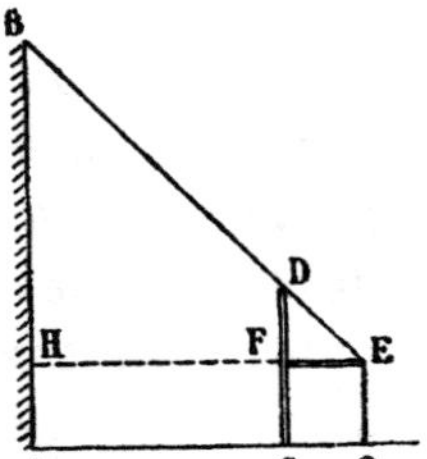

Fig. *a*.

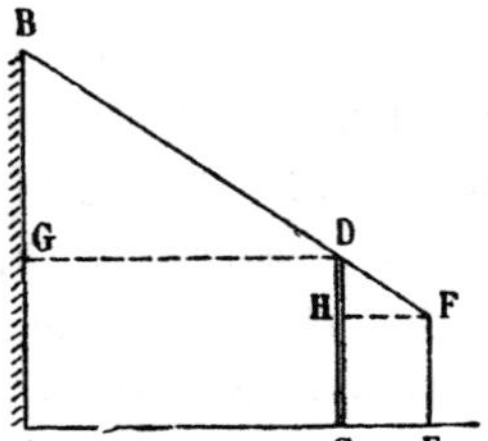

Fig. *b*.

2e SOLUTION (*Souan-fa-tong-tsong*, traité mathém. chinois, 1593). — On plante en CD (*fig. b*) un bâton plus haut que l'opérateur ; celui-ci se recule en une position EF telle que son rayon visuel FD passe par B. Si G et H sont les points où les horizontales en D et F coupent respectivement AB et CD, on a

$$GB = GD \cdot \frac{HD}{HF}.$$

Il n'y a plus qu'à ajouter CD = AG à cette valeur de GB.

3e Solution (*Géométrie* d'Errard, 3e éd., 1619). — Un premier bâton étant placé verticalement en CD, on en dispose un second plus court EF de telle sorte que le rayon visuel FD passe par B ; puis on détermine le point I où la direction DF rencontre le sol horizontal. On a alors

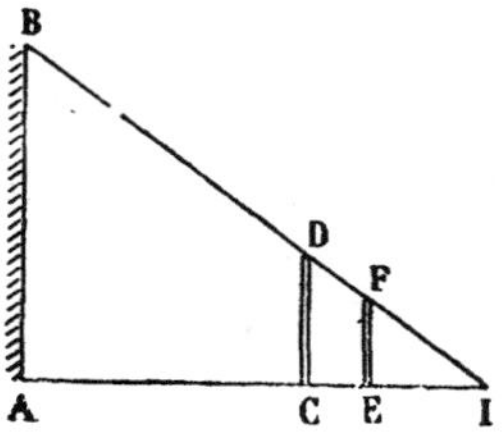

$$AB = AI \cdot \frac{CD}{CI}.$$

Mesurer une hauteur AB *dont le pied* A *est inaccessible.*

1re Solution (*Souan-fa-tong-tsong*, 1593). — On opère comme au problème précédent (2e Sol.), mais en faisant deux stations en EF, E'F' et en employant le même bâton dans les deux opérations. On a alors successivement :

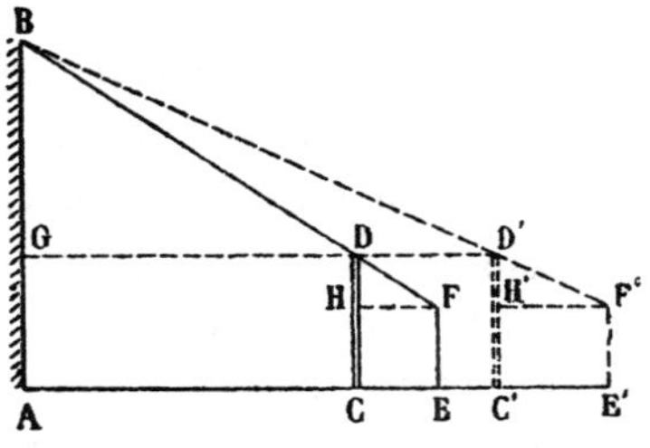

$$\frac{GB}{DH} = \frac{GD}{HF}, \quad \frac{GB}{D'H'} = \frac{GD'}{H'F'} \quad \text{ou, comme } D'H' = DH,$$

$$\frac{GB}{DH} = \frac{GD}{HF} = \frac{GD'}{H'F'}; \text{ d'où } \frac{GB}{DH} = \frac{GD' - GD}{H'F' - HF} = \frac{DD'}{H'F' - HF}$$

et $$GB = DH \cdot \frac{DD'}{H'F' - HF} = DH \cdot \frac{CC'}{C'E' - CE}.$$

On ajoutera CD à GB pour obtenir AB.

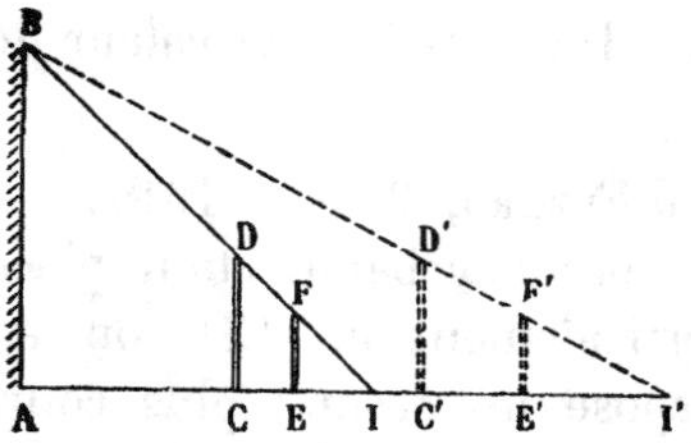

2e Solution (*Géométrie* d'Errard, 3e éd., 1619). — On opère comme au problème précédent (3e Sol.), en faisant deux stations et en se servant à chaque fois des mêmes bâtons. On a alors

$$\frac{AB}{CD} = \frac{AI}{CI} = \frac{AI'}{C'I'} = \frac{AI' - AI}{C'I' - CI} = \frac{II'}{C'I' - CI'}$$

d'où $$AB = CD \cdot \frac{II'}{C'I' - CI}.$$

Le miroir. — L'emploi — au moins théorique — du miroir pour la mesure indirecte des distances paraît remonter à une très haute antiquité.

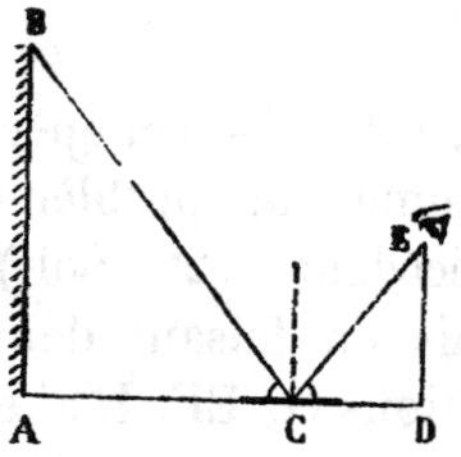

Euclide (3e s. av. J.-C.), dans son *Optique,* indique le moyen de *mesurer une hauteur* AB par ce procédé. Le miroir étant disposé sur le sol horizontal en C, l'observateur se déplace jusqu'à ce qu'il aperçoive l'image du point B dans le miroir. Les angles d'incidence et de réflexion étant égaux, de même que les angles BCA et ECD qui sont complémentaires des premiers, les triangles BAC et EDC sont semblables et on a

$$AB = AC \cdot \frac{DE}{DC}.$$

DE est la hauteur de l'œil de l'observateur au-dessus du sol, AC et DC sont mesurés directement.

Voici maintenant le procédé donné dans la *Géométrie* de GERBERT (10e-11e s.) pour *mesurer une hauteur* AB *dont le pied est inaccessible*. Dans une première position du miroir, l'opérateur placé en DE aperçoit en C l'image de B : et dans une seconde position du miroir, l'opérateur D′E′ aperçoit l'image de B en C′. La similitude des triangles BAC et EDC, BAC′ et E′D′C′ donne

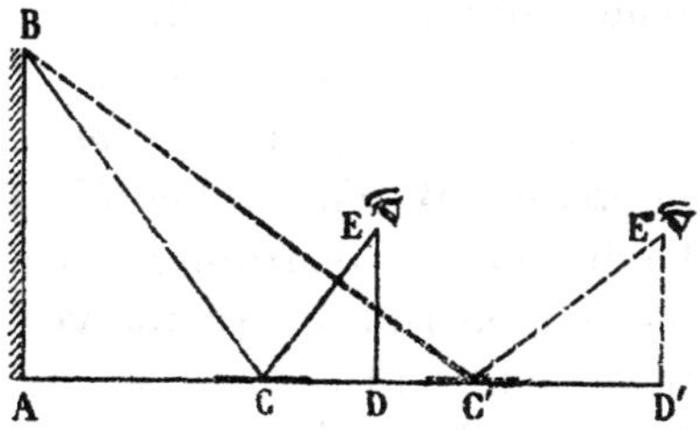

$$\frac{AB}{DE}=\frac{CA}{CD}=\frac{C'A}{C'D'}, \quad \text{ou} \quad \frac{AB}{DE}=\frac{C'A-CA}{C'D'-CD}=\frac{CC'}{C'D'-CD},$$

et enfin
$$AB = DE\cdot\frac{CC'}{C'D'-CD}.$$

La mesure de la profondeur d'un puits par Euclide (*Optique*, 3e s. av. J.-C.). — L'observateur se déplace jusqu'à ce que le rayon visuel, rasant le bord D du puits, passe par le point B de l'arête rentrante du fond qui est diamétralement opposé à D. Les deux triangles semblables BCD et DEF donnent alors

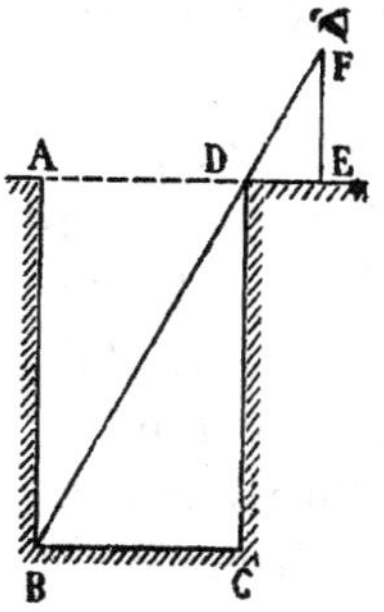

$$DC = BC\cdot\frac{EF}{DE} = AD\cdot\frac{EF}{DE}.$$

La lychnia des Anciens. — On s'est servi, dans

l'Antiquité, d'un instrument qui se composait d'une règle formant alidade mobile en son milieu au sommet d'un bâton vertical; l'ensemble portait le nom de *lychnia* (chandelier). On l'employait à la mesure des hauteurs, dans les travaux militaires surtout.

Voici le procédé indiqué par Jules l'Africain (2e s.) dans ces *Cestes* pour *évaluer la hauteur* AB *d'un muraille* à l'aide de cet instrument. On place le pied de la lychnia verticalement en CD; puis on dispose l'alidade de manière à apercevoir le sommet A du mur ; on passe de l'autre côté de l'instrument et on détermine par une visée le point E où la direction de l'alidade vient rencontrer le sol supposé horizontal. On a alors

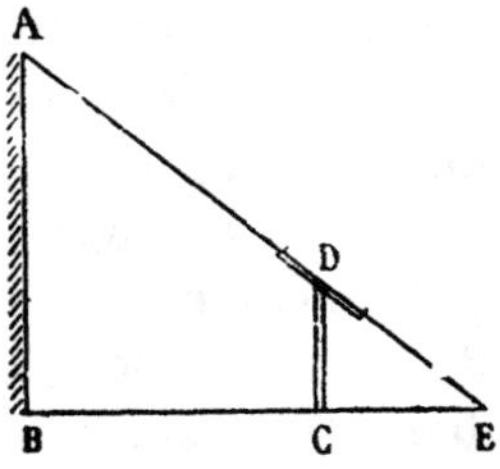

$$AB = CD \cdot \frac{BE}{EC}.$$

Les flèches de Gerbert (10e-11e s.). — « Si tu veux trouver la hauteur d'un objet, tu pourras le faire par le procédé militaire que voici. Prends un arc avec une flèche et du fil ; un bout de fil étant fixé à l'extrémité de la flèche, l'autre restant dans la main, fais que la flèche lancée par l'arc frappe le sommet de la hauteur à mesurer. Ensuite, l'extrémité d'un autre fil est attachée de la même façon à une autre flèche ou à quelque trait, et que l'un de ces projectiles frappe le pied de la hauteur, comme précédemment le sommet. Cela fait, tu ramèneras les deux fils et regarderas

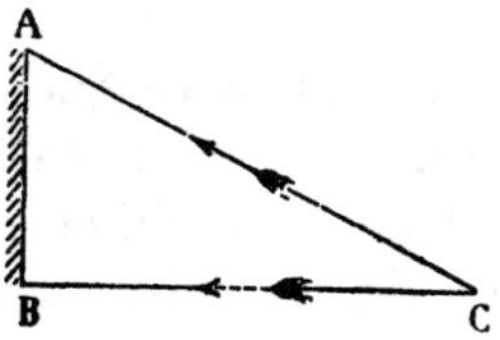

combien l'un et l'autre, mesurés rapidement, contiennent de coudées » (*Géométrie* de GERBERT).

Si AB est la hauteur à mesurer et si l'observateur est en C, on a $AB = \sqrt{\overline{AC}^2 - \overline{BC}^2}$.

Le fil à plomb (LÉONARD DE VINCI, 15e-16e s.). — « Il y a un bâton qui est appuyé contre un mur qui est haut de 6 brasses, et le bâton est de même hauteur ; je l'éloigne par le pied et je ne sais pas de combien ; il descend aussi par la tête et je ne sais pas de combien ; je demande le moyen de le mesurer. »

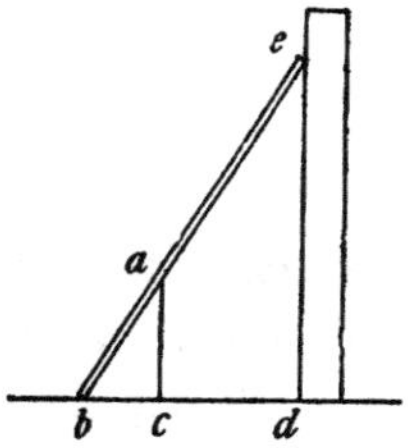

Par un point quelconque *a* du bâton *be*, on fait passer le fil à plomb *ac* ; la distance *bd* dont on a écarté du mur le pied du bâton est donnée par l'expression

$$bd = be \cdot \frac{bc}{ba}.$$

La hauteur dont est descendue la tête s'obtiendra en retranchant de 6 brasses la longueur

$$de = ac \cdot \frac{bd}{bc}.$$

La dioptre. — *Deux points étant donnés dont l'un* A *près de nous et l'autre* B *au loin, mesurer leur distance réduite à l'horizon, sans s'approcher de celui qui est éloigné* (HÉRON, *Traité de la Dioptre*, 1er s. ?).

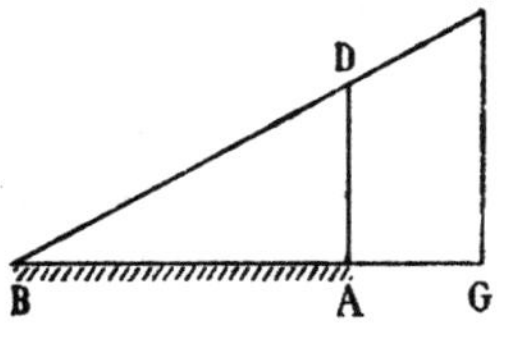

Avec la dioptre, on prolonge l'alignement BA et on prend un point G sur ce prolongement. On élève en A et G des perpendiculaires AD et GE et on prend un point quelconque E sur cette dernière perpendiculaire ; on cherche enfin l'intersection D de EB et de la perpendiculaire en A. On a alors

$$\frac{GB}{AB} = \frac{GE}{AD},$$

d'où

$$\frac{GB - AB}{AB} = \frac{GE - AD}{AD}$$

et enfin

$$AB = AD \cdot \frac{AG}{GE - AD}.$$

Étant donnés deux points A *et* B *vus de loin* [*ou inaccessibles*], *trouver la longueur de la droite qui les sépare réduite à l'horizon, ainsi que la* [*direction de la*] *droite qui les joint* (HÉRON, *Traité de la Dioptre*).

Au moyen de la dioptre, en un point G d'où l'on voit le point A, on élève la perpendiculaire GD à AG, puis la perpendiculaire BE à la même droite. On détermine les longueurs GA et EB comme il est dit au problème précédent. Soit EB > GA ; on porte sur EB à partir de E une longueur EZ = EB — GA. La droite GZ est égale et parallèle à AB : elle donne donc la longueur et la direction de AB.

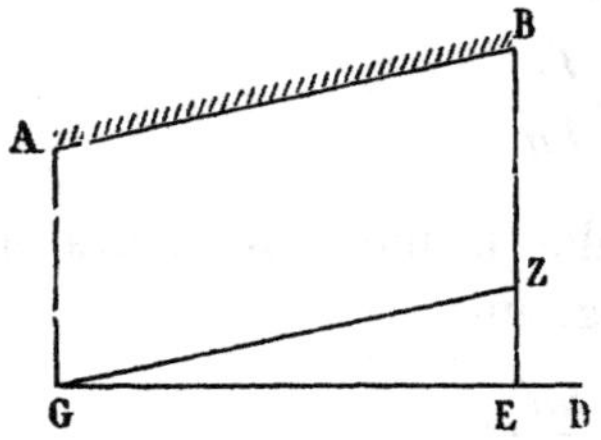

L'équerre. — *Mesurer la largeur* AB *d'une rivière.*

1re SOLUTION (*Agrimenseurs romains*). — Nous avons indiqué antérieurement cette solution, supposant l'emploi de la groma qui n'est au fond qu'une équerre.

2e SOLUTION (*Cestes* de JULES L'AFRICAIN, 2e s.). — L'auteur latin se sert d'une équerre ordinaire à deux branches disposée sur un pied dans un plan horizontal et munie d'une alidade. On prend sur le prolongement de AB un point D tel que la distance BD soit supérieure à AB, ce qu'il est facile d'obtenir par des tâtonnements s'il est nécessaire, et on mène par ce point une perpendiculaire à AD sur laquelle on porte deux longueurs égales DE et EF. On élève en E sur DF une perpendiculaire dont on cherche l'intersection G avec l'alignement FA et on mène enfin par G la perpendiculaire GC à AD. Il résulte de cette construction que C est le milieu de AD ; par suite AC = CD, et on obtiendra AB en retranchant BC de CD.

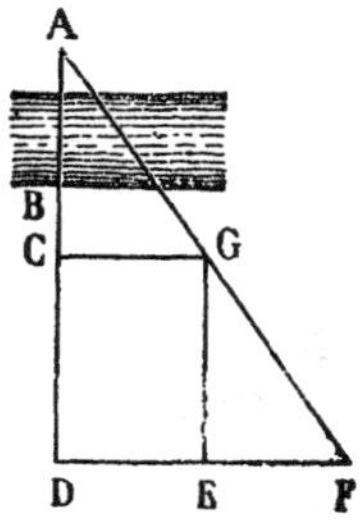

3e Solution (*Géométrie* d'Errard, 3e éd., 1619). — Sur le sommet C d'un bâton placé verticalement en A, on dispose une équerre de telle sorte que la direction de l'une des branches passe par B. Soit D le point où la direction de l'autre branche rencontre le sol horizontal.

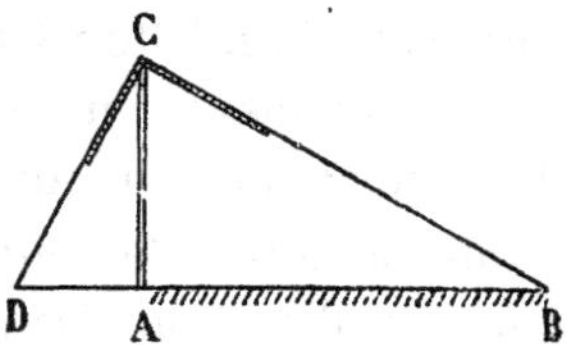

Le triangle rectangle DCB donne

$$AB = \frac{\overline{AC}^2}{AD}.$$

Mesurer une hauteur AB *dont le pied* A *est accessible.*

1re Solution (*Géométrie* de Gerbert, 10e-11e s.). — On se sert d'une équerre à branches égales DE = EF. L'observateur se place dans une position CD telle que la branche EF étant verticale, le rayon visuel DF passe par B. On a alors BG = GD = AC, G étant le point où la direction DE coupe AB ; on mesure AC, et en y ajoutant DC = AG, on obtient la hauteur cherchée.

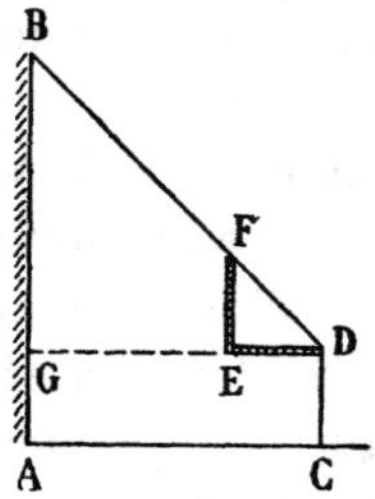

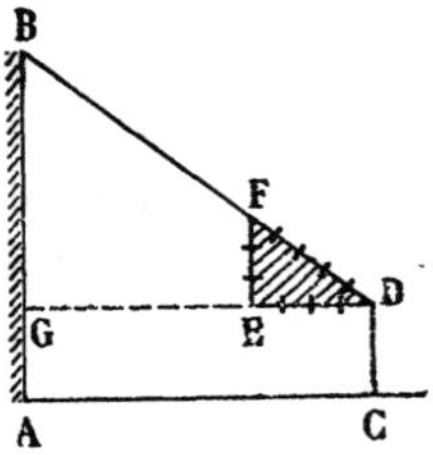

2ᵉ Solution (*Géométrie* de Gerbert). — On opère comme dans la solution précédente avec une équerre en forme de triangle rectangle de côtés 3, 4, 5. EF étant les 3/4 de ED, BG sera les 3/4 de GD ou AC.

3ᵉ Solution (*Géométrie* d'Errard, 3ᵉ éd., 1619). — Sur le sommet D d'un bâton CD posé verticalement en un point quelconque, on dispose une équerre de telle sorte que la direction d'une de ses branches passe par B ; soit E le point où la direction de l'autre branche rencontre le sol.

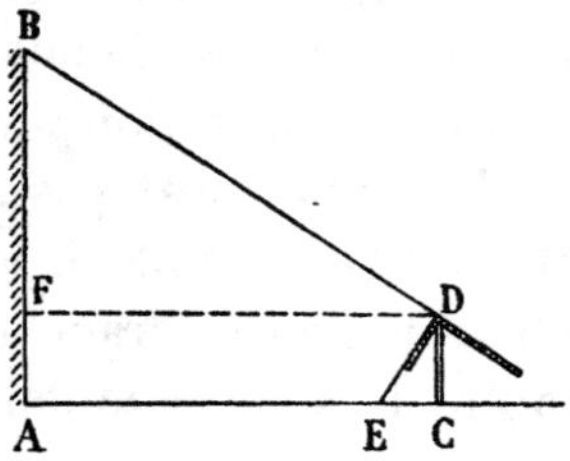

Si l'on mène DF parallèle à CA, les triangles BFD et DCE sont semblables comme ayant les côtés perpendiculaires et l'on a $BF = EC \cdot \frac{FD}{CD}$. Il suffit d'ajouter à BF la hauteur du bâton CD.

L'astrolabe. — Cet instrument paraît avoir été inventé par les Arabes ; ceux-ci en ont, en tout cas, fait un usage continu dans leurs observations astronomiques.

L'astrolabe comportait une *face* et un *dos* qui seul fut utilisé en topographie au Moyen âge, du 12e au 16e siècle. Le dos formait un cercle plein dont la circonférence était divisée en 360 degrés (et fractions de degré), et au centre duquel tournait une alidade KL munie de deux pinnules. Un anneau correspondant à l'un des diamètres 90° — 90° ou 0 — 0 permettait de le suspendre.

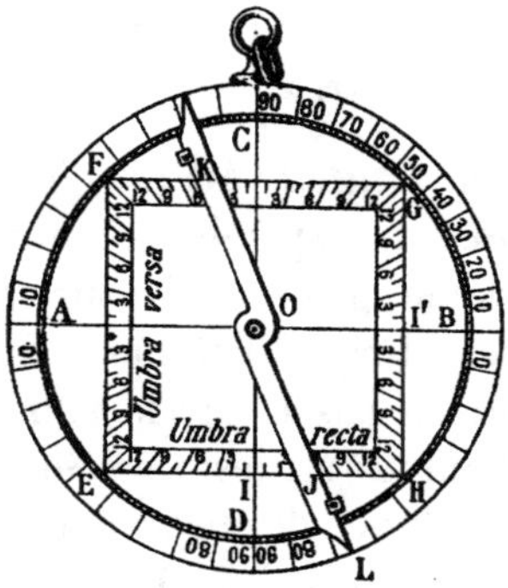

Dos d'un astrolabe.

Un carré EFGH inscrit dans la circonférence et portant le nom de *carré des ombres* avait ses côtés parallèles à ces deux diamètres ; chacun de ses demi-côtés était partagé en 12 parties égales ou *points*. Les longueurs déterminées par l'alidade suivant les côtés horizontaux étaient désignées sous le nom d'*ombres droites*, et suivant les côtés verticaux sous le nom d'*ombres verses* (1).

(1) Soient S le centre du Soleil, OI' et OI deux styles de longueur égale à l'unité, l'un horizontal, l'autre vertical, et situés à la surface de la terre dans un même plan vertical P passant par S. P coupe l'horizon suivant une droite dont la longueur IJ comprise entre le style vertical et le rayon lumineux SO est l'ombre de OI sur l'horizon ; de même, l'ombre de OI' sur la verticale menée par I' est le segment I'J' compris sur cette verticale entre le style OI' et le rayon solaire SO.

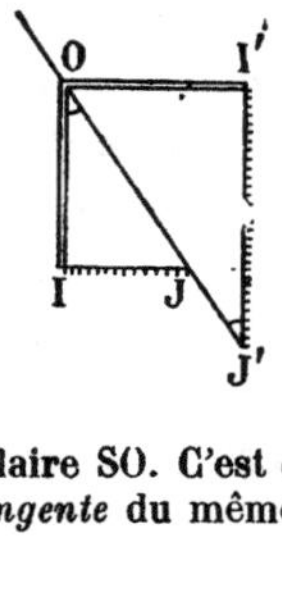

Les Arabes ont appelé les longueurs IJ et I'J' *ombre droite* et *ombre verse* de l'angle IOJ = I'J'O qui mesure l'angle de la verticale et du rayon solaire SO. C'est ce que nous appelons aujourd'hui la *tangente* et la *cotangente* du même angle.

Voici comment on se servait de cet instrument, notamment d'après la *Géométrie* de Gerbert (10-11e s.), pour la mesure des distances terrestres.

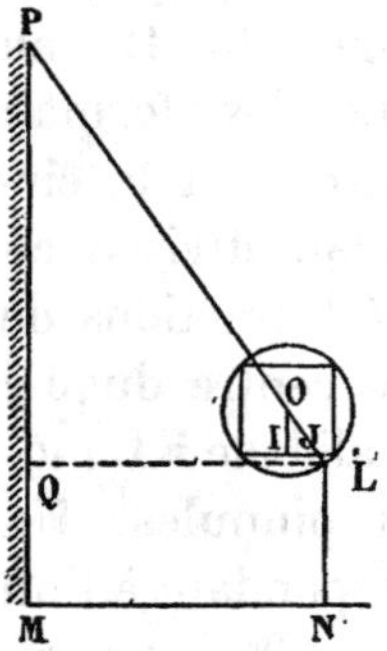

Évaluer une hauteur MP. — Tenant l'instrument suspendu par une main, l'opérateur placé en N sur le sol horizontal dirige l'alidade de sorte que celle-ci passe par le sommet P de la hauteur à mesurer. Supposons que la ligne de visée coupe la ligne d'ombre droite en J et que l'horizontale passant par l'œil L de l'observateur rencontre MP en Q.

Les deux triangles semblables PQL et OIJ donnent alors $QP = QL \cdot \frac{OI}{IJ}$ ou $QP = MN \cdot \frac{12}{IJ}$, IJ étant dans cette dernière relation évalué en *points*. Il suffit donc de mesurer MN et on obtient QP par un calcul très simple ; en ajoutant à QP la hauteur LN de l'observateur au-dessus du sol, on a la hauteur cherchée.

Si l'on se place avec l'instrument de façon que l'alidade passe par un des sommets du carré des ombres, la hauteur MP s'obtient sans calcul, car elle est alors juste égale à la distance MN.

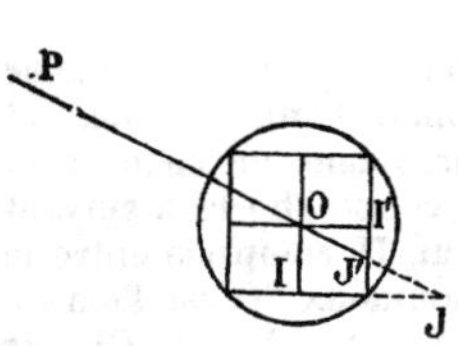

Dans le cas où l'alidade coupe la ligne d'ombre verse, en J' par exemple, il est facile de *transformer les points d'ombre verse* lus sur l'astrolabe *en points d'ombre droite*. Les deux triangles semblables OIJ et OI'J' donnent en effet $IJ = \frac{\overline{12}^2}{I'J'}$; ayant lu I'J', cette relation donnera la valeur correspondante de IJ (en points d'ombre droite), ce qui permettra d'employer la même formule que précédemment pour calculer QP.

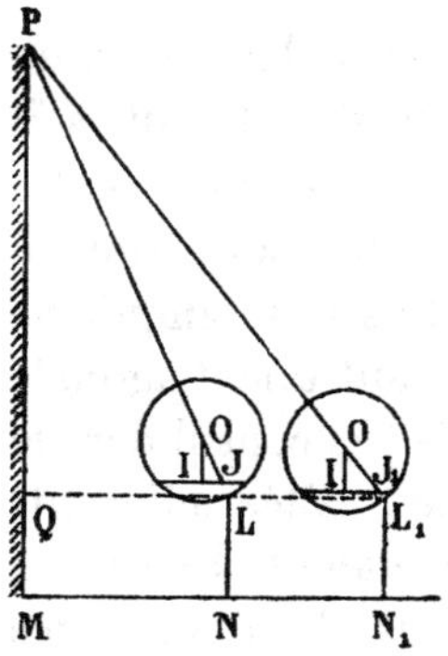

Si le pied M *de la hauteur est inaccessible,* on fait deux stations N et N_1. On a alors

$$\frac{QP}{12}=\frac{MN}{IJ}=\frac{MN_1}{IJ_1}=\frac{NN_1}{IJ_1-IJ},$$

d'où $QP = NN_1 \cdot \dfrac{12}{IJ_1 - IJ}$.

Mesurer une longueur horizontale NM. — L'opérateur, se plaçant au-dessus d'une des extrémités N de la longueur à mesurer, dirige l'alidade de manière à viser l'autre extrémité M. On a alors

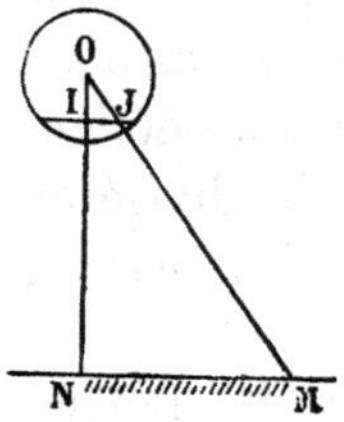

$$NM = ON \cdot \frac{IJ}{OI},$$

ou

$$NM = ON \cdot \frac{IJ}{12},$$

IJ étant évalué en points.

On a donc ici à mesurer la distance ON du centre de l'astrolabe au-dessus du sol.

Le quarré géométrique. — Pendant tout le Moyen âge et la Renaissance, cet instrument a eu beaucoup de vogue pour la mesure des distances. On le voit apparaître pour la première fois dans la *Géométrie* de GERBERT (10e-11e s.), puis chez DOMINICUS DE CLOVASIO (14e s.).

Mais c'est surtout à l'astronome PEURBACH (15e s.) que le quarré géométrique doit sa renommée ; ce dernier l'a employé dans ses observations astronomiques, après lui avoir donné tous les perfectionnements dont il était susceptible.

Cet instrument se composait essentiellement d'un carré ABCD, soit massif, soit constitué par quatre règles de bois ou de métal (on en trouve parfois une cinquième dirigée suivant une diagonale et destinée à consolider le cadre). Deux côtés adjacents BC et CD étaient divisés en parties égales ; le nombre des divisions pour chaque côté était très variable : il atteignait 1200 chez Peurbach. En l'un des sommets, A, était fixée une alidade munie de deux pinnules. Certains quarrés comportaient sur l'un des côtés pris comme base deux autres pinnules qui facilitaient la mise en station horizontale de cette base ; enfin beaucoup étaient munis d'un quart de cercle allant de B en D, divisé en degrés et fractions de degrés, et qui permettait la lecture directe des angles.

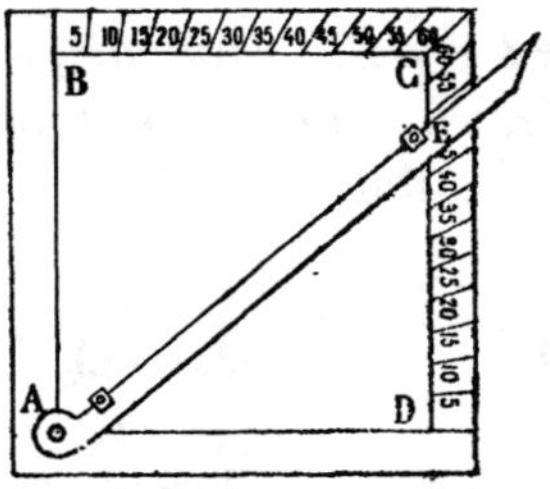

Peurbach déterminait les angles EAD au moyen d'une table contenant, en regard des rapports [1] $\frac{DE}{AE} = \frac{DE}{\sqrt{\overline{AD}^2 + \overline{DE}^2}}$, la valeur des angles correspondants. Enfin l'astronome allemand obtenait la mise en station du quarré au moyen d'un fil à plomb suspendu à la règle supérieure et venant battre un repère tracé sur la règle inférieure : celle-ci se trouvait ainsi parfaitement horizontale.

Passons maintenant au mode d'emploi du quarré. Soit à *mesurer une distance horizontale* GH. L'opérateur

(1) *Sinus* de l'angle EAD.

se place de telle sorte que l'articulation A de l'alidade se trouve au-dessus d'une des extrémités G de la distance à mesurer ; il vise le point H avec l'alidade, et note le point E où celle-ci rencontre DC. Les deux triangles semblables AGH et EDA donnent alors

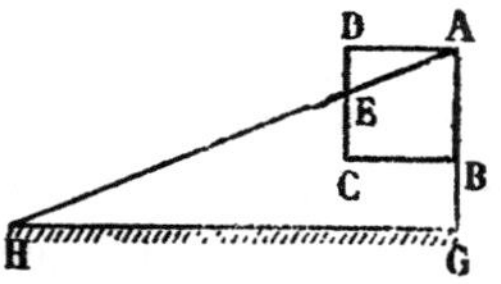

$$GH = AG \cdot \frac{DC}{DE}.$$

On mesure la longueur AG ; le rapport $\frac{DC}{DE}$ est le quotient des nombres de divisions contenues dans DC et DE. En posant BC sur le sol, on évite la mesure de AG. Pour obtenir des résultats d'une exactitude suffisante, il fallait évidemment que le côté AB eût de grandes dimensions : il avait souvent deux pieds.

Pour *évaluer une hauteur* FH, on commence par calculer la distance GH, G étant le point où la direction horizontale AB coupe FH, absolument comme on vient de le faire pour une distance horizontale. Il suffit ensuite d'ajouter à GH la longueur AI = GF mesurée directement. En posant le côté BC le long de FH, on évite la mesure de AG et de AI.

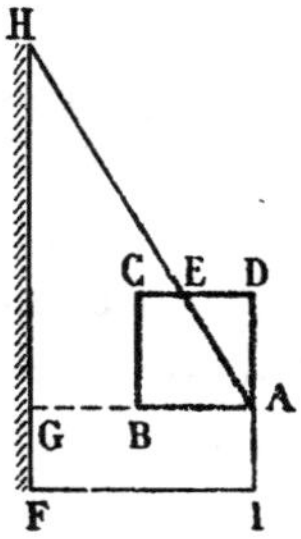

L'usage du quarré géométrique est donc analogue à celui du carré des ombres de l'astrolabe. Nous devons signaler toutefois qu'on ne rencontre pas avant Peurbach les désignations *umbra recta* et *umbra versa* sur les côtés du quarré, désignations qui, nous le savons, existent sur l'astrolabe.

On est donc conduit à penser que le quarré n'est pas

dérivé de l'astrolabe et constitue une invention indépendante.

Le quadrant géométrique. — Cet instrument, d'origine vraisemblablement arabe, est déjà décrit dans la *Géométrie pratique* de Léonard de Pise (1220) ; un certain Robert Anglès, de Montpellier, a composé à son sujet dans le cours du 13e siècle un traité spécial qui a joui d'une grande vogue.

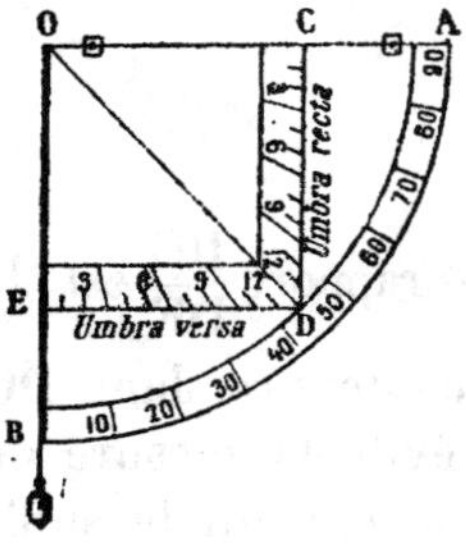

Le quadrant géométrique se composait d'un quart de cercle BOA dont le limbe était divisé en 90 degrés ; sur le rayon joignant le centre O à la division 90 étaient disposées deux pinnules suivant lesquelles on pouvait diriger une ligne de visée ; un fil à plomb était fixé en O. Un carré EOCD, dont deux côtés OC et OE se confondaient avec les rayons extrêmes et dont les deux autres côtés étaient divisés en un même nombre de parties égales, était tracé sur le quadrant. Le limbe n'était pas utilisé dans l'arpentage : on aurait donc pu le supprimer et le réduire au carré des ombres. Un quadrant de cette dernière forme a été décrit dans un *Traité de géométrie pratique* rédigé en anglais au 13e siècle.

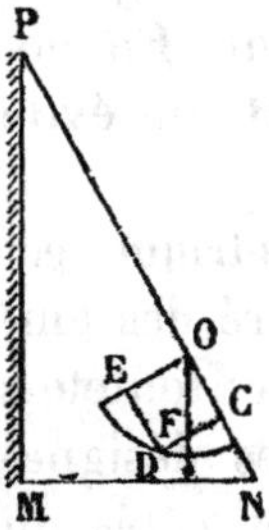

Nous nous contenterons d'indiquer le procédé employé pour *évaluer une hauteur* MP au moyen du quadrant ordinaire.

Le rayon supérieur OC de l'instrument étant dirigé vers le sommet P, on lit sur CD la distance CF, F étant la division de CD battue par le fil à plomb, et on mesure MN. La similitude des deux triangles PMN et OCF donne alors

$$MP = MN \cdot \frac{OC}{CF} = MN \cdot \frac{CD}{CF}.$$

Le quadrant repose sur un principe différent de celui de l'astrolabe, mais on voit que l'usage des deux instruments est absolument analogue.

Le bâton de Jacob. — Cet instrument a reçu les noms les plus divers : *bâton de Jacob, bâton géométrique, crosse de Saint-Jacques, baliste, rayon astronomique*, puis *arbalète* ou *arbalestrille*. Il fut sûrement connu des Arabes ; mais la première description qu'on en trouve est donnée par un certain Levi ben Gerson, de nationalité juive, mort à Avignon en 1344, qui le désigne sous le nom de *secretorum revelator*. Chez cet auteur, il se compose d'une règle divisée sur laquelle peut se mouvoir une tablette A (*fig. a*); à l'une des extrémités de cette règle est fixée une seconde tablette D (*tabula cornuta*) disposée de manière à pouvoir s'adapter à l'œil et munie vers son centre d'ouvertures permettant les visées. O est le centre optique du cristallin de l'œil de l'observateur (*centrum visus*); les divisions marquées sur la règle ont leur point de départ en O.

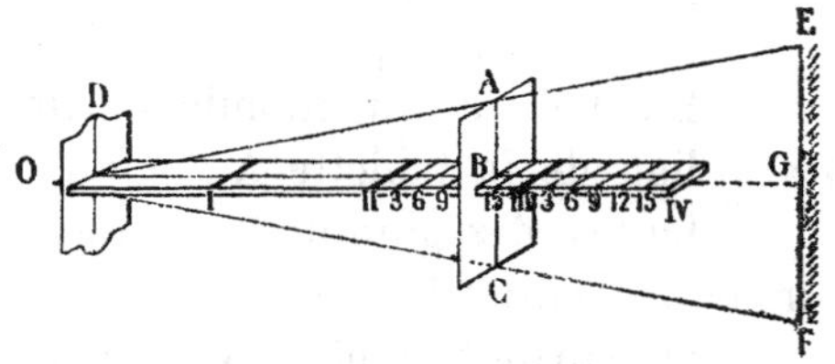

Fig. *a*. = « Secretorum revelator » de Levi ben Gerson (14e siècle). (D'après M. Curtze.)

Vers le 15e siècle, l'instrument est un peu simplifié ; la tablette D est remplacée par des règles transversales AC, A'C',... (*fig. b*), appelées *curseurs* ou *marteaux*, glissant sur la tige ou *rayon* à section carrée. Cette tige porte sur ses faces des divisions différentes correspondant respectivement à chacun des curseurs. Sous cette dernière forme et sous le nom d'*arbalestrille,* le bâton de Jacob a été longtemps employé par les marins.

Le principe de l'instrument se trouve d'ailleurs déjà dans la *dioptre* que Ptolémée attribue au grand astronome grec HIPPARQUE (2ᵉ s. av. J.-C.), et qui est constituée par une règle graduée munie de deux pinnules. L'une de celles-ci est fixe et correspond à la tablette D ; l'autre est mobile et tient lieu de la tablette A ; enfin les fentes des pinnules se trouvent à différentes hauteurs pour faciliter les visées.

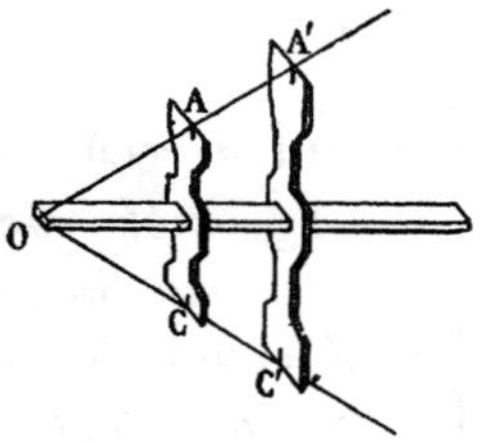

Fig. *b*. — Arbalestrille.

Le bâton de Jacob était surtout employé en astronomie à la mesure des distances angulaires de deux astres ; mais il fut vraisemblablement aussi utilisé en topographie à la mesure des longueurs et peut-être à celle des angles.

Ayant par exemple à mesurer la hauteur FE (*fig. a*), l'opérateur se place de façon à être à peu près à mi-hauteur de EF [Si cette dernière condition ne peut être remplie, il suffit à l'opérateur de se reculer suffisamment au loin pour que l'erreur commise devienne négligeable]. Puis il adapte la tablette D à son œil et fait mouvoir la tablette A jusqu'à ce que les rayons visuels OA et OC passent par E et F. Soit G le point où la direction de la règle supposée sensiblement horizontale rencontre EF ; on a

$$EF = AC \cdot \frac{OG}{OB}.$$

On a mesuré AC une fois pour toutes, on lit la longueur OB sur la règle et on mesure enfin la distance horizontale OG.

Les opérations avec le bâton de Jacob étaient relativement rapides, car on voit que cet instrument permettait de viser à la fois dans deux directions différentes.

Les télémètres à la Renaissance. — On voit apparaître à la Renaissance, dans les géométries pratiques, des instruments portatifs servant à évaluer directement les distances, sans calcul. Nous décrirons celui d'Errard de Bar-le-Duc (1re éd., 1594), dont on trouve le germe dans la *Géométrie* de Gerbert (10e-11e s.).

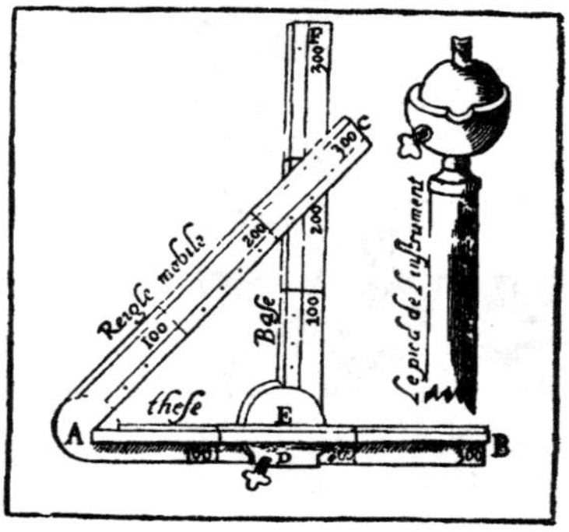

Télémètre d'Errard de Bar-le-Duc (1594).

Deux règles de laiton AB, AC sont articulées en A ; une troisième règle EF, glissant le long de AB, est munie d'une vis D permettant de la fixer. Chacune d'elles est divisée en un même nombre de parties égales. Enfin, un pied peut être adapté à l'instrument au moyen d'une articulation analogue au genou à coquilles de nos graphomètres actuels.

Soit à évaluer la largeur d'une rivière ou plus généralement la distance d'un point accessible M à un point inaccessible N. On dispose la règle AB verticalement, puis la règle EF de telle sorte que la distance AE comporte autant de divisions qu'il y a de pieds de A en M. On fait ensuite mouvoir la règle AC jusqu'à ce que le rayon visuel AG longeant cette règle passe par le point N. La distance MN à mesurer contient autant de pieds que la distance EG contient de divisions.

Mesure de la largeur d'une rivière
(D'après Errard de Bar-le-Duc).

On peut par un procédé analogue évaluer les hauteurs et les profondeurs.

BIBLIOGRAPHIE

I. L. Heiberg. — *Euclidis opera omnia, tome VII (Optica).* Leipzig, 1895, in-8°.

A. J. H. Vincent. — *Extraits des manuscrits relatifs à la Géométrie pratique des Grecs.* Not. et Extr. des Mss. de la Bibl. Nat., tome 19, 2e pie, 1858.

Gerbert. — *Opera mathematica.* Édition Bubnow. Berlin, 1899, in-8°.

Ch. Ravaisson-Mollien. — *Les manuscrits de Léonard de Vinci* (Traduction franç. par). Paris, 1881-1891, 6 vol. in-fol.

Ed. Biot. — *Table générale du Souan-fa-tong-tsong.* Jal Asiat., 1er sem. 1839.

Errard de Bar-le-Duc. — *La Geometrie et practique generalle d'icelle.* 1re éd., Paris, 1594. 3e éd. revue par Hanrion, Paris, 1619.

M. Curtze. — *Über die im Mittelalter zur Feldmessung benutzten Instrumente.* Bibliotheca mathematica, 1896.

Paul Tannery. — *Le traité du quadrant de Maître Robert Anglès.* Not. et Extr. des Mss. de la Bibl. Nat., tome 35, 2e pie.
G. Peurbach. — *Libellus M. Georgii Purbachii de quadrato geometrico.* Nuremberg, 1544, in-4°.
S. Günther. — *Die erste Anwendung des Jakobsstabes zur geographischen Ortsbestimmung.* Bibliotheca mathematica, 1890.
M. Curtze. — *Die Abhandlung des Levi ben Gerson über Trigonometrie und den Jacobsstab.* Bibliotheca mathematica, 1898.

§ 5. — **Mesure des angles.**

Les instruments précédents, astrolabe, quarré, quadrant, bâton de Jacob, n'ont pas été utilisés en *topographie*, au moins d'une manière suivie, pour la mesure des angles. Il faut arriver à la Renaissance pour constater l'usage effectif d'un instrument permettant cette opération. Cet instrument est le graphomètre.

Le graphomètre. — Philippe Danfrie en a publié la description en 1597. Le nom de cet instrument indique qu'il devait servir à la fois au dessin et au mesurage; nous avons vu précédemment (§ 1) qu'il comportait un rapporteur comme appareil accessoire pour le report des angles. Il a conservé le nom de graphomètre, bien qu'il ne soit plus employé aujourd'hui qu'à la mesure exclusive des angles.

Le graphomètre de Danfrie est à peu près identique à l'instrument actuel; il est constitué par un demi-cercle divisé, une alidade fixe et une alidade mobile, un pied à trois branches et un genou articulé.

Le germe du graphomètre se retrouve dans l'*holomètre,* instrument assez compliqué décrit par Abel Fullone en 1564.

BIBLIOGRAPHIE

Abel Fullone. — *Descrittione et uso dell' Holometro...* Venise, 1564, in-4°.
Philippe Danfrie. — *Déclaration de l'usage du graphomètre...* Paris, 1597.

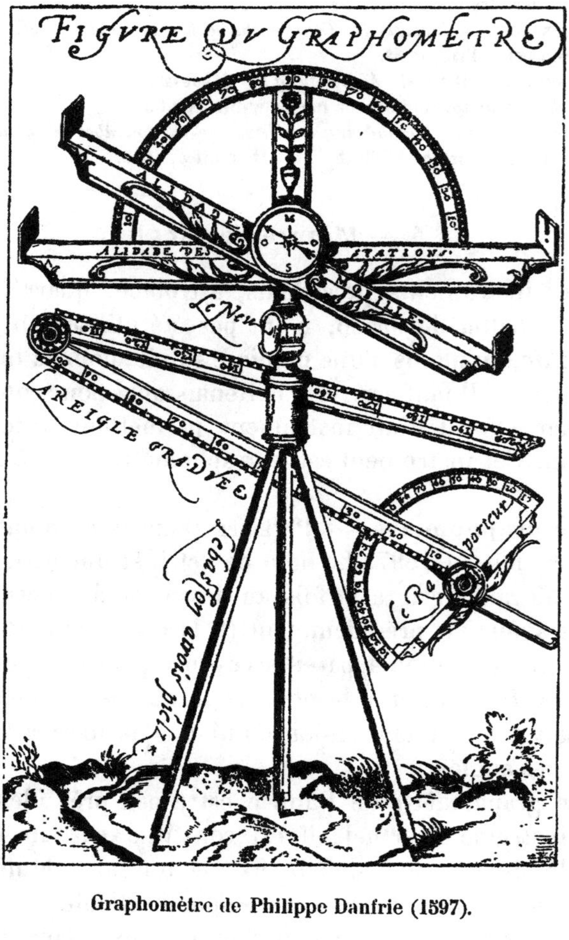

Graphomètre de Philippe Danfrie (1597).

§ 6. — Mesure des petits segments linéaires et circulaires.

Les instruments destinés à la mesure des angles n'ont donné de véritable précision que du jour où l'on est arrivé à évaluer les petits arcs avec suffisamment d'exactitude. L'invention du *vernier* a donné la solution de la question ; mais, ainsi qu'on va le voir, les tâtonnements ont été nombreux avant d'arriver à cette ingénieuse conception.

L'Échelle de transversales de Levi ben Gerson (14e s.). — La règle du *secretorum revelator* décrit antérieurement (§ 4) est divisée en 4 parties égales dont les extrémités sont marquées I, II, III et IV sur la figure correspondante ; toutefois, la première est de 1/20 plus courte que les autres pour tenir compte de ce que le *centrum visus* est distinct de l'extrémité de la règle. Les deux dernières sont divisées chacune en 18 parties égales nommées *degrés* ; chaque degré est à son tour divisé en 60 *minutes* de la manière suivante :

Soit ABCD la partie de la face supérieure de la règle correspondant à un degré ; la face latérale projetée en AB est divisée en 6 parties égales, et celle projetée en DC en 12 parties ; des transversales A-1, 1-1, 1-3, 3-2,... joignent les points de division comme il est indiqué sur la figure.

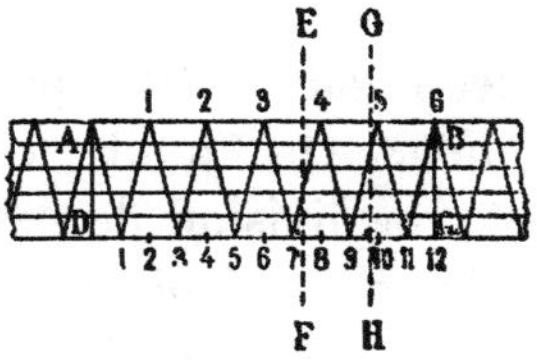

Enfin, la règle est encore partagée en 5 parties égales dans le sens de sa largeur au moyen de parallèles équidistantes. La longueur de règle interceptée par une transversale, 1-1 par exemple, équivalant à 1/12 de degré, la longueur interceptée sur une transversale par deux parallèles consécutives correspondra à $\frac{1}{12 \times 5} = \frac{1}{60}$ de degré ou à une minute.

De sorte que si la tablette mobile se trouve en EF par exemple, on lira, de A en E, $3 \times 10 + 5 + 2 = 37'$ ou, de D en F, $7 \times 5 + 2 = 37'$. Si la tablette tombe, comme en GH, entre deux intersections de transversales et de parallèles, on estime la fraction complémentaire : dans le cas de la figure, on a, de A en G, $4 \times 10 + 5 + 3 + 1/2 = 48' 1/2$.

L'échelle de transversales de Hommel (16e s.). — Le célèbre astronome Tycho Brahé, qui a expérimenté les divers systèmes en usage de son temps pour la mesure des petits arcs, s'est servi en particulier de l'*échelle de transversales*, dont l'emploi lui avait été enseigné à Leipzig par un professeur du nom de Hommel (1518-1562); celui-ci n'en est pas toutefois l'inventeur, car elle paraît avoir été connue avant lui.

Soit BC la longueur dont il s'agit d'évaluer les fractions; on construit sur BC un carré ABCD dont on divise chacun des côtés en un certain nombre de parties égales, 10 par exemple. On joint les points de division de AB et DC par des droites parallèles, et ceux de BC et AD par des transversales B-10, 10-20, 20-30,..., 90-D ; chaque portion de transversale comprise entre deux parallèles consécutives intercepte ainsi, parallèlement à BC, une longueur égale à 1/10 de chacune des divisions de BC, c'est-à-dire à 1/100 de BC.

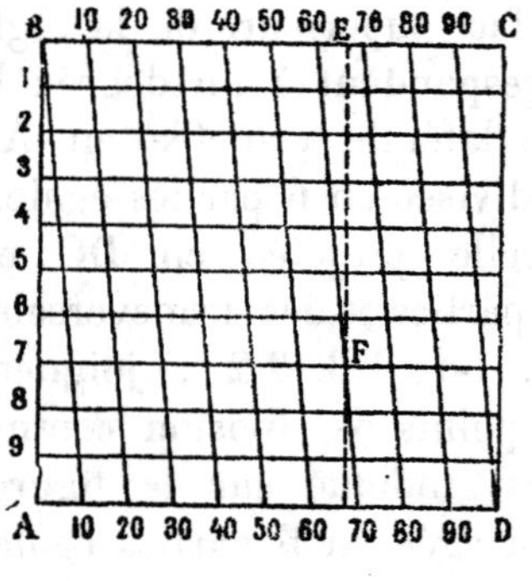

On transporte la petite longueur BE à mesurer, à l'aide du compas à pointes sèches, de telle sorte que l'une des pointes du compas glissant sur AB, l'autre décrive une parallèle à la même droite; le mouvement se continue jusqu'à ce que la seconde pointe du compas rencontre une transversale. Si cette rencontre a lieu à l'intersection d'une transversale et d'une parallèle à BC, la lecture est immédiate ; c'est le cas de la figure, où la longueur à mesurer BE a pour valeur $7\text{-F} = \frac{60}{100} + \frac{7}{100} = \frac{67}{100}$ de BC. Dans le cas contraire, on estime les millièmes de la fraction décimale complémentaire.

On sait que cette échelle est encore employée dans le dessin. Elle repose d'ailleurs absolument sur le même principe que celle de Levi ben Gerson.

L'échelle de transversales dans le cercle (16e s.). — CHRISTOPH PÜHLER, dans sa *Géométrie* (1563), indique le moyen d'étendre l'emploi des transversales à la mesure directe des arcs ; mais on a dû utiliser ce procédé avant lui.

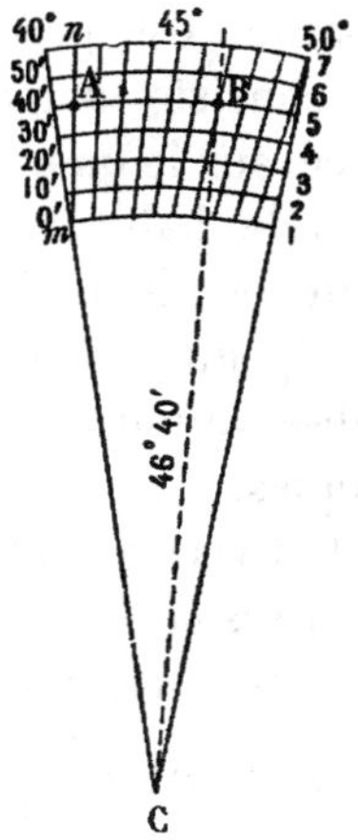

Soient 7 quadrants concentriques équidistants et numérotés de 1 à 7 (sur la fig. ci-contre, nous ne donnons que la partie de ces quadrants comprise entre 40 et 50°) ; les quadrants nos 1 et 7 sont divisés chacun en 90 parties égales et on joint chaque point de division du quadrant n° 1, non pas au point correspondant du quadrant n° 7, mais au point suivant.

Considérons par exemple le rayon joignant le centre commun C à la division 40° du quadrant extérieur et la transversale suivante *mn* ; les arcs interceptés par ces deux droites sur les quadrants successifs ont très sensiblement pour valeurs respectives 0, 10′, 20′, 30′, 40′, 50′, 1°, en procédant de l'intérieur vers l'extérieur. De sorte que si l'on suppose qu'une alidade est fixée en C et est mobile autour de ce point, la ligne de visée de cette alidade passant par A, on lira un arc de 40° 40′; si elle passe par B, on aura un arc de 46° 40′ ; si elle passe entre deux intersections de quadrants et de transversales, on estimera les minutes.

Le nonius (16ᵉ s.). — Un savant portugais, Pedro Nunez, en latin Nonius (1492-1577), a publié en 1542 dans son *De crepusculis* la description d'un procédé permettant de mesurer les petits arcs avec une approximation suffisante. Ce procédé consiste dans le tracé, sur le quart de cercle habituellement employé à cette époque dans les observations astronomiques, de 45 quadrants concentriques.

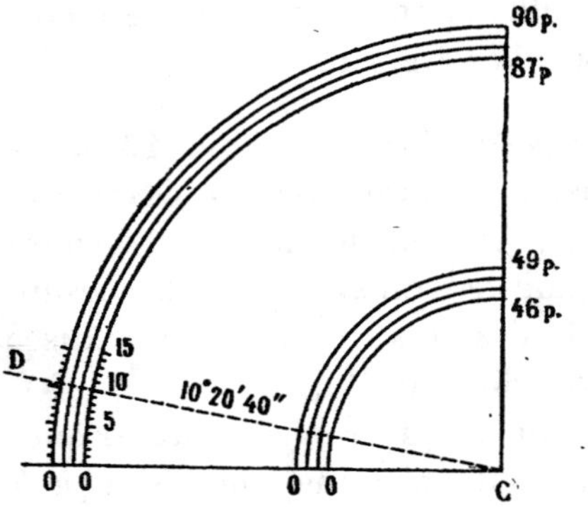

Le plus grand, placé à l'extérieur, est divisé en 90 parties égales, le suivant en 89, puis les autres successivement en 88, 87, ..., 47, 46 parties égales. Chacune des divisions équivaut pour le premier quadrant à $\frac{90°}{90} = 1°$, pour le second à $\frac{90°}{89} = 1° + \frac{1°}{89} = 1°40''$, pour le troisième à $\frac{90°}{88} = 1° + \frac{2°}{88} = 1°1'22''$, pour le quatrième à $\frac{90°}{87} = 1° + \frac{3°}{87} = 1°2'4''$, . . .

On cherche, pour une position déterminée de l'alidade mobile, avec laquelle de toutes les divisions marquées sur les quadrants coïncide exactement la ligne de visée. Supposons que cette coïncidence ait lieu à la 10ᵉ division du 4ᵉ quadrant, l'arc mesuré aura pour valeur $1°2'4'' \times 10 = 10°20'40''$. Une table dressée à cet effet évite d'ailleurs d'effectuer les calculs.

On a donné à cette ingénieuse disposition le nom de *nonius,* rappelant celui de son inventeur. Son emploi ne s'est pas propagé, par suite de la difficulté de pouvoir déterminer exactement la division correspondant à la ligne de visée.

En outre, la division d'un arc en un nombre premier de parties égales, comme 89, 83 était pour l'époque difficile à réaliser d'une manière précise. CLAVIUS, dans sa *Geometria practica* (1604), nous rapporte que JACOB CURTIUS trouva le moyen de remédier à cet inconvénient par le procédé suivant. On prolonge le 2ᵉ quadrant de 1° (arc de 91°), le 3ᵉ de 2° (arc de 92°), le 4ᵉ de 3° (arc de 93°), etc., et chacun des arcs ainsi obtenus est divisé en 90 parties égales ; il est d'ailleurs aussi facile que précédemment de trouver la valeur d'une de ces parties.

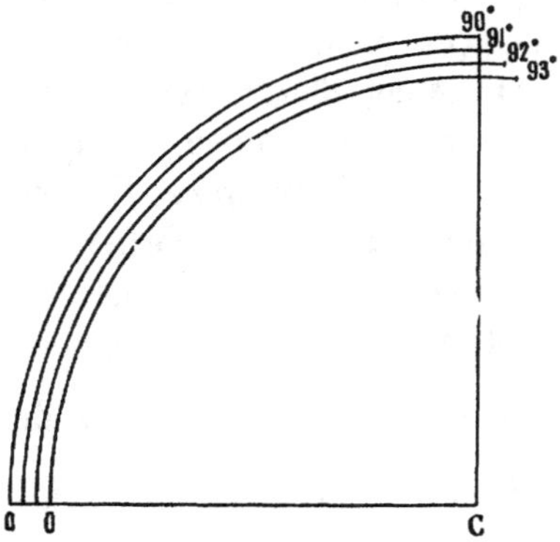

Clavius fait remarquer à ce sujet que la division de chacun des arcs de 91°, 92°, 93°, ... serait encore plus facile à réaliser si l'on adoptait le diviseur $128 = 2^7$ au lieu de 90, car on n'aurait alors qu'à effectuer des partages successifs d'arcs en deux parties égales.

Le vernier (17ᵉ s.). — L'Allemand CLAVIUS en a eu

la première idée (1604 et 1612), mais c'est le Français Pierre Vernier qui lui a donné (1631) la forme ingénieuse et pratique que nous lui connaissons. Le vernier porte en France le nom de son inventeur ; dans certains pays, en Allemagne notamment, on le désigne, improprement à notre avis, sous le nom de *nonius*.

Voici d'abord la disposition imaginée par Clavius pour la mesure de petites longueurs rectilignes. Une première échelle AB, de longueur égale à l'unité, étant divisée en 100 parties égales entre elles et à l, il s'agit d'évaluer les dixièmes de chacune de ces parties, soit les millièmes de AB. A cet effet, Clavius (*Geometria practica*) préconise l'emploi d'une échelle auxiliaire *fixe* CD de longueur égale à 11 parties de AB ou à $11l$ et divisée en 10 ; chacune des parties de CD a donc pour valeur $\frac{11}{10}l$ ou encore surpasse l de $\frac{1}{10}l$, de sorte que 6 parties de CD, par exemple, surpassent $6l$ de $\frac{6}{10}l$.

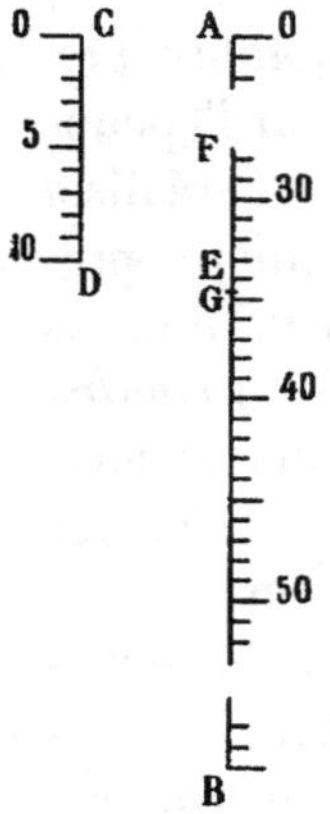

Soit donc à déterminer la longueur ayant pour valeur $34{,}6l$ (tel est le genre de question envisagé par Clavius) ; la division 34 est donnée immédiatement en E. Pour trouver la fraction complémentaire $0{,}6l$, on prend à l'aide du compas à pointes sèches 6 divisions de CD et on pose une des pointes à la division $34 - 6 = 28$, en F ; l'autre pointe donne l'extrémité cherchée G de la longueur à déterminer, qui est alors AG : FG, qui est égal à 6 parties de CD, surpasse en effet la longueur FE ou $6\,l$ de $0{,}6\,l$.

Au lieu de considérer l'échelle auxiliaire comme *fixe*,

Pierre Vernier la suppose *mobile* et la fait glisser le long de l'échelle principale. Cherchons, par exemple, combien d'unités l sont contenues dans une longueur donnée, l'une des extrémités de cette dernière étant à zéro, en A, l'autre extrémité tombant par exemple en G entre les divisions 34 et 35 ; on amène le zéro de l'échelle mobile CD en coïncidence avec G et l'on constate que les divisions 39 de AB et 4 de CD se correspondent exactement. La division 38 de AB est en avance de $1/10l$ sur la division 3 de CD, 37 de AB est en avance de $2/10l$ sur 2 de CD, 36 de AB est en avance de $3/10l$ sur 1 de CD et 35 de AB est en avance de $4/10l$ sur 0 de CD ; ainsi la distance comprise entre G et la division 35 de AB est égale à $4/10l$, et la longueur mesurée est égale à $(35 - 0,4)\,l = 34,6l$.

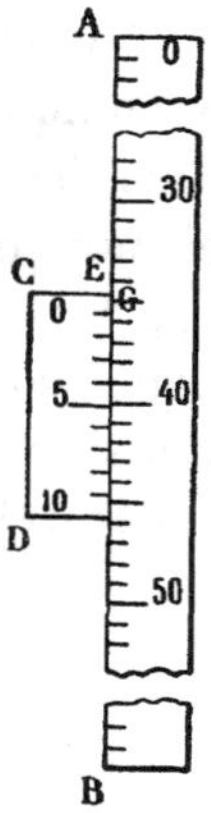

Dans la disposition adoptée aujourd'hui, l'échelle auxiliaire a pour longueur $9l$ et est encore divisée en 10 parties égales, mais elle permet la lecture directe, sans avoir besoin d'effectuer une soustraction comme nous venons de le faire.

Clavius, dans son *Astrolabium* (1612), étend sa conception à la mesure des petits arcs sur un quadrant divisé en degrés. Il se sert à cet effet d'un arc auxiliaire *fixe* de 61° divisé en 60 parties égales ; chacune de ces parties contient donc 1° et 1/60 de degré, soit 1° 1′, 2 parties contiennent 2° 2′, etc., ce qui permet d'obtenir un arc avec une approximation d'une minute.

Pierre Vernier suppose le quadrant divisé en demi-degrés et il emploie, pour évaluer les arcs à une minute près, un secteur auxiliaire mobile dont l'arc est de 31 demi-degrés et est divisé en 30 parties égales ; chacune de ces parties a pour valeur $\frac{1^\circ}{2}1'$, deux parties équivalent à $1^\circ 2'$, etc. Le secteur auxiliaire est fixé à l'alidade mobile de sorte que le zéro du premier corresponde à la ligne de visée de la seconde ; la lecture d'un arc se fait directement comme nous l'avons indiqué pour la mesure des segments linéaires, en cherchant quelles sont les divisions du quadrant et du secteur qui sont en coïncidence.

A vrai dire, Pierre Vernier n'avait appliqué son invention qu'à la mesure des arcs, mais son extension à la mesure des segments de droite en découle naturellement.

BIBLIOGRAPHIE

M. CURTZE. — *Die Abhandlung des Levi ben Gerson über Trigonometrie und den Jacobsstab.* Bibliotheca mathematica, 1898.

NONIUS. — *De crepusculis.* Lisbonne, 1542, in-4°.

CLAVIUS. — *Opera mathematica,* tomes II et III. Mayence, 1612, in-fol.

PIERRE VERNIER. — *La construction, l'usage et les propriétés du quadran nouveau de mathématiques.* Bruxelles, 1631, in-8°.

BREUSING. — *Nonius oder Vernier ?* Astronomische Nachrichten, 1880.

WOLF. — *Handbuch der Astronomie.* Zurich, 1891-93, 2 vol. in-8°.

§ 7. — Nivellement.

1° *Niveaux à perpendicule.*

Le niveau de maçon. — Si nous en croyons Pline l'Ancien (Livre VII, Chap. LVI) le niveau de maçon aurait été inventé par THÉODORE DE SAMOS, architecte du temple d'Éphèse. L'emploi de cet instrument remonte assurément à une très haute antiquité. On le trouve figuré en particulier sur une pierre tombale du cimetière romain des Alyscamps (près d'Arles).

Sa forme affectait généralement, dans l'Antiquité et le Moyen âge, celle d'un triangle équilatéral ; c'est ainsi qu'on le trouve représenté dans un traité arabe du 13e siècle relatif aux instruments astronomiques et rédigé par Aboul Hhassan. On sait qu'aujourd'hui le niveau de maçon a la forme d'un triangle rectangle isocèle.

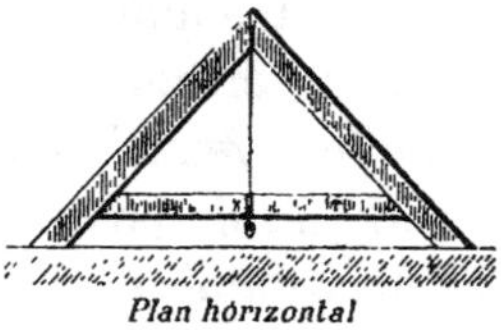

Niveau de maçon.

La dioptre de Vitruve (1er s). — D'après M. Cantor, cette dioptre serait la même que celle de Héron ; mais un passage de l'auteur allemand Dubravius (1545), signalé récemment par M. Kucharzewski, laisse supposer que cet instrument est constitué comme suit.

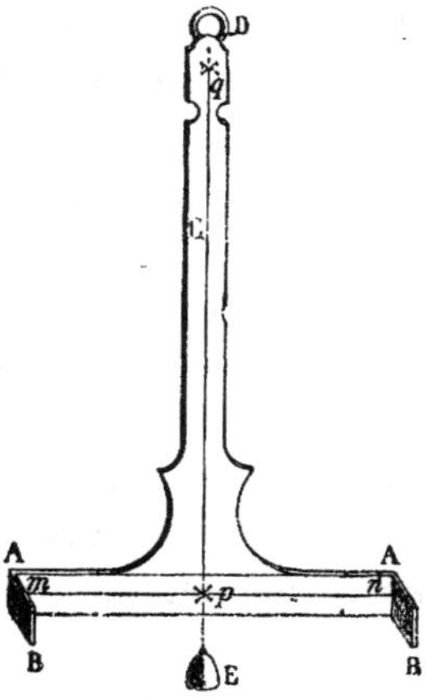

Dioptre de Dubravius (et de Vitruve ?).

Une plaque métallique AA est recourbée à ses extrémités ; les retours B sont munis de pinnules dans la direction de la ligne de foi *mn* tracée sur A. Un support C muni d'une poignée D permet de tenir l'instrument suspendu. Enfin, un fil à plomb E a son point d'attache un peu au-dessous de la poignée et vient battre le repère *p* sur *mn* quand cette dernière droite est horizontale ; un second repère est gravé en *q* sur le support C pour permettre la vérification de l'attache du fil à plomb.

L'instrument est portatif, la plaque A n'ayant que 7 ou 8 doigts de longueur ($0^m,15$ à $0^m,20$).

Le niveau à balancier d'Aboul Hhassan (13e s.). — Ce niveau, décrit par l'auteur arabe Aboul Hhassan dans un traité relatif aux instruments astronomiques, sert à vérifier, comme le niveau de maçon (ou de poseur), l'horizontalité d'un plan.

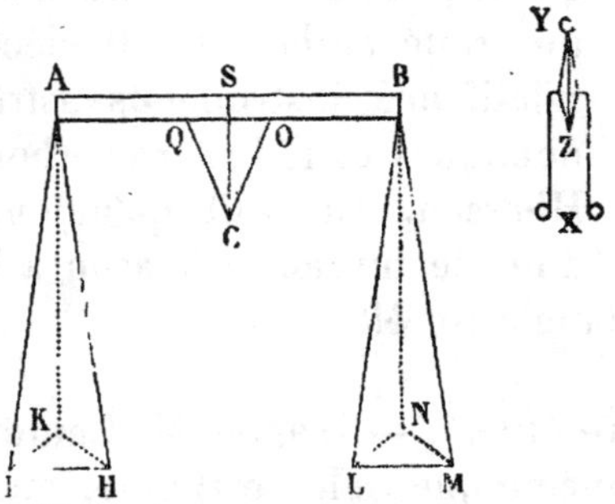

Niveau à balancier d'Aboul Hhassan.

Il est constitué par une règle de cuivre ou de bois dur AB, fixée au sommet de deux pieds pyramidaux identiques, et faisant des angles égaux avec les arêtes correspondantes de ces deux pieds. Une languette COQ, en forme de triangle isocèle, est fixée à la partie inférieure de la règle AB de telle sorte que son sommet C se trouve sur la perpendiculaire élevée au centre S de la face supérieure de AB.

On place en ce point S la pointe Z du perpendicule ou balancier représenté à droite de la figure et dont un plomb Y assure la stabilité. Les deux branches du perpendicule se trouvent ainsi disposées de part et d'autre de la règle AB ; si le plan sur lequel on fait reposer le niveau est horizontal, le plan vertical formé par ces deux branches passe par le sommet C de la languette.

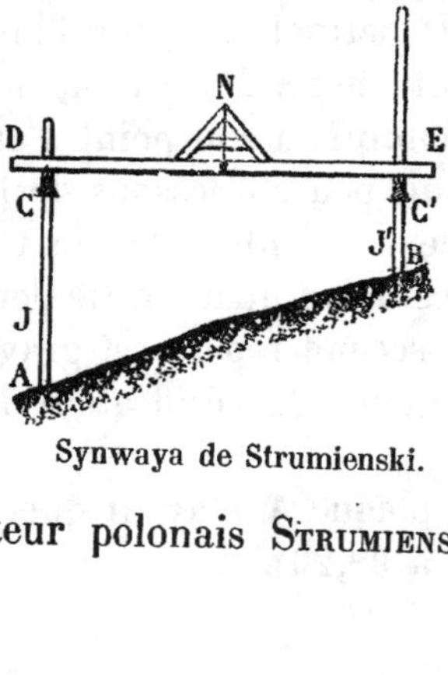

Synwaya de Strumienski.

La Synwaya de Strumienski (16e s.). — L'auteur polonais Strumienski indique (1573) un procédé rudimentaire de nivellement qu'on retrouve encore un siècle plus tard.

Deux jalons J et J' étant placés aux points A et B dont il s'agit d'obtenir la différence de niveau, deux aides viennent tenir contre les jalons des couteaux C et C' ; on dispose par-dessus une longue règle de bois DE (synwaya) sur laquelle est fixé un niveau de poseur. On déplace l'un des couteaux jusqu'à ce que le fil à plomb batte son repère : la règle DE est alors horizontale. On mesure les longueurs AD et BE dont la soustraction donne la différence de niveau cherchée.

Le tèrazi [1] **ou niveau à cordeau de Beha-Eddin (16e s.).** — Dans son *Essence de calcul,* l'auteur syrien Beha-Eddin (1547-1622) décrit un niveau à cordeau ou tèrazi, qui était également connu du polonais Strumienski (1573) ; cet instrument était encore le niveau préféré des fontainiers de Constantinople au commencement du 19e siècle.

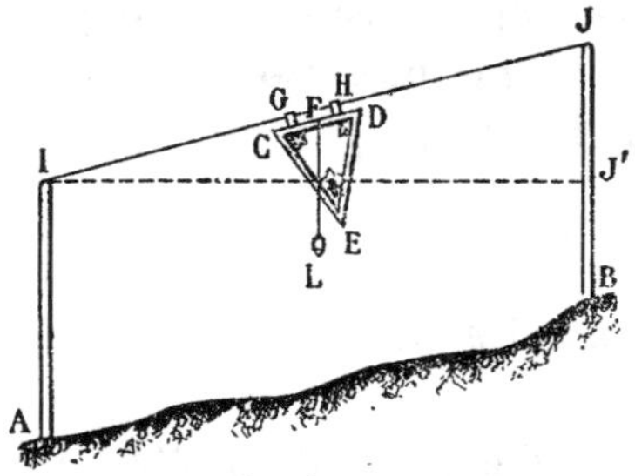

Le tèrazi.

Soient deux points A et B dont il s'agit d'évaluer la différence de niveau. On plante en A et B deux jalons AI et BJ de longueur égale et dont on vérifie la verticalité au moyen du fil à plomb. Entre I et J on tend un cordeau au milieu duquel on suspend par deux crochets G et H un triangle isocèle CDE en métal ajouré ; au milieu F de la base de ce triangle est fixé un fil à plomb FL.

Si le fil passe par le sommet E de CDE, le cordeau

[1] *Tèrazi,* mot persan et turc qui signifie balance, équilibre.

IJ est horizontal et les points A et B sont au même niveau ; s'il coupe au contraire l'un des côtés, CE par exemple, on baisse l'extrémité J du cordeau jusqu'en un point J′ pour lequel FL passe par E : on n'a plus qu'à mesurer JJ′, qui représente la différence de niveau cherchée.

Quand il s'agit du nivellement composé, c'est-à-dire d'une opération ayant pour but de trouver la différence d'altitude de deux points éloignés en procédant de proche en proche à l'aide de nivellements intermédiaires simples, les fontainiers de Constantinople opèrent comme suit. Au lieu d'écrire les différences successives obtenues, ils « les portent sur une petite ficelle qu'ils roulent autour des quatre derniers doigts de la main gauche, serrant fortement entre le pouce et l'index l'endroit de cette ficelle qui marque la dernière différence de niveau ; on développe ensuite la ficelle, on mesure et on a la différence de niveau totale » (Andréossy).

2° *Niveaux à eau.*

La dioptre de Héron (1er s.). — Pour être employée dans le nivellement, la dioptre (§ 2) était disposée de manière à recevoir un niveau d'eau, mobile autour de l'axe de l'instrument dans un plan horizontal. M. H. Schöne pense (1903), contrairement à l'avis de Venturi (1814) et de Vincent (1858), que pour cet objet on substituait à l'alidade une règle spéciale dont il a donné une restitution.

Héron, dans son *Traité de la Dioptre,* enseigne la construction d'une mire analogue à notre mire à voyant et destinée à être employée avec la dioptre. Elle est constituée par une pièce de bois équarri le long de laquelle peut se mouvoir un disque D partagé par un diamètre horizontal LL′ en deux demi-cercles, l'un blanc et l'autre noir ; ce disque porte un tenon qui peut glisser dans une rainure en queue d'aronde pratiquée au milieu d'une des grandes faces de la pièce de bois. Le disque est manœuvré au moyen d'une corde passant sur une poulie P fixée à la partie supérieure de la mire. Celle-ci peut être rendue verticale au moyen d'un fil à plomb F placé le long de l'une des faces latérales. Enfin, la face latérale opposée à cette dernière, celle de droite sur la figure, porte une échelle divisée sur laquelle se meut un index fixé à la face postérieure du disque.

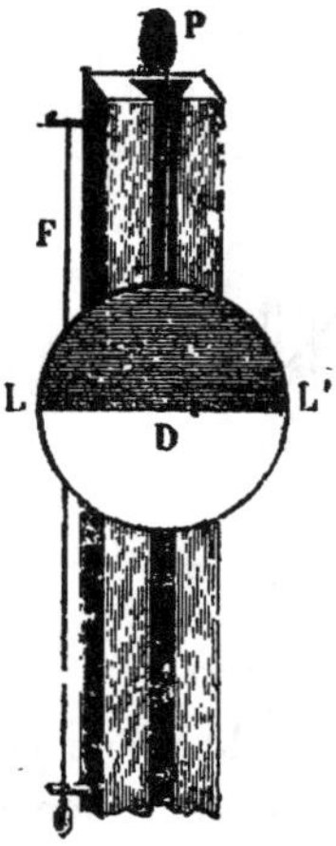

Mire de Héron
(Restitution).

Héron décrit très clairement, avec figure à l'appui, le procédé de nivellement, que nous appelons aujourd'hui *composé,* pour déterminer la différence de niveau de deux points donnés.

Le chorobate et la balance à eau de Vitruve (1er s.). — Dans son *Architecture* (Livre VIII), Vitruve indique que pour prendre le niveau de l'eau « on se sert des dioptres, des balances à eau ou du chorobate. Le chorobate est le plus exact, les autres peuvent induire en erreur. »

Seule, la description du *chorobate* nous est parvenue, sans figure toutefois. Nous avons donné précédemment la constitution probable de la *dioptre* ; quant à la *balance à eau,* il s'agissait peut-être du niveau d'eau.

D'après la restitution qu'en a donnée l'architecte anglais Newton et qui nous paraît la plus vraisemblable, le chorobate se compose d'une règle *aa* longue de 20 pieds, supportée à ses extrémités par les pieds *e, e* ; la liaison de ceux-ci avec la règle est assurée au moyen de traverses *u, u*. Des fils à plomb *r, r* viennent battre des repères placés sur *u, u* lorsque *aa* est horizontale.

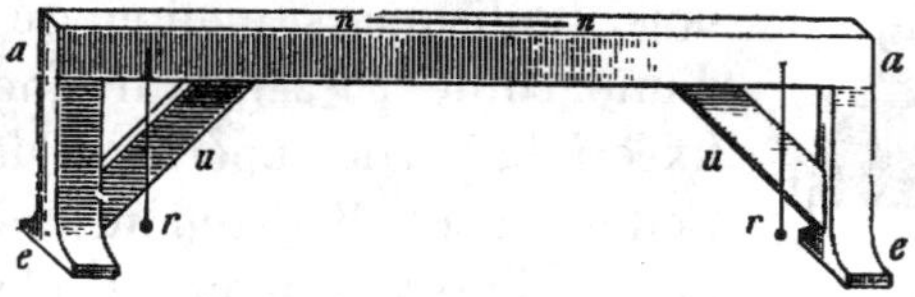

Chorobate de Vitruve
(Restitution de Newton, 1771).

Enfin, pour le cas où le vent empêcherait de se servir des fils à plomb *r, r*, un canal *nn* long de 5 pieds, large d'un doigt et profond d'un doigt et demi est creusé sur la face supérieure de la règle ; on y verse de l'eau pour vérifier si cette face est bien horizontale.

Un nivellement chez les Hindous. — Un commentateur d'Aryabhaṭṭa, Paramâdîçvara, indique le procédé suivant pour reconnaître si un sol est horizontal : « Ayant fait à l'œil le sol d'égal niveau, on y dessine un cercle, puis en dehors un espace annulaire large de 2 ou 3 doigts et l'on creuse l'intervalle entre les deux circonférences pour se procurer une rigole. Si tout autour l'eau est à fleur de terre, le sol est de niveau ; là où l'on voit un abaissement de l'eau, il y a surélévation du sol ; là où il y a surélévation de l'eau, il y a dépression du sol. Voilà. »

Les Hindous ont d'ailleurs connu le niveau d'eau.

Le niveau à auget de Strumienski (16e s.). — Il se compose d'une auge en fer AA remplie d'eau, ayant ses bords relevés aux extrémités E, et supportée par un pied B vraisemblablement par l'intermédiaire d'une articulation en C ; des ouvertures P formant pinnules sont ménagées dans les plaques E des extrémités. Enfin des vis V traversant une plaque D disposée perpendiculairement au pied, permettent de régler la position de l'auge. Si les bords supérieurs de celle-ci et la surface de l'eau sont parallèles, la ligne de visée des pinnules est horizontale.

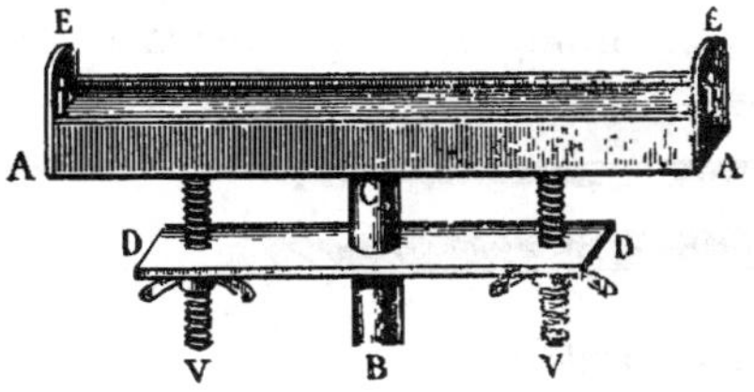

Niveau à auget de Strumienski (Restitution).

Le procédé adopté par Strumienski pour régler la position de l'auget se retrouve dans certains de nos niveaux actuels.

Le niveau à bulle d'air (17e s.). — Libri avance, dans son Histoire des Mathématiques, d'après un recueil anglais (Asiatic Researches, tomes V, p. 87, et IX, p. 326-328), que les Hindous connaissaient le niveau à bulle d'air ; nous croyons à un lapsus de cet historien, car nous voyons seulement mentionné le *niveau d'eau* dans le deuxième passage signalé. Il n'est d'autre part guère admissible que l'emploi de cet instrument si pratique ne se soit pas propagé d'abord chez les Arabes et de là chez les Européens.

Nous considérerons donc, jusqu'à preuve du contraire, le niveau à bulle d'air comme une invention moderne ; elle est due à un savant français, Thévenot, qui la décrivit dans un écrit anonyme paru en 1666. Restée inaperçue en France, cette invention eut plus de succès en Angleterre et en Italie, d'où elle regagna son pays d'origine ; en 1681, Thévenot la décrivait à nouveau et en réclamait la paternité dans son *Recueil de voyages*. « On choisit un tuyau de quelque matiere transparante, un canon de verre par exemple, dont les costez soient

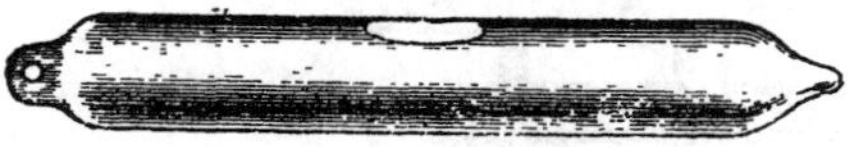

Niveau à bulle d'air
de Thévenot.

paralleles ; d'un diametre qui puisse recevoir le petit doigt, et qui soit environ sept ou huit fois plus long que large. On le ferme par un bout, et on y met quelque liqueur. L'esprit de vin y est fort propre, parce qu'il ne fait point de sédiment et qu'il ne gele jamais. On laisse du tuyau environ un peu moins de vuide qu'il n'a de diametre ; on le bouche apres, ou on le scelle par le feu.

« Lors qu'on s'en sert et qu'on l'applique sur le plan que l'on veut examiner, l'air qui y est enfermé monte aussi-tost vers la partie du plan la plus élevée, et demeure sans mouvement lorsque le plan est horizontal, et cela toujours avec la mesme justesse, quelque temps qu'il fasse. »

L'ingénieur français Chézy enseignait un siècle plus tard le moyen de rendre régulière la surface intérieure du tube en la rodant au moyen d'un mandrin recouvert d'émeri.

L'emploi de cet instrument si simple qu'est le niveau à bulle d'air a produit une véritable révolution dans l'art du nivellement.

BIBLIOGRAPHIE

KUCHARZEWSKI. — *Sur quelques niveaux du XVIe siècle.* Bibliotheca mathematica, 1900.

DUBRAVIUS. — *De piscinis*. Breslau, 1545.

STRUMIENSKI. — *Sur l'art d'établir, de mesurer et d'empoissonner les étangs* (en polonais). Cracovie, 1573.

J. J. SÉDILLOT. — *Traité des instruments astronomiques des Arabes*. Paris, 1834-35, 2 vol. in-4°.

BEHA-EDDIN. — *Khélasat al hissâb* (Essence de calcul). Trad. A. Marre. Rome, 1864.

ANDRÉOSSY. — *Constantinople et le Bosphore de Thrace*. Paris, 1828, 1 vol. in-8°, 1 atlas in-fol.

HERMANN SCHÖNE. — *Herons von Alexandria Vermessungslehre und Dioptra*. Leipzig, 1903, in-8°.

VITRUVE. — *Architecture*. Traduction Perrault, Paris, 1684, in-fol. Traduction Maufras, Paris, 1847, 2 vol. in-8°.

ANONYME (THÉVENOT). — *Machine nouvelle pour conduire les eaux*... Paris, 1666.

THÉVENOT. — *Recueil de voyages* (de M.). Paris, 1681, in-8°.

CHÉZY. — *Mémoire sur quelques instruments propres à niveler, nommés niveaux*. Mémoires de l'Académie des Sciences, tome V, Paris, 1768.

CHAPITRE II

MESURE DES POLYGONES

§ 1. — Triangles.

Triangle isocèle. — Manuel égyptien d'Ahmès (2000 ans av. J.-C.). — « S'il t'est donné un triangle [isocèle] de 10 perches à son côté, 4 perches à sa base, quelle est sa superficie ? »

L'auteur *multiplie la demi-base par le côté,* ce qui donne 20 perches carrées. La superficie exacte serait 19,6 perches carrées, soit une différence de 2 % environ.

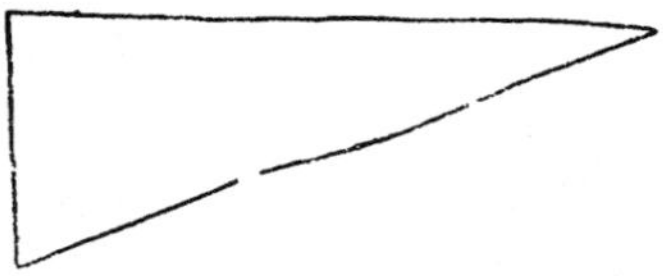

Fac-similé du Manuel égyptien d'Ahmès.

D'une manière générale, si b est la base et c le côté, ce procédé revient à remplacer la formule exacte

$$\frac{b}{2}\sqrt{c^2-\frac{b^2}{4}}=\frac{b}{2}c\sqrt{1-\left(\frac{b}{2c}\right)^2}$$

par la formule approximative

$$\frac{b}{2}\times c,$$

d'autant plus près de la vérité que b est plus petit par rapport à c.

La seconde formule n'exige pas, comme la première, une extraction de racine carrée, opération que le calculateur égyptien ne savait probablement pas effectuer.

Ahmès généralise cette règle dans la recherche de l'aire du trapèze isocèle (§ 2).

Inscription hiéroglyphique du temple d'Edfou (100 av. J.-C.). — Cette inscription donne une énumération, avec plan à l'appui, des différents terrains formant la propriété foncière du temple.

Nous verrons plus loin (§ 2) que sur cette même inscription, l'aire du trapèze isocèle est obtenue en faisant le produit des demi-sommes des côtés opposés ; l'aire du triangle isocèle se déduit de cette formule en supposant la petite base nulle. Ainsi les côtés du triangle isocèle de base 2 et de côté 3 sont ainsi dénommés

« 0 sur 2, 3 sur 3 »

et l'aire est ainsi calculée

$$\frac{0+2}{2} \times \frac{3+3}{2} = 3.$$

Le résultat exact serait 2,83.

D'une manière générale, l'aire d'un triangle isocèle de base b et de côté c serait

$$\frac{0+b}{2} \times \frac{c+c}{2} = \frac{b}{2} \times c.$$

Cette règle est donc au fond la même que celle d'Ahmès, mais la marche suivie pour y arriver est essentiellement différente.

Métriques de Héron (1er s. ?). — « Soit ABG un triangle isocèle dans lequel $AB = AG = 10$, $BG = 12$. Trouver son aire. »

Héron calcule la hauteur

$$AD = \sqrt{\overline{AB}^2 - \overline{BD}^2} = \sqrt{100 - 36} = 8$$

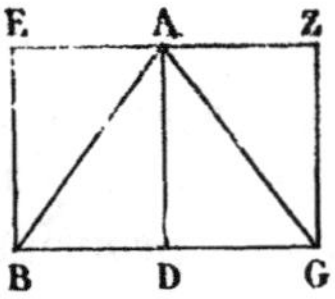

et démontre que l'aire du triangle ABG est la moitié de celle du rectangle BEZG, c'est-à-dire qu'elle est égale à $\frac{12 \times 8}{2} = 48$.

Écrits héroniens. Geometria (10e s. ?). — L'aire du triangle isocèle se calcule comme dans les Métriques ; mais alors que Héron n'emploie que des nombres abstraits, on opère dans la *Geometria* sur des quantités concrètes, mesures effectives de longueur et de superficie.

Comme unité de longueur on voit figurer en particulier le *schoïnion,* valant environ 20 mètres. Parmi les unités de superficie se trouvent le *schoïnion carré* et le *modius*, valant 2 schoïnions ; ce dernier représente la surface de terrain sur laquelle on employait comme quantité de semence une mesure de capacité appelée précisément modius.

Ayant donc à calculer un triangle isocèle dont la base a 6 schoïnions et le côté 5, le rédacteur de la Geometria évalue la hauteur relative à la base. Cette hauteur étant de 4 schoïnions, la superficie du triangle est de $\frac{6 \times 4}{2} = 12$ schoïnions carrés ; il fallait donc 6 modius de grain pour ensemencer le terrain correspondant.

Traité d'arpentage d'Epaphroditus et de Vitruvius Rufus (1er-2e s. ?). — Dans la première partie de ce recueil romain, due vraisemblablement à Epaphroditus qui serait un arpenteur, on calcule l'aire du triangle isocèle à la manière égyptienne.

Dans la seconde partie, dont l'auteur serait l'architecte Vitruvius Rufus, le calcul est dirigé comme dans l'exemple ci-dessus cité des écrits héroniens.

Arithmétique de Brahmegupta (628). — « Quelle est l'aire d'un triangle isocèle de base 10 et de côtés 13 ?

Les moitiés de la somme des côtés opposés sont 5 et 13 ; leur produit 65 est l'aire grossière. »

Il est remarquable que cette règle soit la même que celle de l'inscription égyptienne d'Edfou, mais Brahmegupta ne la considère que comme approximative ; il donne en outre une règle exacte reposant sur le calcul de la hauteur.

Propositions d'Alcuin (8e s.). — « Problème du champ triangulaire. — Un champ triangulaire a 30 perches d'un côté, 30 perches de l'autre et 18 de base. Dire, qui le peut, combien il doit contenir d'arpents ? »

La règle pour calculer l'aire en perches carrées est la même qu'à Edfou : $\frac{18}{2} \cdot \frac{30+30}{2} = 270^{pc}$; l'auteur transforme ensuite ce résultat en arpents.

Triangle équilatéral. — Métriques de Héron (1er s. ?). — « Soit un triangle équilatéral dont chaque côté est égal à 10. Trouver son aire. »

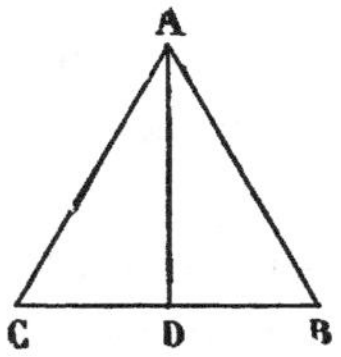

L'auteur procède ainsi. AD étant la hauteur relative au côté BC et T l'aire du triangle, on a successivement

$$\overline{BC}^2 = 4\,\overline{BD}^2,$$

$$\overline{AD}^2 = \overline{AB}^2 - \overline{BD}^2 = 3\,\overline{BD}^2,$$

d'où
$$\frac{\overline{BC}^2}{\overline{AD}^2}=\frac{4}{3},$$

$$\frac{\overline{BC}^2}{\overline{AD}^2}=\frac{\overline{BC}^4}{\overline{BC}^2\times\overline{AD}^2}=\frac{4}{3}=\frac{16}{12},$$

ou encore
$$\frac{\overline{BC}^4}{(2T)^2}=\frac{16}{12}.$$

On en tire
$$T^2=\frac{3}{16}\overline{BC}^4=\frac{3}{16}\times 10\,000=1875.$$

T est alors donné par la racine carrée de 1875, qui est approximativement 43 1/3.

Remarque. — On a ignoré pendant longtemps comment les anciens Grecs extrayaient les racines carrées. Paul Tannery a mis au jour en 1894 un passage inédit indiquant le procédé suivi par Héron et qui fut vraisemblablement le seul classique chez les Grecs. La découverte du manuscrit des *Métriques* est venue confirmer le fait.

Appliquons ce procédé à l'exemple ci-dessus. Le carré le plus voisin de 1875 étant 1849, dont la racine est 43, on divise 1875 par 43 ; le quotient est $43+\frac{26}{43}$, soit environ $43\frac{2}{3}$. On y ajoute 43, il vient $86\frac{2}{3}$; on en prend la moitié, ce qui donne 43 1/3 : c'est la racine approchée. Si l'on voulait obtenir une plus grande approximation, on opérerait sur 43 1/3 comme on l'a fait sur 43.

Avec les notations actuelles, si A est un nombre non carré parfait, a une valeur approchée de sa racine, la méthode de Héron revient à prendre pour $\sqrt{A}$ la nouvelle valeur approchée
$$a_1=1/2\left(\frac{A}{a}+a\right),$$

puis $$a_2 = \frac{1}{2}\left(\frac{A}{a_1} + a_1\right),$$

. . . .

Écrits héroniens. Geometria (10e s. ?) — On calcule l'aire du triangle équilatéral en faisant le produit du carré de côté a par la somme $\frac{1}{3} + \frac{1}{10}$. Comme $\frac{1}{3} + \frac{1}{10} = \frac{13}{30}$, cela revient à employer la formule $a^2 \times \frac{13}{30}$ ou à prendre $\sqrt{3} = \frac{26}{15} = 1,733...$ (On arriverait à cette expression de $\sqrt{3}$ au moyen de la méthode d'approximation de Héron en adoptant $\frac{5}{3}$ comme première valeur approchée.)

Cette même règle se retrouve chez quelques auteurs latins, notamment chez COLUMELLE et J. S. FRONTINUS (1er s.), dans la *Géométrie* de GERBERT (10e-11e s.) et dans diverses Géométries pratiques de la Renaissance.

Traité d'arpentage d'Epaphroditus et de Vitruvius Rufus (2 s. ?). — « On a un triangle isocèle tel que chacun des deux côtés soit égal à la base qui a 28 pieds. Je cherche combien de pieds [carrés] contient la surface.

Je multiplie un côté par lui-même $28 \times 28 = 784$, puis j'ajoute la valeur d'un côté $784 + 28 = 812$, je divise par 2, $\frac{812}{2} = 406$. Telle est la surface du triangle. »

Autrement dit, si a est le côté du triangle évalué en unités de longueur, le procédé de l'auteur revient à employer la formule $\frac{a^2 + a}{2} = \frac{a(a+1)}{2}$, c'est-à-dire que *l'aire numérique du triangle équilatéral de côté a* et *le nombre triangulaire* (¹) *de même côté* sont considérés comme équivalents. Cette erreur bizarre se reproduit plus loin pour les autres polygones réguliers dont l'aire numérique est considérée comme équivalente au nombre polygonal (¹) correspondant ; on la retrouve chez d'autres agrimenseurs et compilateurs latins, notamment chez Boèce (6e s.).

En ce qui concerne le triangle équilatéral, la différence entre la formule fausse et la formule exacte serait, dans l'exemple numérique considéré ci-dessus, de 66,53 pour une aire exacte de 339,47, soit d'environ 20 %.

La solution de l'auteur romain est suivie d'une prétendue démonstration qui n'est qu'une pétition de principe. Étant donné l'aire 406 d'un triangle équilatéral, il s'agit de déterminer le côté de ce triangle. Vitruvius Rufus se sert à cet effet de la formule $a = \frac{\sqrt{8S+1}-1}{2}$, où S désigne l'aire du triangle, pour calculer le côté ; il retombe ainsi sur la valeur 28 donnée ci-dessus, ce qui prouverait l'exactitude du calcul de l'aire. Il est aisé de trouver le défaut de ce raisonnement ; la formule $a = \frac{\sqrt{8S+1}-1}{2}$ donne en effet la racine positive de l'équation $a^2 + a - 2S = 0$, ainsi qu'il est facile de le vérifier ; partant de l'une, on doit dès lors nécessairement retomber sur l'autre, et si l'une est fausse, l'autre l'est également.

Lettre de Gerbert à Adelbold (vers 997). — Dans une lettre à son ami Adelbold d'Utrecht, Gerbert montre clairement l'inexactitude de la formule $S = \frac{a(a+1)}{2}$

(¹) Voir pour les *Nombres polygonaux* le Chap. IV (1re Partie) de nos *Récréations arithmétiques*.

donnée par les agrimenseurs romains pour le calcul de l'aire du triangle équilatéral de côté *a*, formule qu'il appelle *arithmétique,* par opposition à la formule exacte qu'il qualifie de *géométrique*.

Il donne d'abord la règle suivante pour le calcul de la hauteur dans le triangle équilatéral : « retrancher $\frac{1}{7}$ du côté et accorder les $\frac{6}{7}$ restants à la hauteur », ce qui revient à faire $\sqrt{3} = \frac{12}{7} = 1{,}714\ldots$

Il considère ensuite un triangle équilatéral ayant 7 pieds de côté ; sa hauteur aura 6 pieds, d'après ce qui a été admis ci-dessus. La règle arithmétique donne pour l'aire du triangle $\frac{7(7+1)}{2} = 28$, et la règle géométrique $\frac{7 \times 6}{2} = 21$. Gerbert explique les causes de cette différence. Soient disposées : sur la base, une bande de 7 pieds carrés ; et au-dessus, des bandes contenant successivement 6, 5, 4, 3, 2, 1 pieds carrés. Le nombre de ces carrés est le nombre triangulaire de côté 7, soit $\frac{7(7+1)}{2} = 28$; et leur aire totale, 28 pieds carrés, est celle donnée par la formule arithmétique.

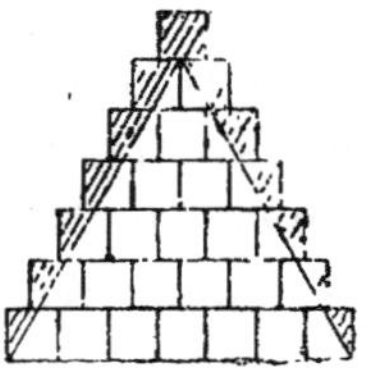

Or, celle-ci compte comme incorporées au triangle de base 7 et de hauteur 6 les portions ombrées des carrés latéraux, qui se trouvent précisément en dehors de ce triangle ; l'aire résultant de la formule arithmétique est donc trop forte.

Dans un autre passage de la même lettre, Gerbert indique qu'on peut aussi prendre comme hauteur du triangle équilatéral les $\frac{13}{15}$ du côté, ce qui revient à adopter pour $\sqrt{3}$ la valeur $\frac{26}{15} = 1,733\ldots$, plus approchée de la valeur exacte que $\frac{12}{7}$.

Triangle rectangle. — Héron, dans ses *Métriques,* considère l'aire du triangle rectangle comme équivalente à la moitié de celle d'un rectangle de même base et de même hauteur.

Les agrimenseurs romains et les auteurs hindous emploient la règle actuelle.

Triangle scalène. — **Métriques de Héron (1er s.).** — Héron suppose les trois côtés connus ; il calcule une hauteur, puis l'aire par la règle ordinaire. Il distingue à cet effet deux cas, celui où les angles B et C à la base sont aigus et celui où l'un des angles est obtus ; on peut reconnaître immédiatement à quel cas correspond un triangle donné, car on a dans la première hypothèse $\overline{AB}^2 < \overline{BC}^2 + \overline{AC}^2$ et $\overline{AC}^2 < \overline{AB}^2 + \overline{BC}^2$, et dans la seconde $\overline{AB}^2 > \overline{BC}^2 + \overline{AC}^2$. Le procédé de détermination de la hauteur est un peu différent dans les deux cas.

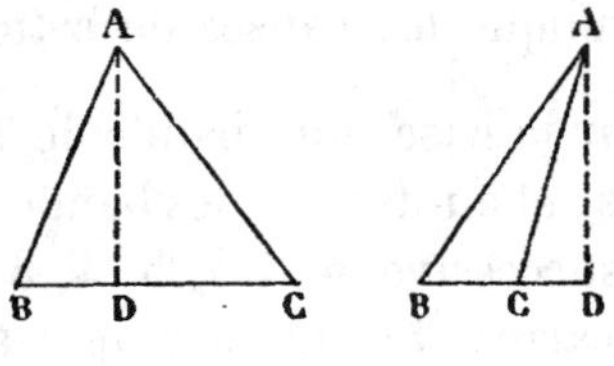

Nous nous contenterons d'indiquer succinctement le calcul de Héron pour un triangle acutangle de côtés $AB = 13$, $BC = 14$, $AC = 15$. $(\overline{13}^2 < \overline{14}^2 + \overline{15}^2$, $\overline{15}^2 < \overline{13}^2 + \overline{14}^2)$. AD étant la hauteur, on a, d'après un théorème des Éléments d'Euclide,

$$\overline{AC}^2 = \overline{AB}^2 + \overline{BC}^2 - 2BC \times BD.$$

Remplaçant les côtés AC, AB et BC par leurs valeurs

numériques, on trouve $BD = 5$, d'où $AD = \sqrt{\overline{AB}^2 - \overline{BD}^2} = 12$; et l'aire est $\frac{12 \times 14}{2} = 84$.

On retrouve la même règle dans les écrits héroniens, dans le Traité d'arpentage d'Epaphroditus et de Vitruvius Rufus, chez les Hindous et dans les Géométries pratiques du Moyen âge et de la Renaissance.

Arithmétique de Brahmegupta (628). — L'auteur hindou donne, sans démonstration, la règle suivante pour le calcul de la hauteur ; elle est reproduite dans le *Lîlâvatî* de Bhâskara (12ᵉ s.). « La différence des carrés des côtés étant divisée par la base, le quotient est ajouté à la base, puis soustrait d'elle : la somme et la différence divisées par 2 sont les segments (déterminés par la hauteur sur la base). La racine carrée de la différence des carrés du côté et du segment de la base qui lui correspond est la hauteur. »

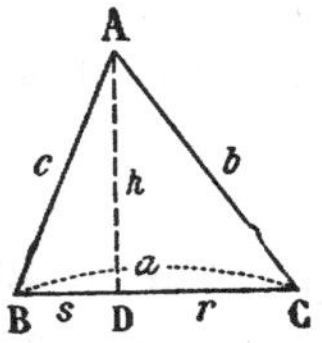

Soient, en effet, a, b, c les côtés, s et r les segments, h la hauteur.

On a

$$s^2 = c^2 - h^2, \quad (1)$$
$$r^2 = b^2 - h^2, \quad (2)$$

d'où $$r^2 - s^2 = b^2 - c^2,$$

c'est-à-dire

$$(r+s)(r-s) = b^2 - c^2. \quad (3)$$

Mais $$r + s = a\,;$$

on déduit donc de (3) $$r - s = \frac{b^2 - c^2}{a}.$$

Posons $\frac{b^2 - c^2}{a} = q$; il vient

$$r + s = a,$$
$$r - s = q.$$

On en tire enfin

$$r = \frac{a+q}{2}, \qquad s = \frac{a-q}{2}.$$

Ces valeurs des segments sont bien la traduction algébrique de la règle donnée ci-dessus.

On détermine ensuite la hauteur comme à l'ordinaire, au moyen de l'une des formules (1) et (2).

Commentaires de Bhâskara par Ganesa (16e s.). — GANESA mène par le milieu G de la hauteur AD une parallèle HI à la base BC, qui détermine deux triangles rectangles AGH et AGI. Ces deux triangles, placés respectivement en BEH et CFI, donnent un rectangle BEFC de base BC, de hauteur $\frac{AD}{2}$ et dont l'aire est la même que celle du triangle proposé. — « Voyez », ajoute l'auteur hindou, et il en déduit la règle actuelle donnant l'aire d'un triangle.

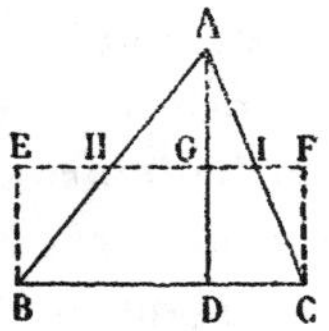

Algèbre d'Al Khârizmi (820). — Dans la partie géométrique de son *Algèbre,* l'auteur arabe enseigne le calcul algébrique d'une hauteur d'un triangle dont on connaît les trois côtés 13, 14, 15.

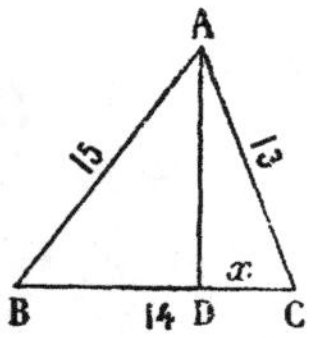

En désignant par x le plus petit segment déterminé par la hauteur AD sur la base BC, on a dans les triangles rectangles ADB et ADC

$$\overline{AB}^2 - \overline{BD}^2 = \overline{AD}^2 = \overline{AC}^2 - \overline{CD}^2,$$

ou

$$15^2 - (14 - x)^2 = 13^2 - x^2.$$

En effectuant et simplifiant, il vient

$$28\,x = 140,$$

d'où

$$x = 5.$$

On en déduit la hauteur $\sqrt{13^2 - x^2} = 12$ et la surface du triangle $12 \times \frac{14}{2} = 84$.

Aire du triangle en fonction des trois côtés. — La première mention de la règle donnant l'aire du triangle en fonction des trois côtés se trouve dans HÉRON D'ALEXANDRIE (1er s. ?). Toutefois, cette règle paraît antérieure au savant grec, qui en donne la démonstration dans deux de ses ouvrages : les *Métriques* et le *Traité de la Dioptre*.

Dans le *Livre des trois frères arabes,* MOHAMMED, AHMED et ALHASAN (9e s.), on rencontre une nouvelle démonstration, la première que nous ayons connue en Europe ; elle est reproduite par LÉONARD DE PISE dans sa *Géométrie pratique* (1220), puis par JORDANUS NEMORARIUS (13e s.) et par la plupart des géomètres de la Renaissance.

Il est remarquable que chez Héron, chez les Hindous, comme chez tous les auteurs que nous venons de citer, on fait application de la règle au triangle de côtés 13, 14 et 15 dont l'aire est 84. On est donc conduit à se demander si ces trois nombres n'ont pas une origine commune; mais ainsi que Chasles l'a fait observer, les Grecs, les Hindous et les Arabes ont très bien pu parvenir séparément à reconnaître que 13, 14 et 15 sont les moindres nombres qui donnent une aire rationnelle pour les triangles acutangles.

On trouve encore postérieurement d'autres démonstrations nouvelles par NEWTON dans son *Arithmétique universelle* (1707), EULER dans les *Nouveaux Commen-*

taires de Pétersbourg (tome I, 1747-48), Boscovich dans le tome V de ses *Œuvres,* concernant l'optique et l'astronomie (1785) ; cette dernière démonstration est obtenue par des considérations trigonométriques.

Dans ce qui suit, nous représenterons pour simplifier par a, b, c les côtés du triangle ABC respectivement opposés aux angles A, B, C, par p le demi-périmètre, par r le rayon du cercle inscrit, par D, E, F les points de contact de ce dernier avec les côtés c, a, b et par S l'aire du triangle.

Démonstration de Héron (1er s.). — On prolonge AC d'une longueur $CJ = BE$; il en résulte que $AJ = p$ et que $AJ \times OF = pr = S$.

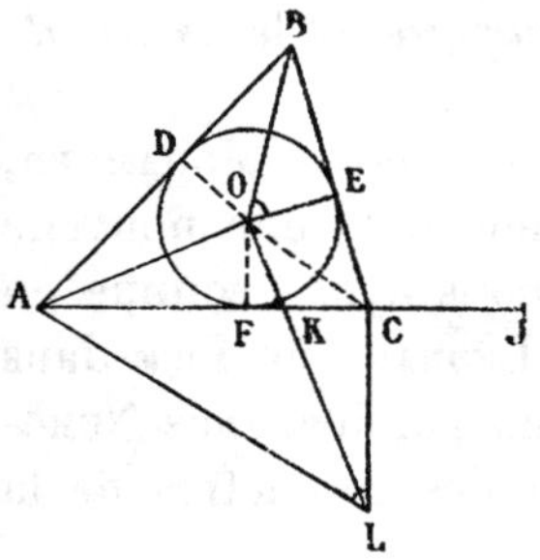

Élevons maintenant deux perpendiculaires, l'une en O sur AO, l'autre en C sur AC : elles se rencontrent en L. $\widehat{AOL}$ et $\widehat{ACL}$ étant droits, les quatre points A, O, C, L sont sur une même circonférence et l'on a $\widehat{AOC} + \widehat{ALC} = 2$ dr. Mais OA, OB, OC étant bissectrices des angles DOF, DOE, EOF dont la somme est 4 dr., $\widehat{AOC} + \widehat{BOE} = 2$ dr. et on a $\widehat{ALC} = \widehat{BOE}$. Les deux triangles rectangles ACL et BEO sont sembables et donnent

$$\frac{AC}{CL} = \frac{BE}{OE} = \frac{CJ}{OF},$$

d'où

$$\frac{AC}{CJ} = \frac{CL}{OF} = \frac{CK}{KF}.$$

On en déduit

$$\frac{AC + CJ}{CJ} = \frac{CK + KF}{KF}, \quad \text{ou} \quad \frac{AJ}{CJ} = \frac{CF}{KF}.$$

Par suite, le triangle AOK étant rectangle,

$$\frac{\overline{AJ}^2}{AJ \times CJ} = \frac{AF \times CF}{AF \times KF} = \frac{AF \times CF}{\overline{OF}^2}.$$

Il vient alors

$$\overline{AJ}^2 \times \overline{OF}^2 = AJ \times AF \times CJ \times CF\,;$$

mais $\overline{AJ}^2 \times \overline{OF}^2 = S^2$, $AJ = p$, $AF = p - a$,
$CJ = BE = p - b$, $CF = p - c$.

On a donc

$$S = \sqrt{p(p-a)(p-b)(p-c)}.$$

Démonstration des trois frères arabes (9e s.). — Prolongeons BA de $AG = CF$, BC de $CI = AF$; on a $BG = BI = p$. Menons en G une perpendiculaire jusqu'à sa rencontre en O′ avec la bissectrice BO de $\widehat{ABC}$. O′I est perpendiculaire sur BC et égal à O′G, car les deux triangles BGO′ et BIO′ sont égaux. Prenons sur AC, $AH = AG$ et tirons O′A, O′H, O′C. On a $\overline{O'C}^2 = \overline{O'I}^2 + \overline{IC}^2$, $\overline{O'A}^2 = \overline{O'G}^2 + \overline{AG}^2$, d'où $\overline{O'C}^2 - \overline{O'A}^2 = \overline{IC}^2 - \overline{AG}^2$. Comme $AH = AG = p - c$, $CH = b - AH = b - AG = p - a = IC$, on en déduit

$$\overline{O'C}^2 - \overline{O'A}^2 = \overline{CH}^2 - \overline{AH}^2.$$

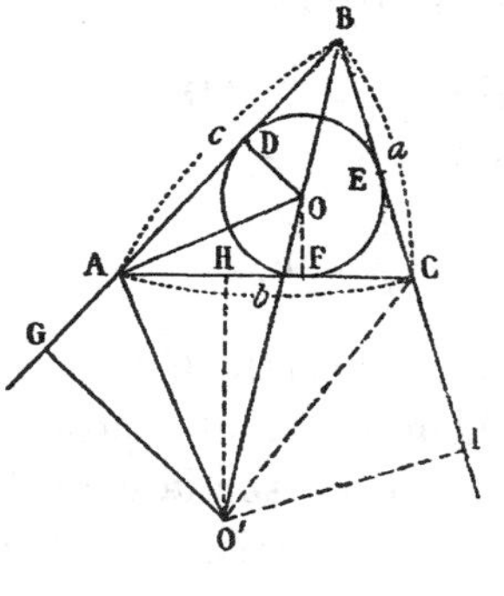

Or dans un triangle AO′C cette dernière relation n'a lieu que si H est le pied de la perpendiculaire abaissée de O′ sur AC (1) ; donc les angles en H sont droits et il en résulte que O′A est bissectrice de $\widehat{GO'H}$.

(1) Voir plus haut le calcul de la hauteur dans un triangle scalène (Règle de Brahmegupta).

D'autre part, on a dans le quadrilatère birectangle GAHO', $\widehat{GAH}+\widehat{GO'H}=2$ dr. ; comme $\widehat{GAH}+\widehat{BAH}=2$ dr., on en déduit $\widehat{GO'H}=\widehat{BAH}$ et, en prenant les moitiés, $\widehat{GO'A}=\widehat{DAO}$. Les deux triangles rectangles AGO' et ADO sont alors semblables et donnent

$$\frac{OD}{AG}=\frac{AD}{O'G}, \quad \text{d'où} \quad OD\times O'G=AD\times AG.$$

Mais

$$\frac{OD}{O'G}=\frac{\overline{OD}^2}{OD\times O'G}=\frac{\overline{OD}^2}{AD\times AG}.$$

D'ailleurs, à cause des parallèles OD et O'G, on a

$$\frac{OD}{O'G}=\frac{BD}{BG},$$

d'où

$$\frac{\overline{OD}^2}{AD\times AG}=\frac{BD}{BG}.$$

On en déduit $\overline{OD}^2\times BG=AD\times BD\times AG$

et $$\overline{OD}^2\times\overline{BG}^2=BG\times AD\times BD\times AG.$$

On a $OD\times BG=S$, $BG=p$, $AD=p-a$,
$BD=p-b$, $AG=p-c$,

et enfin $$S=\sqrt{p(p-a)(p-b)(p-c)}.$$

Démonstration classique. — Le fond de cette démonstration paraît emprunté à la précédente, mais l'exposition en est beaucoup plus simple et repose sur la considération d'un des cercles exinscrits au triangle. Nous n'avons pu retrouver à quel auteur est due cette simplification.

Soient donc O' le centre du cercle exinscrit, de rayon

r', correspondant à l'angle B, G, H et I les points de contact de ce cercle avec les côtés du triangle.

On a d'abord $$S = pr, \quad (1)$$

puis $$S = O'AB + O'CB - O'AC = (c + a - b)\frac{r'}{2}$$
$$= (p - b)r'. \quad (2)$$

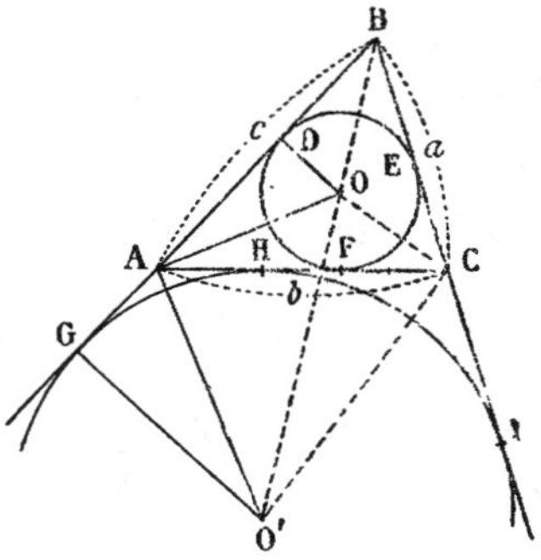

Multiplions (1) et (2) membre à membre :

$$S^2 = p(p - b)rr'. \quad (3)$$

Nous allons, comme dans la démonstration arabe, transformer le produit rr' ou $OD \times O'G$ par la considération des triangles AGO' et ADO, qui sont semblables comme ayant les côtés perpendiculaires.

On a

$$OD \times O'G \quad \text{ou} \quad rr' = AD \times AG = (p - a)(p - c).$$

En portant cette valeur de rr' dans (3), on obtient

$$S^2 = p(p - a)(p - b)(p - c).$$

Démonstration de Newton (1707). — Soit P le milieu de AC. Portons sur AC, de chaque côté de A, $AJ = AK = c$, puis de chaque côté de C, $CL = CM = a$, et menons BJ, BK, puis BN perpendiculaire sur AC.

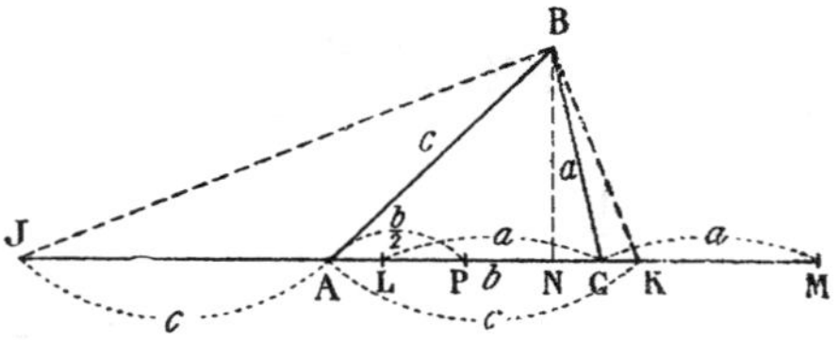

On a

$$\overline{AB}^2 - \overline{CB}^2 = \overline{AN}^2 - \overline{CN}^2 = (AN + CN)(AN - CN)$$
$$= AC \times 2PN,$$

d'où $$PN = \frac{\overline{AB}^2 - \overline{CB}^2}{2AC} = \frac{c^2 - a^2}{2b}.$$

De $PK = c - \frac{b}{2}$ retranchons PN, il reste

$$NK = \frac{2bc - b^2 - c^2 + a^2}{2b} = \frac{a^2 - (b-c)^2}{2b}$$
$$= \frac{(a+b-c)(a-b+c)}{2b} = 2\frac{(p-c)(p-b)}{b}.$$

Retranchons ensuite NK de $JK = 2c$, il vient

$$JN = 2c - \frac{2bc - b^2 - c^2 + a^2}{2b} = \frac{(b+c)^2 - a^2}{2b}$$
$$= \frac{(b+c+a)(b+c-a)}{2b} = \frac{2p(p-a)}{b}.$$

Or, puisque $AB = AJ = AK$, le triangle JBK est inscriptible dans une demi-circonférence ; il est par conséquent rectangle en B. On a donc

$$BN = \sqrt{JN \times NK} = \frac{2}{b}\sqrt{p(p-a)(p-b)(p-c)}$$

et $$S = \frac{b \times BN}{2} = \sqrt{p(p-a)(p-b)(p-c)}.$$

Remarque. — On a $JM = 2p$, $JL = c + b - a$, $KM = a + b - c$, $KL = c - b + a$,

d'où $$JN = \frac{JM \times JL}{2b}, \qquad NK = \frac{KM \times KL}{2b},$$

$$BN = \frac{\sqrt{JM \times JL \times KL \times KM}}{2b}$$

et $$S = \frac{1}{4}\sqrt{JM \times JL \times KL \times KM}.$$

On a ainsi une expression de l'aire en fonction des segments de la figure ; c'est d'ailleurs la forme à laquelle arrive Newton.

Démonstration d'Euler (1747-48). — Abaissons de A sur CO une perpendiculaire AJ qui rencontre FO en K. On a $\widehat{AOJ} = \frac{1}{2}\widehat{BAC} + \frac{1}{2}\widehat{BCA} = \widehat{DOB}$. Les triangles rectangles AJO et BDO sont donc semblables et on en tire

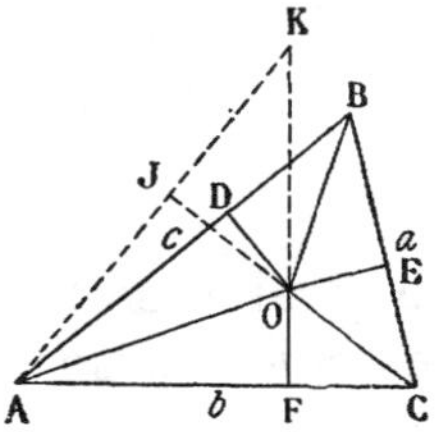

$$\frac{AJ}{JO} = \frac{BD}{r}. \qquad (1)$$

De même, CJA, KFA, OJK sont semblables et donnent

$$\frac{AJ}{JO} = \frac{AC}{OK}. \qquad (2)$$

Rapprochant (1) de (2), il vient $\frac{BD}{r} = \frac{AC}{OK}$,

d'où
$$BD \times OK = AC \times r. \qquad (3)$$

Mais $OK = FK - r$; la relation (3) devient alors

$$BD \times FK = BD \times r + AC \times r = (BD + AC)r,$$

d'où
$$BD \times FK = pr. \qquad (4)$$

D'autre part, les triangles semblables CFO et KAF donnent

$$\frac{FK}{AF} = \frac{CF}{r}, \quad \text{d'où} \quad FK \,.\, r = AF \,.\, CF$$

et
$$BD \,.\, FK \,.\, r = AF \,.\, BD \,.\, CF. \qquad (5)$$

Rapprochant (4) de (5), il vient

$$pr^2 = AF \,.\, BD \,.\, CF = (p-a)(p-b)(p-c);$$

par suite p^2r^2 ou $S^2 = p(p-a)(p-b)(p-c)$.

BIBLIOGRAPHIE

Voir à la fin du chapitre.

§ 2. — Quadrangles.

Rectangle. — Les arpenteurs ont connu dès la plus haute antiquité le procédé exact pour calculer l'aire du rectangle. On possède des documents chaldéens remontant à 5 000 ans avant notre ère, qui ne laissent pas de doute à ce sujet.

Métriques de Héron (1er s. ?). — On y voit figurer, probablement pour la première fois, la démonstration élémentaire de la règle donnant la superficie du rectangle.

Le rectangle ABCD ayant pour côtés AB et AD dont les mesures sont respectivement 5 et 3 unités de longueur, Héron partage AB et CD en 5 et 3 parties égales et mène des parallèles par les points de division ; il obtient ainsi $5 \times 3 = 15$ carrés construits sur l'unité de longueur et représentant chacun l'unité de superficie.

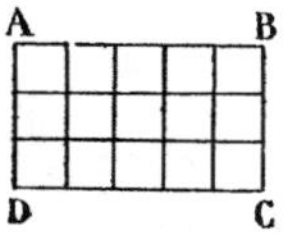

Carré. — De même que pour le rectangle, on a su calculer l'aire du carré à une époque très reculée.

Dans le *Manuel égyptien* d'Ahmès (2000 av. J.-C.), un carré de 9 perches de côté a pour aire $9 \times 9 = 81$ perches carrées.

L'auteur hindou Aryabhaṭṭa, dans ses *Leçons de Calcul* (6e s.), donne la règle sous la forme laconique que voici : « Un carré est un équi-quadrilatère ; sa surface est le produit de deux nombres égaux ».

Parallélogramme et losange. — Ces deux figures ne sont pas mentionnées dans les textes antiques antérieurs aux Grecs.

Chez Héron et les agrimenseurs romains, on suppose

connus les côtés et une diagonale. On peut alors diviser la figure en deux triangles dont on connaît les trois côtés. Pour le losange, VITRUVIUS RUFUS (2e s. ?) calcule la moitié de la seconde diagonale dont le produit avec la diagonale donnée détermine la surface.

L'Hindou BHÂSKARA (12e s.) énonce la règle suivante pour le losange : « Le produit des diagonales, étant divisé par deux, est l'aire du tétragone équilatéral » ; c'est la règle actuelle.

Trapèze. — On a toutes raisons de supposer que les Chaldéens, très habiles en arpentage, savaient calculer l'aire d'un trapèze, bien que les documents qu'on possède actuellement ne permettent pas de se faire une certitude à cet égard.

Manuel égyptien d'Ahmès (2000 av. J.-C.). — « S'il t'est donné une section de champ (trapèze isocèle) de 20 perches en sa rive (côté), de 6 perches en sa bouche (grande base), de 4 perches en sa troncature (petite base), quelle est sa superficie ? »

AHMÈS fait le produit de la demi-somme des bases par le côté ; il trouve ainsi 100 perches carrées au lieu de $99^{pc},875$ que donnerait la règle exacte, soit une erreur d'un peu plus de 1/1 000.

Si l'on désigne les bases par B et b et le côté par c, la règle d'Ahmès revient à remplacer la formule exacte

$$\frac{B+b}{2}\sqrt{c^2-\left(\frac{B-b}{2}\right)^2}=\frac{B+b}{2}\cdot c\sqrt{1-\left(\frac{B-b}{2c}\right)^2}$$

par la formule approximative

$$\frac{B+b}{2}\cdot c.$$

C'est donc la généralisation de la formule donnée pour le triangle isocèle (§ 1).

Inscription hiéroglyphique du temple d'Edfou (100 av. J.-C.). — On y trouve de nombreux exemples de calculs d'aires de trapèzes isocèles : celles-ci sont obtenues en faisant le produit des demi-sommes des côtés opposés. Ainsi le trapèze « 22 sur 21, 4 sur 4 » a pour aire

$$\frac{22+21}{2} \times \frac{4+4}{2} = 86.$$

Le résultat exact serait 85,33.

La règle employée revient d'ailleurs à celle d'Ahmès. On a en effet $\frac{B+b}{2} \times \frac{c+c}{2} = \frac{B+b}{2} \cdot c.$

Métriques de Héron (1er s. ?). — Héron distingue le trapèze rectangle, le trapèze isocèle et le trapèze quelconque ; il suppose connus les côtés, il détermine la hauteur et obtient l'aire par la même règle que celle employée aujourd'hui, c'est-à-dire en faisant le produit de la demi-somme des bases par la hauteur. Nous nous contenterons d'indiquer son procédé pour le trapèze quelconque ABCD où AB = 13, CD = 20, AD = 6, BC = 27.

On mène par les milieux H et O des côtés AB et DC des perpendiculaires aux bases : on forme ainsi un rectangle KLNM équivalent au trapèze proposé et dont la base $LN = \frac{AD+BC}{2}$ (car AD + BC = AD + KA + LN + DM = 2LN), et dont la hauteur est la même que celle du trapèze donné. Si maintenant on mène AE parallèle à DC, on forme un triangle ABE dont on connaît les trois côtés AB = 13, BE = 27 — 6

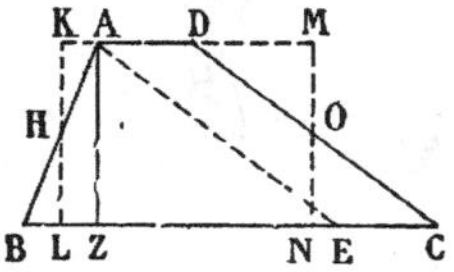

$= 21$ et $AE = CD = 20$; on peut ainsi calculer la hauteur $AZ = 12$.

L'aire cherchée est alors égale à

$$LN \times AZ = \frac{27 + 6}{2} \times 12 = 198.$$

Leçons de calcul d'Aryabhaṭṭa (6e s.). — Voici la traduction de la strophe dans laquelle l'auteur hindou donne la règle pour trouver l'aire du trapèze quelconque : « En multipliant par la demi-somme des bases leur distance, on a l'aire de la figure. »

Auteurs divers. — Chez les agrimenseurs romains, chez Gerbert, dans les géométries pratiques du Moyen âge et même de la Renaissance, on ne donne que l'aire des trapèzes rectangle et isocèle, par la règle générale employée aujourd'hui : la hauteur est supposée connue.

Nous signalerons toutefois une variante originale indiquée par Errard de Bar-le-Duc dans sa *Géométrie pratique* (1re édit., 1594) pour le trapèze isocèle ABCD. Si de A on abaisse la perpendiculaire AZ sur BC, l'aire du trapèze est égale au produit $AZ \times ZC$, car si CY est la perpendiculaire abaissée de C sur AD, le rectangle AZCY est équivalent au trapèze proposé.

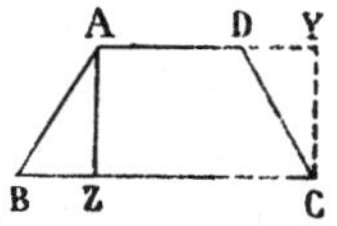

Quadrilatère. — Dans l'Antiquité, on calculait en général l'aire du quadrilatère en faisant le produit des demi-sommes des côtés opposés. Ce procédé de la moyenne a été aussi appliqué, comme nous l'avons vu, au triangle et au trapèze ; il s'est conservé dans la pratique de l'arpentage chez les Grecs, les Romains, les Hindous et au Moyen âge. Mais il est à remarquer que seuls les Égyptiens paraissent avoir appliqué cette règle avec discernement ; ils ne s'en servent en effet que pour des figures où son emploi conduit à une erreur négligeable.

Chaldéens. — Il est impossible de se faire une idée précise des procédés employés par les Chaldéens pour évaluer les aires, au milieu des renseignements contradictoires donnés par les assyriologues. Ceux-ci, malgré les nombreux documents retrouvés, n'ont encore pu se mettre d'accord sur ce sujet, le système des poids et mesures des Chaldéens n'étant pas actuellement reconstitué d'une manière complète et irréfutable. Toutefois il est probable que les Chaldéens employaient la règle de la moyenne pour calculer l'aire du quadrilatère.

A titre d'indication, nous citerons un procédé signalé (Comptes rendus de l'Ac. des Insc. et Bel. Let., 1899) par l'assyriologue Jules Oppert, d'après des textes du Musée britannique remontant à 5000 ans avant J.-C. :

« Dans tous les âges, on mesurait les terres par des quadrilatères séparés en lots ; dans les temps les plus rapprochés de nous, on les déterminait en divisant les tétragones en deux triangles, dont on déterminait les diagonales communes et les hauteurs différentes quand les côtés étaient inégaux. Dans la haute Antiquité, le mode était plus compliqué ; quelque peu croyable que puisse paraître de prime abord la disposition suivie, elle se trouve confirmée par des centaines d'exemples.

« On établissait une base, toujours *en longueur,* qu'on appelait *sud,* terme auquel on joignait le mot *hi,* « beaucoup, plein » ; ce qui voulait dire qu'on le comptait pour les deux côtés. On formait avec la *hauteur* que l'on nommait *est* un rectangle ; ce qui était en dehors et *en plus* s'appelait *au-dessus* ; ce qui en manquait se nommait « en dessous », *en moins.* La différence de ces valeurs, soit positives, soit négatives, était ajoutée au produit des deux mesures de longueur, à ce rectangle fictif, et donnait le résultat de la *surface*... »

Voici, à titre d'exemple, un extrait d'un texte tracé sur un plat rond : c'est le document cadastral d'un bien fonds improductif divisé en 11 lots, mais *sans plan annexé* :

« II. 860 toises en long des deux côtés, 14 toises 5 empans en large des deux côtés, 1/2 arpent en plus, 7 en moins, champ de 117 1/2 arpents improductifs.

Blé : néant. Urbabi, possesseur. »

La toise valant 12 empans et l'arpent 100 toises carrées, le calcul se présentait en effet comme suit :

$$860^{t} \times 14^{t}\frac{5}{12} = 12398\ 1/3^{te} = 124^{a}$$

$$+\frac{1}{2} - 7 \qquad\qquad = \frac{-6\ 1/2}{117\ 1/2}.$$

Ainsi, d'après Jules Oppert, pour évaluer l'aire d'un quadrilatère ABCD (*fig. a*) on l'aurait transformé en un rectangle EFGH ; cela semble bien invraisemblable. Il nous paraît plus simple et plus conforme aux traditions de l'arpentage d'admettre que le texte cité se rapporte à un champ limité par une ligne irrégulière. On le divise alors (*fig. b*), suivant deux directions normales sans doute orientées au sud et à l'est, en lots analogues à GEFBCD ayant trois de leurs côtés BC, CD et DG rectilignes et perpendiculaires l'un sur l'autre ; on remplace la limite curviligne GEFB par une perpendiculaire AB à GD et BC, et l'aire proposée est alors égale à celle du rectangle ABCD augmentée des surfaces saillantes comme en E et diminuée des surfaces rentrantes comme en F.

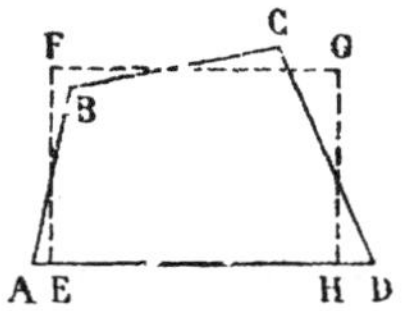

Fig. *a*.

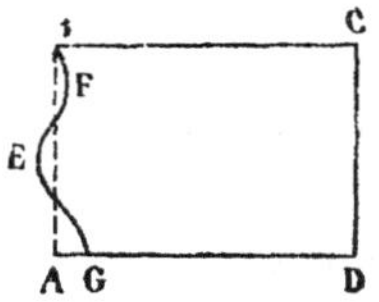

Fig. *b*.

Inscription égyptienne d'Edfou (100 av. J.-C.). — Cette inscription contient plusieurs exemples de calcul de l'aire d'un quadrilatère par le procédé des moyennes.

Ainsi le quadrilatère « 16 sur 15 et 4 sur 3 1/2 » a pour aire $\frac{16+15}{2} \times \frac{4+3\,1/2}{2} = 58\,1/8$.

Métriques de Héron (1er s. ?). — L'auteur grec donne seulement un exemple de calcul de l'aire d'un quadrilatère dont un des angles est droit ; il est probable que pour un quadrilatère absolument quelconque, il le divisait en deux triangles dont il évaluait séparément l'aire.

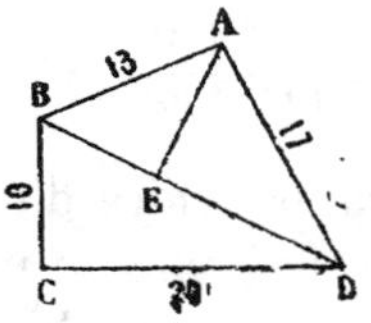

Soit un quadrilatère ABCD dont l'angle C est droit, mais où aucun côté n'est parallèle à un autre : on connaît les longueurs des côtés indiquées sur la figure ci-contre. Héron divise le quadrilatère en deux triangles par une diagonale BD.

L'aire de BCD est égale à $\frac{BC \times CD}{2} = 100$. On a ensuite $\overline{BD}^2 = \overline{BC}^2 + \overline{CD}^2 = 500$; on connaît donc les trois côtés du triangle ABD et on peut en déterminer la hauteur AE comme nous l'avons indiqué antérieurement ; le carré de cette hauteur est 96 1/2 1/5 1/10 et l'aire du triangle ABD $\frac{\sqrt{500 \times 96\ 1/2\ 1/5\ 1/10}}{2} = 110$.

L'aire du quadrilatère est par suite $100 + 110 = 210$.

Signalons ici qu'en Grèce — comme en Egypte d'ailleurs — on n'employait que des fractions ayant pour numérateur l'unité : la fraction 2/3 seule faisait exception. Cette tradition s'est perpétuée chez les Byzantins jusqu'au 14e siècle.

Auteurs latins. — Dans le *Traité d'arpentage* d'Epaphro-

DITUS (1re Partie, 1er s. ?), l'aire du quadrilatère de côtés 40, 30, 20 et 6 est obtenue par le procédé de la moyenne :

$$\frac{40+30}{2} \times \frac{20+6}{2} = 455.$$

Chez les agrimenseurs romains, ce procédé paraît avoir été appliqué sans discernement à des quadrilatères absolument quelconques, contrairement à ce qui se faisait en Égypte, ainsi que nous l'avons vu ci-dessus.

La même règle se rencontre dans la *Géométrie* de BOÈCE (6e s.), dans les *Propositions* d'ALCUIN (8e s.) pour un quadrilatère de côtés 30 et 32, 34 et 32 ; l'application au même quadrilatère se retrouve dans la *Géométrie* de GERBERT (10e-11e s.).

Arithmétique de Brahmegupta (628). — L'auteur hindou donne la règle de la moyenne pour le quadrilatère, en ajoutant qu'on obtient ainsi l'*aire grossière*.

Son commentateur CHATURVEDA en fait l'application au quadrilatère de côtés 60 et 25, 52 et 39 et trouve pour l'aire 1933 3/4.

BRAHMEGUPTA donne ensuite la règle suivante : « La demi-somme des côtés est écrite quatre fois ; on en retranche successivement les côtés ; on fait le produit des restes : la racine carrée de ce produit est l'aire exacte [du quadrilatère]. »

On sait que cette règle, généralisation de celle relative au triangle et qui se traduit par la formule $\sqrt{(p-a)(p-b)(p-c)(p-d)}$ où p désigne le demi-périmètre et a, b, c, d les côtés, n'est applicable qu'au quadrilatère inscriptible. Or Brahmegupta ne paraît avoir considéré que cinq classes de quadrilatères : carré, rectangle, trapèze isocèle, trapèze à trois côtés égaux, quadrilatère à diagonales perpendiculaires remplissant certaines conditions. Tous ces polygones sont inscriptibles (ce que savait le mathématicien hindou) et on peut leur appliquer la règle précédente : il est donc probable que c'est à Brahmegupta qu'on doit cette règle.

Son commentateur Chaturveda en fait l'application au quadrilatère déjà considéré dont les côtés sont 60 et 25, 52 et 39, dont les diagonales sont perpendiculaires et qui satisfait aux conditions voulues pour être inscriptible (diamètre du cercle 65) ; il trouve 1764 pour l'aire exacte. La règle approximative avait donné 1 933 3/4 ; on voit que les résultats diffèrent notablement.

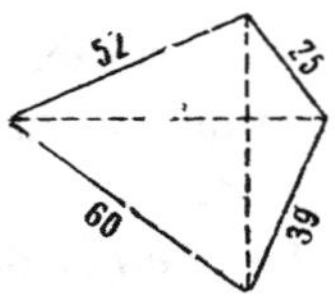

Variétés. — Brahmegupta dans la Section IV de son *Arithmétique*, et Bhâskara dans le Chapitre IX de sa Lîlâvatî, indiquent le calcul de la surface lavée par la scie dans une pièce de bois qui doit être débitée en pièces plus minces. Il est probable que ce calcul répondait à un besoin pratique : les scieurs de long étaient peut-être payés proportionnellement à la surface sciée. Nous suivrons ici Bhâskara.

Par exemple, une pièce de bois a la forme d'un prisme dont la base est un trapèze isocèle ; les côtés parallèles de celui-ci ont 16 et 20 doigts, et sa hauteur est de 100 doigts. La pièce doit être débitée à la scie en 5 morceaux dans le sens de sa longueur ; quelle sera la surface lavée par la scie en coudées carrées (la coudée vaut 24 doigts) ?

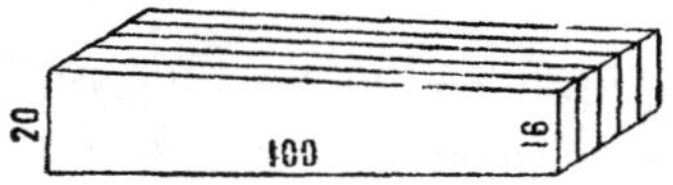

On doit faire 4 sections pour obtenir 5 morceaux. « La demi-somme de l'épaisseur aux extrémités, qui est $\frac{20+16}{2} = 18$, multipliée par la longueur, donne 1 800, et par le nombre de sections, 7 200 ; le résultat divisé par $24^2 = 576$ donne le quotient en coudées carrées $\frac{25}{2}$. »

BIBLIOGRAPHIE

Voir à la fin du chapitre.

§ 3. — Surfaces planes quelconques.

Égyptiens. — Pour évaluer la surface des terrains formant la propriété foncière du temple d'Edfou, on les avait divisés en triangles, trapèzes et quadrilatères ; nous avons vu comment on avait calculé l'aire de ces polygones.

Chaldéens. — Suivant une tradition qui paraît avoir été universelle dans l'Antiquité, les Chaldéens évaluaient les aires de deux manières : au moyen de mesures agraires, ou au moyen d'une mesure de capacité, appelée *cor d'ensemencement*, représentant le volume de grain nécessaire pour ensemencer un terrain d'une étendue déterminée ; d'après Jules Oppert, le cor équivaudrait à $9^{\text{ares}},9225$.

En ce qui concerne l'évaluation par les mesures agraires, les Chaldéens ont été véritablement originaux et leurs procédés ne paraissent pas avoir été employés après eux. D'après Aurès, les trois plus petites unités agraires dont ils se servaient étaient les suivantes :

	LONGUEUR	LARGEUR	VALEUR en MÈTRES CARRÉS	
Uban. . . .	15 coudées	1/12 coudée	0,3645	Valeur de la coudée : $0^{m},54$.
U.	15 —	2 coudées	8,748	
Canne superficielle. . . .	15 —	15 —	65,61	

Ainsi les arpenteurs chaldéens avaient donné la forme rectangulaire aux deux premières mesures, l'uban et l'U (l'unité agraire désignée par U est représentée par cette lettre sur tous les textes assyriens). Dans les textes cunéiformes traitant d'arpentage, *on énonce l'aire par la base seule ; on sous-entend une hauteur constante, qui est celle d'une canne linéaire ou 15 coudées* (8^m,10).

Voici dès lors, d'après Aurès, le procédé pratique que devaient employer les arpenteurs pour évaluer l'aire d'un terrain quelconque. Ils partageaient ce terrain en zones trapézoïdales analogues à CAA'C', ECC'E', de 15 coudées de hauteur, et il leur suffisait pour déterminer la superficie de ces zones en cannes, U et ubans, de mesurer les longueurs des bases moyennes BB' et DD' : chaque longueur de 15 coudées correspondait à une canne superficielle ; le reste des distances CC' et DD' contenait autant d'U que de doubles coudées (au maximum 7) ; le dernier reste contenait enfin autant d'ubans que de douzièmes de coudées (au maximum 23 1/2).

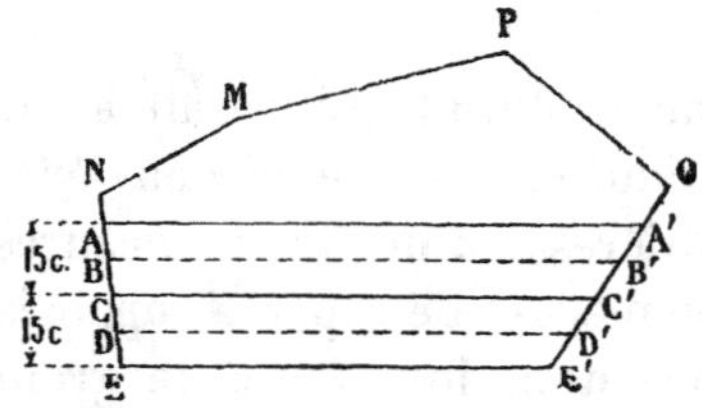

Il est même probable que les Chaldéens opéraient d'une manière encore plus simple. Lorsqu'ils avaient divisé la surface à arpenter en zones de 15 coudées de large, il leur suffisait pour avoir l'aire de l'ensemble EAA'E' formé par deux zones contiguës, au lieu d'évaluer BB' et DD', de mesurer la base moyenne CC' et d'en prendre le double.

Traité de la Dioptre de Héron (1er s. ?). — HÉRON indique deux procédés. Dans le premier (surface à contour curviligne). il inscrit un rectangle GBE″F′ dans la figure à mesurer, puis il partage la surface restant le long du

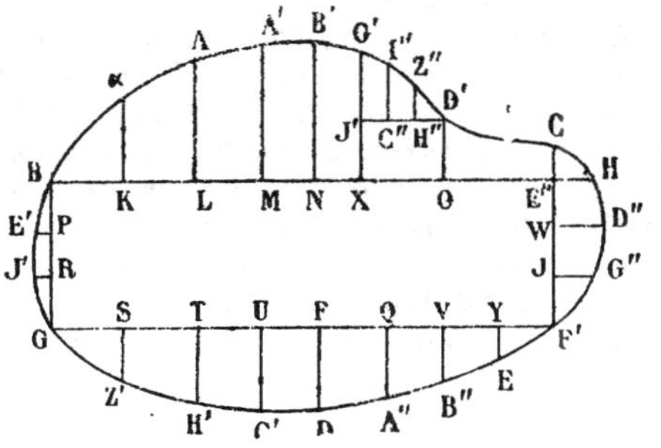

contour en trapèzes et en triangles rectangles.

Dans le second (surface à contour polygonal), il choisit une base d'opération AB sur laquelle il abaisse des perpendiculaires à partir des sommets du polygone dont il s'agit d'évaluer l'aire. Celui-ci se trouve ainsi partagé en triangles et trapèzes dont les hauteurs se mesurent très simplement sur la base d'opération.

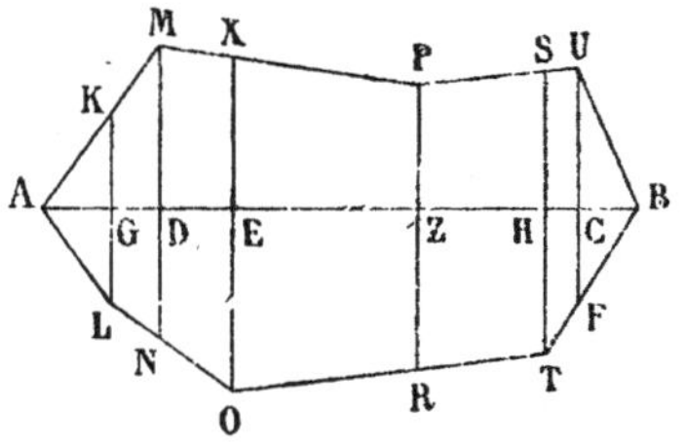

BIBLIOGRAPHIE

EINSENLOHR. — *Ein mathematisches Handbuch der alten Aegypter*. Leipzig, 1877, 1 vol. in-4° et 1 atlas in-fol.

LEPSIUS. — *Ueber eine hieroglyphische Inschrift am Tempel von Edfu*. Mém. de l'Acad. de Berlin, 1855.

AURÈS. — *Théorie de l'arpentage chez les Assyriens*. S. l. n. d., in-4°.

H. SCHÖNE. — *Herons von Alexandria Vermessungslehre und Dioptra*. Leipzig, 1903, in-8°.

F. Hultsch. — *Heronis Alexandrini geometricorum et stereometricorum reliquiæ.* Berlin, 1864, in-8°.

V. Mortet et P. Tannery. — *Un nouveau texte des traités d'arpentage et de géométrie d'Epaphroditus et de Vitruvius Rufus.* Not. et Extr. des Mss. de la Bibl. Nat., tome 35, 2e pie, 1897.

L. Rodet. — *Leçons de calcul d'Aryabhatta.* Jal Asiat., 1er sem. 1879.

Colebrooke. — *Algebra with Arithmetic and Mensuration from the Sanscrit of Brahmegupta and Bhâscara* (translated by). Londres, 1817, in-4°.

Mohammed ben Musa. — *Algebra.* Édition Rosen, Londres, 1831, in-8°.

M. Curtze. — *Der liber trium fratrum de geometria.* Nova Acta Acad. Cæs. Leop.-Carol.-Germ. naturæ Curiosorum, tome 49. Halle, 1887.

Alcuin. — *Propositiones Alcuini... ad acuendos juvenes.* Patrologie latine de Migne, tome 101, col. 1143. Paris, 1851.

Gerbert. — *Opera mathematica.* Édition Bubnov. Berlin, 1899, in-8°.

CHAPITRE III

MESURE DU CERCLE [1]

§ 1. — Période antérieure à Archimède.

Égyptiens. — Manuel d'Ahmès (2000 av. J.-C.). — « Règle pour calculer un champ rond de 9 perches. Quelle est sa contenance ?

Prends le 1/9, c'est 1. [Retranche de 9], reste 8. Multiplie le nombre 8 huit fois, cela donne 64. Sa contenance est 64 [perches carrées]. »

Ce procédé revient à prendre $\left(\frac{8}{9}d\right)^2$ ou $\left(\frac{16}{9}r\right)^2 = \left(\frac{16}{9}\right)^2 r^2$ pour aire d'un cercle de diamètre d ou de rayon r. Les Égyptiens avaient donc adopté pour π la valeur $\left(\frac{16}{9}\right)^2 = \frac{256}{81} = 3{,}1605$; elle est comme on voit très approchée de la valeur réelle.

---

(1) Nous nous contenterons dans ce Chapitre de montrer comment on a effectivement calculé la longueur de la circonférence et l'aire du cercle aux diverses époques, de l'Antiquité au Moyen âge, et comment Archimède a déterminé le rapport constant de la circonférence au diamètre, rapport qui, on le sait, est représenté universellement au moyen de la lettre grecque π.

Nous laisserons de côté les recherches modernes sur la détermination de π et tout ce qui a trait à la quadrature du cercle. Ce dernier problème, impossible à résoudre tel qu'il était posé, consistait à trouver, par l'emploi exclusif de la règle et du compas, le côté d'un carré d'aire égale à celle d'un cercle donné.

La grande pyramide. — Un auteur anglais, John Taylor, a émis, vers 1860, l'opinion originale que la plus grande des pyramides de Gizeh (Chéops, 12e s. av. J.-C.) avait été élevée pour transmettre à la postérité le rapport de la circonférence au rayon.

Cette pyramide est régulière, à base carrée, et on sait par Hérodote que l'aire de chaque face latérale est égale au carré de la hauteur. A l'aide de ces données, il est facile de déterminer le rapport du périmètre de la base à la hauteur : c'est un très simple problème géométrique que nous laissons le soin de résoudre à nos lecteurs. On trouve 6,290 pour résultat ; celui-ci diffère peu du véritable rapport de la circonférence au rayon (6,283). Mais cela suffit-il pour admettre la véracité de l'opinion de John Taylor ? Nous ne le croyons pas ; nous avons fait cette citation à titre seulement de curiosité : il y a là une simple coïncidence.

Dans les dimensions de la grande pyramide, on peut d'ailleurs découvrir beaucoup de choses auxquelles ses constructeurs n'ont assurément jamais songé. Ainsi un astronome écossais, Piazzi Smyth, avait trouvé qu'elle renfermait tout un système de mesures de longueurs et de poids fondé sur les dimensions du globe terrestre et sur des observations astronomiques ; dans les dimensions relatives des différentes parties de l'édifice, il rencontrait la longueur de l'axe de la terre, la distance de la terre au soleil, la durée de l'année, etc. L'examen particulier des dimensions de la chambre intérieure lui fournissait des données chronologiques sur les principaux faits de l'histoire de l'humanité et il en déduisait des prédictions qui, est-il besoin de le dire, ne se sont jamais réalisées.

Chaldéens et Hébreux. — Les Chaldéens devaient

connaître la propriété du rayon de pouvoir être porté 6 fois exactement sur la circonférence. Ils avaient en effet partagé l'année en 360 jours et, comme conséquence, le cercle supposé comme orbite apparente du soleil en 360 parties égales ; d'autre part, dans la haute Antiquité, on ne trouve figurée la division de la circonférence en 6 parties égales que dans les productions de l'art chaldéen.

Comme conséquence de la propriété du rayon rappelée ci-dessus, les peuples de la région du Tigre et de l'Euphrate admettaient probablement que l'hexagone régulier se confond sensiblement avec la circonférence et devaient se servir par suite de la valeur $\pi = 3$. On trouve une confirmation de ce fait dans les livres sacrés des Hébreux, dont on connaît les relations avec les Assyriens et les Babyloniens.

La Bible. — On y trouve deux passages relatifs aux dimensions d'un grand bassin d'airain qui ornait le temple construit à Jérusalem par Salomon de 1014 à 1007 av. J.-C. « Ensuite le roi fit la mer d'airain de 10 coudées d'un bord à l'autre bord. Elle était ronde, mesurait 5 coudées de haut. Une corde de 30 coudées en faisait le tour. » (*Les Rois,* liv. I, chap. VII ou les *Chroniques,* liv. I, chap. IV). On a donc ici $\pi = \frac{30}{10} = 3$.

Dans le *Talmud,* recueil de traditions rabbiniques postérieur à la Bible, on rencontre cette proposition : « Ce qui a trois palmes de tour est large d'un palme » ; on est encore conduit à la même valeur de π.

BIBLIOGRAPHIE

Voir à la fin du chapitre.

§ 2. — Les travaux d'Archimède.

Nous ignorons quel était le procédé employé dans la pratique par les anciens grecs, antérieurement à ARCHIMÈDE, pour calculer la circonférence ou l'aire du cercle. C'est au grand savant syracusain qu'il appartenait de déterminer, d'après des bases scientifiques, les premières approximations de la valeur du rapport de la circonférence au diamètre. Nous nous proposons de résumer ici ses remarquables travaux sur ce sujet, contenus dans un livre *De la mesure du Cercle,* qui n'est probablement qu'un extrait d'un ouvrage plus étendu sur les propriétés du cercle. Nous emploierons les notations modernes et désignerons par r le rayon, d le diamètre, c la circonférence, C l'aire du cercle, p_n le périmètre du polygone régulier circonscrit de n côtés, p'_n le périmètre du polygone régulier inscrit du même nombre de côtés.

Proposition I. — *Un cercle quelconque est équivalent à un triangle rectangle dont un des côtés de l'angle droit est égal au rayon du cercle et dont l'autre côté de l'angle droit est égal à la circonférence du même cercle.*

Désignons par T l'aire du triangle rectangle et supposons qu'on puisse avoir $C > T$; soit $C - T = A$. Inscrivons dans le cercle un polygone régulier d'apothème m', de périmètre p' et d'aire P' tel que l'on ait $C - P' < A$, ce qui est toujours possible (Éléments d'Euclide, prop. 2, liv. 12). On a alors $P' > T$ ou $\frac{p'm'}{2} > \frac{cr}{2}$, ce qui est absurde, puisqu'on a $p' < c$ [principe admis par Archimède] et $m' < r$.

Supposons maintenant $C < T$ et $T - C = A$. Circonscrivons au cercle un polygone régulier d'apothème r, de périmètre p et d'aire P tel que $P - C < A$. On a alors $P < T$ ou $\frac{pr}{2} < \frac{cr}{2}$, ce qui est impossible puisque $p > c$.

On en déduit nécessairement $C = T$.

Proposition II. — *Un cercle est au carré construit sur le diamètre à très peu de chose près comme 11 est à 14.*

C'est une conséquence de la proposition précédente et de la suivante ; il semble donc que la présente proposition devrait être placée plus loin.

On a, d'après (I), $C = \frac{cr}{2}$. (1)

D'après (III), on a approximativement $c = \frac{22}{7} d$.

Remplaçant dans (1), il vient $C = d^2 \times \frac{11}{14}$.

Proposition III. — *La circonférence d'un cercle est égale au triple du diamètre réuni à une certaine portion du diamètre qui est plus petite que le 1/7 de ce diamètre et plus grande que les $\frac{10}{71}$ de ce même diamètre.*

Autrement dit, on doit avoir $3\frac{10}{71} d < c < 3\frac{1}{7} d$.

1re Partie : $c < 3\frac{1}{7} d$. — Soient un cercle de centre E et de rayon CE, et le triangle ECB rectangle en C où $\widehat{CEB} = 30°$. On mène successivement les bissectrices ED de $\widehat{CEB}$, EH de $\widehat{CED}$, EK de $\widehat{CEH}$, EL de $\widehat{CEK}$. En désignant par a_n le demi-côté du polygone régulier *circonscrit* de n côtés, on a $CB = a_6$, $CD = a_{12}$, $CH = a_{24}$, $CK = a_{48}$, $CL = a_{96}$.

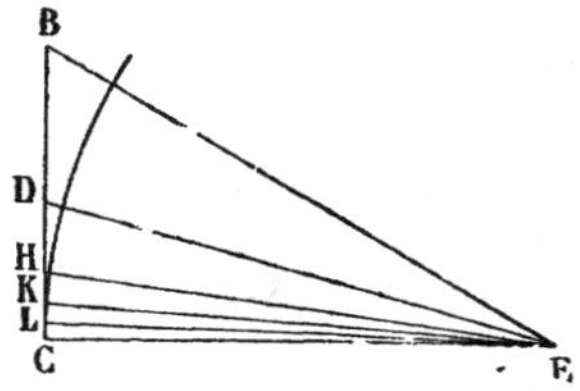

Archimède donne, sans la justifier, l'inégalité

$$\frac{CE}{CB} > \frac{265}{153} \quad \text{ou} \quad \frac{r}{a_6} > \frac{265}{153}. \tag{1}$$

[Le triangle rectangle ECB où BE = 2CB permet en effet d'écrire $\frac{\overline{CE}^2}{\overline{CB}^2} = \frac{\overline{BE}^2 - \overline{CB}^2}{\overline{CB}^2} = 3$; or $\left(\frac{265}{153}\right)^2 = \frac{70\,225}{153^2}$ $= 3 - \frac{2}{153^2}$; on en déduit $\frac{\overline{CE}^2}{\overline{CB}^2} > \left(\frac{265}{153}\right)^2$ et par suite la relation (1).]

La bissectrice ED de $\widehat{CEB}$ donne ensuite

$$\frac{BE}{BD} = \frac{CE}{CD} \quad \text{et} \quad \frac{BE + CE}{BD + CD} = \frac{BE}{CB} + \frac{CE}{CB} = \frac{CE}{CD};$$

tenant compte de la relation (1) et de BE = 2CB, on a

$$\frac{CE}{CD} > \frac{571}{153} \quad \text{ou} \quad \frac{r}{a_{12}} > \frac{571}{153}. \tag{2}$$

En considérant le triangle rectangle CED et en utilisant l'inégalité (2), on peut écrire

$$\frac{\overline{DE}^2}{\overline{CD}^2} = \frac{\overline{CE}^2}{\overline{CD}^2} + 1 > \frac{349\,450}{153^2},$$

d'où, en prenant la racine carrée par défaut de 349 450 (au moyen de la méthode indiquée par Héron, Chap. 2, § 1),

$$\frac{DE}{CD} > \frac{591\,1/8}{153}.$$

Les propriétés de la bissectrice EH de $\widehat{CED}$ nous permettent alors d'écrire

$$\frac{DE}{DH} = \frac{CE}{CH} \quad \text{et} \quad \frac{DE + CE}{DH + CH} \quad \text{ou} \quad \frac{DE}{CD} + \frac{CE}{CD} = \frac{CE}{CH}.$$

Remplaçant $\frac{DE}{CD}$ et $\frac{CE}{CD}$ par leurs valeurs par défaut trouvées précédemment, il vient

$$\frac{CE}{CH} > \frac{1\,162\,1/8}{153} \quad \text{ou} \quad \frac{r}{a_{24}} > \frac{1\,162\,1/8}{153}. \qquad (3)$$

On passe successivement de $\frac{CE}{CH}$ à $\frac{CE}{CK}$ et à $\frac{CE}{CL}$ comme nous avons passé de $\frac{CE}{CD}$ à $\frac{CE}{CH}$. On obtient ainsi

$$\frac{CE}{CK} > \frac{2\,334\,1/4}{153} \quad \text{ou} \quad \frac{r}{a_{48}} > \frac{2\,334\,1/4}{153}, \qquad (4)$$

$$\frac{CE}{CL} > \frac{4\,673\,1/2}{153} \quad \text{ou} \quad \frac{r}{a_{96}} > \frac{4\,673\,1/2}{153}. \qquad (5)$$

On déduit de cette dernière inégalité

$$\frac{r}{p_{96}} > \frac{4\,673\,1/2}{153 \times (96 \times 2)} \text{ et } \frac{p_{96}}{d} < \frac{14\,688}{4\,673\,1/2} = 3 + \cfrac{1}{7 + \cfrac{2}{1\,335}}.$$

A fortiori, $\qquad \frac{c}{d} < 3\frac{1}{7}.$

2e Partie : $c > 3\frac{10}{71}d$. — Soient une demi-circonférence de diamètre AC, le triangle inscrit CBA rectangle en B et où $\widehat{CAB} = 30°$. On mène successivement les bissectrices AD de $\widehat{CAB}$, AH de $\widehat{CAD}$, AK de $\widehat{CAH}$ et AL de $\widehat{CAK}$. En désignant par a'_n le côté du polygone régulier *inscrit* de n côtés, on a $CB = a'_6$, $CD = a'_{12}$, $CH = a'_{24}$, $CK = a'_{48}$, $CL = a'_{96}$.

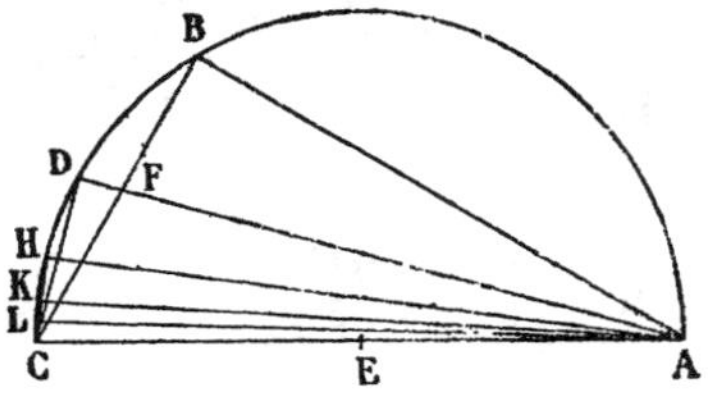

Archimède pose l'inégalité

$$\frac{AB}{CB} < \frac{1\,351}{780}.$$

[Le triangle rectangle CBA permet en effet d'écrire

$\frac{\overline{AB}^2}{\overline{CB}^2}=\frac{\overline{CA}^2-\overline{CB}^2}{\overline{CB}^2}=3$; or $\left(\frac{1351}{780}\right)^2=3+\frac{1}{780^2}$; on en déduit $\frac{\overline{AB}^2}{\overline{CB}^2}<\left(\frac{1351}{780}\right)^2$ et par suite la relation ci-dessus.]

On a d'ailleurs $$\frac{CA}{CB}=\frac{1560}{780},$$

ou $$\frac{d}{a'_6}=2. \qquad (1)$$

D'autre part, si l'on désigne par **F** le point de rencontre de AD et de CB, les triangles rectangles CDA et FDC sont semblables, car $\widehat{BAD}=\widehat{DCB}=\widehat{DAC}$;

donc $$\frac{AD}{DC}=\frac{CD}{FD}=\frac{CA}{CF}.$$

Mais la bissectrice AF donne $\frac{CA}{CF}=\frac{AB}{BF}=\frac{CA+AB}{CF+BF}=\frac{CA+AB}{CB}$; donc $\frac{AD}{CD}=\frac{CA+AB}{CB}=\frac{CA}{CB}+\frac{AB}{CB}<\frac{2911}{780}$.

Il en résulte

$$\frac{\overline{AD}^2}{\overline{CD}^2}<\frac{8473921}{780^2}, \qquad \frac{\overline{AD}^2+\overline{CD}^2}{\overline{CD}^2}=\frac{\overline{CA}^2}{\overline{CD}^2}<\frac{9082321}{780^2},$$

et

$$\frac{CA}{CD}<\frac{3013\frac{3}{4}}{780}, \quad \text{ou} \quad \frac{d}{a'_{12}}<\frac{3013\frac{3}{4}}{780}. \qquad (2)$$

On trouverait de même

$$\frac{d}{a'_{24}}<\frac{1838\frac{9}{11}}{240}, \qquad (3)$$

$$\frac{d}{a'_{48}}<\frac{1009\frac{1}{6}}{66}, \qquad (4)$$

$$\frac{d}{a'_{96}}<\frac{2017\frac{1}{4}}{66}. \qquad (5)$$

On déduit de cette dernière inégalité

$$\frac{d}{p'_{96}} < \frac{2017\frac{1}{4}}{66 \times 96}$$

et $$\frac{p'_{96}}{d} > \frac{25344}{8069} = 3 \frac{10}{71 - \frac{37}{1137}} > 3\frac{10}{71}.$$

Remarque. — On a beaucoup discuté sur le procédé employé par Archimède pour la détermination des approximations $\frac{265}{153}$ et $\frac{1351}{780}$ de $\sqrt{3}$. Nous nous contenterons de faire observer ici qu'en prenant $\frac{5}{3}$ comme première approximation de cette expression et en suivant la méthode employée par Héron pour l'extraction des racines, on arrive précisément à $\frac{1351}{780}$.

Les extractions de racine qu'on rencontre dans la démonstration précédente paraissent d'ailleurs avoir été effectuées par cette méthode.

Autres approximations d'Archimède. — Héron, dans ses Métriques rapporte qu'Archimède a indiqué des limites plus étroites pour le nombre π. « Le même Archimède montre dans son écrit *Sur la Plinthide et le Cylindre* que le rapport de la circonférence de chaque cercle au diamètre est plus grand que $\frac{211875}{67441}$ et plus petit que $\frac{197888}{62351}$. » Ces nombres sont manifestement corrompus; Paul Tannery propose de lire

$$\frac{195882}{62351} > \pi > \frac{211872}{67441},$$

ou $$3,141606 > \pi > 3,1415904.$$

Ainsi la valeur $\pi = 3,1416$ employée aujourd'hui

d'une façon à peu près exclusive dans la pratique serait elle-même due à Archimède.

BIBLIOGRAPHIE

Voir à la fin du chapitre.

§ 3. — Période postérieure à Archimède.

Grecs. — D'après Eutocius, APOLLONIUS (2e s. av. J.-C.) aurait poussé encore plus loin qu'Archimède l'approximation de la valeur de π, mais nous ne savons rien de précis à cet égard.

Le grand astronome PTOLÉMÉE (2e s.) a été également conduit, en construisant une table de longueurs de cordes, à calculer une expression de π. Il divise la circonférence en 360 degrés, chaque degré en 60 minutes,... Il divise de même le rayon supposé égal à l'unité de longueur en 60 parties égales aussi appelées degrés ; chacune de ces parties est partagée à son tour en 60 parties égales aussi nommées minutes, ... Il trouve que la corde de l'arc d'un degré a pour longueur $\frac{1}{60}+\frac{2}{60^2}+\frac{50}{60^3}$ ou, avec la notation de Ptolémée, $1^\circ 2' 50''$. Si l'on admet que cet arc ne diffère pas sensiblement de sa corde, l'arc de 60° a pour longueur $1+\frac{2}{60}+\frac{50}{60^2}$ ou $1,2^\circ 50'$. La demi-circonférence a donc pour valeur $3+\frac{8}{60}+\frac{30}{60^2}$ ou $3,8^\circ 30'$, c'est-à-dire qu'on a

$$\pi = 3 \cdot \frac{17}{120} = 3{,}14166...$$

HÉRON, dans ses *Métriques* (1er s. ?), tout en citant, comme nous l'avons dit ci-dessus (§ 1), les valeurs plus resserrées obtenues par le géomètre de Syracuse, se sert de $\pi = \frac{22}{7}$ (= 3,142...) dans ses calculs pratiques : « Archimède a montré que 11 fois le carré du diamètre était équivalent à 14 fois le cercle. Si le diamètre du cercle est égal à 10

$$100 \times 11 = 1100,$$

$\frac{1100}{14} = 78\ 1/2\ 1/14$, c'est l'aire du cercle. »

Dans les écrits héroniens (10e siècle ?), on se sert de la limite supérieure d'Archimède, soit sous la forme $\pi = \frac{22}{7}$, soit sous celle-ci $\pi = 4\left(1 - \frac{1}{7} - \frac{1}{2 \times 7}\right)$. Cette dernière valeur est assez commode pour le calcul : pour trouver par exemple l'aire d'un cercle dont le diamètre est connu, il suffit de retrancher du carré du diamètre le septième de ce carré, puis la moitié du septième.

Chinois. — Dans la deuxième partie du *Tcheou-pei* ou « Livre sacré du calcul », qui remonte à la fin du 3e siècle avant notre ère et qui traite de l'astronomie, on fait usage de la valeur $\pi = 3$. Le cercle et le nombre 3 symbolisent le ciel, le carré et le nombre 4 symbolisent la terre. Voici un extrait de ce recueil : « Prends un diamètre de $121\frac{75}{100}$ pieds, multiplie-le par 3, tu obtiens 365 1/4 pieds. » La circonférence est divisée non plus en 360 parties égales comme chez les Chaldéens, mais en 365 1/4, de même que l'année solaire est partagée en 365 1/4 jours.

A une époque postérieure, l'écrivain Tsu tschung tsche, qui vivait au 6e siècle de notre ère, mentionne le rapport archimédien $\frac{22}{7}$, dont la connaissance semble indiquer qu'à un moment donné les découvertes mathématiques des Grecs ont pénétré jusqu'en Chine. A peu près vers la même époque, LIU HWUY se servait du rapport singulier $\frac{157}{50} = 3{,}14$.

Romains. — En général, les agrimenseurs emploient la valeur archimédienne $\pi = \frac{22}{7}$. Voici un exemple tiré du *Traité d'arpentage* de VITRUVIUS RUFUS (2e s. ?) : « Soit un cercle de 14 pieds de diamètre, je cherche son aire comme suit : je multiplie le diamètre par lui-même, ce qui donne 196, puis par 11, il vient 2156 ; divisant par 14 j'aurai 154. Autant de pieds (carrés) contient l'aire du cercle. »

Toutefois l'architecte VITRUVE (1er siècle) utilise la relation $\pi = 3\frac{1}{8}$, moins exacte que la précédente $\left(3\frac{1}{7}\right)$, mais se prêtant mieux au calcul par fractions duodécimales dont se servaient les Romains.

Signalons encore qu'on rencontre dans EPAPHRODITUS (1er s. ?), à côté de l'approximation $\pi = \frac{22}{7}$, la valeur erronée $\pi = 4$ qui se retrouve dans les *Propositions* d'ALCUIN (7e s.), et qui est employée à déterminer la surface d'un cercle dont on connaît la circonférence. Celle-ci étant c, on en prend le quart et on élève au carré, $\frac{c^2}{4^2}$: c'est l'aire cherchée. L'aire exacte serait, ainsi qu'on peut le voir aisément, $\frac{c^2}{4\pi}$; la formule précédente suppose donc $\pi = 4$.

Hindous. — **Çulvasûtras** (Règles du cordeau). — Les auteurs de ces anciens recueils de théologie géométrique indiquent le procédé suivant pour trouver le côté du carré de même aire qu'un cercle donné : « Partage le diamètre en 15 parties et ôte 2, le reste est à peu près le côté du carré. » On en déduit que la valeur correspondante de π est $\frac{26^2}{15^2}$, c'est-à-dire sensiblement 3 ; nous pouvons observer à ce sujet que la valeur approximative $\frac{26}{15}$ de $\sqrt{3}$ a déjà été rencontrée dans les écrits héroniens et chez les agrimenseurs à propos de l'aire du triangle équilatéral (Chap. 2, § 1).

L'auteur de l'un des recueils, BAUDHÂYANA (2ᵉ s.), donne en outre la règle ci-après. « Pour faire d'un cercle un carré, on fait 8 parts du diamètre ; une de ces parts dont il restera 7 intactes sera divisée en 29 parties dont on retirera 28 $\left(\text{et il restera } \frac{1}{29}\cdot\frac{1}{8}\right)$ ainsi que 1/6 d'une portion diminué de son propre huitième. » Le côté du carré a ainsi pour expression, d désignant le diamètre,

$$d\left[\frac{7}{8}+\frac{1}{8.29}-\left(\frac{1}{29.8}\cdot\frac{1}{6}-\frac{1}{8}\cdot\frac{1}{29.8.6}\right)\right]$$
$$=d\left(\frac{7}{8}+\frac{1}{8.29}-\frac{1}{8.29.6}+\frac{1}{8.29.6.8}\right)$$
$$=d\times 0{,}87868.$$

On en déduit la valeur correspondante de π :

$$4\times(0{,}87868)^2=3{,}0883.$$

Aryabhaṭṭa (1ᵉʳ s.). — La règle ci-après est extraite de ses *Leçons de calcul.* « Ajoutez 4 à 100, multipliez par 8, ajoutez encore 62000, voilà pour un diamètre de deux myriades la valeur approximative de la circonférence du cercle. »

On a ici $$\pi=\frac{62832}{20000}=3{,}1416.$$

Un commentateur de Bhâskara, GANESÂ (16ᵉ s.), nous apprend comment cette dernière valeur de π a été calculée : c'est au moyen de la méthode dite des ***périmètres***, imaginée par Archimède, mais exactement développée dans la forme que nous lui donnons aujourd'hui et qui est différente de celle employée par le géomètre grec.

Le diamètre d étant supposé égal à 100, on part de l'hexagone régulier inscrit dont le côté c est égal à 50 ; on calcule le côté c' du dodécagone au moyen d'une règle qui s'exprime par la formule connue

$$c' = \sqrt{\frac{d}{2}\left(d - \sqrt{d^2 - c^2}\right)}.$$

On passe ensuite successivement, à l'aide de la même règle, aux polygones réguliers inscrits de 24, 48, ... côtés. On trouve ainsi que les périmètres des polygones réguliers de 6, 12, 24, 48, 96, 192, 384 côtés peuvent être représentés par la suite

$$\sqrt{90000}, \quad \sqrt{96461}, \quad \sqrt{98133}, \quad \sqrt{98555},$$
$$\sqrt{98661}, \quad \sqrt{98687}, \quad \sqrt{98694}.$$

Les Hindous prennent le périmètre du polygone de 384 côtés comme longueur approchée de la circonférence et obtiennent ainsi

$$\pi = \frac{\sqrt{98694}}{100} = 3{,}1416...$$

Brahmegupta (7e s.). — D'après lui, « le diamètre et le carré du rayon étant séparément multipliés par 3 sont la circonférence et l'aire pratiques ; les racines carrées de 10 fois les carrés des mêmes quantités sont les valeurs exactes. »

Suivant cette dernière règle, la circonférence et l'aire du cercle ont respectivement pour expression $\sqrt{10d^2} = d\sqrt{10}$ et $\sqrt{10r^4} = r^2\sqrt{10}$. Ainsi BRAHMEGUPTA considère $\sqrt{10} = 3{,}162$ comme la valeur exacte de π. L'historien allemand Hankel donne au sujet de l'adoption de cette valeur par les Hindous l'explication suivante.

A une époque reculée où les calculs numériques et en particulier les extractions de racine étaient difficiles et surtout incommodes, on observa que les périmètres des polygones réguliers de 6, 12, 24, 48, 96,... côtés, inscrits dans un cercle de diamètre 10, étaient représentés par la suite

$$\sqrt{900}, \quad \sqrt{965}, \quad \sqrt{981}, \quad \sqrt{986}, \quad \sqrt{987}, \ldots$$

Les termes de cette suite *paraissaient* tendre vers le nombre $\sqrt{1000}$, qui avait alors été considéré comme égal à la longueur de la circonférence ; la valeur correspondante de π est $\dfrac{\sqrt{1000}}{10} = \sqrt{10}$.

Bhâskara (12e s.). — Voici un extrait du *Lîlâvatî* : « Si le diamètre d'un cercle est multiplié par 3927 et divisé par 1250, le quotient est à peu près la circonférence ; ou multiplié par 22 et divisé par 7, cela est la circonférence grossière adoptée dans la pratique. »

La première règle donne $\pi = \dfrac{3927}{1250} = \dfrac{3927 \times 16}{1250 \times 16} = \dfrac{62832}{20000}$; c'est la valeur déjà indiquée par Aryabhaṭṭa.

Quant à la seconde, où se trouve employée l'approximation d'Archimède, elle montre que les travaux des Grecs étaient connus des Hindous à cette époque.

Bhâskara emploie encore l'expression $\pi = \dfrac{754}{240}$, qui est égale à $\dfrac{377}{120}$, ou $3\dfrac{17}{120}$; c'est la valeur trouvée par Ptolémée, ce qui vient encore à l'appui de ce que nous signalions plus haut au sujet des relations de la Grèce et de l'Inde.

Arabes. — On retrouve ici une trace indéniable de l'influence hindoue sur les œuvres mathématiques des

Arabes. Mohammed ben Moussa, dans la partie géométrique de son *Algèbre* (820), donne les règles suivantes :

« Dans un cercle, le produit de son diamètre par 3 et $\frac{1}{7}$ sera égal à la circonférence. C'est la règle généralement suivie dans la vie pratique, quoiqu'elle ne soit pas tout à fait exacte.

Les géomètres ont deux autres méthodes. L'une d'elles consiste en ceci, que vous multipliez le diamètre par lui-même, puis par 10 et qu'enfin vous prenez la racine du produit ; la racine sera la périphérie. Les astronomes, parmi les géomètres, se servent de l'autre méthode ; la voici : vous multipliez le diamètre par 62832 et divisez le produit par 20000, le quotient est la circonférence. »

Nous reconnaissons ici une des limites $\left(\frac{22}{7}\right)$ indiquées par Archimède, la valeur $\sqrt{10}$ regardée comme exacte par Brahmegupta et l'approximation d'Aryabhaṭṭa $\left(\frac{62832}{20000}\right)$.

Mohammed se sert encore de la formule héronienne $\pi = 4\left(1 - \frac{1}{7} - \frac{1}{2 \times 7}\right)$. Un auteur syrien, Beha-Eddin (16e s.), emploie dans son *Essence de calcul* la valeur équivalente $\pi = 4\left(1 - \frac{3}{14}\right)$.

Citons enfin une méthode scientifique de détermination de π dite des « astronomes arabes », signalée en 1860 par Woepcke et qui remonte au moins au 13e siècle. En supposant le rayon égal à l'unité de longueur et divisé en 60 parties égales, Aboûl Wafâ (10e s.) avait trouvé, par un calcul fondé sur des principes différents de celui de Ptolémée, que la corde de l'arc d'un demi-degré avait pour valeur

$$\left(\frac{31}{60^2}+\frac{24}{60^3}+\frac{55}{60^4}+\frac{54}{60^5}+\frac{55}{60^6}\right) \text{ du rayon.}$$

A l'aide de ce résultat, les continuateurs d'Aboûl Wafâ calculèrent, sans difficulté autre que la longueur des calculs numériques, d'abord le périmètre du polygone régulier inscrit de 720 côtés, puis celui du polygone régulier circonscrit d'un même nombre de côtés. Ils trouvèrent ainsi que la circonférence dépasse le triple du diamètre d'une quantité approximativement égale à

$$\frac{10}{70+\frac{38}{60}+\frac{14}{60^2}+\frac{29}{60^3}}=0{,}141568,$$

ce qui donne 3,141568 pour valeur correspondante de π.

Si l'on prend comme longueur de l'arc d'un demi-degré celle de la corde du même arc calculée par *Aboûl Wafâ*, on trouve aisément que la longueur de l'arc de 180° est égale à 3,14155 ; le nombre ainsi obtenu est la valeur correspondante de π, puisque nous avons supposé le rayon égal à l'unité.

BIBLIOGRAPHIE

Voir à la fin du chapitre précédent.

F. RUDIO. — *Geschichte des Problems von der Quadratur des Zirkels.* Leipzig, 1892, gr. in-8°.

F. PEYRARD. — *Œuvres d'Archimède* (traduites par). Paris, 1807, in-4°.

Abbé HALMA. — *Composition mathématique de Claude Ptolémée* (traduite par). Paris, 1813-1816. 2 vol. in-4°.

Ed. BIOT. — *Traduction et examen du Tcheou-pei.* Jal Asiat., 1er sem. 1841.

VITRUVE. — *Architecture.* Traduction Maufras. Paris, 1847, 2 vol. in-8°.

THIBAULT. — *The Sûlvasûtras.* Calcutta, 1875.

WOEPCKE. — *Sur une mesure de la circonférence du cercle due aux astronomes arabes.* Jal Asiat., 1er sem. 1860.

CHAPITRE IV

DIVISION DES FIGURES PLANES

EN PARTIES PROPORTIONNELLES A DES GRANDEURS DONNÉES

La question de la division des figures en parties proportionnelles a dû se poser lors des premières opérations d'arpentage que l'homme ait eu à effectuer; les documents chaldéens que nous possédons ne nous laissent guère de doute sur ce point. Mais il ne s'agit encore là que de procédés pratiques.

Le problème a été traité géométriquement par les Grecs. Nous savons (INTROD., § 2) qu'EUCLIDE (3e s. av. J.-C.) avait écrit sur ce sujet un ouvrage spécial dont il ne nous est parvenu qu'un abrégé et une imitation. HÉRON D'ALEXANDRIE (1er s. ?), dans son *Traité de la Dioptre* et surtout dans ses *Métriques,* s'est également occupé de la question, mais il suppose le plus souvent que les surfaces sont évaluées numériquement.

L'esprit utilitaire des Arabes les conduisit à écrire sur la division des figures plusieurs ouvrages, manifestement inspirés du travail d'Euclide, parmi lesquels le traité spécial de MAHOMET DE BAGDAD (10e s.) et une partie du *Recueil de Constructions géométriques* d'ABOÛL WAFÂ (10e s.).

Le sujet est repris par les mathématiciens du Moyen âge: LÉONARD DE PISE dans sa *Practica Geometria* (1220) et JORDANUS NEMORARIUS dans son *De Triangulis* (13e s.).

Mais il fut surtout en honneur pendant la Renaissance, et on le trouve traité dans la plupart des nombreuses géométries pratiques de cette époque.

Aujourd'hui, on rencontre à peine dans les recueils de problèmes, sur la division des figures, la résolution de quelques cas simples. Il ne nous paraît donc pas inutile d'exposer dans ses grandes lignes cette intéressante question. Nous y trouverons l'occasion de remettre au jour quelques curieuses solutions remontant à l'Antiquité ou au Moyen âge.

§ 1. — Problèmes préliminaires.

I. *Transformer un triangle donné* ABC *en un autre équivalent et de hauteur donnée h.*

Soit DE la parallèle à AC menée à la distance h, D étant le point où cette parallèle rencontre BC. Menons ensuite par B à DA une parallèle qui rencontre AC en A′. Les triangles ABD et A′DA sont équivalents ; il en est donc de même des triangles ABC et A′DC.

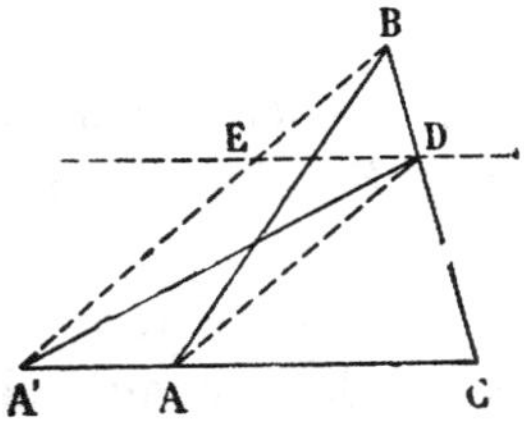

Tout triangle dont la base est A′C et dont le sommet est sur DE répond à la question.

II. *Transformer un polygone en un triangle équivalent.*

Nous emploierons l'élégant procédé dû à Euzet (1854) et que M. d'Ocagne a retrouvé en 1878.

Soit $A_1A_2A_3A_4A_5$ le polygone qu'il s'agit de transformer en un triangle dont le sommet devra être un point O situé dans l'intérieur du polygone et dont la base, placée sur le côté A_1A_5, aura une extrémité en un point donné P ; en sorte que OP sera un des côtés du triangle cherché.

Joignons le point O aux différents sommets du polygone, puis menons par P une parallèle à OA_1, qui rencontre en B_1 le prolongement de A_1A_2, par B_1 une parallèle à OA_2 qui rencontre en B_2 le prolongement de A_2A_3,...

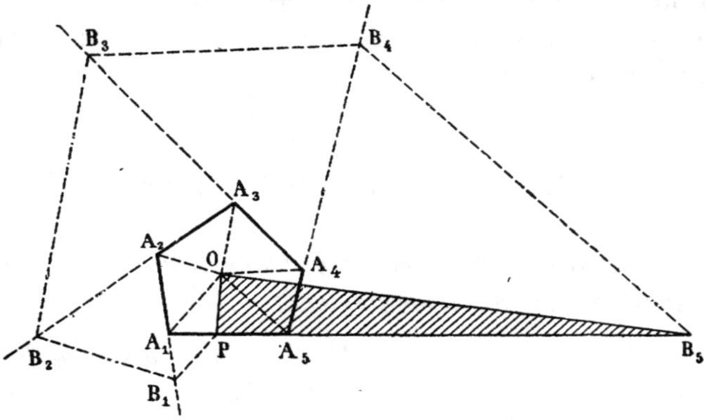

et enfin par B_4 une parallèle à OA_5 qui rencontre en B_5 le prolongement de A_1A_5. Le triangle OPB_5 est équivalent au polygone proposé.

En effet, on a successivement, par la considération de triangles d'aire égale comme ayant une base commune et même hauteur,

$$\text{tri. } OB_1A_1 = \text{tri. } OPA_1,$$

$$\text{tri. } OB_2A_2 = \text{tri. } OB_1A_2 = \text{tri. } OB_1A_1 + \text{tri. } OA_1A_2$$
$$= \text{tri. } OPA_1 + \text{tri. } OA_1A_2,$$

$$\text{tri. } OB_3A_3 = \text{tri. } OB_2A_3 = \text{tri. } OB_2A_2 + \text{tri. } OA_2A_3$$
$$= \text{tri. } OPA_1 + \text{tri. } OA_1A_2 + \text{tri. } OA_2A_3,$$

. . . .

$$\text{tri. } OB_5A_5 = \text{tri. } OB_4A_5$$
$$= \text{tri. } OB_4A_4 + \text{tri. } OA_4A_5 = \text{tri. } OPA_1 + \text{tri. } OA_1A_2$$
$$+ \text{tri. } OA_2A_3 + \text{tri. } OA_3A_4 + \text{tri. } OA_4A_5,$$

$$\text{tri. } OPB_5 = \text{tri. } OA_5B_5 + \text{tri. } OA_5'P = \text{tri. } OPA_1 + \text{tri. } OA_1A_2 + \cdots + \text{tri. } OA_4A_5 + \text{tri. } OA_5P.$$

La construction subsiste, mais se trouve simplifiée, dans le cas où le point O est donné sur un côté ou en un sommet du polygone.

III. *Par un point* O *du plan, mener une droite* EF *qui détermine sur les côtés d'un angle* XAY *un triangle* AEF *équivalent à un triangle donné* T.

1er Cas : le point O est situé à l'intérieur de l'angle.

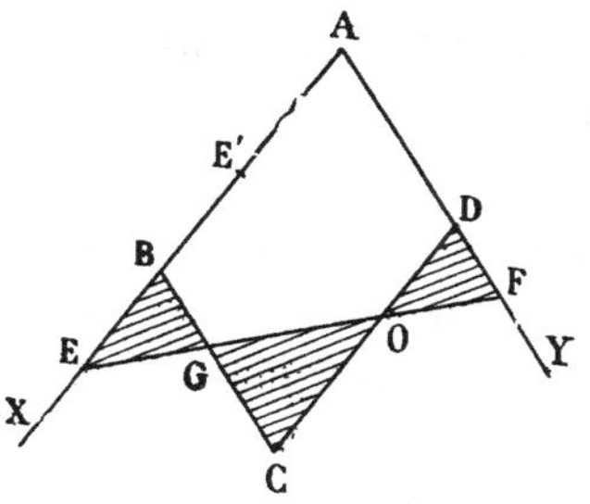

Construisons le parallélogramme ABCD, équivalent à T, dont deux côtés adjacents sont formés par les côtés de l'angle, l'un des deux autres côtés passant par O.

On pourra, à cet effet, chercher d'abord (Prob. I) un triangle T′ équivalent à T et dont la hauteur h sera la distance de O à AB ; si b est la base de T′, on a $AB = \frac{b}{2}$.

Le parallélogramme ABCD devant être équivalent au triangle cherché AEF, on a

$$\text{tri. } CGO = \text{tri. } EBG + \text{tri. } ODF,$$

d'où

$$\text{tri. } EBG = \text{tri. } CGO - \text{tri. } ODF. \quad (1)$$

Les trois triangles EBG, CGO et ODF étant semblables, sont proportionnels aux carrés de leurs côtés homologues et la relation (1) permet d'écrire

$$\overline{BE}^2 = \overline{CO}^2 - \overline{DO}^2. \quad (2)$$

Ainsi BE est le côté d'un triangle rectangle dont CO est l'hypoténuse et DO l'autre côté. B étant donné en position, on peut déterminer E, et joignant E à O on a la droite cherchée.

Pour que le problème soit possible, il est nécessaire d'après (2) qu'on ait $CO > DO$.

Un second point E′ répond également à la question.

Remarque. — L'aire du parallélogramme ABCD diminue en même temps que OC, ou d'après (2), en même temps que BE. Le minimum de ABCD et par suite du triangle AEF, correspond au cas où BE est nul, c'est-à-dire au cas où $CO = DO$; le segment EF est alors divisé en deux parties égales par le point O.

2e *Cas :* Le point O est situé à l'extérieur de l'angle.

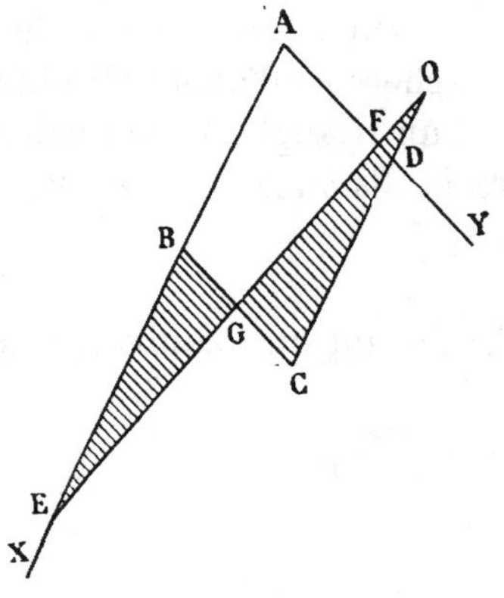

La solution est analogue. On construit le parallélogramme ABCD équivalent à T et dont un des côtés passe par O.

On a

tri. EBG = quadr. GFDC,

ou

tri. EBG = tri. GOC — tri. FOD.

On en déduit

$$\overline{BE}^2 = \overline{CO}^2 - \overline{DO}^2.$$

Le point E et la droite EF se trouvent ainsi déterminés.

IV. *Mener, parallèlement à une direction donnée, une*

droite EF *qui détermine sur les côtés d'un angle* XAY *un triangle* AEF *équivalent à un triangle donné* T.

Menons une droite quelconque BC parallèle à la direction donnée. Soit ABD un triangle de même aire que T

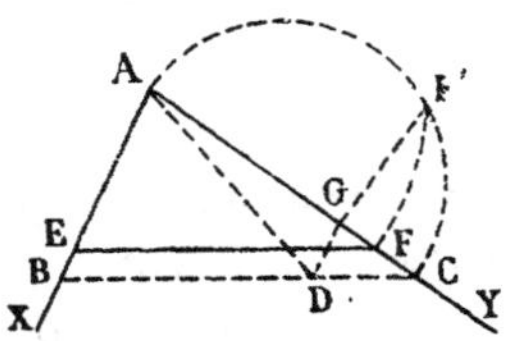

Fig. *a*.

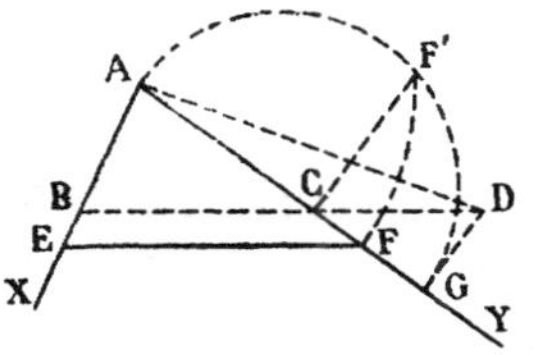

Fig. *b*.

et ayant son sommet en A et sa base BD sur BC (Prob. I) : D peut être entre B et C (*fig. a*) ou en dehors de BC (*fig. b*).

On a

$$\frac{\text{tri. AEF}}{\text{tri. ABC}} \quad \text{ou} \quad \frac{\text{tri. T}}{\text{tri. ABC}} = \frac{\overline{AF}^2}{\overline{AC}^2},$$

$$\frac{\text{tri. ABD}}{\text{tri. ABC}} \quad \text{ou} \quad \frac{\text{tri. T}}{\text{tri. ABC}} = \frac{BD}{BC}.$$

On en déduit $\quad \dfrac{\overline{AF}^2}{\overline{AC}^2} = \dfrac{BD}{BC};$

d'où

$$\overline{AF}^2 = \left(\frac{BD}{BC} \times AC\right) AC.$$

Si l'on pose $AG = \dfrac{BD}{BC} \times AC$, le point G est déterminé sur AY par une parallèle à AX menée par D. AF, moyenne proportionnelle entre AG et AC, s'obtient au moyen de la construction indiquée sur les figures ci-dessus.

§ 2. — Les droites de division passent par un point donné.

I. Le point donné O est a l'intérieur du polygone considéré.

1re Solution (Euzet, 1854). — Nous admettrons qu'une ligne de division OP est donnée. Soit $A_1A_2...A_5$ le polygone qu'il s'agit de diviser en parties proportion-

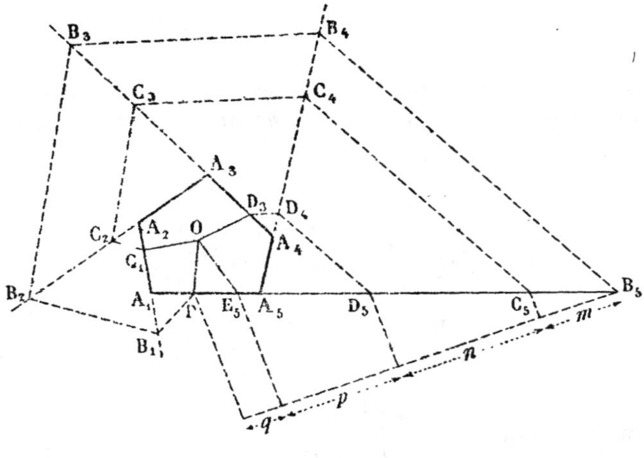

nelles à m, n, p, q. On détermine d'abord, comme nous l'avons indiqué (§ 1, II), la base PB_5 du triangle équivalent au polygone donné, puis on partage cette base en parties proportionnelles à m, n, p, q.

Un des points de division, E_5, se trouve ici entre P et A_5 ; il suffit de le joindre à O pour obtenir le triangle OPE_5 qui est équivalent à la $\left(\frac{q}{m+n+p+q}\right)^e$ partie du polygone, puisque les triangles OPE_5 et OPB_5 sont entre eux comme leurs bases.

Par les autres points de division, on mène des parallèles à B_5B_4 limitées à A_5A_4 ou à son prolongement, c'est-à-dire aux points C_4, D_4. Par ces derniers points, on mène des parallèles à B_4B_3 limitées à A_4A_3 ou à son prolongement, et on continue ainsi jusqu'à ce que les parallèles successives rencontrent les côtés du polygone en des points D_3 et C_1. En joignant O à D_3 et C_1, on obtient les autres droites de division.

Il suffit, pour le prouver, de montrer qu'une portion $OE_5A_5A_4D_3$ du polygone équivaut à la portion correspondante OE_5D_5 du triangle OPB_5. En effet, en ayant égard aux équivalences des triangles de bases et de hauteurs égales,

$$\text{tri. } OE_5D_5 = \text{tri. } OE_5A_5 + \text{tri. } OA_5D_5$$
$$= \text{tri. } OE_5A_5 + \text{tri. } OA_5D_4 = \text{quad. } OE_5A_5A_4 + \text{tri. } OA_4D_4$$
$$= \text{quad. } OE_5A_5A_4 + \text{tri. } OA_4D_3 = \text{pent. } OE_5A_5A_4D_3.$$

La construction subsiste dans le cas où le point O se trouve sur un côté ou en un sommet du polygone.

2e Solution. — Les données sont les mêmes. Joignons O aux sommets du polygone ; nous obtenons ainsi des triangles OPA_1, OA_1A_2, ... qu'on peut transformer (§ 1, I) en triangles ayant une hauteur commune h, celle par exemple du triangle OPA_1. Portons sur une droite indéfinie des segments $P'A'_1$, $A'_1A'_2$, ..., A'_5P'' représentant les bases des triangles ainsi transformés ; on a par exemple 2 aire $OA_1A_2 = A'_1A'_2 \times h$. Le triangle de base $P'P''$ et de hauteur h est équivalent au polygone donné.

Partageons maintenant le segment $P'P''$ en parties proportionnelles à m, n, p, q : les points de division sont C', D', E'. Les doubles des aires partielles cherchées sont respectivement représentés par

$$P'C' \times h, \qquad C'D' \times h, \qquad D'E' \times h \qquad \text{et} \qquad E'P'' \times h.$$

Or, considérons par exemple le double de la première aire,

$$P'C' \times h = (P'A'_1 + A'_1C')h = P'A'_1 \times h + A'_1C' \times h$$
$$= 2 \text{ aire } OPA_1 + A'_1C' \times h.$$

Nous devons ainsi détacher du triangle OA_1A_2 d'aire $\frac{1}{2} A'_1A'_2 \times h$ un triangle OA_1C d'aire $\frac{1}{2} A'_1C' \times h$. On a

$$\frac{\text{tri. } OA_1C}{\text{tri. } OA_1A_2} = \frac{A'_1C'}{A'_1A'_2}; \quad \text{comme} \quad \frac{\text{tri. } OA_1C}{\text{tri. } OA_1A_2} = \frac{A_1C}{A_1A_2},$$

on en déduit $$\frac{A'_1C'}{A'_1A'_2} = \frac{A_1C}{A_1A_2}.$$

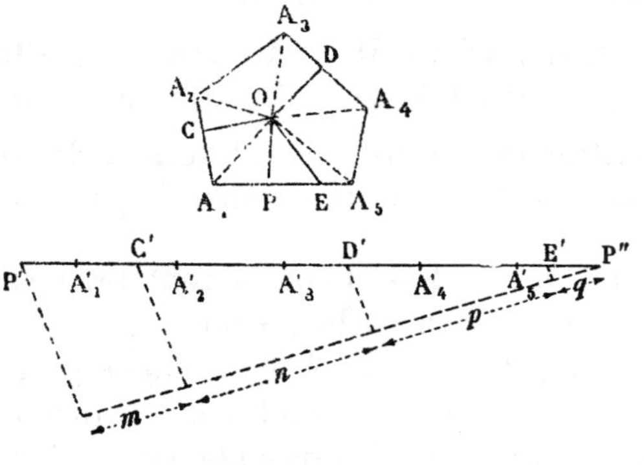

On obtiendra donc la position du point C sur A_1A_2 en partageant ce dernier segment proportionnellement à A'_1C' et à $C'A'_2$. On déterminera D et E d'une manière analogue.

La construction d'Euzet (1re Solution) est plus élégante et plus rapide que celle que nous venons d'exposer, mais elle est aussi moins exacte, car avec la première les erreurs commises dans le tracé des parallèles vont en s'accumulant.

Le principe du procédé de division des surfaces polygonales au moyen de segments de droite représentatifs se rencontre déjà chez les Grecs.

3e Solution. — Nous nous contenterons d'exposer cette solution dans le cas de la division d'un polygone en deux parties proportionnelles à m et à n ; elle devient assez compliquée dans l'application pour un plus grand nombre de parties. Cette solution est intéressante en ce sens qu'elle peut s'étendre au cas où le point donné O est à l'extérieur du polygone.

La division cherchée s'effectue ici au moyen d'une seule droite, alors que l'emploi des solutions précédentes conduit en général à une ligne brisée formée de deux droites concourant en O.

Triangle. — Soit le triangle ABC d'aire S ; en général, une droite passant par O le partagera en un triangle et un quadrilatère que nous ferons correspondre respectivement à m et n. Divisons l'un des côtés, BC par exemple, par le point F, proportionnellement à m et n ;

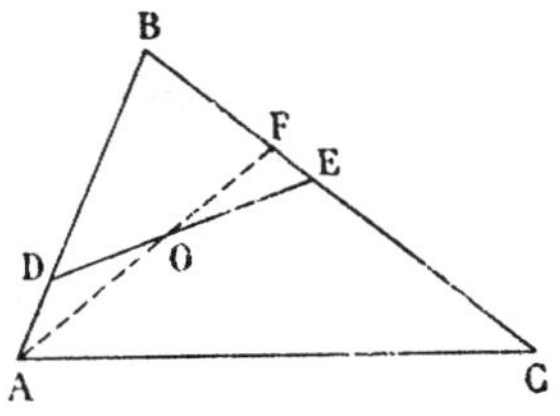

le triangle ABF a pour aire celle du triangle cherché, soit $S \times \frac{m}{m+n}$.

Le problème revient donc à mener par O dans l'angle ABC une droite DE qui détermine un triangle DBE équivalent à ABF (§ 1, III, 1er Cas). Il y a deux solutions, comme nous l'avons vu.

Si l'un des points D ou E tombe sur le prolongement des côtés AB ou BC, la construction est impossible avec l'angle ABC. On l'essaie alors avec l'un des deux autres angles du triangle ABC.

Voici pour le même problème la solution d'Euclide : Menons OF parallèle à BC et déterminons sur AB le point G tel que

$$BG = k \cdot \frac{AB \cdot BC}{FO}, \quad (1)$$

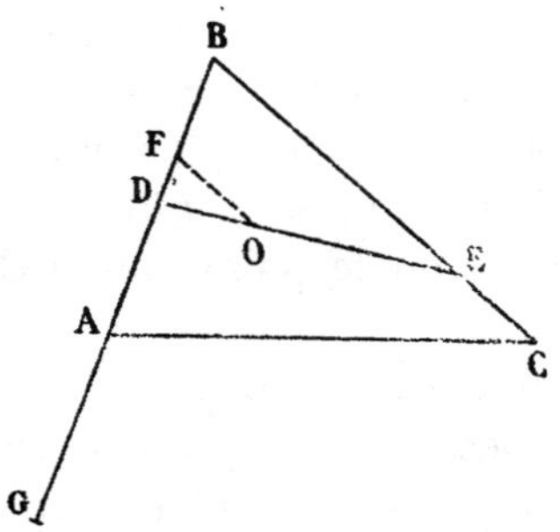

en posant

$$k = \frac{m}{m+n}.$$

Déterminons de même le point D, et par suite la droite DOE, au moyen de la relation

$$BD \times DG = BG \times BF. \quad (2)$$

DOE est bien la droite cherchée.

En effet, on tire de (2)

$$\frac{BG}{DG} = \frac{BD}{BF}, \quad \text{ou} \quad \frac{BG}{BG - DG} = \frac{BD}{BD - BF},$$

ou encore

$$\frac{BG}{BD} = \frac{BD}{DF}. \quad (3)$$

Mais les triangles semblables DBE et DFO donnent

$$\frac{BD}{DF} = \frac{BE}{FO}. \quad (4)$$

Rapprochant (3) et (4), il vient

$$\frac{BG}{BD} = \frac{BE}{FO};$$

d'où

$$BG \times FO = BD \times BE. \quad (5)$$

On peut donc écrire, en ayant égard à (1),

$$\frac{BD \times BE}{AB \times BC} = k.$$

Mais les aires des triangles DBE et ABC, qui ont un

angle commun, sont entre elles comme les produits $BD \times BE$ et $AB \times BC$. On a donc

$$\frac{\text{tri. DBE}}{\text{tri. ABC}} = k$$

et le triangle DBE répond bien à la question.

Remarques. — 1° On peut déterminer le point D [relation (2)] en observant que BD et DG sont les segments déterminés sur l'hypoténuse BG d'un triangle rectangle dont $H = \sqrt{BG \times BF}$ est la hauteur relative à l'angle droit.

La construction indiquée n'est donc possible que si $H < \frac{BG}{2}$, ou $BG \times BF < \left(\frac{BG}{2}\right)^2$ ou encore $BG > 4BF$.

2° Le point G ne peut se trouver entre B et D, car d'après (3), puisque $BD > DF$, on a aussi $BG > BD$.

Quadrilatère. — Prolongeons deux côtés opposés AD, BC du quadrilatère jusqu'à leur rencontre en G et portons sur une droite indéfinie des longueurs HJ, IJ proportionnelles aux aires des triangles ABG et DCG : par exemple, on prendra pour représenter l'aire de ABG sa base AG et pour représenter l'aire de DCG la base d'un triangle équivalent à DCG et ayant même hauteur que ABG.

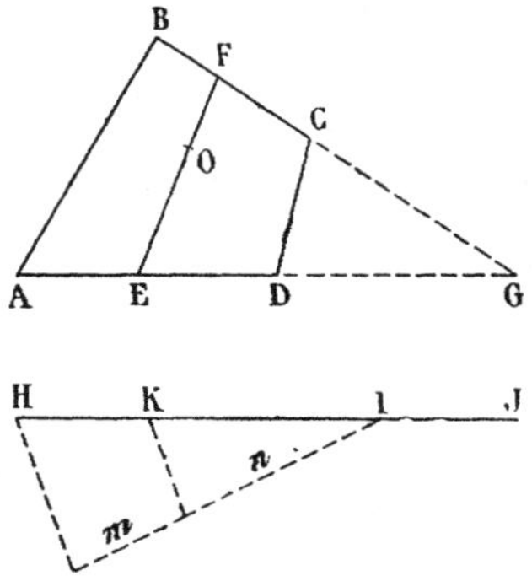

HI représente ainsi l'aire du quadrilatère donné.

Partageons maintenant le segment HI au point K proportionnellement à m et à n. Le problème sera ramené à diviser le triangle ABG en parties proportionnelles à HK et KJ (probl. précédent). La construction comporte, comme nous l'avons vu, plusieurs solutions.

On trouverait une autre série de solutions en prolongeant les deux autres côtés opposés AB et DC du quadrilatère proposé.

Polygone quelconque. — Décomposons le polygone donné ABCDEFG en triangles et quadrilatères au moyen de diagonales ; portons en HI, IJ, JK, sur une droite indéfinie, des segments proportionnels aux aires des surfaces partielles ainsi obtenues et divisons HK au point L dans le rapport $\frac{m}{n}$. Le point L tombant entre I et J, le problème est ramené à diviser le quadrilatère GBCF en deux parties proportionnelles à IL et LJ.

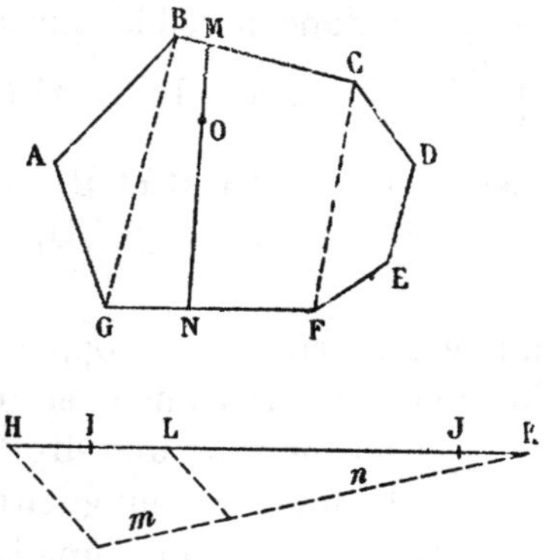

Pour que le problème soit possible avec la décomposition adoptée, il est nécessaire que la droite de division MN rencontre les côtés extérieurs BC, GF du quadrilatère GBCF ; s'il n'en était pas ainsi, on essaierait d'autres décompositions du polygone.

Il y a d'ailleurs en général plusieurs solutions, qu'on obtiendra en considérant toutes les décompositions possibles du polygone donné.

Cas particuliers. — *Par un point* O *du côté* AC *d'un triangle* ABC, *mener des droites qui divisent l'aire de ce triangle en parties proportionnelles à m, n, p, ...*

Divisons le côté AC proportionnellement à m, n, p, ..., et par les points de division F, G, ..., menons des parallèles à BO qui rencontrent les deux autres côtés en D, E, ... En joignant ces derniers points à O, on a les droites de division cherchées.

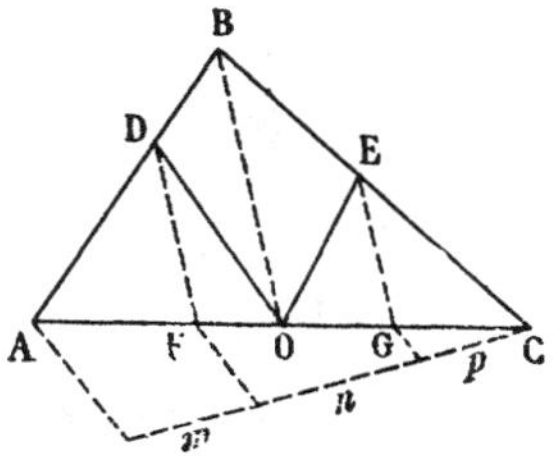

Il suffit de montrer que le triangle ADO, par exemple, est équivalent au triangle ABF. Or ADF est commun à ces deux triangles et FDB et FDO sont équivalents comme ayant même base FD et des hauteurs égales.

Diviser un triangle ABC *en trois parties proportionnelles à m, n, p, par des droites concourantes passant chacune par un sommet (fig. a).*

Divisons un des côtés AC en parties proportionnelles à m, n, p. Par les points de division D, E, menons à AB et BC des parallèles qui se rencontrent en O. En joignant O à A, B, C, on a les droites de division cherchées. On voit, en effet, par exemple, que les triangles AOB et ABD sont équivalents comme ayant même base AB et des hauteurs égales.

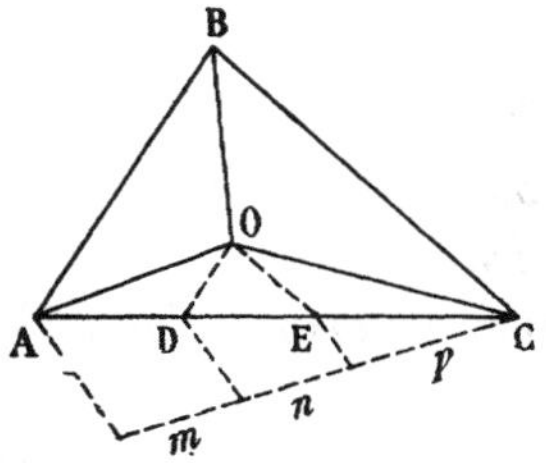

Fig. *a*.

Cette construction est donnée dans le *De Triangulis* de Jordanus Nemorarius (13e s.). Voici la simplification indiquée par le même auteur pour le cas où il s'agit de diviser le triangle en trois parties équivalentes (*fig. b*). On prend le tiers EC de AC ; par E on mène à CB une parallèle qui coupe AB en F. Le milieu O de EF est le point de rencontre des trois droites cherchées qui, comme on sait, sont les trois médianes du triangle.

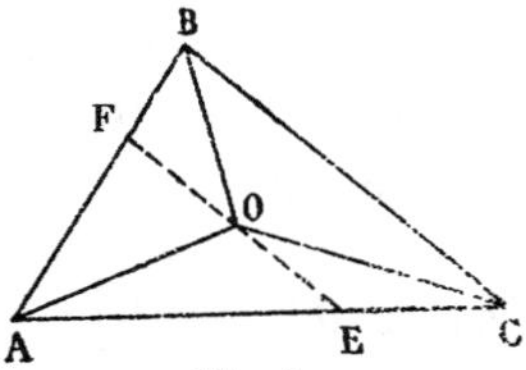

Fig. *b*.

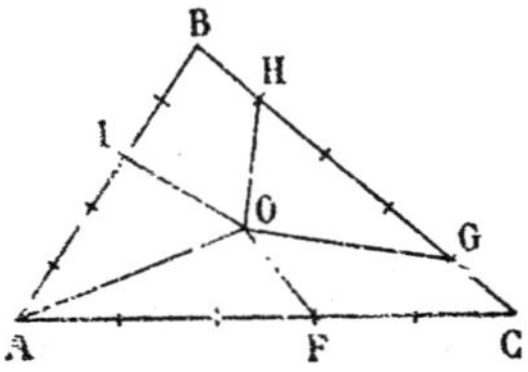

Fig. *c*.

Diviser un triangle en un nombre quelconque de parties équivalentes, 5 *par exemple, par des droites concourant en un point intérieur* O *non donné (fig. c).*

Divisons déjà le triangle ABC en trois parties équivalentes, suivant le procédé indiqué au problème précédent, par les médianes qui concourent en O ; puis partageons chacun des côtés du triangle en 5 parties égales. Si l'on joint les points de division au point O, les 3×5 triangles obtenus sont équivalents, puisque les triangles équivalents AOB, BOC et AOC sont eux-mêmes divisés chacun en 5 triangles d'aire égale.

Il suffira donc de grouper les 3×5 triangles 3 par 3 d'une manière quelconque pour résoudre le problème.

Par un point O *intérieur (ou extérieur) à un trapèze* ABCD, *mener une droite qui divise ce trapèze en deux parties proportionnelles à m et n.*

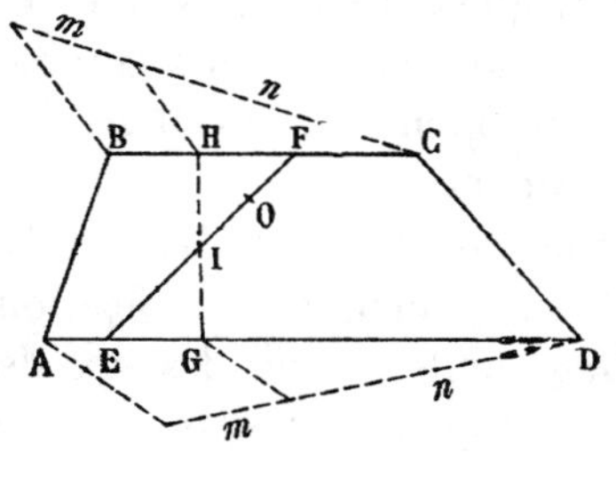

Voici la solution d'Euclide restituée par Woepcke.

Divisons AD et BC aux points G et H en parties proportionnelles à *m* et à *n*. Soit I le milieu de la droite GH ; en joignant I à O, on obtient la droite cherchée EF. En effet, le trapèze ABHG est évidemment la $\left(\frac{m}{m+n}\right)^{e}$ partie du trapèze total ; or les triangles EIG et IHF étant égaux, les trapèzes ABHG et ABFE sont équivalents.

On obtient une seconde solution en intervertissant les longueurs *m* et *n*.

La construction précédente n'est possible que si la transversale rencontre les deux côtés parallèles.

Par un point O *du côté* BC *d'un quadrilatère* ABCD, *mener une droite qui divise ce quadrilatère en deux parties proportionnelles à m et n.*

Construisons le triangle FOG équivalent au quadrilatère proposé, ayant son sommet en O et sa base FG sur le côté opposé AD. Puis divisons FG proportionnellement à *m* et *n* au point E : OE est la droite cherchée, car elle divise à la fois le triangle FOG et le quadrilatère qui lui est équivalent en parties proportionnelles.

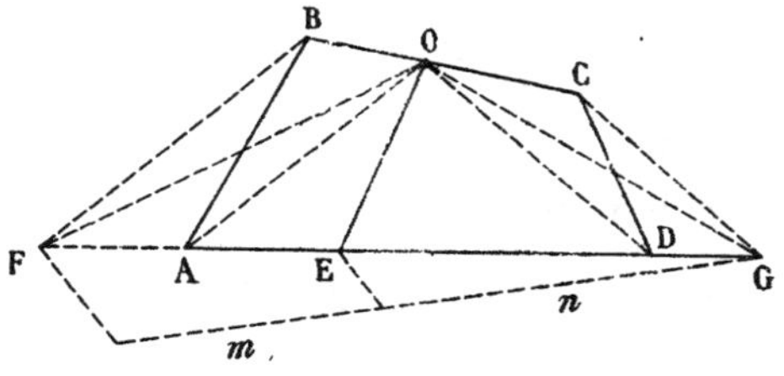

Si le point E tombait en dehors de AD, la conclusion précédente serait en défaut ; on construirait alors le triangle FOG sur AB ou CD.

Par un point O *du côté* BC *d'un quadrilatère* ABCD, *mener une droite qui divise ce quadrilatère en parties proportionnelles à* BO *et* OC.

Voici la solution donnée par Héron dans ses *Métriques* (1er s. ?).

On mène AO et OD, puis par A une parallèle à BC qui rencontre CD en E, et par E une parallèle à OD qui rencontre AD en F. Soit G le point qui détermine sur AF des segments proportionnels à BO et OC : OG est la droite cherchée.

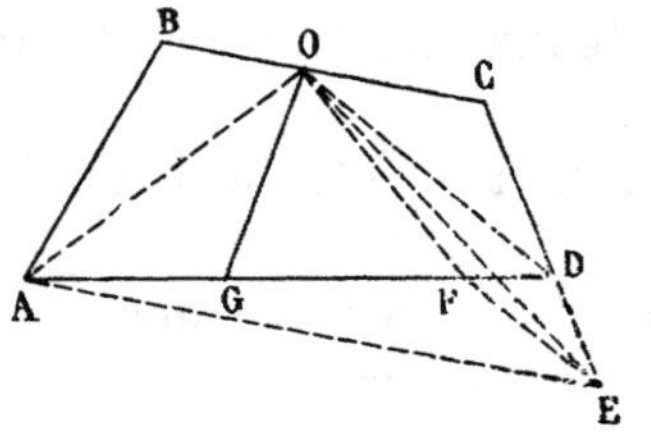

En effet, les triangles FOD et EOD sont équivalents comme ayant même base OD et des hauteurs égales ; il en est donc de même du quadrilatère FOCD et du triangle EOC. On a d'ailleurs

$$\frac{\text{tri. ABO}}{\text{tri. EOC}} \quad \text{ou} \quad \frac{\text{tri. ABO}}{\text{quad. FOCD}} = \frac{\text{BO}}{\text{OC}},$$

et

$$\frac{\text{tri. AOG}}{\text{tri. GOF}} = \frac{\text{BO}}{\text{OC}}.$$

Donc

$$\frac{\text{quad. ABOG}}{\text{quad. GOCD}} = \frac{\text{BO}}{\text{OC}}.$$

Héron utilise cette construction dans le cas où il s'agit de diviser le quadrilatère en un rapport donné $\frac{m}{n}$, O étant quelconque sur BC.

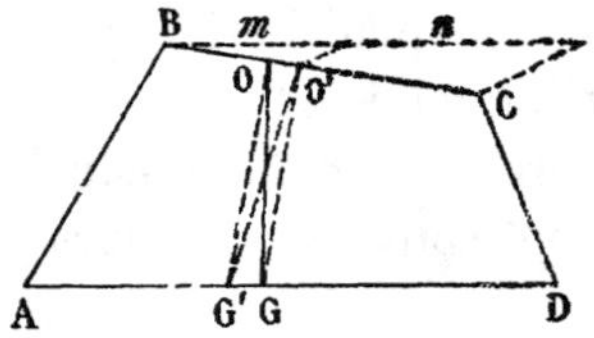

On divise BC en O′ dans le rapport $\frac{m}{n}$; on construit la droite O′G′ qui divise le quadrilatère dans le rapport $\frac{\text{BO}'}{\text{O}'\text{C}}$ ou $\frac{m}{n}$; on mène OG′ puis O′G parallèle à OG′ : OG est la droite cherchée, car on a ainsi remplacé le triangle G′OO′ par son équivalent G′OG.

Partager un quadrilatère ABCD *en deux parties équivalentes par une droite partant d'un sommet* D.

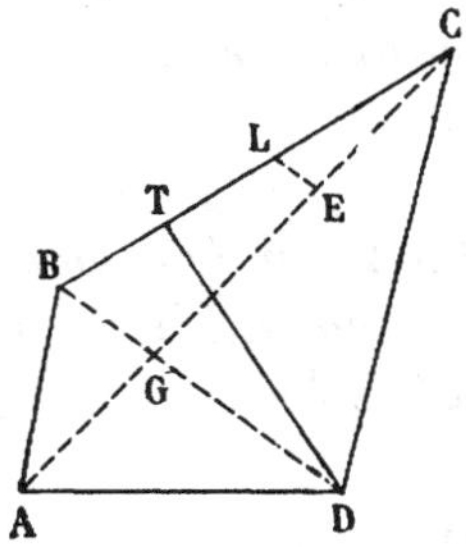

Voici la solution indiquée par Jordanus Nemorarius dans son *De Triangulis* (13e s.).

On mène les diagonales AC et BD qui se coupent en G ; en supposant GC > GA, on peut prendre CE = GA et mener EL parallèle à BD. La droite qui joint D au milieu T de BL est la droite cherchée.

En effet, on a

$$\frac{\text{tri. BDC}}{\text{tri. LDC}} = \frac{\text{BC}}{\text{LC}} = \frac{\text{GC}}{\text{EC}} = \frac{\text{GC}}{\text{GA}}$$

Or
$$\frac{\text{tri. BDC}}{\text{tri. BDA}} = \frac{\text{GC}}{\text{GA}}.$$

Donc
$$\frac{\text{tri. BDC}}{\text{tri. LDC}} = \frac{\text{tri. BDC}}{\text{tri. BDA}}.$$

Il résulte de cette dernière relation que les triangles BDA et LDC sont équivalents ; en ajoutant à BDA et LDC respectivement les triangles de même aire BDT et LDT, on obtient le quadrilatère ABTD et le triangle TDC, qui sont par suite équivalents.

II. Le point donné O est a l'extérieur du polygone considéré.

On suivra la même marche que dans la 3e Solution du cas où le point O est situé à l'intérieur du polygone.

La construction relative au triangle se ramènera de même à un problème déjà traité (§ 1, III, 2e Cas).

§ 3. — Les droites de division sont parallèles à une direction donnée.

I. Triangle. — *Diviser un triangle* ABC *en deux parties proportionnelles à* m *et* n *par une parallèle* EF *à l'un des côtés* AC.

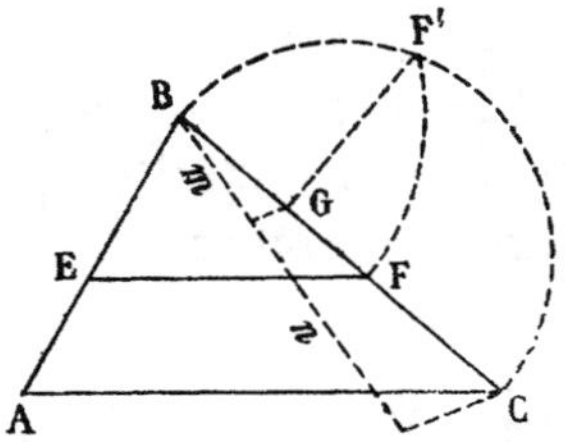

On a

$$\frac{\text{tri. BEF}}{\text{tri. BAC}} = \frac{m}{m+n} = \frac{\overline{BF}^2}{\overline{BC}^2}.$$

Il en résulte

$$\overline{BF}^2 = \left(\frac{m}{m+n} \cdot BC\right) BC.$$

BF est donc une moyenne proportionnelle entre $BG = \frac{m}{m+n} \cdot BC$ et BC. On en déduit la construction indiquée ci-contre.

On étend sans difficulté cette construction au cas de la division d'un triangle en un nombre quelconque de parties proportionnelles à m, n, p, ...

Diviser un triangle ABC *en deux parties proportionnelles à* m *et à* n *par une droite* EF *parallèle à une direction donnée* MN.

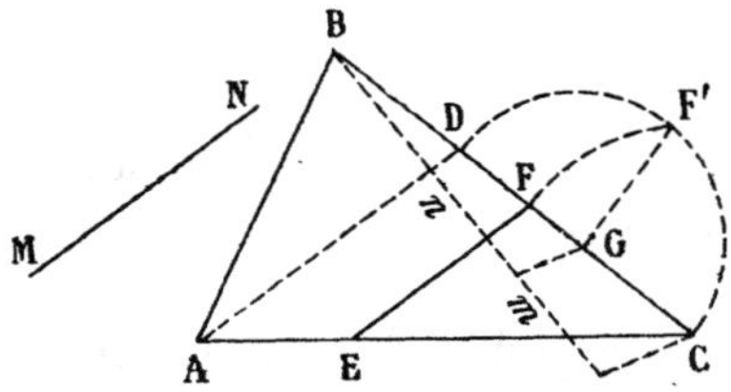

Soit AD une droite menée par A parallèlement à MN. Si G est le point qui divise CB en parties proportionnelles à m et à n, il suffit, en utilisant un problème résolu antérieurement (§ 1, IV), de déterminer dans l'angle C un triangle EFC équivalent à AGC et dont la base EF soit parallèle à AD. Mais on peut donner une solution directe plus rapide.

On a $\frac{\text{tri. EFC}}{\text{tri. ABC}} = \frac{m}{m+n}$ et $\frac{\text{tri. ABC}}{\text{tri. ADC}} = \frac{\text{BC}}{\text{DC}}$.

Multiplions ces deux relations membre à membre, il vient

$$\frac{\text{tri. EFC}}{\text{tri. ADC}} = \frac{m}{m+n} \cdot \frac{\text{BC}}{\text{DC}}. \tag{1}$$

On a d'autre part

$$\frac{\text{tri. EFC}}{\text{tri. ADC}} = \frac{\overline{\text{CF}}^2}{\overline{\text{CD}}^2}. \tag{2}$$

Rapprochant (1) et (2), on en déduit

$$\overline{\text{CF}}^2 = \left(\frac{m}{m+n} \cdot \text{BC}\right) \times \text{CD}.$$

Ainsi CF est une moyenne proportionnelle entre $\text{CG} = \frac{m}{m+n} \cdot \text{BC}$ et CD.

Comme la question précédente, dont elle est d'ailleurs une généralisation, la question que nous venons de traiter peut être étendue à la division du triangle en un nombre quelconque de parties proportionnelles.

II. Trapèze. — *Diviser un trapèze* ABCD *en deux parties proportionnelles à m et n par une parallèle aux bases.*

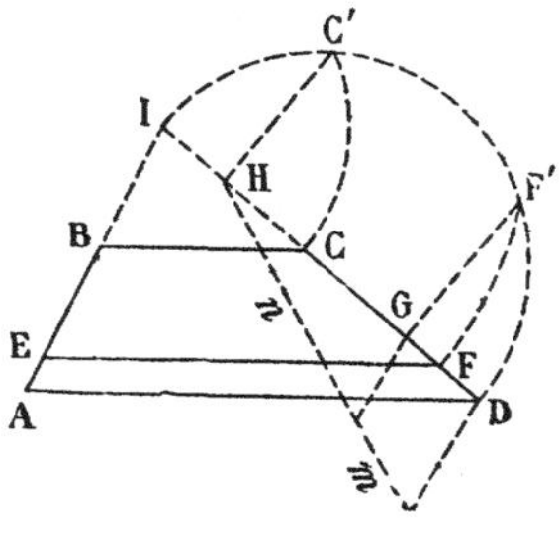

Soient I le point de rencontre des côtés non parallèles AB, CD et IC'F'D la demi-circonférence décrite sur ID comme diamètre. De I comme centre, avec le rayon IC, rabattons C en C' et projetons C' en H. Divisons HD en parties proportionnelles à m et n au point G. Projetons G en F′ et rabattons F′ en F avec le rayon IF′ : la parallèle EF à AD menée par F est la droite cherchée.

En effet, on a, par des considérations de similitude,

$$\frac{\text{trap. AEFD}}{\text{trap. ABCD}} \quad \text{ou} \quad \frac{\text{tri. IAD} - \text{tri. IEF}}{\text{tri. IAD} - \text{tri. IBC}} = \frac{\overline{\text{ID}}^2 - \overline{\text{IF}}^2}{\overline{\text{ID}}^2 - \overline{\text{IC}}^2}, \quad (1)$$

ou encore, puisque par construction $\overline{\text{IF}}^2 = \text{IG} \times \text{ID}$, $\overline{\text{CI}}^2 = \text{IH} \times \text{ID}$,

$$\frac{\text{trap. AEFD}}{\text{trap. ABCD}} = \frac{\text{ID} - \text{IG}}{\text{ID} - \text{IH}} = \frac{\text{GD}}{\text{HD}} = \frac{m}{m+n}.$$

III. Quadrilatère. — *Diviser un quadrilatère* ABCD *en deux parties proportionnelles à m et n par une droite* EF *parallèle à une direction donnée* MN.

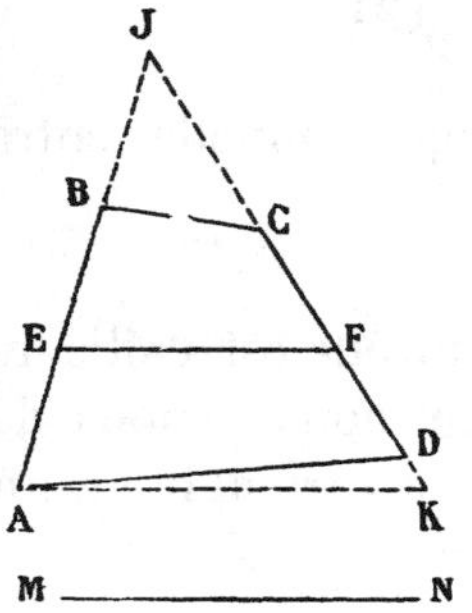

En se référant au cas du triangle (I), on pourrait suivre absolument la même marche qu'au § 2 (3e Solution).

On peut aussi employer un procédé imité de celui qui a servi à la résolution du problème précédent. Soit J le point de rencontre des côtés AB et DC. On a

$$\frac{\text{quad. AEFD}}{\text{quad. ABCD}} \quad \text{ou} \quad \frac{\text{tri. JAD} - \text{tri. JEF}}{\text{tri. JAD} - \text{tri. JBC}}$$
$$= \frac{\text{JA} \times \text{JD} - \text{JE} \times \text{JF}}{\text{JA} \times \text{JD} - \text{JB} \times \text{JC}} \quad \text{ou} \quad \frac{P^2 - X^2}{P^2 - Q^2}, \quad (2)$$

en posant

$$\text{JA} \times \text{JD} = P^2, \quad \text{JB} \times \text{JC} = Q^2 \quad \text{et} \quad \text{JE} \times \text{JF} = X^2. \quad (3)$$

On peut remarquer que l'expression (2) a la même forme que l'expression (1) du problème précédent où l'on ferait ID = P, IC = Q et IF = X ; X peut donc être construit comme il a été indiqué pour IF.

Menons maintenant AK parallèle à MN ; on a

$$\frac{JE}{JF} = \frac{JA}{JK},$$

ou

$$JE = JF \cdot \frac{JA}{JK}. \qquad (4)$$

Multiplions (3) et (4) membre à membre,

$$\overline{JE}^2 = X^2 \frac{JA}{JK}.$$

X a été déterminé précédemment, on connaît JA et JK. On peut donc construire JE, ce qui donne le point E, et il ne reste plus qu'à mener par E la droite EF parallèle à MN.

IV. Polygone quelconque. — *Diviser un polygone* ABCDEFG *en deux parties proportionnelles à m et n par une droite parallèle à une direction donnée* MN.

En se basant sur les résultats trouvés pour le triangle et le quadrilatère, on pourrait suivre absolument la même marche qu'au § 2 (3e Solution).

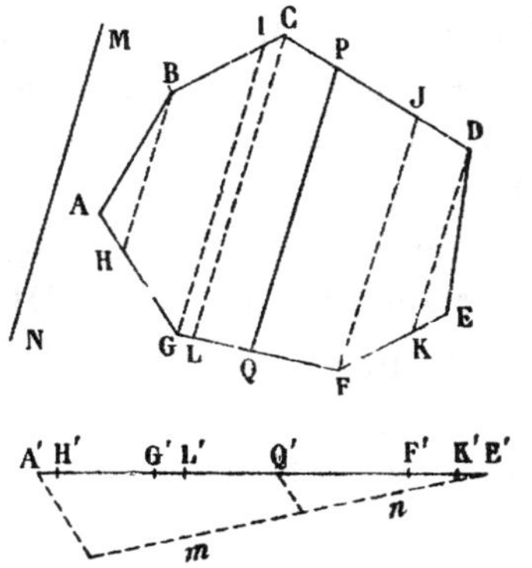

Mais il nous paraît plus simple d'employer le procédé suivant, qui a l'avantage de s'appliquer très facilement à la division en un nombre quelconque de parties proportionnelles.

Par chacun des sommets du polygone, on mène des parallèles BH, GI,

CL, ... à MN ; on décompose ainsi ce polygone en un certain nombre de triangles et de trapèzes. On porte sur une droite indéfinie en A'H', H'G', ..., K'E', des segments représentatifs des aires de ces dernières figures, et on divise A'E' proportionnellement à m et n. Le point de division Q' tombant sur le segment L'F' représentant l'aire du trapèze LCJF, la question revient à diviser ce trapèze, par une parallèle PQ à la base, en deux parties proportionnelles à L'Q' et Q'F' (II).

§ 4. — Questions diverses.

Diviser le carré ABCD *de côté a en deux parties équivalentes, de sorte qu'il y ait encore un chemin d'une largeur donnée c conduisant aux deux parties* (*Recueil* d'Aboûl Wafâ, 10ᵉ s.).

Sur CD prenons CH $= c$, prolongeons DA de la quantité AM $=$ DH $= a - c$, et prolongeons de même BA jusqu'à sa rencontre en L avec l'arc décrit de D comme centre et ayant DM comme rayon. Prenons sur LD, LK $=$ DH, et par K menons KZ parallèle à LB ; une parallèle à BC menée par H complète le tracé.

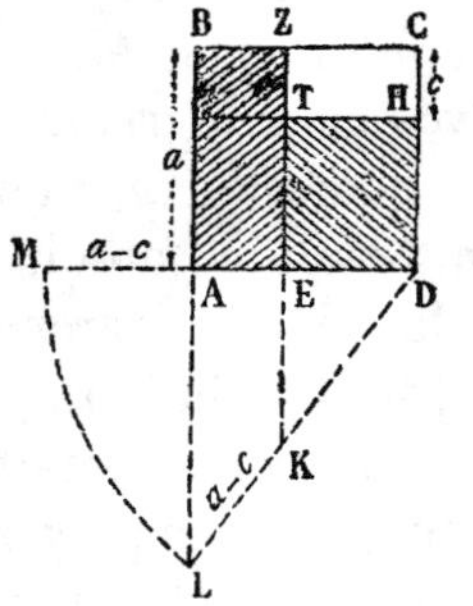

Nous allons montrer que les deux rectangles ABZE et ETHD sont équivalents. En effet, les parallèles AL et EK donnent

$$AE = \frac{LK \times AD}{LD} = \frac{(a-c)a}{2a-c}.$$

On en déduit $\quad$ aire ABZE $= \dfrac{a^2(a-c)}{2a-c}.$

On a d'autre part

$$\text{aire ETHD} = \text{DH} \times \text{DE} = (a-c)(a-\text{AE}) = \frac{a^2(a-c)}{2a-c}.$$

Diviser le carré ABCD *de côté a en trois parties équivalentes, de sorte qu'il y ait encore un chemin d'une largeur donnée c conduisant aux trois parties* (*Recueil* d'Aboûl Wafâ, 10e s.).

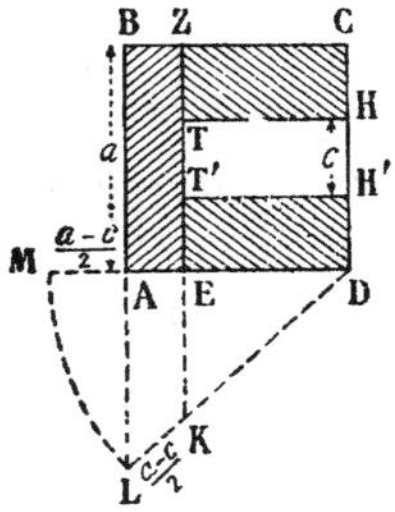

La construction est indiquée sur la figure ci-contre. On en prouverait l'exactitude comme pour le problème précédent.

Dans un carré ABCD, *on joint le milieu de chaque côté aux extrémités du côté opposé; l'octogone intérieur convexe ainsi formé a pour aire le sixième de celle du carré* (*J[al] de Vuibert*, 1891).

Pour prouver que les aires de l'octogone A'E' ... H' et du carré ABCD sont dans le rapport de 1 à 6, il suffit de montrer qu'il en est de même des aires des triangles A'OH' et AOH, O désignant le centre du carré.

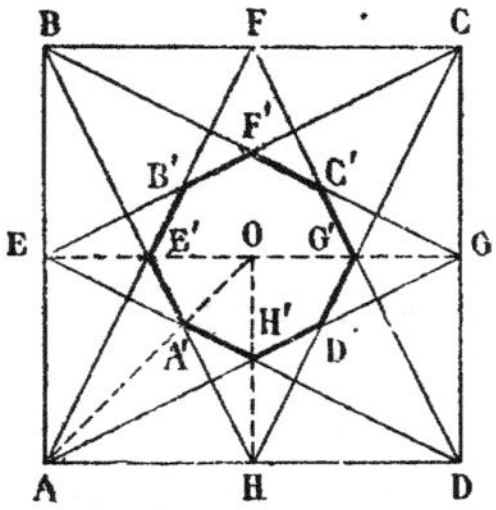

Or puisque OH' = H'H, on a aussi

tri. A'OH' = 1/2 tri. A'OH.

D'autre part, dans le triangle AEG, les médianes AO et EH' se coupent au tiers de leur longueur à partir de la base ; on a donc

OA' = 1/3 OA

et

tri. A'OH = 1/3 tri. AOH.

Par suite

tri. A'OH' = 1/6 tri. AOH.

En projetant la figure ci-dessus sur un plan quelconque, on verrait que cette proposition s'étend au cas d'un parallélogramme.

Si dans un quadrilatère ABCD *on mène par les milieux* I *et* K *de chacune des diagonales une parallèle à l'autre et qu'on joigne le point de concours* O *aux milieux* E, F, G, H *des côtés du quadrilatère, ce dernier sera partagé en quatre quadrilatères équivalents* (Brune, *J[al] de Crelle,* 1841).

En effet, menons la droite FG qui, comme on le sait, est parallèle à BD et, par suite, à IO. Le quadrilatère IFCG est le quart du quadrilatère total, car il est la moitié du quadrilatère rentrant IBCD, qui est lui-même la moitié de ABCD.

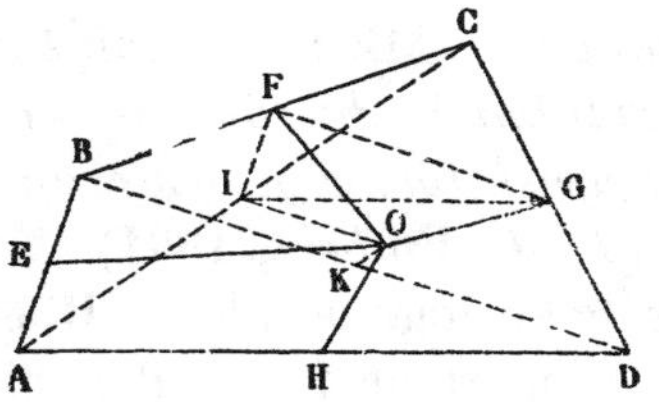

Mais les quadrilatères OFCG et IFCG sont équivalents, car ils ont une partie commune FCG et les triangles OFG, IFG sont équivalents ; donc

$$\text{quad. OFCG} = 1/4 \text{ quad. ABCD.}$$

La démonstration serait analogue pour chacune des autres parties.

Partager un cercle donné en un nombre quelconque de parties équivalentes entre elles tant en aire qu'en contour (Lhuillier, *Ann. de Gergonne,* tome I, 1810).

Soit AA′ le diamètre du cercle à diviser en un certain nombre de parties équivalentes, 5 par exemple. Partageons AA′ en $5 \times 2 = 10$ parties égales entre elles, aux points C, D, ..., D′, C′ ; soit r l'une de ces parties. Des points C, D, E, F, avec les rayons respectifs r, $2r$, $3r$,

$4r$, décrivons des demi-circonférences au-dessus de AA′; décrivons ensuite avec les mêmes rayons, des points C′, D′, E′, F′, des demi-circonférences au-dessous de AA′. Nous obtenons ainsi 5 surfaces à contour curviligne qui répondent à la question.

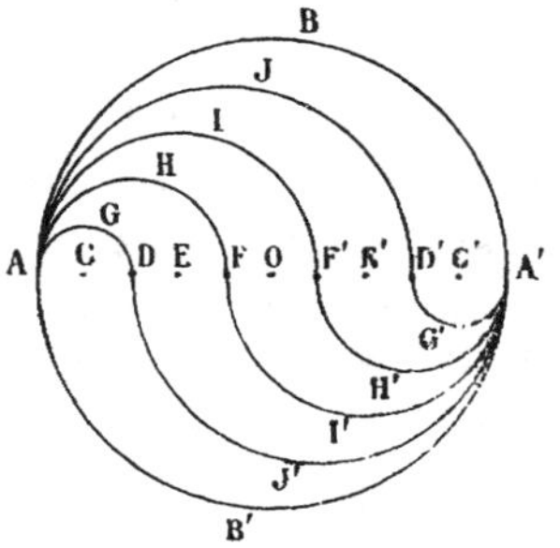

En effet, les longueurs des demi-circonférences supérieures (y compris celle de centre A ayant un rayon nul et celle de centre O ayant pour rayon $5r$) forment la progression arithmétique

$$0, \quad \pi r, \quad 2\pi r, \quad 3\pi r, \quad 4\pi r, \quad 5\pi r;$$

la somme de deux demi-circonférences à égale distance des extrêmes, comme G et J — ou ce qui revient au même, comme G et J′ ou J et G′ — est égale à la somme des extrêmes, soit à $5\pi r$. Ainsi, chacune des lignes courbes analogues à AGJ′A′ a pour longueur la demi-circonférence du cercle donné ; de sorte que le périmètre d'une des surfaces divisionnaires est précisément égal à la circonférence entière et est, par suite, constant.

D'autre part, les valeurs des aires des surfaces situées au-dessus de AA′ forment la progression arithmétique

$$\frac{\pi r^2}{2}, \quad \frac{3\pi r^2}{2}, \quad \frac{5\pi r^2}{2}, \quad \frac{7\pi r^2}{2}, \quad \frac{9\pi r^2}{2};$$

la somme des aires à égale distance des extrêmes comme G.H et I.J (ou, ce qui revient au même, comme G.H et I′.J′ ou I.J et H′.G′) est égale à la somme des extrêmes, soit à $5\pi r^2$. On en déduit que l'aire des surfaces divisionnaires est constante et égale au 1/5 de celle du cercle donné.

Diviser en deux parties équivalentes au moyen d'une droite la figure ACZB *limitée par un arc de cercle* CZB *et par deux droites* AC *et* AB (*Traité* d'EUCLIDE, 3ᵉ s. av. J.-C.).

Menons BC et par son milieu E élevons une perpendiculaire qui rencontre l'arc de cercle en Z. On a surf. CEZ = surf. BEZ et tri. ACE = tri. ABE ; donc surf. ACZE = surf. ABZE. Par suite, si AEZ est une droite, et alors le triangle ACB est isocèle, le problème est résolu.

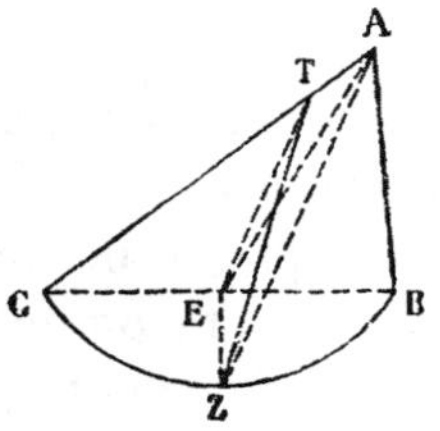

Dans le cas où AEZ est une ligne brisée, menons par E une parallèle à AZ qui rencontre AC en T : TZ est la droite cherchée. On a en effet tri. TZA = tri. EZA ; si l'on ajoute à chacun de ces triangles la surface ABZ, on aura surf. ABZT = surf. ABZE. Or, cette dernière surface a pour aire la moitié de celle de la figure donnée, qui est par suite divisée en deux parties équivalentes par la droite TZ.

Mener dans un cercle donné deux parallèles qui coupent une partie déterminée d'un cercle D, *le tiers par exemple* (*Traité* d'EUCLIDE).

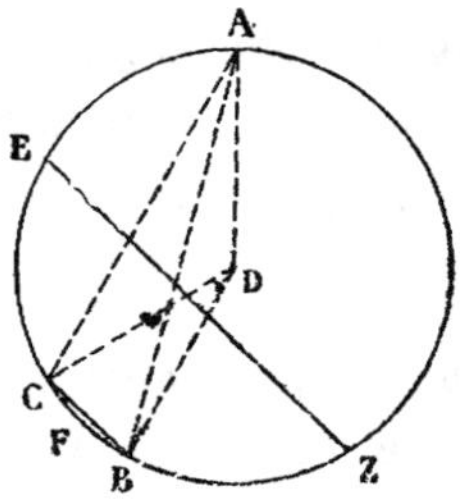

Soit AC le côté du triangle équilatéral inscrit dans le cercle D. Menons AD et DC, puis DB parallèle à AC. Joignons C à B et par le milieu E de l'arc AC menons la parallèle EZ à CB : ECBZ est la surface cherchée.

En effet, on a tri. ACD = tri. ACB : si l'on ajoute à chacun de ces triangles le segment AEC, on a surf. AECD = surf. AECB. Mais surf. AECD = 1/3 cercle ; donc surf. AECB = 1/3 cercle.

D'autre part, EZ étant parallèle à CB, $\overset{\frown}{EC} = \overset{\frown}{BZ}$, et comme $\overset{\frown}{EC} = \overset{\frown}{EA}$, $\overset{\frown}{EA} = \overset{\frown}{BZ}$; si l'on ajoute $\overset{\frown}{EB}$ à chacun de ces derniers arcs, on a $\overset{\frown}{AB} = \overset{\frown}{EZ}$. Donc corde AB = corde EZ et segm. AECFB = segm. ECFBZ ; si l'on retranche de part et d'autre le segment commun BFC, on a

surf. AECB = surf. ECBZ = 1/3 cercle.

S'il s'agissait de couper le quart, le cinquième, le sixième,... du cercle, la solution serait analogue en prenant pour AC le côté du carré, du pentagone régulier, de l'hexagone régulier,...

Décomposer un cercle donné A *en trois parties équivalentes par trois droites* (*Métriques* de Héron, 1er s. ?).

Ce problème est impossible à résoudre exactement au moyen de la règle et du compas ; mais Héron en a donné une solution approximative (à 1/90 près environ) que nous allons exposer.

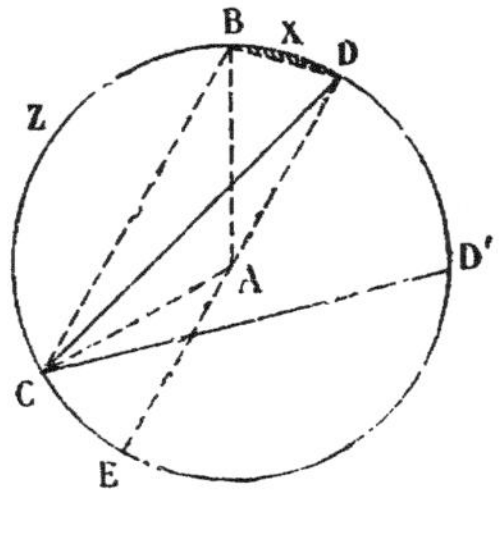

Soit CB le côté du triangle équilatéral inscrit dans le cercle A ; on mène le diamètre ED parallèle à CB. La droite CD détermine un segment circulaire CZBXD dont l'aire est sensiblement égale au tiers de celle du cercle.

En effet, l'aire du secteur ACZB est exactement égale à ce tiers. Si nous remplaçons le triangle CAB par son équivalent CBD, nous obtiendrons la surface mixtiligne CZBD équivalente au secteur ; en ajoutant à cette surface le petit segment BXD dont l'aire est environ 1/90 de celle du secteur ACZB, nous obtenons le segment CZBXD.

La seconde droite cherchée CD′ est symétrique de CD par rapport à CA.

BIBLIOGRAPHIE

F. WOEPCKE. — *Notice sur des traductions arabes de deux ouvrages perdus d'Euclide.* J[al] Asiat., 2e sem. 1851.

H. SCHÖNE. — *Herons von Alexandria Vermessungslehre und Dioptra.* Leipzig, 1903, in-8°.

GREGORY. — *Euclidis quæ supersunt omnia.* Oxford, 1703, in-fol.

F. WOEPCKE. — *Analyse et extraits d'un recueil de constructions géométriques d'Aboûl Wafâ.* J[al] Asiat., 1er sem. 1855.

B. BONCOMPAGNI. — *Scritti di Leonardo Pisano...* Rome, 1857-62.

JORDANUS NEMORARIUS. — *De Triangulis.* Édition Curtze, Thorn, 1887.

LUCAS DE BURGO. — *Summa de Arithmetica, Geometria, Proportioni et Proportionalita.* Venise, 1494, in-fol.

NICOLO TARTAGLIA. — *General trattato di numeri et misure.* Venise, 1556-1560, in-fol.

CLAVIUS. — *Opera mathematica.* Mayence, 1612, in-fol.

ERRARD DE BAR-LE-DUC, revu par HANRION. — *La Geometrie et practique generalle d'icelle,* 3e éd. Paris, 1619, in-8°.

SIMON STEVIN. — *Œuvres mathématiques.* Édition Albert Girard. Leyde, 1634, in-fol.

Abbé DEIDIER. — *La Science des géomètres.* Paris, 1739, in-4°.

EUZET. — *Nouvelle méthode pour diviser un polygone en parties proportionnelles.* Nouv. Ann. de Math., 1854.

CHAPITRE V

STÉRÉOMÉTRIE

---

§ 1. — Corps polyédraux.

Prisme. — On a certainement su déterminer le volume du parallélépipède droit et vraisemblablement celui du prisme droit dès la plus haute Antiquité. La connaissance de la mesure du prisme oblique est sans doute plus récente. EUCLIDE (3e s. av. J.-C.), dans ses *Éléments,* ne traite que le cas particulier du parallélépipède oblique ; on ne trouve l'étude du cas général que dans les *Métriques* de HÉRON (1er s. ?).

Pyramide. — **Égyptiens.** — Les Égyptiens connaissaient probablement la mesure exacte de la pyramide, car étant donné le grand nombre de monuments de cette forme édifiés par eux, ces grands constructeurs ont dû nécessairement se rendre compte des volumes de matériaux qu'ils employaient.

Un second argument vient à l'appui de ce que nous venons de dire. Nous trouvons dans le *Manuel* d'AHMÈS (2000 av. J.-C.) diverses questions relatives au calcul de l'un des trois éléments suivants d'une pyramide régulière à base carrée SABCD lorsqu'on connaît les deux autres : la demi-diagonale AO de la base, l'arête

SA et le rapport $\frac{AO}{SA}$ ou *seqt* [1] de la demi-diagonale à l'arête. Voici par exemple la première de ces questions.

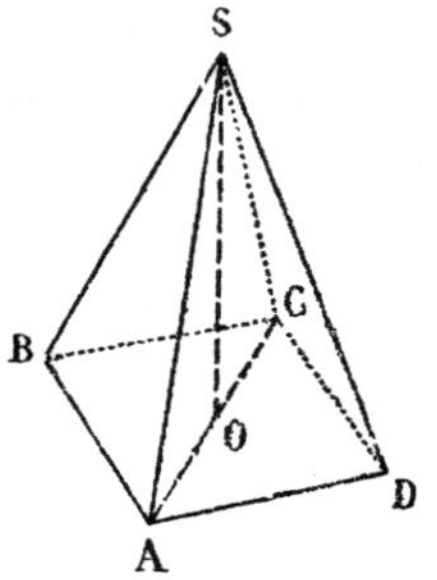

« Règle pour calculer une pyramide de 360 coudées à la diagonale de la base, 250 coudées à l'arête. Donne-moi son rapport.

Fais la moitié de 360, ce qui donne 180 [AO] ; divise 180 par 250 [SA], cela fait $\frac{1}{2}\frac{1}{5}\frac{1}{50}$. »

Le rapport cherché est donc $\frac{1}{2}\frac{1}{5}\frac{1}{50}$: il est donné, conformément à l'usage égyptien et grec, sous forme de fractions ayant l'unité pour numérateur ; on a d'ailleurs

$$\frac{1}{2}+\frac{1}{5}+\frac{1}{50}=\frac{36}{50}=\frac{180}{250}.$$

Les problèmes dont nous venons de donner un spécimen se posaient lors de la construction des tombeaux ; leur connaissance est surprenante pour l'époque et montre bien que les Égyptiens avaient poussé assez loin l'étude des propriétés de la pyramide.

Grecs. — Nous savons par un passage d'Archimède que Eudoxe (4e s. av. J.-C.) est le premier qui ait démontré la proposition suivante : « Une pyramide est le tiers d'un prisme qui a la même base et la même hauteur. » On retrouve cette proposition dans les *Éléments* d'Euclide (3e s. av. J.-C.).

Héron, dans ses *Métriques* (1re s. ?), donne comme exemple le calcul d'une pyramide oblique dont la base est un pentagone régulier.

---

(1) Ce que nous appelons aujourd'hui le *sinus* de l'angle ASO.

Dans la Collection héronienne, on trouve plusieurs problèmes où il s'agit de déterminer le volume d'une pyramide isocèle à base carrée ou triangulaire connaissant l'arête et les côtés de la base.

Hindous. — ARYABHAṬṬA (6e s.) donne une règle inexacte : « Le demi-produit de la base par la hauteur est le solide à six arêtes. »

En revanche, BRAHMEGUPTA (7e s.) et BHÂSKARA (12e s.) savent calculer exactement le volume de la pyramide. Voici par exemple le précepte du premier relatif à cette question : « L'aire de la figure plane multipliée par la profondeur donne le contenu de l'excavation (1) régulière [prisme] ; et celui-ci, divisé par 3, est le contenu de l'aiguille [pyramide]. »

Arabes. — MOHAMMED BEN MOUSSA, dans la partie géométrique de son *Algèbre* (vers 820), donne la règle suivante : « Pour la pyramide, qu'elle soit triangulaire, quadrangulaire, circulaire, tu multiplies un tiers de la superficie de sa base par sa colonne (hauteur), c'est là sa mesure. »

A noter que MOHAMMED, comme d'ailleurs les Hindous, ne fait pas de distinction entre la pyramide et le cône.

Tronc de pyramide. — **Égyptiens.** — Le *Manuel* d'AHMÈS (2000 av. J.-C.) contient la question ci-après : « Règle pour calculer un grenier quadrangulaire de 10 coudées de longueur, 10 de largeur et 10 de hauteur. Combien contient-il de blé ? »

L'auteur, après avoir fait le produit de la base par la hauteur, ajoute à ce produit sa moitié, ce qui donne

(1) Dans la section des ouvrages hindous qui traite de la détermination des volumes, il est toujours question de trouver le contenu d'une excavation. Cette section porte d'ailleurs le titre : « Excavations ».

1500 : c'est ce qu'il considère comme le volume; puis il prend 1/20 de 1500, afin d'obtenir le résultat en mesures de capacité pour les grains.

Eisenlohr, le traducteur du célèbre papyrus Rhind qui renferme le *Manuel*, pense qu'il s'agit d'un volume pyramidal tronqué à bases carrées, et que la longueur et la largeur données se rapportent à la petite base ; le rapport entre les côtés des deux bases était sans doute toujours le même dans les greniers égyptiens, ce qui expliquerait l'absence d'indications du papyrus sur les dimensions de la grande base.

Voici comment on peut déterminer ce rapport entre les côtés a et a' des grande et petite bases. La hauteur étant désignée par h, le volume calculé par la règle ci-dessus est $\frac{3}{2}a'^2h$. Or, la Collection héronienne contient pour la détermination du volume du tronc de pyramide la formule approchée $h\left(\frac{a+a'}{2}\right)^2$, qui peut très bien être d'origine égyptienne ; on peut donc écrire, en considérant cette dernière hypothèse comme fondée,

$$\frac{3}{2}a'^2h = h\left(\frac{a+a'}{2}\right)^2,$$

d'où

$$(a+a')^2 = 6a'^2,$$
$$a+a' = 2{,}45\,a'$$

et

$$\frac{a}{a'} = 1{,}45.$$

En admettant même que les Égyptiens aient connu la règle exacte, qui se traduit comme on sait par la formule $\frac{h}{3}(a^2+a'^2+aa')$, on arriverait en procédant comme ci-dessus à la valeur $\frac{a}{a'} = 1{,}44$, qui coïncide sensiblement avec la précédente.

Eisenlohr a d'ailleurs relevé sur un document égyptien l'image d'un réservoir à blé dont les dimensions s'accordent avec le résultat que nous venons d'obtenir.

Grecs. — Euclide ne traite pas, dans ses *Éléments* (3e s. av. J.-C.), de la mesure du tronc de pyramide. Héron, dans ses *Métriques* (1er s. ?) donne une règle élégante et curieuse qui peut se traduire ainsi : *Le volume du tronc de pyramide triangulaire à bases parallèles est équivalent à deux prismes ayant pour hauteur celle du tronc et pour bases, le premier un triangle dont les côtés sont les demi-sommes des côtés homologues des bases du tronc, et le second le tiers d'un triangle dont les côtés sont les demi-différences des mêmes côtés homologues.*

En effet, soit le tronc de pyramide ABCDEZ de hauteur h ; menons par E un plan parallèle à DACZ qui coupe ABC suivant HT ; on a AH $=$ DE, CT $=$ ZE. Soit N le milieu de HT ; les plans DEN, ZEN coupent ABC suivant les droites XNL et MNK. XN est égale et parallèle à DE et AH ; MN est égale et parallèle à CT et ZE ; par suite, N étant le milieu de HT, K et L sont respectivement les milieux de BH et BT. De plus, AXNH et MCTN sont des parallélogrammes équivalents. car ils ont même hauteur et des bases égales HN et NT.

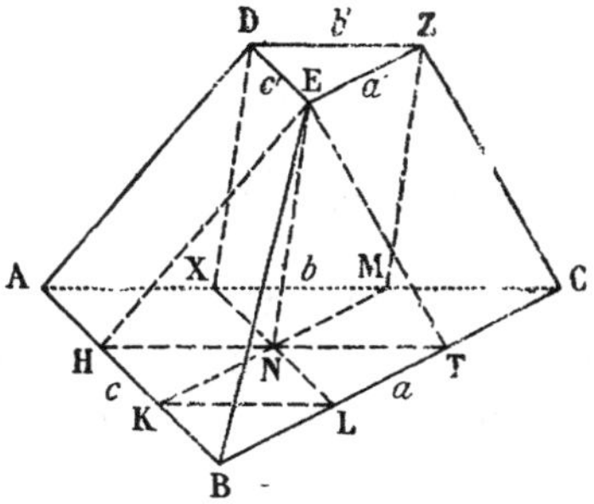

On peut alors décomposer le tronc de pyramide donné comme suit :

$$\text{Vol. pr. XMNEDZ} = \text{tri. XMN} \times h,$$
$$\text{Vol. pr. AXNHED} = 1/2 \text{ parall. AXNH} \times h$$
$$= 1/2 \text{ parall. MCTN} \times h,$$

$$\text{Vol. pr. MCTNEZ} = 1/2 \text{ parall. MCTN} \times h,$$
$$\text{Vol. pyr. EHTB} = 1/3 \text{ tri. HTB} \times h$$
$$= (\text{tri. NTL} + 1/3 \text{ tri. NTL}) \times h.$$

On en déduit, en faisant la somme de ces relations membre à membre,

$$\text{Vol. tr. de pyr.} = h(\text{tri. XMN} + \text{parall. MCTN} + \text{tri. NTL} + 1/3 \text{ tri. NTL}) = h(\text{tri. XCL} + 1/3 \text{ tri. NTL}).$$

Or, si l'on désigne par a, b, c les côtés de la grande base, par a', b', c' les côtés homologues de la petite base, les côtés du triangle NTL ont respectivement pour valeur $\text{LT} = \frac{a - a'}{2}$, $\text{NT} = \frac{b - b'}{2}$, $\text{LN} = \frac{c - c'}{2}$; ceux du triangle XCL ont pour valeur $\text{CL} = \text{CT} + \text{LT} = a' + \frac{a - a'}{2} = \frac{a + a'}{2}$, $\text{XC} = \text{XM} + \text{MC} = \text{XM} + \text{NT} = \frac{b + b'}{2}$, $\text{LX} = \text{AK} = \frac{c + c'}{2}$.

On a donc bien la proposition annoncée.

Dans une autre question, Héron étend son procédé à la recherche du volume d'un tronc de pyramide à bases carrées. Si l'on désigne par a et a' les côtés des bases, la règle de Héron revient à appliquer la formule

$$V = h\left[\left(\frac{a + a'}{2}\right)^2 + 1/3\left(\frac{a - a'}{2}\right)^2\right].$$

Il suffit, en effet, de diviser le tronc de pyramide en deux parties égales par un plan diagonal et d'appliquer la règle donnée ci-dessus à chacun des troncs de pyramides, triangulaires ainsi obtenus. On détermine de cette façon sur la grande base du solide considéré deux groupes de deux triangles rectangles isocèles égaux, l'un de ces triangles, de côté $\frac{a+a'}{2}$, correspondant à XCL. l'autre, de côté $\frac{a-a'}{2}$, correspondant à NTL ; le premier groupe forme un carré d'aire $\left(\frac{a+a'}{2}\right)^2$ et l'autre un carré d'aire $\left(\frac{a-a'}{2}\right)^2$.

Cette règle se retrouve dans la Collection héronienne.

Hindous. — Brahmegupta (7ᵉ s.) donne les trois règles suivantes dans son *Arithmétique,* pour le calcul d'une excavation en forme de tronc de pyramide à bases carrées.

« L'aire, déduite des moitiés des sommes des côtés au sommet et au fond, étant multipliée par la profondeur, est la mesure pratique du contenu.

La moitié de la somme des aires au sommet et au fond, multipliée par la profondeur, donne le contenu grossier.

Soustrayant le contenu pratique de l'autre, divisant la différence par 3 et ajoutant le quotient au contenu pratique, la somme est le contenu exact. »

Si l'on représente par a et a' les côtés des bases supérieure et inférieure, par h la hauteur, les formules traduisant les règles ci-dessus sont les suivantes :

$$h\left(\frac{a+a'}{2}\right)^2 \qquad \text{(formule pratique)}, \qquad (1)$$

$$h\frac{a^2+a'^2}{2} \qquad \text{(formule grossière)}, \qquad (2)$$

$$1/3\left[h\left(\frac{a^2+a'^2}{2}\right)-h\left(\frac{a+a'}{2}\right)^2\right]+h\left(\frac{a+a'}{2}\right)^2 \qquad \text{(formule exacte)}. \qquad (3)$$

On constate, en effet, que cette dernière formule, simplifiée, se réduit à $\frac{h}{3}(a^2+a'^2+aa')$, expression qui représente bien le volume du tronc de pyramide à bases carrées.

Un commentateur de Brahmegupta applique ces règles au cas où $a = 10$, $a' = 6$, $h = 30$ et trouve : avec (1), 1920 ; avec (2), 2040 ; et avec (3), 1960.

Dans l'article suivant, qui a pour objet la détermination du volume d'un solide à bases parallèles, nous indiquerons le procédé remarquable employé par **Bhâskara** pour le calcul du contenu d'une excavation en forme de tronc de pyramide.

Arabes. — Dans la partie géométrique de son *Algèbre,* Mohammed ben Moussa (9e s.) calcule comme suit le volume d'un pilier en forme de pyramide tronquée dont les bases carrées ont respectivement 2 et 4 de côté et dont la hauteur est 10.

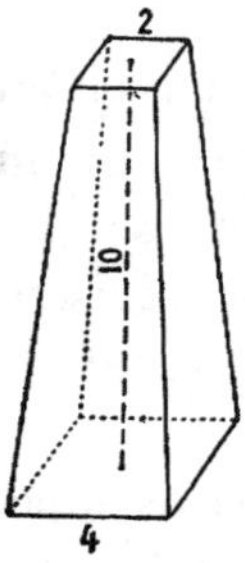

On peut considérer ce volume comme la différence de deux pyramides ayant respectivement pour bases les grande et petite bases du tronc. Le côté de la grande base étant le double de celui de la petite, la hauteur H de la pyramide entière est le double de celle de la pyramide à retrancher et par suite de celle du tronc : on a donc $H = 10 \times 2 = 20$. Le volume du tronc de pyramide est en conséquence égal à

$$\frac{4^2 \times 20}{3} - \frac{2^2 \times 10}{3} = 93\,1/3.$$

Solide à bases parallèles. — On sait que le volume V d'un solide compris entre deux plans parallèles et une surface engendrée par une droite est donné par la relation suivante, qu'on appelle souvent formule des trois niveaux :

$$V = \frac{h}{6}(B + B' + 4B''), \qquad (1)$$

où h, B, B′ et B″ représentent respectivement la distance des deux bases, la base inférieure, la base supérieure et la section faite à égale distance des bases.

Cette formule s'étend au cas où la surface latérale est une surface courbe remplissant certaines conditions. Elle s'applique à un grand nombre de volumes usuels, à telle enseigne que M. Casimir Rey, qui en a fait l'étude en 1886, l'a dénommée « Omniformule de cubature ». M. Baillargé, de Québec, sous le titre : « Le Stereometricon — Nouveau système de toiser tous les corps par une seule et même règle », a publié en 1884 une brochure où se trouvent réunis deux cents des solides dont la formule (1) permet de déterminer le volume.

Grecs. — Héron, dans ses *Métriques* (1er s. ?), traite le cas particulier où le solide ABCDGEZH a pour bases extrêmes des rectangles semblables ou non entre eux ; le solide correspondant était appelé « bomisque » (autel) chez les Grecs : c'est, comme on le sait, la forme du tas de sable, dans le cas où les centres des deux rectangles se trouvent sur une même perpendiculaire aux bases.

Voici le procédé employé par le savant alexandrin pour déterminer le volume d'un pareil solide, procédé qui le conduit à une règle différente de celle résultant de la formule (1).

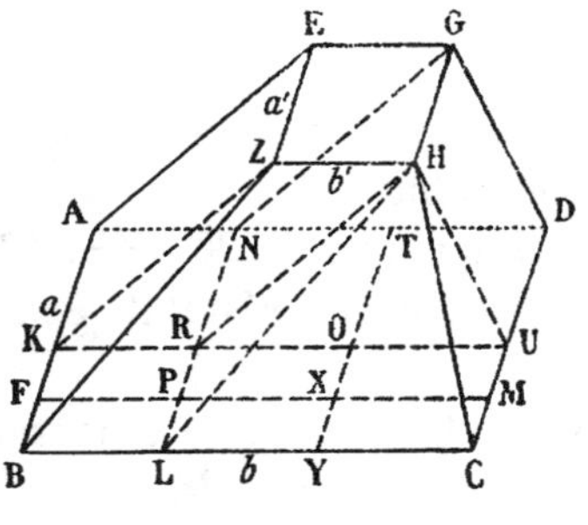

Menons les plans KZHU et LHGN respectivement parallèles à AEGD et BZEA ; ils coupent ABCD suivant les droites KU et LN et se coupent entre eux suivant RH. Tirons enfin par les milieux F de KB et Y de LC des parallèles FM et YT à AD et AB.

On peut alors décomposer comme suit le solide considéré, de hauteur h,

$$\begin{aligned}
&\text{Vol. parallélép. AH} = \text{rect. KANR} \times h,\\
&\text{Vol. pr. KH} \qquad = 1/2 \text{ rect. BKRL} \times h\\
&\qquad\qquad\qquad\qquad = \text{rect. FKRP} \times h,\\
&\text{Vol. pr. DH} \qquad = 1/2 \text{ rect. RNDU} \times h\\
&\qquad\qquad\qquad\qquad = \text{rect. RNTO} \times h,\\
&\text{Vol. pyr. HLRUC} = 1/3 \text{ rect. LRUC} \times h\\
&\qquad\qquad\qquad\qquad = 4/3 \text{ rect. PROX} \times h.
\end{aligned}$$

On en déduit, en faisant la somme membre à membre,

$$V = h\,(\text{rect. FATX} + 1/3 \text{ rect. PROX}).$$

Or, si l'on désigne par a et b, a' et b' les côtés des deux bases, cette relation devient

$$V = h\left(\frac{a+a'}{2}\cdot\frac{b+b'}{2} + 1/3\,\frac{a-a'}{2}\cdot\frac{b-b'}{2}\right). \quad (2)$$

Cette formule, traduction de la règle de Héron et qui est d'ailleurs équivalente à la formule (1), est, comme on le voit, donnée sous une autre forme que la suivante :

$$V = \frac{h}{6}\,[b(2a+a') + b'(2a'+a)],$$

habituellement indiquée dans nos traités actuels de géométrie pour le volume du tas de sable.

Héron en fait l'application ci-après : $a = 20$, $a' = 16$, $b = 12$, $b' = 3$, $h = 10$; il donne le résultat exact $V = 1380$.

On retrouve cette règle dans la Collection héronienne.

Remarquons enfin que si les rectangles de base deviennent des carrés, autrement dit si $a = b$, $a' = b'$, le solide considéré devient un tronc de pyramide ; la formule (2) se transforme en une relation déjà donnée à l'article précédent, et également indiquée par **Héron**, pour le calcul du volume du tronc de pyramide à bases carrées.

Hindous. — Nous avons été véritablement surpris — car nous ne croyons pas que le fait ait été signalé — de trouver dans la *Lîlâvatî* de Bhâskara (12e s.) une application incontestable de la formule des trois niveaux.

L'auteur hindou indique pour le calcul du contenu d'une excavation en forme de tronc de pyramide à bases parallèles rectangulaires la règle ci-après :

« La somme des aires au sommet et au fond et de l'aire résultant de la somme [des côtés au sommet et au fond], étant divisée par 6, le quotient est l'aire moyenne : celle-ci, multipliée par la profondeur, est le volume moyen. »

Il utilise ensuite cette règle pour calculer le contenu d'une excavation dont la hauteur est de 7 coudées, dont le rectangle du sommet a pour dimensions 12 et 10 coudées et le rectangle du fond, 6 et 5. L'aire du premier est $12 \times 10 = 120$, celle du second $6 \times 5 = 30$; l'aire du rectangle ayant pour côtés la somme des côtés correspondants des deux bases est $(12+6)(10+5) = 270$: cette aire est précisément quadruple de la section équidistante des bases, comme le fait remarquer Ganesa, un commentateur de Bhâskara. Le sixième de la somme $120+30+270 = 420$, soit 70, est l'aire moyenne, le produit par 7 donne pour volume 490. C'est bien exactement le calcul auquel on aurait été conduit en appliquant la formule (1).

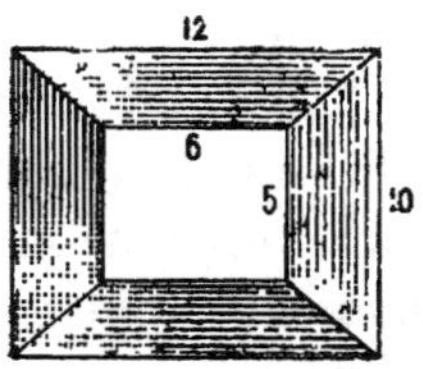

Époque moderne. — Nous ne nous arrêterons pas à démontrer l'exactitude de la formule des trois niveaux dans le cas simple où les faces latérales sont des triangles ou des trapèzes : on trouvera cette démonstration dans la plupart des traités de géométrie. Nous nous contenterons d'en donner un rapide historique.

C'est au savant italien TORRICELLI (1644) qu'on doit les premières applications de cette formule. NEWTON au 17ᵉ siècle, MACLAURIN et SIMPSON au 18ᵉ, STEINER au 19ᵉ en ont généralisé l'emploi.

Elle a été retrouvée par le professeur français SARRUS, vers le milieu du 19ᵉ siècle, dans les circonstances suivantes (Th. Schneider, *Petit Temps* du 15 novembre 1895) : « Le savant Sarrus qui enseignait, il y a quarante ans, le calcul différentiel et intégral à la Faculté des Sciences de Strasbourg, se trouvait un jour dans une brasserie où il allait parfois se désaltérer. Là, il fut sollicité par un tonnelier de vouloir bien lui indiquer une formule de jaugeage des tonneaux à la fois simple et exacte. Sarrus y consentit avec sa bienveillance accoutumée ; mais craignant peut-être que le procédé qu'il indiquait à son interlocuteur ne parût à celui-ci un peu trop compliqué, il promit pour le lendemain la formule la plus simple qu'il fût possible d'établir. Il tint parole, en effet, et après avoir découvert le théorème général [exprimé par la formule (1)], il s'empressa de le traduire au tonnelier par la règle suivante : « Élevez les deux diamètres au carré ; ajoutez au carré du grand la moitié du carré du petit ; multipliez la somme obtenue par la longueur du tonneau et enfin le nouveau produit par 0,5236. » Il est facile de vérifier que si dans la formule (1) on fait $B = B' = \frac{\pi d^2}{4}$, $B'' = \frac{\pi D^2}{4}$, d et D désignant les diamètres du fond et de la section médiane, on a effectivement $V = \left(D^2 + \frac{d^2}{2}\right) h \times \frac{\pi}{6}$, où $\frac{\pi}{6} = 0{,}5236$.

Enfin, M. Niewenglowski a déterminé en 1894 à quelles conditions doit satisfaire un solide pour que la formule des trois niveaux lui soit applicable.

Mur. — Dans la 3e partie (1560) de son *Traité général des Nombres et des Mesures,* le mathématicien italien Tartaglia donne une règle simple pour le calcul du volume d'un mur limitant un espace rectangulaire. Si l'on désigne par h la hauteur du mur, par e son épaisseur constante, par p_e et p_i les périmètres extérieur et intérieur, cette règle se traduit par la formule

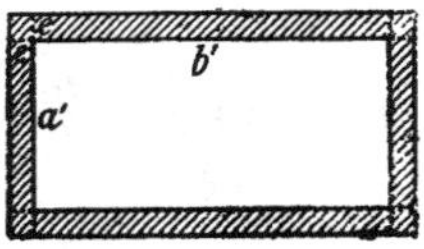

$$V = h.\, e.\frac{p_e + p_i}{2}. \qquad (1)$$

En représentant par a' et b' les côtés du rectangle intérieur, la surface du mur en plan a en effet pour expression

$$e(2a' + 2b' + 4e) = e[(a' + 2e + b' + 2e + (a' + b')]$$
$$= e\left(\frac{p_e}{2} + \frac{p_i}{2}\right).$$

On en déduit immédiatement la formule (1).

On peut étendre cette formule au cas d'un mur limitant une surface polygonale quelconque. Si nous prolongeons les côtés intérieurs, comme l'indique la figure ci-contre, nous obtenons des losanges aux sommets, puisque les côtés intérieurs et extérieurs sont des parallèles équidistantes ; en ayant égard aux notations de la figure, on a pour la surface du mur en plan

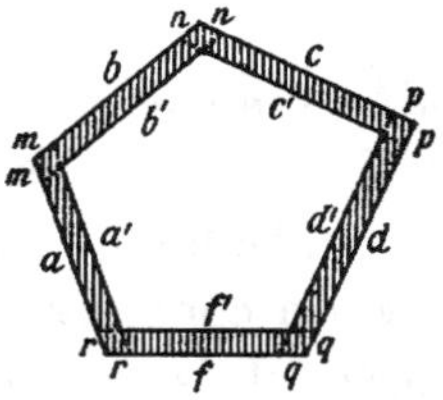

$$e\left(\frac{a+a'}{2}+\frac{b+b'}{2}+\frac{c+c'}{2}+\frac{d+d'}{2}\right.$$
$$\left.+\frac{f+f'}{2}+m+n+p+q+r\right)$$
$$=e\left[\left(\frac{r+a+m}{2}\right)+\left(\frac{m+b+n}{2}\right)+\left(\frac{n+c+p}{2}\right)\right.$$
$$\left.+\left(\frac{p+d+q}{2}\right)+\left(\frac{q+f+r}{2}\right)+\left(\frac{a'+b'+c'+d'+f'}{2}\right)\right]$$
$$=e\left(\frac{p_e}{2}+\frac{p_i}{2}\right).$$

Tartaglia étend sa règle au cas d'un mur de tour ronde. En désignant par r et r' les rayons extérieur et intérieur, on a en effet comme surface en plan

$$\pi r^2-\pi r'^2=(r-r')(r+r')\pi=e(\pi r+\pi r')=e\left(\frac{p_e}{2}+\frac{p_i}{2}\right).$$

BIBLIOGRAPHIE

Voir à la fin du chapitre.

§ 2. — Corps ronds.

Cylindre. — On peut faire ici les mêmes remarques qu'à propos du prisme. Euclide ne traite que le cas du cylindre droit ; Héron, dans ses *Métriques*, étudie le cas général d'un cylindre oblique à base quelconque.

Cône. — **Grecs.** — Une citation d'Archimède nous montre que c'est à Eudoxe (4e s. av. J.-C.) qu'on est également redevable de la proposition suivante qu'on retrouve dans les *Éléments* d'Euclide : « Un cône est le tiers d'un cylindre qui a la même base et la même hauteur. » Mais il ne s'agit ici que du cône circulaire droit.

HÉRON, dans ses *Métriques* (1er s. ?) calcule le volume d'un cône oblique dont la base est un cercle de diamètre 10 et dont la hauteur est 8. Il trouve comme résultat $209\frac{11}{21}$, en prenant $\pi = \frac{22}{7}$. Sa règle, qui revient à appliquer la formule $V = \frac{D^2}{4} \times \frac{22}{7} \times \frac{h}{3}$, est reproduite dans la Collection héronienne sous la forme

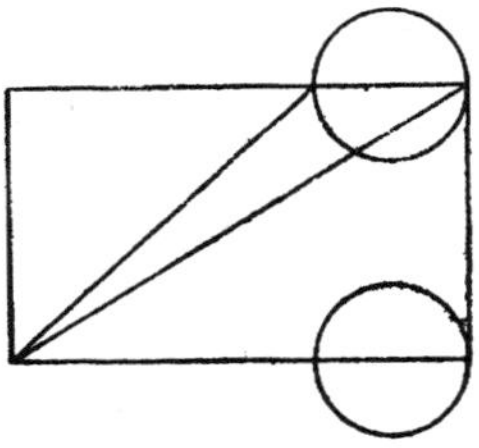

Fig. extraite des *Métriques*.

$$V = \frac{D^2 \times 11}{14} \times \frac{h}{3}.$$

Hindous et Arabes. — Les règles données pour la pyramide s'appliquent également au cône, les Hindous et Arabes ne faisant pas de distinction entre les deux solides.

Tas de grains. — Les ouvrages mathématiques hindous renferment des règles pratiques pour déterminer la contenance des tas de grains. Nous suivrons ici la *Lîlâvatî* de BHÂSKARA (12e s.).

Lorsque sur une aire plane, on verse en tas des grains de blé, ceux-ci se disposent en forme de cône circulaire droit ; suivant l'espèce du grain, la hauteur de ce cône est plus ou moins grande. Bhâskara admet que cette hauteur est le 1/10 de la circonférence de base pour le « grain grossier », le 1/11 pour le « grain fin » et le 1/9 pour le « blé barbu ».

Ayant alors à calculer la contenance d'un tas de blé grossier dont la circonférence c est donnée en coudées, l'auteur hindou prend le 1/6 de la circonférence $\left(\frac{c}{6}\right)$

qu'il élève au carré $\left(\frac{c^2}{6^2}\right)$, et il multiplie le résultat par la hauteur $\left(\frac{c}{10}\right)$, ce qui donne une contenance de $\frac{c^3}{6^2 \times 10}$ coudées cubiques ou mieux de $\frac{c^3}{36 \times 10}$ *c'haris,* le c'hari étant la mesure de capacité de la contenance d'une coudée cubique.

Le rayon de base étant $\frac{c}{2\pi}$ et la hauteur $\frac{c}{10}$, la contenance exacte du tas serait de $\frac{\pi}{3}\left(\frac{c}{2\pi}\right)^2 \times \frac{c}{10} = \frac{c^3}{12\pi \times 10}$. Le rapport de la contenance indiquée par Bhâshara et de la contenance exacte serait donc égal à $\frac{\pi}{3}$ ou à 1,0472 ; la première, qui est un peu supérieure à la seconde, revient à prendre $\pi = 3$.

Appliquant cette règle à $c = 60$, le mathématicien hindou trouve comme résultat 600 c'haris ; la contenance exacte serait 572,958.

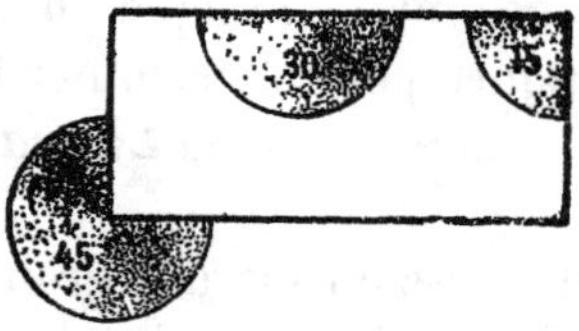

Bhâskara fait en outre observer que si le tas est appliqué soit le long d'un mur, soit à l'angle intérieur de deux murs à angle droit, soit à l'angle extérieur de ces deux murs, la circonférence entière doit être multipliée par 1/2, 1/4 ou 3/4.

Tronc de cône. — **Égyptiens.** — Le *Manuel* d'AHMÈS (2000 av. J.-C.) donne un procédé pour calculer la contenance d'un grenier rond de 9 coudées de diamètre et de 10 coudées de hauteur.

L'auteur procède comme pour le cas du grenier quadrangulaire : en utilisant $\left(\frac{16}{9}\right)^2$ comme valeur de π, il calcule la base, puis il la multiplie par 3/2 pour obtenir le volume.

On peut d'ailleurs ici faire les mêmes remarques qu'au § 1. Le grenier dont il s'agit est vraisemblablement en forme de tronc de cône ; le diamètre donné est celui de la petite base et le rapport des diamètres des deux bases est d'environ 1,45.

Grecs. — EUCLIDE (3e s. av. J.-C.) ne traite pas de la mesure du tronc de cône. HÉRON, dans ses *Métriques* (1er s. ?), donne une règle qui revient à appliquer la formule

$$V = \pi h \left[\left(\frac{r+r'}{2}\right)^2 + 1/3\left(\frac{r-r'}{2}\right)^2\right], \qquad (1)$$

où h, r et r' représentent respectivement la hauteur du tronc, les rayons des grande et petite bases.

Cette formule, qui est l'analogue de celle déjà rencontrée (§ 1) pour le tronc de pyramide à bases carrées, est préférable à la formule équivalente

$$V = \pi \frac{h}{3}(r^2 + r'^2 + rr')$$

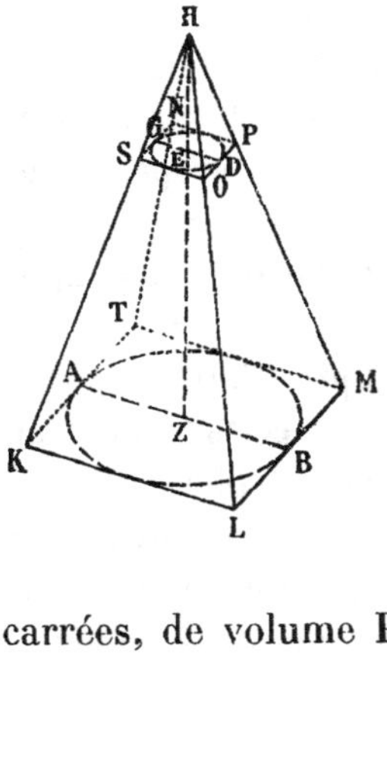

employée de nos jours, car elle exige une multiplication de moins.

Voici, en substance, le procédé de Héron pour démontrer l'exactitude de cette règle. Soit le tronc de cône circulaire droit EZ de volume C, différence des cônes de hauteurs HZ et HE et de volumes V et V'. On lui circonscrit un tronc de pyramide SK à bases carrées, de volume P, différence des pyramides d'arêtes

HK et HS et de volumes V_1 et V'_1. On a

$$\frac{V}{V'} = \frac{\overline{HZ}^3}{\overline{HE}^3} = \frac{V_1}{V'_1}, \quad \text{d'où} \quad \frac{V}{V_1} = \frac{V'}{V'_1} = \frac{V - V'}{V_1 - V'_1} = \frac{C}{P}.$$

Mais $$\frac{C}{P} = \frac{V}{V_1} = \frac{1/3\, \pi r^2 \cdot HZ}{1/3\, 4r^2 \cdot HZ} = \frac{\pi}{4}.$$

On en déduit $$C = P \cdot \frac{\pi}{4}. \qquad (2)$$

En appliquant la règle trouvée (§ 1) pour le tronc de pyramide à bases carrées, on peut écrire

$$P = h\,[(r + r')^2 + 1/3\,(r - r')^2].$$

Remplaçant dans (2), on en déduit aisément la formule (1).

Cette formule (1) est également appliquée dans la Collection héronienne, en même temps que la formule actuelle.

Sphère. — Archimède. — Chez aucun peuple, antérieurement à Archimède (3e s. av. J.-C.), on ne trouve de document où la mesure de la sphère soit traitée, même simplement au point de vue pratique. L'illustre géomètre syracusain a montré une fois de plus l'originalité de son génie en établissant dans son ouvrage *Sur la sphère et le cylindre* les propositions suivantes :

« La surface d'une sphère quelconque est quadruple d'un de ses grands cercles.

Une sphère quelconque est quadruple d'un cône qui a une base égale à un grand cercle de cette sphère et une hauteur égale au rayon de cette même sphère.

Le cylindre qui a une base égale à un grand cercle d'une sphère et une hauteur égale au diamètre de cette sphère est égal à trois fois la moitié de cette sphère, et la surface du cylindre, les bases étant comprises, est aussi égale à trois fois la moitié de la surface de cette même sphère. »

C'est de cette dernière découverte qu'Archimède paraît avoir été le plus fier. Plutarque (1er s.) *(Vie des hommes illustres)* nous apprend en effet que le savant grec avait prié « ses amis et ses parents de placer sur son tombeau, après sa mort, un cylindre renfermant une sphère et, pour suscription, le rapport du solide contenant au solide contenu ».

Cicéron (1er s. av. J.-C.) mentionne également le fait dans un passage des *Tusculanes* resté célèbre. « Pendant que j'étais questeur en Sicile, dit-il, je fus curieux de m'informer du tombeau d'Archimède à Syracuse où je trouvai qu'on le connaissait si peu, qu'on disait qu'il n'en restait aucun vestige ; mais je cherchai avec tant de soin que je le déterrai enfin sous des ronces et des épines. Je fis cette découverte à la faveur de quelques vers que je savais avoir été gravés sur son monument et qui portaient qu'on avait placé au-dessus une sphère et un cylindre. M'étant donc transporté hors de l'une des portes de Syracuse, dans une campagne couverte d'un grand nombre de tombeaux, et regardant de toutes parts avec attention, je découvris, sur une petite colonne qui s'élevait par-dessus les buissons le cylindre et la sphère que je cherchais. Je dis aussitôt aux Syracusains qui m'accompagnaient que c'était sans doute le monument d'Archimède. En effet, sitôt qu'on eut fait venir des gens pour couper les buissons et nous faire un passage, nous nous approchâmes de la colonne et lûmes sur la base l'inscription dont les vers étaient encore à demi-lisibles, le reste ayant été effacé par le temps. »

Au sujet de cette découverte d'Archimède, nous citerons une inscription grecque, trouvée dans les ruines de Pergame, qui donne les nombres 42, 33 et 22 comme représentant les volumes relatifs et les surfaces totales relatives du cube, du cylindre et de la sphère inscrits dans le cube. Si l'on suppose en effet le côté du cube égal à 2 et $\pi = \frac{22}{7}$, les volumes de ces trois corps sont respectivement représentés par $8 = \frac{168}{21}, \frac{44}{7} = \frac{132}{21}, \frac{88}{21}$, ou encore sont proportionnels à 42, 33 et 22. Dans la même hypothèse, les surfaces seront représentées respectivement par $24 = \frac{168}{7}, \frac{132}{7}, \frac{88}{7}$, ou seront proportionnelles à 42, 33 et 22.

Enfin, à propos de la propriété du cylindre circonscrit à la sphère, Montucla signale que le problème suivant fut posé en 1773 dans un numéro du *Mercure de France* :

> Réponds-moi, d'Alembert, qui découvre les traces
> Des plus sublimes vérités,
> Quels sont les corps dont les surfaces
> Sont en même rapport que leurs solidités ?

Comme bien on pense, d'Alembert ne se hâta pas de répondre ; le numéro suivant du *Mercure* contenait une des solutions du problème, celle correspondant à la sphère et au cylindre circonscrit.

La question comporte en effet une infinité de solutions ; en particulier, tous les corps réguliers ou non circonscrits à la sphère répondent à la question. Soient par exemple deux polyèdres réguliers circonscrits à la sphère. Chacun d'eux peut être décomposé en pyramides ayant pour bases les faces du polyèdre considéré et pour sommet le centre de la sphère : le volume de chacun des polyèdres sera donc le produit de sa surface par le tiers du rayon. Par suite, en désignant par V et V′, S et S′ les volumes et les surfaces des polyèdres, par r le rayon de la sphère, on a bien

$$\frac{V}{V'} = \frac{1/3\,Sr}{1/3\,S'r} = \frac{S}{S'}.$$

Époque postérieure à Archimède. — HÉRON, dans ses *Métriques* (1er s.), donne pour le calcul du volume de la sphère deux règles qui se traduisent par la formule suivante, où d représente le diamètre :

$$V = d^3 \times \frac{11}{21}.$$

Cette formule, qui suppose $\pi = \frac{22}{7}$, se rencontre également dans les écrits des agrimenseurs romains et dans la Collection héronienne.

Les Hindous — BHÂSKARA tout au moins — savent que l'aire de la sphère est égale à celle de quatre grands cercles et que son volume est le produit de cette aire par le sixième du diamètre.

Voici comment GANESA (16e s.) démontre cette dernière proposition. La surface de la sphère étant supposée divisée en autant d'éléments égaux qu'il y a d'unités dans l'expression numérique A de l'aire (le nombre A étant supposé entier), chacun de ses éléments est pris (approximativement) comme base d'une pyramide ayant son sommet au centre de la sphère. d représentant le diamètre, le volume d'une de ces pyramides a pour expression numérique $1/3 \times 1 \times \frac{d}{2} = \frac{d}{6}$; le volume de la sphère est par suite $\frac{Ad}{6}$. Il est probable que ce mode de démonstration, parfois employé encore aujourd'hui, est bien d'origine hindoue.

BHÂSKARA donne enfin, dans sa *Lîlâvatî* (12e s.), cette règle simple qui suppose $\pi = \frac{22}{7}$: « La moitié du cube du diamètre ajoutée à la 21e partie de cette moitié est le volume contenu dans la sphère. » Ce volume a en effet pour expression

$$\frac{d^3}{2}+\frac{1}{21}\left(\frac{d^3}{2}\right)=\left(1+\frac{1}{21}\right)\frac{d^3}{2}=\frac{22}{7}\frac{d^3}{6}.$$

Voici enfin, à titre de curiosité, comment ÉDOUARD LAGOUT, dans ses leçons de « tachymétrie » (1876), arrive à déterminer le volume de la sphère : son procédé est inspiré de celui de BHÂSKARA. « Une graine de platane est formée d'une grande quantité de pyramides hérissées autour du noyau central. De la réalité à la science on doit supposer ce noyau très petit, se réduisant à un point invisible dans lequel se joindraient tous les sommets des pyramides.

L'enveloppe de la sphère, étant égale à 4 cercles faits sur le rayon, sera uniformisée par un plateau formé de 4 planches jointives égales chacune à l'aire d'un cercle. Il ne restera plus qu'à uniformiser toutes les pyramides en hérisson, et pour cela je les implante sur le plateau. Elles seront jointes par les bases et ne laisseront aucun vide.

Ainsi implantées, elles présentent l'aspect d'une mâchoire de crocodile sur laquelle il faut hardiment mettre la main (de l'esprit) pour les aplatir uniformément au *tiers de la hauteur*. Alors la mâchoire, c'est-à-dire la sphère, est changée en un plateau, et ce plateau a pour hauteur le tiers du rayon. On aura donc par les opérations de l'*Algèbre tachymétrique* :

$$\text{Sphère, volume}\begin{cases}= \text{plateau} \times 1/3 \text{ du rayon}\\ = 4 \text{ aires de cercle} \times 1/3 \text{ rayon}\\ = 1/3 \times (4 \text{ aires de cercle} \times \text{rayon}).\end{cases}$$

N'oubliez pas les 4 planches faisant chacune l'aire du

cercle ; la mâchoire de crocodile vous fera souvenir des pointes que l'on uniformise en les aplatissant au tiers. »

BIBLIOGRAPHIE

Voir à la fin du chapitre.

§ 3. — Géométrie Hugodomoïdale.

« L'équidomoïde, dompteur de sphères. »
« L'équidomoïde est comme le soleil : aveugle qui ne le voit pas ! »
« L'École hugodomoïdale est vraiment l'École romantique de la Géométrie. »
« La sphère n'a plus qu'à se dégonfler... ou à se résigner au rôle d'Équidomoïde limite. »
« Analyste ! rends hommage à la Vérité, sinon l'Équidomoïde vengeur viendra peser, la nuit, sur ta poitrine anxieuse. »

Projet d'affiche :

« Jeunes élèves !
N'écoutez pas ce farceur d'Équidomoïde
Lequel prétend démolir notre sphère et veut [dégommer Archimède !
Sans craindre ses onglets, courons sus à l'Équido... [géométrique.
Tombons tous sur l'excentrique
A coups de trique !
Muera ! »

Cte Léopold Hugo.

Le comte Léopold Hugo, neveu de notre grand poète, a publié dans plusieurs brochures, de 1867 à 1875, diverses recherches sur une catégorie de solides qu'il avait été amené à étudier par des considérations de minéralogie et qu'il a en conséquence dénommés « cristalloïdes ». Bien que ces recherches présentent un certain intérêt théorique et pratique, elles n'ont été signalées dans aucun ouvrage de géométrie, du moins à notre connaissance. Il convient de dire d'ailleurs que l'originalité — pour ne pas dire pis — du style de l'auteur, dont nous avons donné en épigraphe quelques échantillons, et qui dans son esprit devait attirer l'attention sur ses études, a plutôt nui à leur diffusion.

Contrairement à ce qu'il pensait, Léopold Hugo n'est

pas le premier qui se soit occupé de cette nature de solides ; lui, qui, en apparence tout au moins, avait déclaré la guerre à la géométrie dite « archimédienne », eût sans doute été fort marri d'apprendre qu'un mathématicien — non des moindres — s'en était déjà occupé avant lui, et que ce mathématicien était précisément... Archimède. La publication récente des Métriques de Héron d'Alexandrie a en effet permis de constater que le géomètre syracusain s'était occupé au moins d'un cas particulier de la question dans ses *Éphodiques*.

Équidomoïdes. — Considérons un cube GHIJ... ; soit APB une demi-circonférence dont le diamètre est la droite AB joignant les centres des deux bases du cube et dont le plan est perpendiculaire à l'arête KL. Admettons maintenant qu'une droite CP se déplace parallèlement à KL de telle sorte que son extrémité P reste sur la demi-circonférence APB. Dans son mouvement, cette droite engendre une surface cylindrique qui, limitée aux plans APB et ACB, est un *onglet*. Si l'on réunit 8 onglets identiques, on forme le solide de la figure, qui est un *équidomoïde* à base carrée CDEF ; ce solide coupé par le plan CDEF donne le contenu d'une voûte dite en « arc de cloître ».

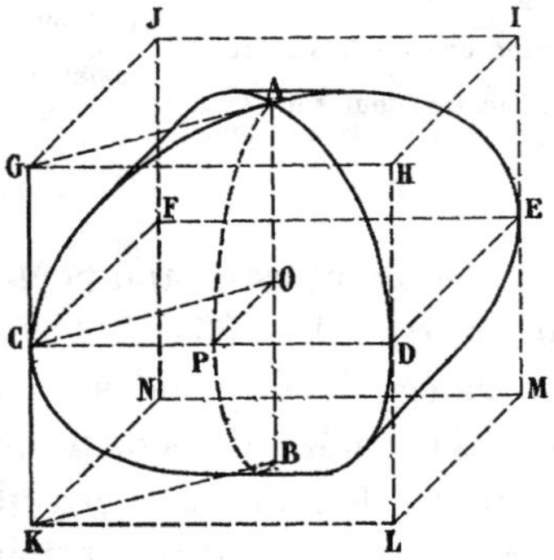

On peut obtenir d'une manière analogue un équidomoïde ayant pour base un polygone régulier quelconque. Nous donnons ci-après la série des équidomoïdes ayant pour base un triangle équilatéral, un carré, un pentagone, ..., et un cercle ayant même rayon que la demi-circonférence directrice ; dans ce dernier cas, le solide engendré devient une sphère. On peut donc considérer la sphère comme un équidomoïde limite.

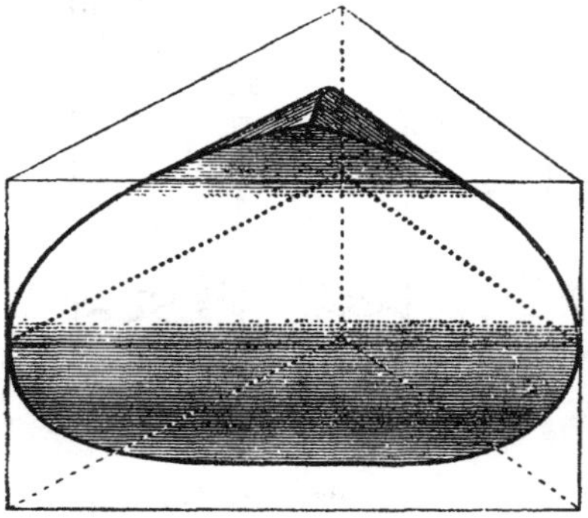

Base triangulaire.

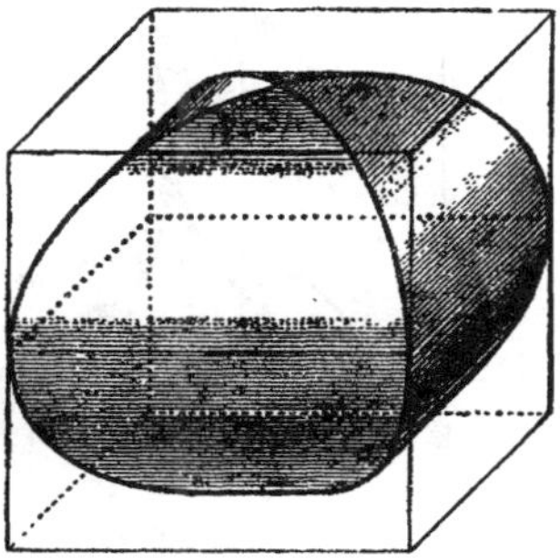

Base carrée.

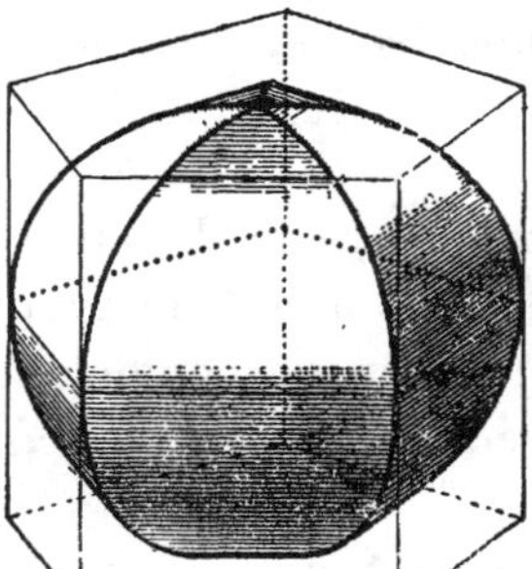

Base pentagonale.

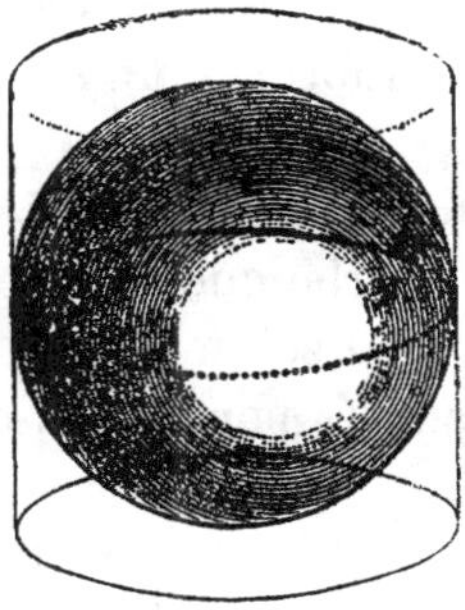

Base circulaire (sphère).

Équidomoïdes réguliers.

Équitrémoïdes. — On peut imaginer une autre espèce de solides engendrés comme les équidomoïdes par une droite se déplaçant parallèlement à elle-même en suivant une demi-circonférence, mais celle-ci étant tangente en O à l'axe AB : ce sont les *équitrémoïdes*.

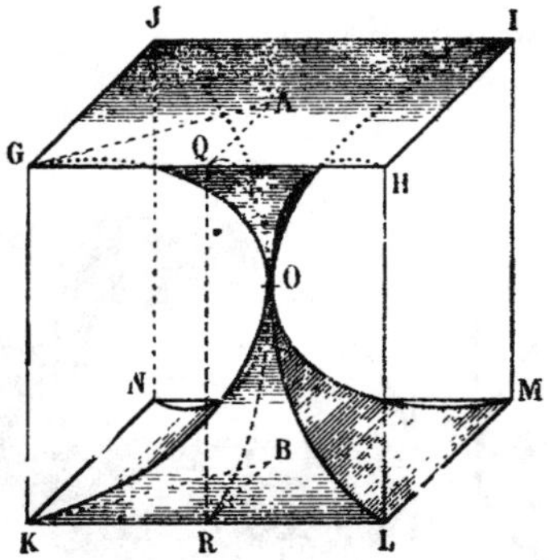

Base carrée.

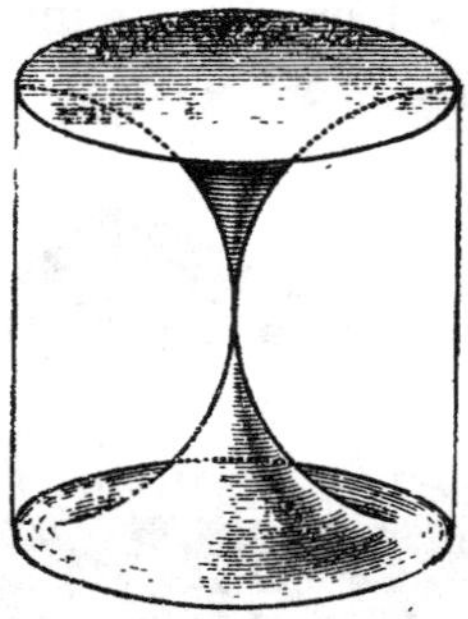

Base circulaire.

Équitrémoïdes réguliers.

L'équitrémoïde limite, à base circulaire, correspondant à la sphère des équidomoïdes, a, comme on le voit, la forme d'un sablier.

Des cristalloïdes en général. — Si la directrice est une courbe quelconque au lieu d'être une demi-circonférence, le solide formé par la réunion des onglets ainsi engendrés porte dans ce cas général le nom de *cristalloïde.*

En particulier, si la directrice est une demi-ellipse, on aura un *ellidomoïde* ou un *ellitrémoïde* suivant que cette demi-ellipse aura ou non sa concavité tournée vers l'axe.

On aura, au contraire, soit un *hyperdomoïde* ou un *hypertrémoïde,* soit un *paradomoïde* ou un *paratrémoïde* selon que cette directrice sera une branche d'hyperbole ou une parabole.

Tous ces solides sont caractérisés par la simplicité

des expressions de leur surface et de leur volume lorsque leur base B et leur hauteur H sont connues ; ces expressions sont en effet une fraction numérique du produit BH. Nous nous contenterons de le montrer pour le cas de l'équidomoïde.

Volume de l'équidomoïde. — L'équidomoïde étant formé par l'assemblage d'onglets cylindriques égaux, nous allons d'abord chercher le volume d'un de ces onglets.

I. — Soit d'abord un onglet ABCD dont la base est un demi-cercle de rayon r et de centre O, et dont la hauteur CD est égale à la circonférence du cercle de même rayon, soit à $2\pi r$.

Menons un plan quelconque EFG perpendiculaire à AB ; il coupe l'onglet suivant un triangle rectangle EFG semblable à OCD, puisque les angles en E et en O sont égaux. On a

$$\frac{GF}{EF}=\frac{DC}{OC}=2\pi, \qquad \text{d'où} \qquad GF=2\pi\, EF.$$

Il en résulte que la surface du triangle EFG est équivalente à celle du cercle de rayon EF.

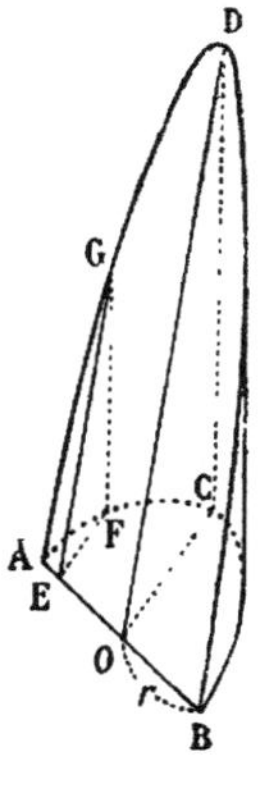

Supposons maintenant qu'on divise AB en un certain nombre de parties égales et qu'on mène par les points de division des plans perpendiculaires à AB. Nous partageons ainsi l'onglet en volumes élémentaires que nous pourrons assimiler à des prismes si nous faisons croître indéfiniment le nombre des divisions de AB, et dont les bases seront des triangles analogues à EFG. Ces prismes, d'après la remarque faite ci-dessus, seront équivalents à des cylindres de même hauteur et dont les rayons de base seront les segments EF. La somme de ces cylindres donnant une sphère de rayon r, le volume de l'onglet sera équivalent à celui de cette sphère, soit à $\frac{4}{3}\pi r^3$.

II. — Soit à présent un onglet de volume v, dont le rayon de base est r et dont la hauteur h est quelconque. Nous allons le comparer à l'onglet de même base, de hauteur $2\pi r$ et de volume V. Les triangles de section, ayant même base, sont entre eux comme leurs hauteurs, c'est-à-dire dans le rapport $\frac{h}{2\pi r}$; il en est de même des cylindres élémentaires et par suite des volumes des onglets. On a donc

$$\frac{v}{V} = \frac{h}{2\pi r}, \quad \text{d'où} \quad v = V\frac{h}{2\pi r} = 4/3\,\pi r^3 \times \frac{h}{2\pi r} = 2/3\,r^2 h.$$

Ainsi le volume de l'onglet cylindrique a pour expression $2/3\,r^2h$.

III. — Soit enfin un équidomoïde régulier dont la base a n côtés de longueur $2h$; désignons par r le rayon du cercle inscrit à cette base. L'équidomoïde se compose alors de $2n$ onglets ayant r pour rayon de base et h pour hauteur, et dont le volume est, d'après ce qu'on vient de voir,

$$2n \times 2/3\,r^2h = 2/3 \times nhr \times 2r.$$

Mais nhr représente la surface B de la base et $2r$ la hauteur H de l'équidomoïde ; le volume de ce dernier est par suite exprimé par la formule très simple

$$2/3\,\text{BH}.$$

Ce volume est donc, comme pour la sphère, les 2/3 de celui du cylindre circonscrit.

Surface de l'équidomoïde. — Cherchons d'abord à déterminer l'expression de la surface latérale d'un onglet, dans les mêmes cas qu'au n° précédent.

I. — La surface latérale de l'onglet (fig. de la p. 323) peut être considérée comme formée d'une infinité de rectangles ayant pour bases les droites $GF = 2\pi EF$; chacun de ces rectangles est équivalent à la surface latérale d'un cylindre circulaire de même hauteur et dont le rayon de base est une longueur EF. La somme des surfaces de ces cylindres étant équivalente à celle d'une sphère de rayon OC ou r, soit à $4\pi r^2$, la surface cherchée a la même valeur.

II. — On a, comme dans le cas du volume, s et S désignant respectivement les surfaces latérales d'un onglet quelconque et d'un onglet de hauteur $2\pi r$,

$$\frac{s}{S} = \frac{h}{2\pi r}, \qquad \text{d'où} \qquad s = \frac{Sh}{2\pi r} = 2rh.$$

III. — La surface de l'équidomoïde régulier composé de $2n$ onglets a donc pour expression

$$2n \times 2rh = 2nh \times 2r = PH,$$

si l'on désigne par P le périmètre de la base et par H la hauteur du solide.

Cette surface est donc, comme pour la sphère, équivalente à la surface latérale ou aux 2/3 de la surface totale du cylindre circonscrit.

L'équidomoïde chez Archimède. — Dans ses *Éphodiques*, Archimède a déterminé, assurément pour la première fois, le volume de l'onglet cylindrique, mais on ne sait quel procédé il a employé. Comme application, il a montré dans le même ouvrage que le solide commun à deux cylindres circulaires pénétrant l'un dans l'autre et dont les bases sont inscrites dans deux faces opposées d'un cube a pour valeur les 2/3 du volume du cube. Ce solide commun est ce que nous avons appelé l'équidomoïde à base carrée et la valeur trouvée par Archimède est bien celle qui résulte de l'application de la formule 2/3 BH donnée plus haut.

BIBLIOGRAPHIE

Voir à la fin du chapitre II (2e Partie).

BAILLARGÉ. — *Le Stereometricon.* Québec, 1884, in-4°.
CASIMIR REY. — *Omniformule de cubature.* Jal de Longchamps, 1886.
GOULARD. — *Sur la formule des trois niveaux.* Mathesis, 1897.
NICOLO TARTAGLIA. — *General trattato di numeri et misure.* Venise, 1556-1560, in-fol.
F. PEYRARD. — *Œuvres d'Archimède* (traduites par). Paris, 1807, in-4°.
EDOUARD LAGOUT. — *Cahier d'un soldat du génie.* Paris, 1876, in-8°.
Cte LÉOPOLD HUGO. — Théorie des Cristalloïdes élémentaires. Paris, 1867, gr. in-8°.
— Les Cristalloïdes à directrice circulaire. Paris, 1867, gr. in-8°.
— Les Cristalloïdes complexes à sommet étoilé. Paris, 1873, gr. in-8°.
— Essai sur la géométrie des Cristalloïdes. Paris, 1873, gr. in-8°
— La question de l'Équidomoïde et des Cristalloïdes géométriques. Paris, 1875, gr. in-8°.

F. I. C. — *Appendice aux Exercices de Géométrie.* Tours, 1877, in-12.

TROISIÈME PARTIE

APPLICATIONS DIVERSES

CHAPITRE I

APPLICATIONS DE LA GÉOMÉTRIE AU CALCUL

Nous avons eu occasion de signaler dans l'Introduction le parti qu'avaient tiré les Grecs, puis les Arabes et les savants de la Renaissance, de l'application de la Géométrie au Calcul.

Le 19e siècle a vu se constituer le *Calcul graphique*, qui permet d'arriver rapidement à des résultats difficiles à obtenir par toute autre voie.

Nous nous contenterons de traiter ici certaines questions dont la résolution présente quelque intérêt de curiosité. On en trouvera d'autres exemples dans nos *Récréations arithmétiques*.

§ 1. — Exécution des opérations arithmétiques.

Nous ne ferons que mentionner l'addition et la soustraction graphiques, en raison de leur simplicité.

Multiplication. — Soit à trouver le produit des segments l_1, l_2, l_3, ... représentant à une certaine échelle des nombres donnés. On porte sur une droite OX un segment O1 égal à l'unité de longueur, on élève en 1 une perpendiculaire à OX sur laquelle on porte des segments $1l_1$, $1l_2$, $1l_3$, ... égaux aux segments donnés et on mène Ol_1, Ol_2, Ol_3, ... On porte $1l_1$ en O2 et on élève en 2 une perpendiculaire qui rencontre Ol_2 en 2′ ; on porte 22′ de O en 3 sur OX et on élève en 3 une perpendiculaire qui rencontre Ol_3 en 3′, etc. Les segments 22′, 33′, ... représentent respectivement les produits $l_1 \times l_2$, $l_1 \times l_2 \times l_3$, ...

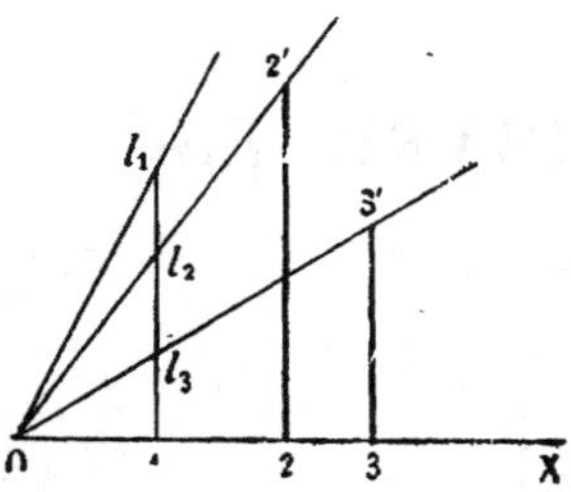

En effet, on a

$$\frac{22'}{1l_2} = \frac{O2}{O1},$$

d'où

$$22' = l_1 \times l_2.$$

On a, d'une façon analogue,

$$\frac{33'}{1l_3} = \frac{O3}{O1},$$

d'où

$$33' = 22' \times l_3 = l_1 \times l_2 \times l_3.$$

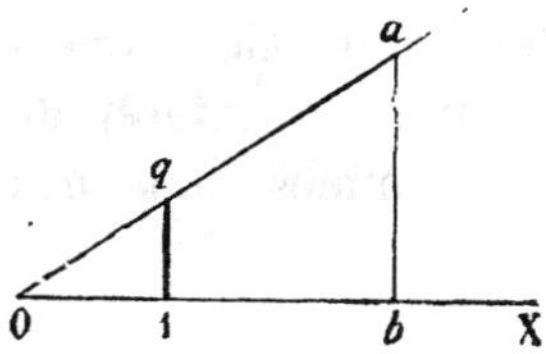

Division. — Soit à trouver le quotient des segments *a* et *b*. On porte sur une droite OX, à partir de O, l'unité de longueur en O1 et le segment *b* en O*b* ; en *b*, on élève une perpendiculaire *ba* égale à *a*. On tire O*a*, et la longueur 1*q* de la perpendiculaire en 1 à OX, comprise entre OX et Oa, est le quotient cherché. On a effet

$$\frac{1q}{O1}=\frac{ba}{Ob},$$

d'où
$$1q=\frac{ba}{Ob}=\frac{a}{b}.$$

REMARQUE. — Une fraction $\frac{a}{b}$ pouvant être, d'après ce que nous venons de voir, représentée par un segment $1q$, les opérations sur les fractions peuvent être ramenées aux opérations sur les nombres entiers.

Élévation aux puissances. — Soient l le ségment

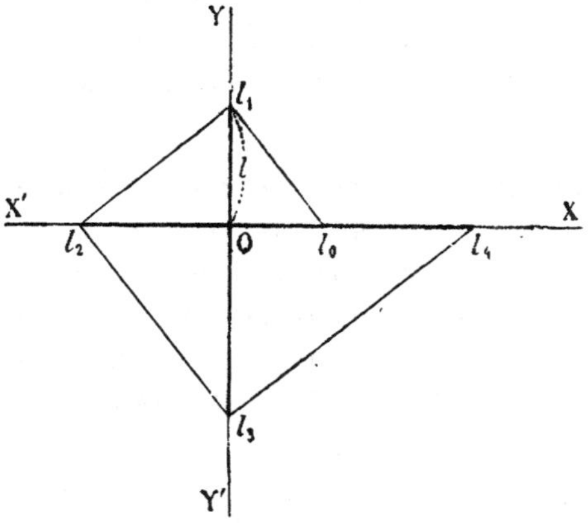

représentant le nombre donné qu'il s'agit d'élever à une certaine puissance, X'X et Y'Y deux droites perpendiculaires se coupant en O. On porte l'unité de longueur sur OX en Ol_0, et le segment l sur OY en Ol_1 ; on joint l_0l_1 et on élève sur cette droite en l_1 une perpendiculaire qui rencontre OX' en l_2, puis sur celle-ci en l_2 une nouvelle perpendiculaire qui coupe OY' en l_3 ,... Ol_1,

Ol_2, Ol_3, ... représentent respectivement les 1re, 2e, 3e, ... puissances du nombre donné.

En effet, une propriété bien connue du triangle rectangle permet d'écrire

$$Ol_0 \times Ol_2 = \overline{Ol_1}^2 \quad \text{ou} \quad Ol_2 = l^2.$$

$$Ol_1 \times Ol_3 = \overline{Ol_2}^2 \quad \text{ou} \quad l \times Ol_3 = l^4 \quad \text{ou encore} \quad Ol_3 = l^3, \ldots$$

On pourrait aussi, pour ce problème, soit appliquer la règle de la multiplication à ce cas particulier, soit utiliser les procédés que nous indiquerons au § 3 pour déterminer les termes d'une progression géométrique dont on connaît les deux premiers (ici 1 et l).

Extraction de la racine carrée. — On peut indiquer plusieurs procédés pour cette opération (la recherche graphique des racines d'un degré supérieur au second n'est pas possible, si l'on n'emploie que la règle et le compas).

1° **Construction d'une moyenne proportionnelle.** — Il suffit de construire une moyenne proportionnelle $1r$ entre le segment unité O1 et le segment $1l$ représentant le nombre donné N dont il s'agit de déterminer la racine carrée.

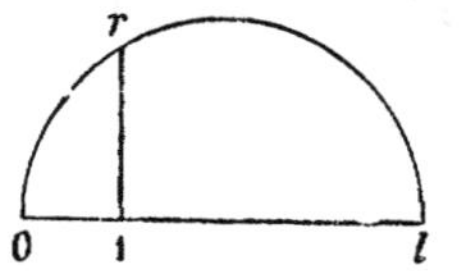

Lorsque N est un peu élevé, ce procédé n'est pas susceptible d'une grande exactitude. Toutefois, si N est décomposable en deux facteurs a et b dont le rapport soit dans des limites acceptables, $\sqrt{N}$ s'obtient encore avec assez de précision par la construction d'une moyenne proportionnelle entre a et b.

2° **Emploi du théorème de Pythagore.** — Nous avons déjà rappelé (1re PARTIE, Chap. 3, § 2) le théorème suivant de BACHET : Tout nombre entier est soit carré, soit somme de 2, 3 ou 4 carrés au plus.

Étant donné un nombre entier quelconque, il est donc toujours possible de le décomposer en carrés ; il en résulte qu'on pourra déterminer sa racine par l'application successive du théorème de Pythagore. On a, par exemple, $35 = 1^2 + 3^2 + 5^2$; on en déduit la construction ci-dessous (*fig. a*) qui donne graphiquement $\sqrt{35}$.

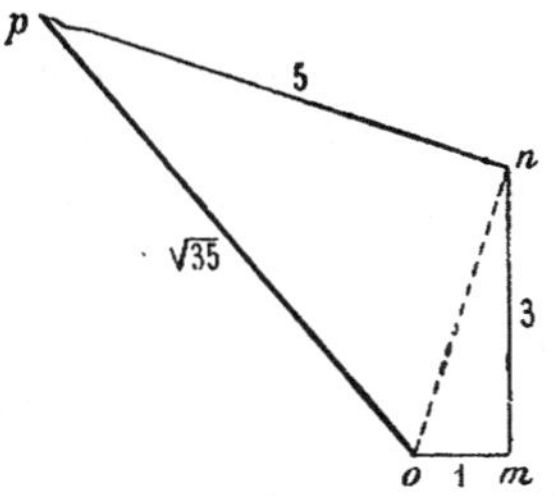

Fig. *a*.

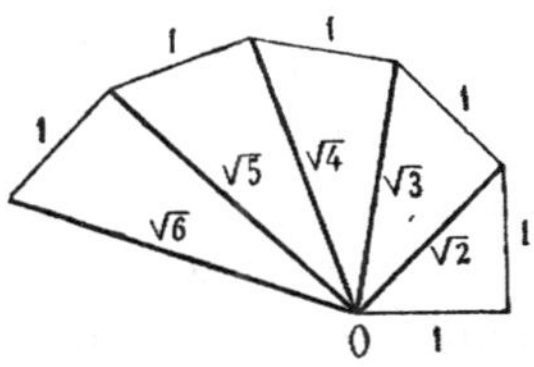

Fig *b*.

Il peut être, dans certains cas, plus pratique de considérer le nombre comme une différence ou une somme algébrique de carrés. Ainsi, on a

$$28 = 1^2 + 3^2 + 3^2 + 3^2 = 2^2 + 2^2 + 2^2 + 4^2$$
$$= 1^2 + 1^2 + 1^2 + 5^2$$

et aussi $28 = 8^2 - 6^2$; il est préférable ici d'employer la dernière décomposition : $\sqrt{28}$ est ainsi le côté d'un triangle rectangle dont 8 est l'hypoténuse et 6 l'autre côté. On peut même donner, pour un nombre impair quelconque $2a + 1$, une solution générale : on a en effet, dans ce cas, $2a + 1 = (a + 1)^2 - a^2$.

Enfin, l'emploi du théorème de Pythagore permet de dresser une sorte de table graphique des racines carrées de la suite naturelle des nombres ; les racines des nombres 4, 9, 16, ... fournissent une vérification facile. La figure *b* donne les premiers éléments d'une pareille table.

BIBLIOGRAPHIE

DESCARTES. — *Géométrie.* Éd. franc. Paris, 1726, in-12.
MAURICE LÉVY. — *La Statique graphique.* Paris, 1874, 2 vol. in-8°.

§ 2. — Résolution des problèmes numériques.

Procédés arabes. — Nous allons donner quelques exemples, d'après MOHAMMED BEN MOUSSA AL KHÂRIZMI, de l'application de la Géométrie au Calcul algébrique chez les Arabes (1). Les procédés de l'auteur musulman découlent en partie des solutions générales données par Euclide en raisonnant non pas sur des nombres mais sur des grandeurs géométriques.

I. *Trouver un nombre dont le carré, plus le décuple, fasse* 39. — Al Khârizmi désigne par *radix* ou *res* le nombre inconnu, par *census* son carré. Nous simplifierons cette terminologie en représentant, conformément à l'usage actuel, le nombre par x, de sorte que nous aurons $x^2 + 10x = 39$.

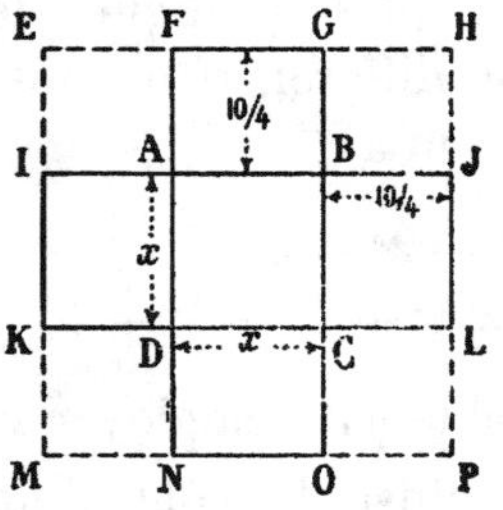

Fig. *a*.

1er PROCÉDÉ (AL KHÂRIZMI). — Supposons x^2 représenté par le carré ABCD ; prenons sur les prolongements de ses côtés les segments BJ, CO, ... égaux entre eux et à

(1) Il s'agit en somme de déterminer géométriquement les solutions *positives* de l'équation du second degré dans les trois seuls cas possibles $x^2 + px = q$, $x^2 + q = px$, $x^2 = px + q$, p et q étant des nombres positifs.

$\frac{10}{4}$, puis construisons les rectangles BJLC, COND,.... La figure entière représentera x^2+10x dont la valeur est 39 ; si l'on y ajoute les 4 petits carrés en pointillé valant ensemble $4\times\left(\frac{10}{4}\right)^2=25$, on obtient le grand carré EHPM, dont la valeur est $39+25=64$ et dont le côté est par conséquent 8. Ainsi AB ou $x=\text{IJ}-2\text{BJ}$ $=8-2\times\frac{10}{4}=3$. Le nombre cherché est donc 3.

2ᵉ Procédé (Al Khârizmi. — Calqué sur Euclide, *Éléments*. Livres II, 6 et VI, 29). — Soient ABHK un rectangle de côtés 10 et x et BDMH un carré de côté x : le rectangle ADMK a ainsi pour valeur

$$x^2+10x \text{ ou } 39.$$

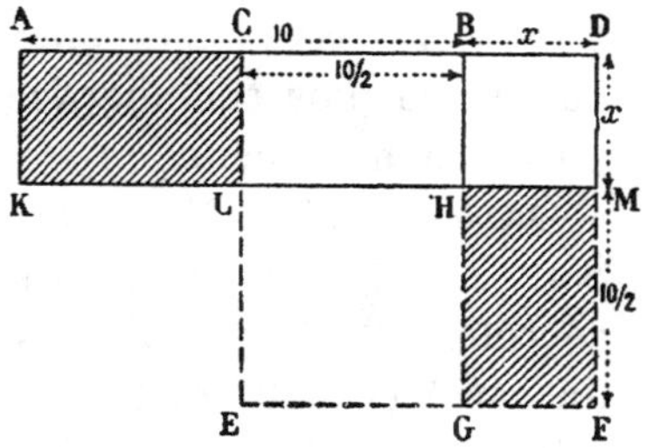

Fig. *b*.

C étant le milieu de AB, nous construisons le carré CDFE sur $\text{CD}=x+\frac{10}{2}$.

On a

$$\text{carré CF} = \text{carré LG} + \text{rect. HF} + \text{rect. CM}$$
$$= \text{carré LG} + \text{rect. AM},$$

car les deux rectangles AL et HF sont équivalents. Par suite,

$$\text{carré CF} = \left(\frac{10}{2}\right)^2+39=64.$$

Donc $\text{CD}=8$ et BD ou $x=8-\frac{10}{2}=3$.

En résumé, on voit que les deux procédés ci-dessus

reviennent, pour le cas général où l'on a $x^2+px=q$, à construire un carré EHPM (*fig. a*) ou CDFE (*fig. b*) d'aire $\left(x+\frac{p}{2}\right)^2=\frac{p^2}{4}+q$; on n'a plus ensuite pour trouver x qu'à retrancher $\frac{p}{2}$ du côté du carré ainsi construit.

II. *Trouver un nombre dont le carré augmenté de* 21 *soit égal à* 10 *fois ce nombre.* — Nous nous contenterons d'indiquer le procédé qui résulterait de l'application à ce cas particulier de la solution générale donnée par EUCLIDE (*Éléments,* Livres II, 5 et VI, 28); la construction d'AL KHÂRIZMI, bien qu'un peu plus compliquée, est au fond la même.

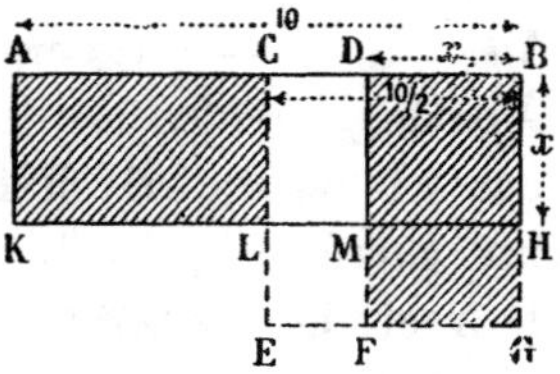

On a ici $x^2+21=10x$. Soit ABHK un rectangle de côtés 10 et x et BDMH un carré de côté x : le rectangle ADMK a ainsi pour valeur 21. C étant le milieu de AB, nous construisons le carré CBGE sur CB ; on forme ainsi le carré LMFE, de côté $\text{LM}=\frac{10}{2}-x$. On a

$$\text{carré LF} = \text{carré CG} - \text{rect. CM} - \text{rect. DG}$$
$$= \text{carré CG} - \text{rect. AM},$$

car les deux rectangles AL et DG sont équivalents. Par suite,

$$\text{carré LF} = \left(\frac{10}{2}\right)^2 - 21 = 4.$$

Donc $\text{LM}=2$ et BD ou $x=\frac{10}{2}-2=3$.

Nous avons implicitement admis dans la construction

précédente $x < \frac{10}{2}$; en faisant l'hypothèse contraire, $x > \frac{10}{2}$, qui n'a pas été considérée par Al Khârizmi,

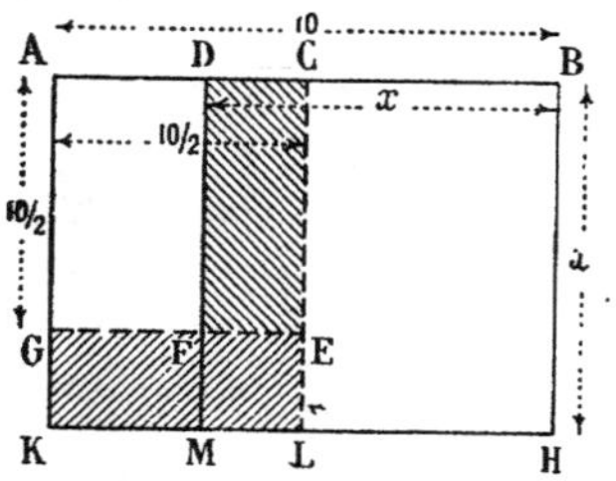

nous allons montrer que le problème admet une seconde solution. La construction est analogue à la précédente : on obtient le carré FELM de côté $ML = x - \frac{10}{2}$. On a

$$\text{carré FL} = \text{rect. GL} - \text{rect. GM} = \text{rect. DE} - \text{rect. GM}$$
$$= \text{carré AE} - \text{rect. AM}.$$

Il en résulte

$$\text{carré FL} = \left(\frac{10}{2}\right)^2 - 21 = 4.$$

Donc $ML = 2$ et BD ou $x = \frac{10}{2} + 2 = 7$.

Le procédé indiqué revient donc, dans le cas général $x^2 + q = px$, à former un carré LMFE dont l'aire ait pour expression dans la première hypothèse $\left(\frac{p}{2} - x\right)^2 = \frac{p^2}{4} - q$, et dans la seconde $\left(x - \frac{p}{2}\right)^2 = \frac{p^2}{4} - q$. On voit aisément que pour que la construction soit possible il faut qu'on ait $\frac{p^2}{4} \geqslant q$.

III. *Trouver un nombre dont le carré soit égal au triple de ce nombre plus 4.* — On a ici $x^2 = 3x + 4$ et nécessairement $x > 3$. La construction est toujours la même ; elle est encore cette fois un peu plus simple que celle d'AL KHÂRIZMI. On obtient le carré FELM de côté ML $= x - 3/2$. On a

$$\text{carré FL} = \text{rect. FK} + \text{rect. GL} = \text{rect. FK} + \text{rect. DE}$$
$$= \text{carré AE} + \text{rect. AM},$$

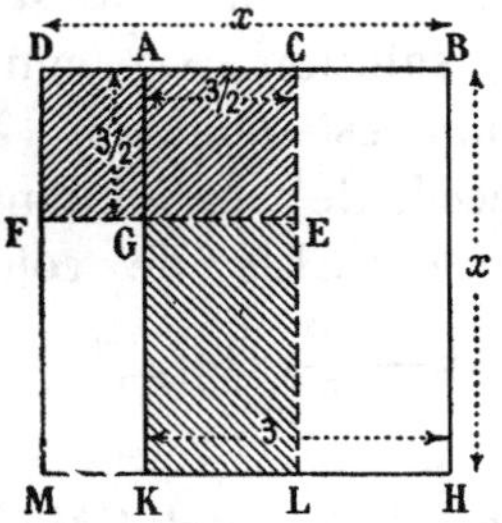

d'où

$$\text{carré FL} = \left(\frac{3}{2}\right)^2 + 4 = \frac{25}{4}.$$

Donc $\quad \text{ML} = \frac{5}{2}$

et $\quad \text{BD ou } x = \frac{5}{2} + \frac{3}{2} = 4.$

Dans le cas général $x^2 = px + q$, le procédé revient à former un carré FELM d'aire $\left(x - \frac{p}{2}\right)^2 = \frac{p^2}{4} + q$.

Procédés japonais. — Les Japonais, avant l'introduction dans leur pays de la science européenne, se servaient fréquemment de figures géométriques pour résoudre les problèmes numériques. Ces derniers étaient partagés en trois types : problèmes correspondant à notre règle de trois, partages, problèmes des excès et des défauts. Nous allons donner un exemple de chacun de ces types.

I. 3 *personnes reçoivent ensemble* 36 *bous d'argent ; combien de bous recevront* 10 *personnes ?*

Admettons que les 36 bous des 3 personnes soient représentés par le rectangle ABCD (*fig. a*). Si l'on prend $\text{AH} = \frac{\text{AD}}{3}$, le rectangle ABGH sera la part d'une personne. De même si l'on prend AE $=$ 10AB, le rectangle AEFH représentera la part de 10 personnes. Or AEFH est le tiers de AEID, qui est équivalent à 10 ABCD, c'est-à-dire à 10×36 bous. Le nombre cherché est donc le 1/3 de 10×36 : c'est 120.

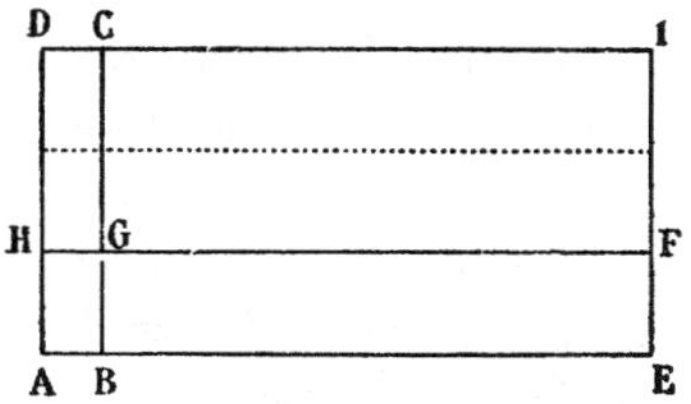

Fig. *a*.

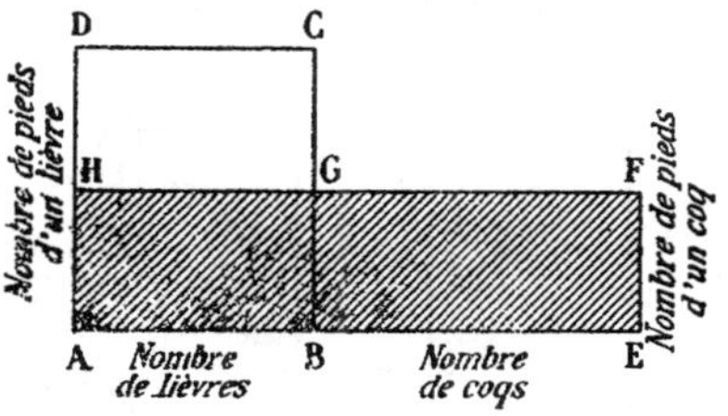

Fig. *b*.

II. *On a un certain nombre de lièvres et de coqs; le nombre de leurs têtes est égal à* 100 *et le nombre de leurs pieds à* 284. *On demande le nombre des lièvres et le nombre des coqs.*

Le nombre total de pieds, 284, est la somme des produits du nombre de lièvres par 4 (rectangle ABCD) (*fig. b*) et du nombre de coqs par 2 (rectangle BEFG) : 284 peut donc être représenté par la figure formée des rectangles ABCD et BEFG. Si nous retranchons de cette figure le rectangle hachuré AEFH représentant le produit du nombre total de têtes par le nombre des pieds d'un coq ($100 \times 2 = 200$), le rectangle non hachuré HGCD ($284 - 200 = 84$) désignera le produit du nombre de lièvres par la différence 2 entre les nombres des pieds d'un lièvre et d'un coq. On aura donc le nombre de lièvres en divisant 84 par 2 : il y a par suite $\frac{84}{2} = 42$ lièvres et $100 - 42 = 58$ coqs.

III. *Un officier de police passant sur un pont entend une bande de voleurs qui, sous le pont, procède au partage de quelques pièces de soie volées. « Si nous donnons à chacun* 7 *pièces, il en restera* 6, *et si nous voulions en prendre chacun* 8, *il en manquerait* 9. » *L'officier peut-il deviner le nombre des voleurs et le nombre des pièces volées ?*

Soit ABCD un rectangle dont le côté AD représente le nombre inconnu des voleurs et dont le côté AB est égal à 7 ; accolons-lui le rectangle BHEF de côtés BH = 1 et HE = 6. La figure AHEFCD représente alors le nombre total de pièces de soie dans la première hypothèse.

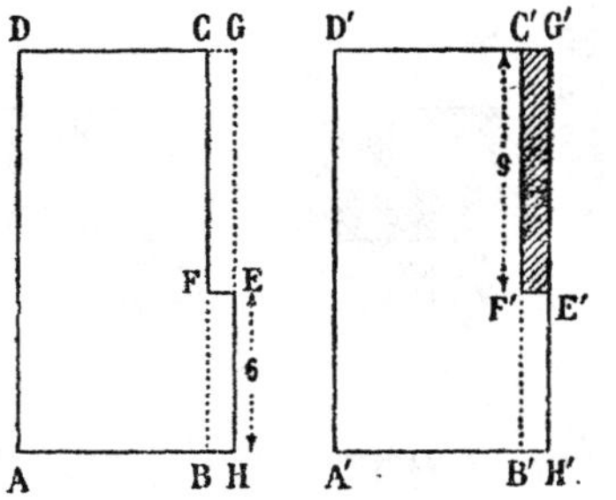

Soit maintenant le rectangle A'H'G'D' tel que A'D' = AD, A'H' = AH = 8 ; si nous en retranchons le rectangle F'E'G'C' de côtés F'E' = 1 et E'G' = 9, le polygone A'H'E'F'C'D' figure encore le nombre total de pièces de soie, dans la seconde hypothèse.

Les figures AHEFCD et A'H'E'F'C'D', qui représentent le même nombre et dans lesquelles on a AH = A'H', FE = F'E', CD = C'D' et AD = A'D', sont nécessairement égales ; par suite

$$FC = F'C' = 9 \quad \text{et} \quad AD = HE + FC = 6 + 9 = 15.$$

Ainsi le nombre des voleurs est 15 et le nombre de pièces volées $15 \times 7 + 6 = 111$.

Procédés divers. — I. *Extraire la racine carrée de* 4500 (Théon, *Commentaire sur l'Almageste de Ptolémée*, 4e s.). — Nous supposerons comme Théon que les unités de 4500 appartiennent au système sexagésimal. Chacune de ces unités ou degrés étant divisée en 60 unités secondaires ou minutes, chacune de celles-ci sera à son tour divisée en 60 secondes, etc.

Le carré entier le plus rapproché par défaut de 4500 est 4489, dont la racine est 67. Soient ABCD et AEFG deux carrés représentant respectivement 4500 et 4489. Si l'on retranche le second du premier, la figure restante a pour valeur 11 unités ou $660'$; cette figure, appelée par les Grecs *gnomon*, se compose de deux rectangles égaux ES et GR et d'un carré FC. La hauteur commune de ces rectangles (qui est aussi celle du gnomon et le côté du carré) s'obtiendra approximativement en divisant $660'$ par le double de la base AE ou $67^\circ \times 2 = 134^\circ$: on obtient ainsi $4'$ pour quotient. Les deux rectangles correspondant à cette valeur approchée de la hauteur du gnomon sont EI, GK ; l'aire de chacun d'eux est $67^\circ \times 4' = 268'$, soit ensemble $536'$, et le carré complémentaire FJ a pour valeur $4' \times 4' = 16''$. Donc si l'on adoptait pour valeur approchée de la racine cherchée le côté AH du grand carré AJ, le reste serait $660' - 536' - 16'' = 7424''$.

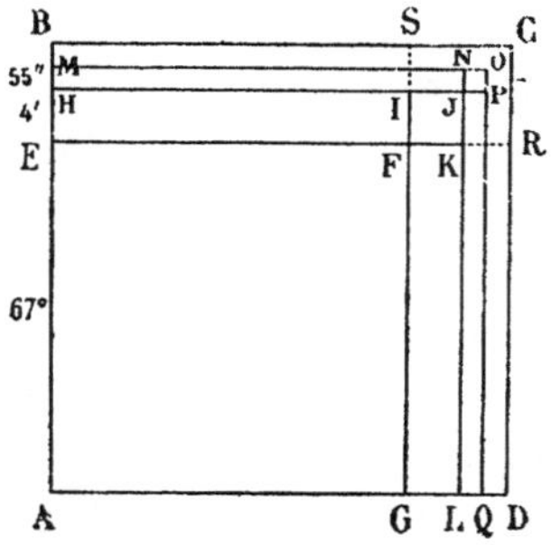

Si l'on admet à nouveau que $7424''$ représente un gnomon, on obtiendra approximativement sa hauteur en divisant $7424''$ par le double de AH ou par $2 \times 67^\circ 4' = 134^\circ 8'$: le quotient est $55''$. L'aire de chacun des deux rectangles correspondants HN et LP est $67^\circ 4' \times 55'' = 3688''40'''$, soit ensemble $7377''20'''$; celle du carré complémentaire JO est $55'' \times 55'' = 3025^{\text{IV}}$. Si l'on adoptait pour valeur approchée de la racine le côté AM du grand carré AO, le reste serait $7424'' - 7377''20''' - 3025^{\text{IV}} = 45''49'''35^{\text{IV}}$.

On pourrait raisonner sur ce dernier reste comme

sur les précédents et obtenir une plus grande approximation. Si l'on s'en tient au résultat actuel, la racine est $67^\circ 4' 55'' = 67 + \frac{4}{60} + \frac{55}{60^2}$.

II. *Les* $\frac{19}{20}$ *d'un nombre sont égaux à sa racine carrée; quel est ce nombre ?* (Léonard de Pise, *Liber Abaci*, 1202).

Soient *ab* le nombre donné, *at* l'unité de longueur ; construisons le rectangle *abdt* sur *ab* et *at*, et le carré *aekz* sur $ae = \frac{19}{20} ab$ comme côté. On doit avoir d'après l'énoncé $ae = \sqrt{ab}$ ou $\overline{ae}^2 = ab$; on en déduit carré *aekz* = rect. *abdt*, ou en retranchant de part et d'autre le rectangle commun *aeit*, rect. *tikz* = rect. *ebdi* ; cette dernière relation donne $ti \times ki = ei \times di$ ou $\frac{ti}{di} = \frac{ei}{ki}$. On déduit de cette proportion $\frac{ti}{ti + di} = \frac{ei}{ei + ki}$, c'est-à-dire $\frac{ti}{td} = \frac{ei}{ek}$ ou encore $\frac{ae}{ab} = \frac{1}{ek}$; mais $\frac{ae}{ab} = \frac{19}{20}$, donc $ek = \frac{20}{19}$ et l'aire du carré *aekz* qui représente le nombre cherché est $\left(\frac{20}{19}\right)^2 = \frac{400}{361}$.

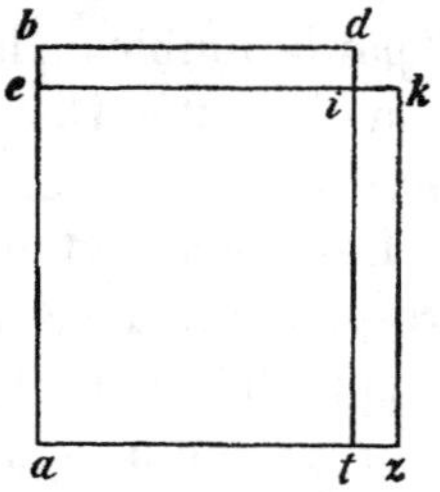

Comme le remarque Léonard de Pise, puisque $ab > ae$, on doit avoir $ae > 1$ ou $az > at$ et par conséquent *t* se trouve entre *a* et *z*.

III. *Trouver trois nombres tels que la somme des deux premiers soit* 50, *celle des deux derniers* 70, *celle du der-*

nier et du premier 60 (D'après Benedetti, *Speculationes diversæ,* 1585).

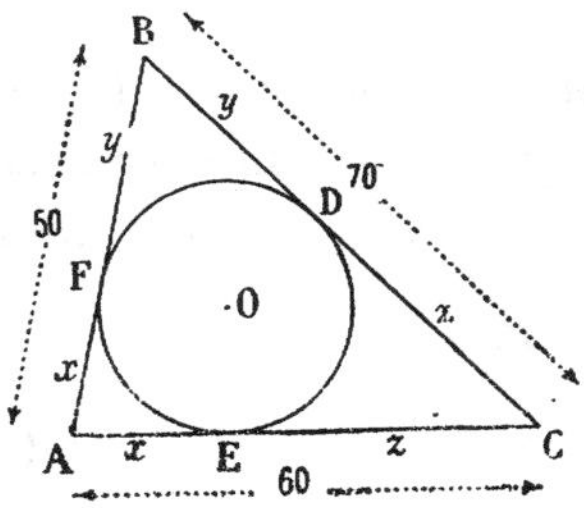

Soit ABC le triangle de côtés 50, 70 et 60; si nous traçons le cercle O inscrit à ABC, les distances des sommets du triangle aux points de contact représenteront les nombres cherchés x, y, z.

On voit immédiatement sur la figure ci-contre que

$$2x = AB + AC - BC,$$

d'où

$$x = \frac{50 + 60 - 70}{2} = 20.$$

De même

$$y = \frac{50 + 70 - 60}{2} = 30,$$

$$z = \frac{60 + 70 - 50}{2} = 40.$$

Les problèmes que nous allons maintenant présenter ont été résolus algébriquement par leurs auteurs. Nous allons exposer une solution géométrique du premier; quant aux autres, nous nous contenterons d'en donner l'énoncé, laissant à nos lecteurs le soin d'en trouver la solution, tout à fait analogue à celle qui suit (1).

I. *Un bambou mesurant* 32 *coudées et s'élevant sur un terrain plat est brisé en un point par la force du*

(1) La simplicité de la résolution géométrique de ces problèmes s'explique par ce fait que l'équation du second degré à laquelle on est conduit se réduit à une équation du premier degré.

vent; son extrémité vient rencontrer la terre à 16 coudées [de son pied]; dis, mathématicien, à combien de coudées du pied il a été brisé? (Bhâskara, *Lîlâvatî* et *Vîja Ganita*, 12ᵉ s.).

Soient AB la hauteur du bambou, C le point où il a été brisé. Afin de simplifier le langage, nous désignerons par x la distance cherchée AC. Le triangle rectangle ACB′ donne (*fig. a*)

$$\overline{CB'}^2 = \overline{AC}^2 + \overline{AB'}^2,$$

ou

$$(32 - x)^2 = x^2 + 16^2. \qquad (1)$$

Construisons maintenant (*fig. b*) un carré MNOP de

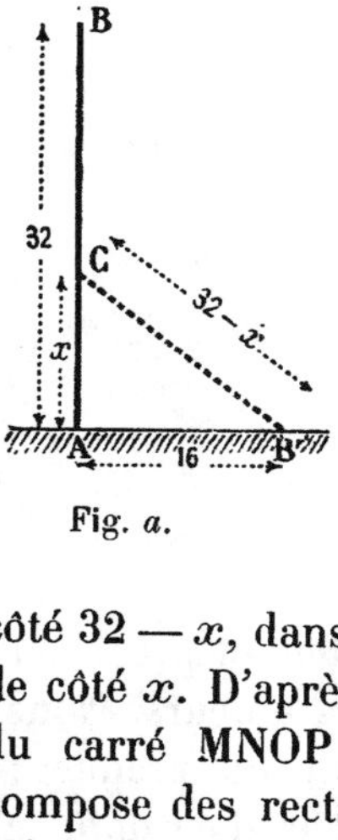

Fig. *a*.

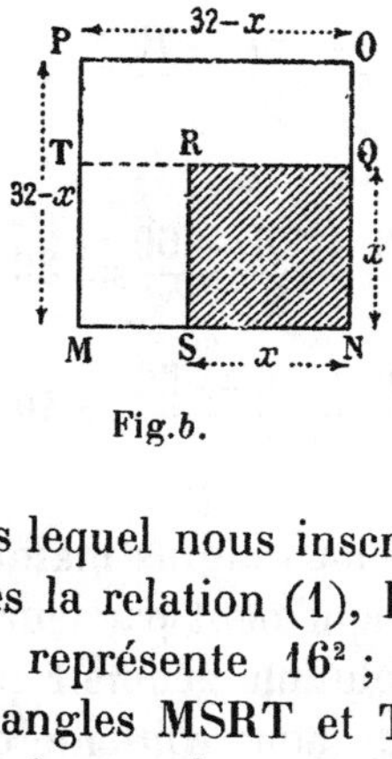

Fig. *b*.

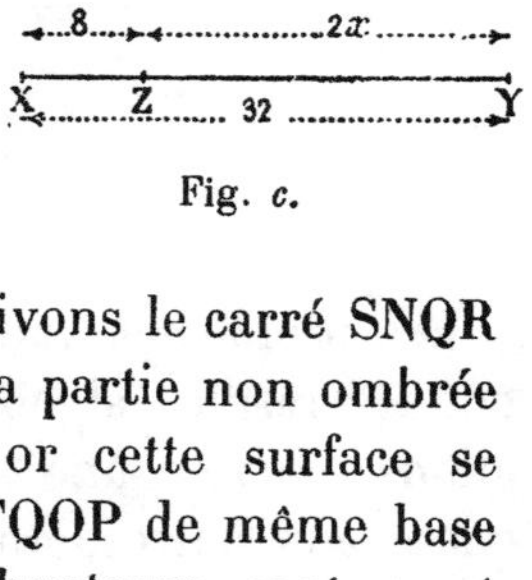

Fig. *c*.

côté $32 - x$, dans lequel nous inscrivons le carré SNQR de côté x. D'après la relation (1), la partie non ombrée du carré MNOP représente 16^2; or cette surface se compose des rectangles MSRT et TQOP de même base $MS = QO = 32 - 2x$ et dont les hauteurs sont x et $32 - x$. Ces deux rectangles placés bout à bout ont donc pour base $32 - 2x$ et pour hauteur 32. Ainsi le rectangle $(32 - 2x) \times 32$ a même aire que le carré 16×16 ou que le rectangle 8×32; les bases $32 - 2x$ et 8 sont donc nécessairement égales et on voit immédiatement sur la fig. *c* que la longueur $2x$ est égale à $32 - 8 = 24$, c'est-à-dire qu'on a $x = 12$.

II. *A la surface d'un lac où des flamants et des grues se montrent en grand nombre, émerge l'extrémité d'une tige de lotus qu'on aperçoit à une main au-dessus de l'eau. Sous l'action du vent, la tige se penche graduellement et est submergée à la distance de 2 coudées. Calcule vivement, mathématicien, la profondeur de l'eau* [*une main équivaut à une demi-coudée*] (Bhâskara, *Lîlâvatî* et *Vîja Ganita*).

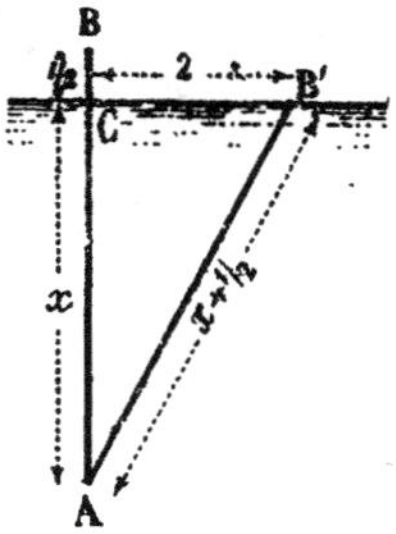

Fig. *d*.

Réponse : $\frac{15}{4}$.

III. *D'un arbre haut de* 100 *coudées un singe est descendu et se rend à un étang distant de* 200 *coudées, pendant qu'un autre singe, sautant d'une certaine hauteur au-dessus de l'arbre, se rend rapidement au même point par la diagonale. Si l'espace parcouru par les deux singes est le même, dis-moi vivement, homme savant, la hauteur du saut, si tu as appris à calculer rapidement* (Bhâskara, *Lîlâvati* et *Vîja Ganita*) (*fig. e*).

Réponse : 50. [$x = 150$.]

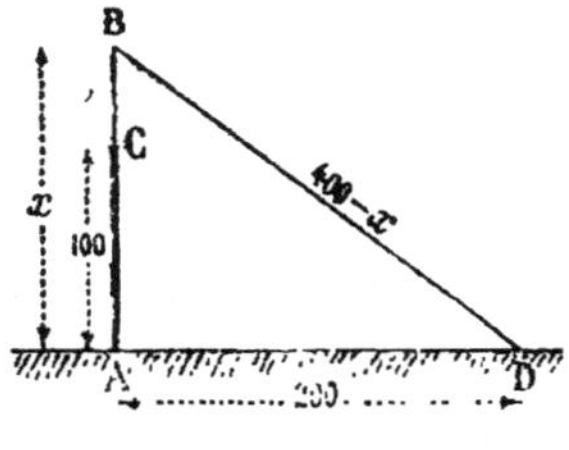

Fig. *e*.

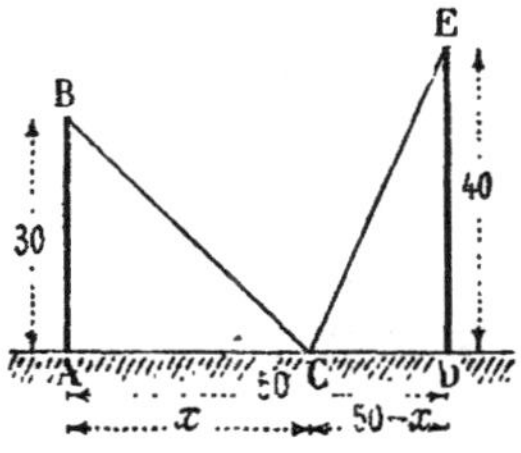

Fig. *f*.

IV. *Deux tours élevées l'une de* 30 *pas, l'autre de* 40, *sont distantes de* 50 *pas ; entre les deux se trouve une fontaine vers le centre de laquelle deux oiseaux descen-*

dant des sommets des deux tours se dirigent du même vol et parviennent dans le même temps; quelles sont les distances horizontales du centre de la fontaine aux deux tours ? (Léonard de Pise, *Liber Abaci*, 1202) (*fig. f*).

Réponse : 32 et 18.

BIBLIOGRAPHIE

Mohammed ben Musa. — *Algebra.* Édition Rosen. Londres, 1831, in-8°.

Berson. — *Sur l'emploi des figures géométriques par les Japonais pour la résolution des problèmes d'arithmétique.* Mém. de l'Ac. des Inscr. et Bel. Let. de Toulouse, 1891.

§ 3. — Sommation des progressions géométriques.

Cas général. — Problème. — *Les deux premiers termes d'une progression géométrique quelconque étant donnés, déterminer les termes suivants :*

1re Solution (Torricelli, *Quadratura parabolæ*. Florence, 1644). — Inscrivons le premier terme AB′ entre les côtés d'un angle quelconque ZOY ; puis sur B′A portons une longueur B′I égale au second terme et menons par I une parallèle à OY qui rencontre OZ en B. Menons enfin successivement les parallèles BC′ à AB′, CC′ à BB′, CD′ à BC′ et ainsi de suite. BC′ = IB′ représente le second terme, et CD′, DE′,... les termes suivants de la progression.

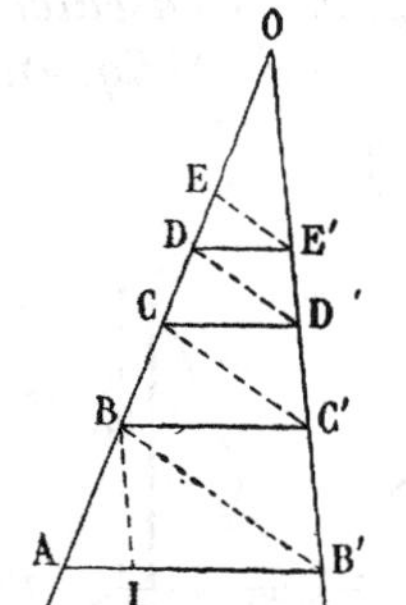

On a en effet, par exemple,

$$\frac{BC'}{AB'} = \frac{OB}{OA} = \frac{OC'}{OB'} = \frac{OC}{OB} = \frac{CD'}{BC'}.$$

Ainsi

$$\frac{BC'}{AB'} = \frac{CD'}{BC'}.$$

Autrement dit, le rapport de deux segments parallèles consécutifs est constant : ces segments forment donc une progression géométrique de raison $\frac{BC'}{AB}$.

2e Solution (D'après G. DARZENS, *J^al de Longchamps*, 1893). — Portons sur une droite AR (*fig. b*) un segment AB' représentant le premier terme, puis dans une direction quelconque traçons un segment B'B égal au second terme ; par B menons BC' parallèle à AB' et égal à B'B. Menons enfin les droites AB et B'C' et inscrivons entre elles des segments C'C, CD', D'D,... successivement parallèles à B'B et BC' : les longueurs CD' = CC', DE' = DD',... représentent les termes suivants de la progression. On a en effet, par exemple,

$$\frac{BB'}{AB'} = \frac{CC'}{BC'},$$

ou

$$\frac{BC'}{AB'} = \frac{CD'}{BC'}.$$

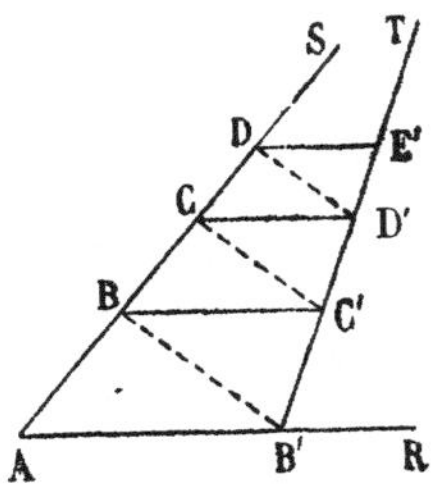

Fig. *b*.

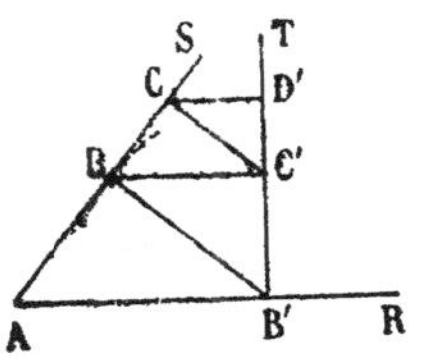

Fig. *c*.

3e Solution. — Portons sur une droite AR (*fig. c*) un segment AB' représentant le premier terme ; en B' élevons sur AR une perpendiculaire B'T et du même point comme centre, avec un rayon B'B égal au second terme, décrivons un arc de cercle auquel nous menons par A la tangente AS. Par le point de tangence B abaissons BC' perpendiculaire sur B'T, puis C'C perpendiculaire sur AS, CD' perpendiculaire sur B'T, et ainsi de suite. Les segments consécutifs AB', B'B, BC', C'C, CD',... forment une progression géométrique.

Les triangles rectangles semblables ABB', B'C'B, BCC', C'D'C,... donnent en effet

$$\frac{BB'}{AB'} = \frac{BC'}{BB'} = \frac{CC'}{BC'} = \frac{CD'}{CC'} = \dots\dots$$

Sommation. — La résolution du problème précédent va nous permettre de déterminer immédiatement la somme d'un nombre quelconque de termes d'une progression géométrique quelconque.

1re et 2e Solutions (Torricelli et G. Darzens). — Les termes de la progression géométrique étant représentés

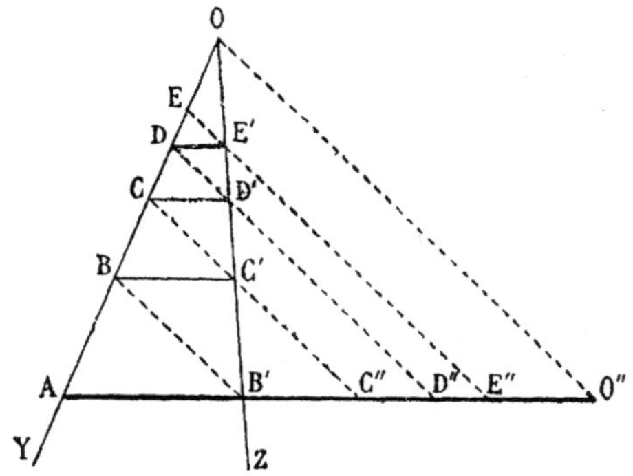

par les segments parallèles AB', BC', CD',... inscrits entre les côtés d'un certain angle YOZ, si nous prolongeons les droites CC', DD', EE',... jusqu'à leur rencontre avec AB′ en C″, D″, E″, ..., il est évident que AC″, AD″, AE″, ... donnent la somme des 2, 3, 4, ... premiers termes de la progression.

Si l'on suppose maintenant la progression décroissante et illimitée, les points B, C, D, E, ... et B′, C′, D′, E′, ... tendent vers le sommet O et la somme des termes a pour limite le segment AO″ déterminé par la parallèle OO″ à BB′ menée par O. On peut déduire facilement de ce tracé l'expression numérique de la somme cherchée S dans le cas considéré, connaissant le premier terme a et la raison q de la progression :

$$q = \frac{BC'}{AB'} = \frac{OB}{OA} = \frac{O''B'}{O''A} = \frac{S - a}{S},$$

d'où

$$S = \frac{a}{1 - q}.$$

3e Solution. — D'après le tracé indiqué au problème précédent, AB′ étant le premier terme de la progression, $\widehat{AB'O}$ étant droit et AO mené de telle sorte que la perpendiculaire B′B abaissée de B′ sur cette droite soit égale au 2e terme, les segments BC′, C′C, CD′, D′D, DE′, E′E, ... perpendiculaires successivement à B′O et AO sont les termes suivants de la progression. Soit maintenant O″ le point de rencontre de AB′ et de la perpendiculaire en O à AO.

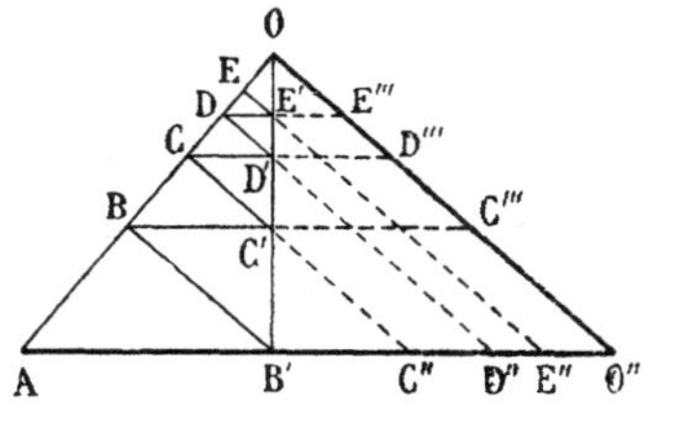

Les sommes successives des termes représentés par les segments parallèles à AO″ sont données sur AO″ en AC″, AD″, AE″, ... ; celles des termes représentés par les segments parallèles à OO″ sont données sur OO″ en O″C‴, O″D‴, O″E‴, ...

Si la progression est décroissante et illimitée, la somme de tous les termes est ainsi représentée par celle de l'hypoténuse AO″ et du côté OO″ du triangle rectangle AOO″.

Cas particuliers. — Sommation de la progression indéfinie $\frac{1}{2} \cdot \frac{1}{4} \cdot \frac{1}{8} \cdots$ — Nous nous contenterons d'indiquer des solutions différentes de celles qui résulteraient de l'application des procédés donnés ci-dessus pour une progression géométrique quelconque.

1re Solution (EUCLIDE, 3e s. av. J.-C.). — Le géomètre grec a résolu cette question dans ses *Éléments* (1, liv. X) sous la forme suivante : *Si d'une grandeur donnée* AB *on retranche une partie* HB *égale à la moitié de* AB, *si du reste* AH *on retranche une partie* KH *égale à la moitié de* AH, *et ainsi de suite, on finira par trouver un reste qui sera inférieur à une grandeur donnée* C.

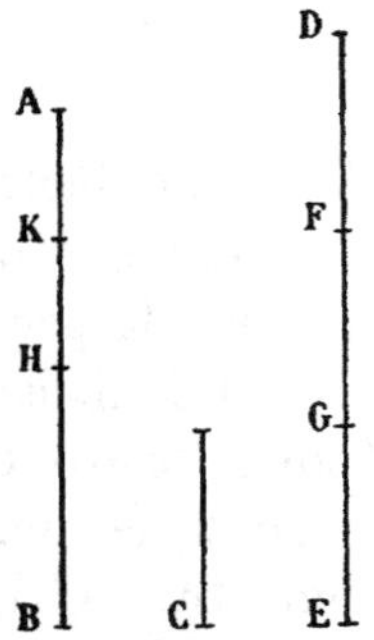

En effet, en portant sur une droite indéfinie la grandeur C un nombre suffisant de fois en DF, FG, GE, on finit par obtenir une grandeur DE > AB ; supposons maintenant AB divisé conformément à l'énoncé. On a

$$AH = \frac{AB}{2} < \frac{DE}{2} < DG,$$

$$AK = \frac{AH}{2} < \frac{DG}{2} = C.$$

Ainsi $$AK < C.$$

Cette proposition peut encore s'énoncer ainsi : *La différence entre la grandeur* AB *et la somme* $\frac{AB}{2} + \frac{AB}{4} + \frac{AB}{8} + \cdots$ *est inférieure à toute quantité donnée* C.

Elle s'exprimerait aujourd'hui de la manière suivante : *La limite de la somme* $\frac{AB}{2} + \frac{AB}{4} + \frac{AB}{8} + \cdots$ *est* AB.

Si nous supposons AB égale à l'unité de longueur, on voit que la somme des termes de la progression $\frac{1}{2} \cdot \frac{1}{4} \cdot \frac{1}{8} \dots$ est 1.

2e Solution. — Soit ABCD un carré représentant l'unité de surface. Construisons le carré A′B′C′D′ d'aire 1/2 dont les sommets sont les milieux des côtés de ABCD ; puis, de la même manière, le carré A″B″C″D″, dont l'aire est la moitié de celle de A′B′C′D′ ou 1/4 ; puis le carré A‴B‴C‴D‴ d'aire 1/8, ...

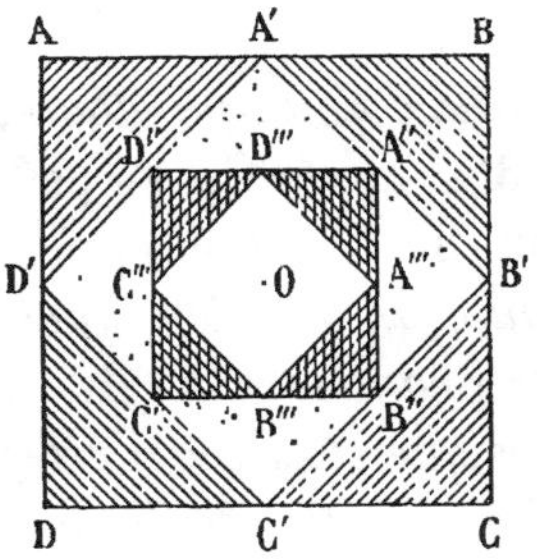

Le premier terme 1/2 de la progression considérée peut être représenté par les 4 triangles hachurés du pourtour de ABCD, le second terme 1/4 par les 4 triangles pointillés du pourtour de A′B′C′D′, le troisième terme 1/8 par les 4 triangles à hachures croisées du pourtour de A″B″C″D″... En continuant cette construction, on voit que la partie ombrée aboutit au point O, centre de ABCD, c'est-à-dire qu'elle a pour limite l'aire de ABCD ou 1. On a donc bien

$$1 + 1/2 + 1/4 + 1/8 + \dots = 1.$$

3e Solution. — Soit ABC un triangle rectangle isocèle dont nous prendrons l'aire pour unité. Abaissons du sommet A de l'angle droit une perpendiculaire AD sur l'hypoténuse BC, puis de D une perpendiculaire sur AB, et ainsi de suite.

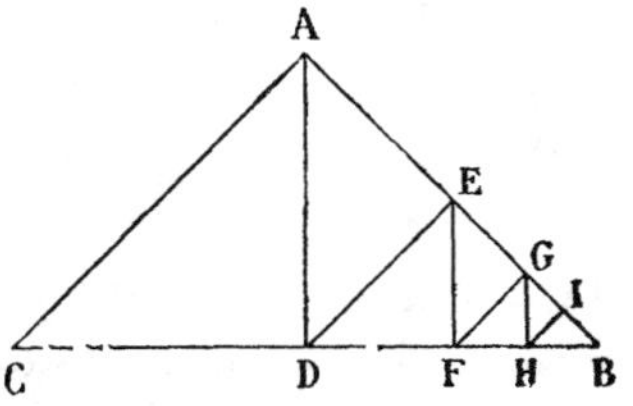

Les triangles DAC, EAD, FED, ... successivement obtenus représentent respectivement 1/2, 1/4, 1/8, ... ; la somme des aires de tous ces triangles a évidemment pour limite l'aire de ABC, c'est-à-dire 1.

Sommation de la progression indéfinie $1 \cdot \frac{1}{4} \cdot \frac{1}{16} \cdots$

1re Solution. — Archimède (*Quadrature de la parabole*, prop. 23, 3e s. av. J.-C.) l'a présentée sous la forme ci-après : *Étant donné un nombre quelconque de grandeurs* A, B, C, D, E, *telles que chacune d'elles contient* 4 *fois celle qui la suit immédiatement, la somme de ces grandeurs augmentée du* 1/3 *de la plus petite* E *est égale aux* 4/3 *de la plus grande* A.

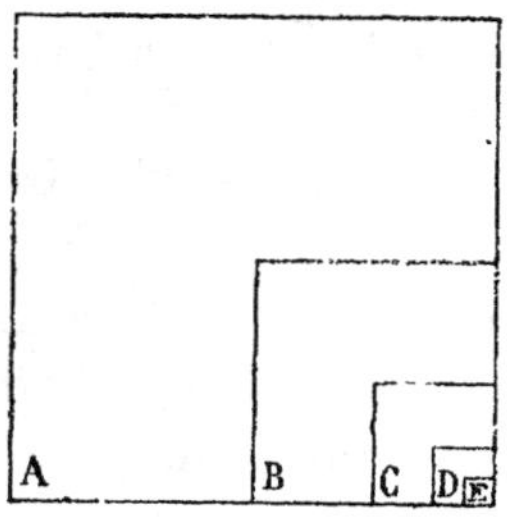

Soient U, X, Y, Z d'autres grandeurs qui soient respectivement le 1/3 de B, C, D, E.

On a $$B + U = \frac{1}{4} A + \frac{1}{4} A \times \frac{1}{3} = 1/3\, A\,;$$

de même
$$C + X = 1/3\, B,$$
$$D + Y = 1/3\, C,$$
$$E + Z = 1/3\, D.$$

Par suite

$$(B+C+D+E)+(U+X+Y+Z) = 1/3(A+B+C+D).$$

Mais $\qquad U+X+Y = 1/3(B+C+D)$;

donc $\qquad B+C+D+E+Z = 1/3\,A.$

Ajoutant A de part et d'autre et remplaçant Z par $\frac{E}{3}$,

$$A+B+C+D+E+\frac{E}{3} = 4/3\,A. \quad \text{C. q. f. d.}$$

Aujourd'hui, on conclurait de ce qui précède que *si le nombre des grandeurs données* A, B, C, ... *augmente indéfiniment, la dernière et son tiers tendent vers zéro et la somme de ces grandeurs tend vers* 4/3 A. Si l'on prend A pour unité, on a donc

$$1+\frac{1}{4}+\frac{1}{16}+\cdots = 4/3.$$

Il serait d'ailleurs facile de généraliser cette démonstration et de l'appliquer à une progression décroissante quelconque.

2e Solution. — Soient ABC un triangle d'aire égale à l'unité, D et E les milieux de AC et AB, et BD la médiane relative au sommet B. Joignons D et E, menons EF parallèle à AC jusqu'à sa rencontre en F avec BD, puis GF parallèle à BC jusqu'à sa rencontre en G avec AB, et ainsi de suite.

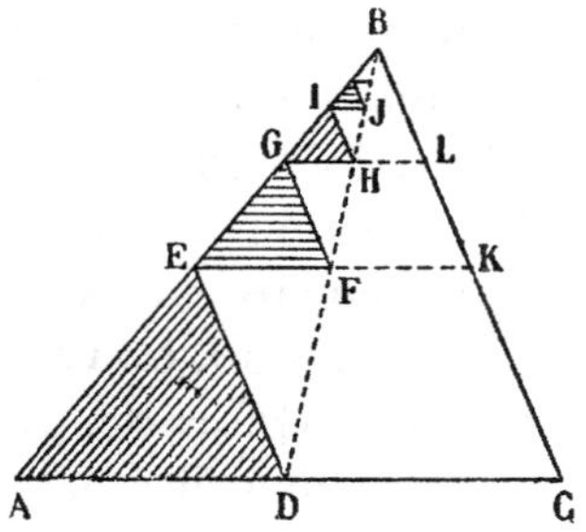

On voit immédiatement que les aires des triangles ombrés ADE, EFG, GHI ont respectivement pour valeur

$\frac{1}{4}, \frac{1}{16}, \frac{1}{64}, \cdots$; leur somme est égale à 1/3, car ADE est le 1/3 du trapèze AEKC, EFG est le 1/3 du trapèze EKLG... et par suite ADE + EFG + ⋯ est le 1/3 de ABC, c'est-à-dire de 1.

On a donc $\frac{1}{4}+\frac{1}{16}+\frac{1}{64}+\cdots=1/3$

et $$1+\frac{1}{4}+\frac{1}{16}+\frac{1}{64}+\cdots=4/3.$$

Problème. — *Une circonférence est divisée en un certain nombre de parties égales. Par les points de division* A, M, N, P, Q,... *on mène des rayons et par l'un de ces points,* A *par exemple, on abaisse une perpendiculaire* AB′ *sur le rayon* OM *le plus proche, puis de* B′ *on abaisse une nouvelle perpendiculaire* B′*b sur le rayon suivant, et ainsi de suite indéfiniment. On demande quelle est la somme de toutes ces perpendiculaires* (D'après le *J*[al] *de Vuibert,* 1878-79).

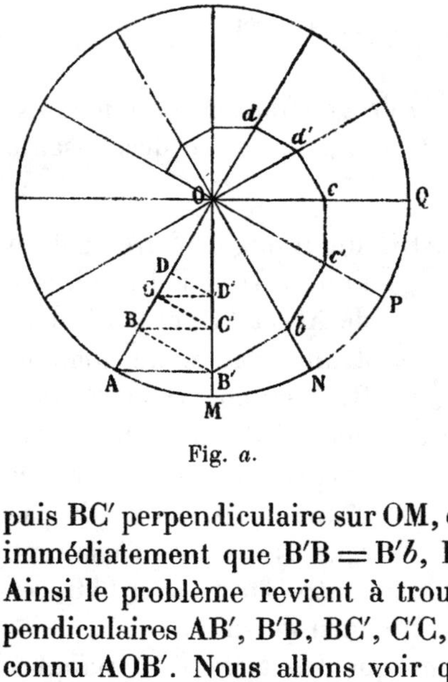

Fig. *a*.

Abaissons B′B perpendiculaire sur AO, puis BC′ perpendiculaire sur OM, et ainsi de suite; on voit immédiatement que B′B = B′*b*, BC′ = *bc*′, C′C = *c*′*c*,... Ainsi le problème revient à trouver la somme des perpendiculaires AB′, B′B, BC′, C′C,... aux côtés d'un angle connu AOB′. Nous allons voir quel résultat on obtient dans les cas les plus simples en appliquant la 3e Solution donnée pour la sommation d'une progression géométrique quelconque et en supposant que le rayon AO soit pris pour unité de longueur.

$\widehat{AOB'} = 60°$ (*Hexagone, fig. b*). — Dans le triangle AOO'' on a $AO = 1$ et comme $\widehat{O''} = 60°$, $\widehat{A} = 30°$ et $AO'' = 2OO''$. On en déduit $AO'' = \frac{2\sqrt{3}}{3}$ et $OO'' = \frac{\sqrt{3}}{3}$. La somme cherchée a ainsi pour expression $OO'' + AO'' = \sqrt{3}$: elle est donc égale au côté du triangle équilatéral inscrit.

De plus, comme $AB' = \frac{\sqrt{3}}{2}$, $BB' = \frac{\sqrt{3}}{4}$, $BC' = \frac{\sqrt{3}}{8}, \ldots,$

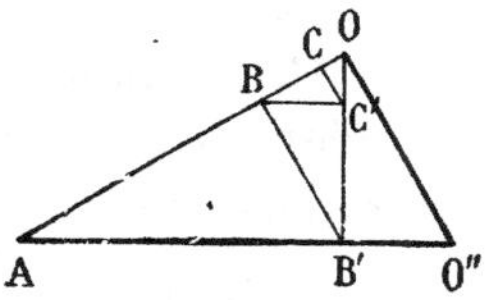

Fig. b.

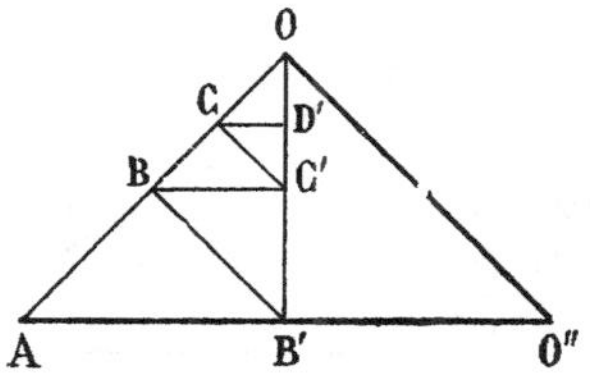

Fig. c.

cette construction fournit un procédé géométrique pour sommer la progression indéfiniment décroissante

$$\frac{\sqrt{3}}{2}, \frac{\sqrt{3}}{4}, \frac{\sqrt{3}}{8}, \ldots$$

de raison 1/2 ou, ce qui revient au même, pour sommer la progression

$$\frac{1}{2}, \frac{1}{4}, \frac{1}{8}, \ldots$$

$\widehat{AOB'} = 45°$ (*Octogone, fig. c*). — On a $AO = OO'' = 1$, $AO'' = \sqrt{2}$. La somme cherchée $OO'' + AO'' = 1 + \sqrt{2}$ est donc égale au rayon augmenté du côté du carré inscrit.

Comme $AB' = \frac{\sqrt{2}}{2}$, $BB' = \frac{1}{2}$, $BC' = \frac{\sqrt{2}}{4}$, ..., ce procédé revient à la sommation géométrique de la progression

$$\frac{\sqrt{2}}{2}, \frac{1}{2}, \frac{\sqrt{2}}{4}, \ldots$$

de raison $\frac{\sqrt{2}}{2}$.

$\widehat{AOB'} = 30°$ (*Dodécagone, fig. d*). — On a $AO = 1$ et comme $\widehat{A} = 60°$, $AO'' = 2OA = 2$; d'où $OO'' = \sqrt{3}$. La somme cherchée $AO'' + OO'' = 2 + \sqrt{3}$ est donc égale au diamètre augmenté du côté du triangle équilatéral inscrit.

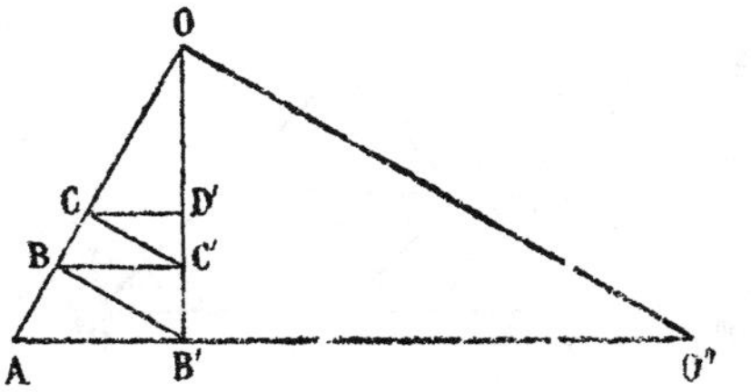

Fig. *d*.

On somme ainsi géométriquement la progression

$$\frac{1}{2}, \frac{\sqrt{3}}{4}, \frac{3}{8}, \ldots$$

de raison $\frac{\sqrt{3}}{2}$.

§ 4. — Sommation de séries.

I. Somme des *n* premiers nombres. — Considérons la figure AEFD (*fig. a*) formée par l'adjonction de rectangles composés eux-mêmes de 1 ou 2 ou 3... ou n carrés égaux, chacun de ces carrés représentant une unité. Cette figure AEFD représentera alors la somme cherchée S ; si nous lui accolons la figure égale EBCF, nous obtiendrons le rectangle ABCD qui contiendra

$n(n+1)$ carrés et qui aura pour valeur 2S. On en déduit

$$S = \frac{n(n+1)}{2}.$$

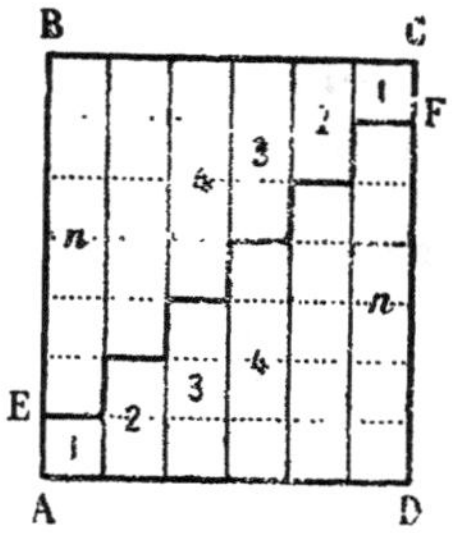

Fig. *a*.

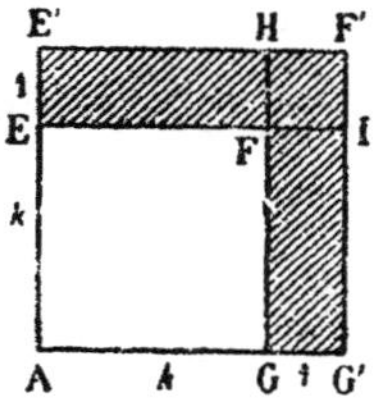

Fig. *b*.

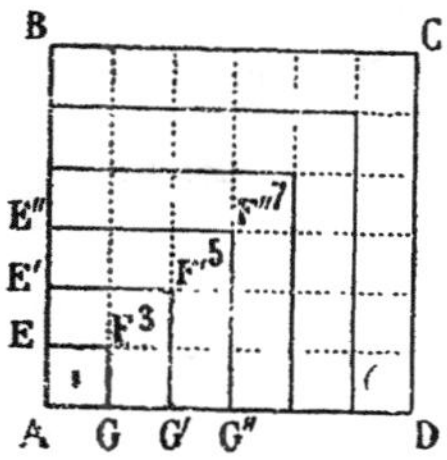

Fig. *c*.

II. Somme des *n* premiers nombres impairs. — Considérons les carrés AEFG et AE'F'G' dont les côtés représentent respectivement k et $k+1$ unités (*fig. b*). La différence entre ces deux carrés est donnée par la figure ombrée EE'F'G'GF qui, nous le savons (§ 2), était appelée *gnomon* chez les Grecs : cette figure est formée de deux rectangles d'aire $2k$ et d'un carré d'aire 1. On passera donc du carré k^2 au carré suivant $(k+1)^2$ en ajoutant au premier un gnomon représentant le nombre impair $2k+1$.

On en déduit qu'en ajoutant au carré AEFG de valeur 1 (*fig. c*) [gnomon se réduisant à un carré] un gnomon de valeur $2+1$ ou 3, on obtient le carré AE'F'G' de valeur $(1+1)^2$ ou 2^2 ; en ajoutant à AE'F'G' un gnomon de valeur $2 \times 2 + 1$ ou 5, on obtient le carré AE''F''G'' de valeur $(2+1)^2$ ou 3^2 ; ... La somme des n premiers gnomons ainsi accolés ou, ce qui revient au même, la somme des n premiers nombres impairs est donc représentée par un carré de côté n dont la valeur est, par suite, n^2. Ainsi la somme des n premiers nombres impairs est égale au carré de leur nombre.

Ce procédé géométrique pour déterminer la somme des n premiers nombres impairs est dû aux Pythagoriciens (ARISTOTE, *Physique*).

III. Somme des n premiers produits des nombres pris deux à deux dans leur ordre naturel (A. RICOUR).

On a ici, S désignant la somme cherchée,

$$S = 1.2 + 2.3 + 3.4 + \cdots + n(n+1),$$

d'où

$$\frac{S}{2} = \frac{1.2}{2} + \frac{2.3}{2} + \frac{3.4}{2} + \cdots + \frac{n(n+1)}{2}.$$

Cette dernière relation peut s'écrire, d'après I,

$$\frac{S}{2} = 1 + (1+2) + (1+2+3) + \cdots + (1+2+3+\cdots+n). \qquad (1)$$

Considérons le rectangle ABCD dont les côtés

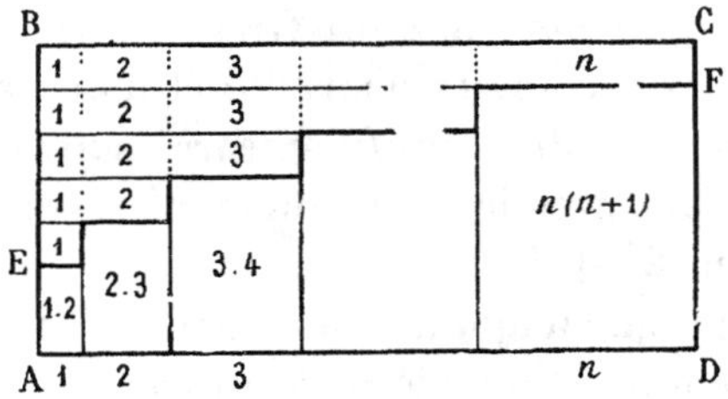

AB et AD représentent respectivement $n+2$ et $1+2+3+\cdots+n = \frac{n(n+1)}{2}$ unités ; l'aire du rectangle a pour valeur $\frac{n(n+1)(n+2)}{2}$.

La ligne brisée EF partage ABCD en deux séries de rectangles : l'une (AEFD divisé en bandes verticales) a pour expression $1.2 + 2.3 + 3.4 + \cdots + n(n+1) = S$

et l'autre (EBCF divisé en bandes horizontales),

$$1+(1+2)+(1+2+3)+\cdots+(1+2+\cdots+n)=\frac{S}{2} \quad \text{d'après (1).}$$

On a donc

$$S+\frac{S}{2} \quad \text{ou} \quad \frac{3S}{2}=\frac{n(n+1)(n+2)}{2},$$

d'où

$$S=\frac{n(n+1)(n+2)}{3}.$$

IV. Somme des carrés des n premiers nombres. — Soit le rectangle ABCD dont les côtés AB et AD représentent respectivement k et $k+1$ unités : on peut le considérer comme formé du carré ABEF d'aire k^2 et du rectangle FECD d'aire k. On a donc.

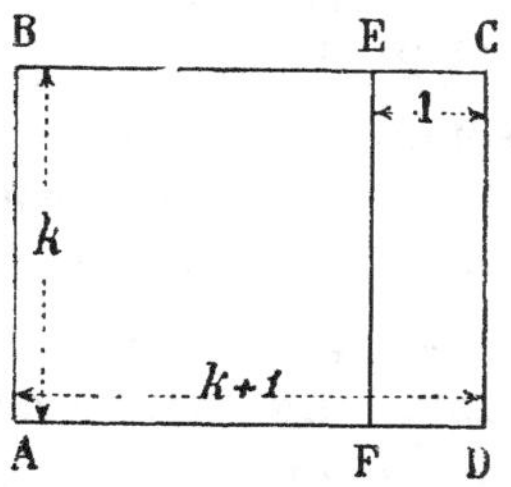

$$k^2=k(k+1)-k.$$

Si dans cette relation on remplace successivement k par 1, 2, 3, ..., n, et qu'on ajoute les résultats obtenus, on a, en désignant par S la somme cherchée et en ayant égard aux résultats I et III,

$$S=\frac{n(n+1)(n+2)}{3}-\frac{n(n+1)}{2},$$

ou encore

$$S=\frac{n(n+1)(2n+1)}{6}.$$

V. Somme des cubes des n premiers nombres. — Soit un carré ABCD de côté $1+2+3+\cdots+k$ dans lequel on construit d'autres carrés ayant un sommet A et deux côtés AB et AD communs et dont les côtés respectifs sont 1, 1 + 2, 1 + 2 + 3, ... Un gnomon quelconque B′BCDD′C′ ainsi déterminé, de largeur k, a pour aire

$$2 \text{ rect. } B'BCF - \text{carré } C'ECF = 2k \times AD - k^2.$$

Mais $$AD = 1 + 2 + 3 + \cdots + k = \frac{k(k+1)}{2};$$

l'aire dont il s'agit a donc encore pour expression

$$k^2(k+1) - k^2 = k^3.$$

Ainsi le gnomon considéré, de largeur k, a pour valeur k^3.

On en déduit que les gnomons de la figure ci-contre ont, successivement, pour valeur $1^3, 2^3, 3^3, \ldots, n^3$ et que leur somme est représentée par un carré de côté $1 + 2 + 3 + \cdots + n$. On a donc cette proposition remarquable : *La somme des cubes des n premiers nombres est égale au carré de la somme de ces nombres.*

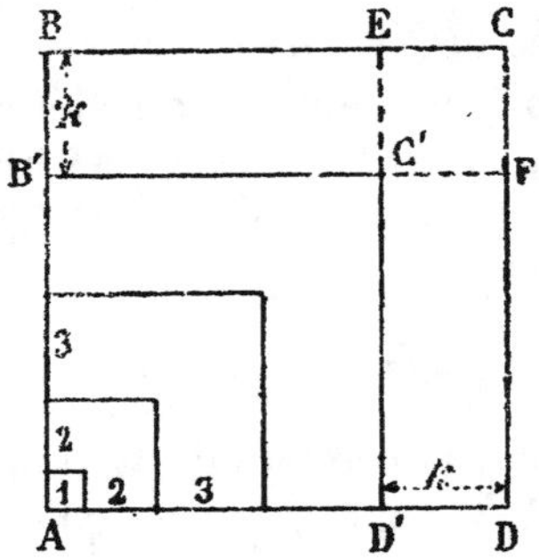

La démonstration que nous venons de donner est due à un algébriste arabe du commencement du 11e siècle, ALKHARKHÎ (WOEPCKE, Extraits du *Fakhrî*, Paris, 1853).

VI. Sommation de la série $\frac{1}{1.2} + \frac{1}{2.3} + \frac{1}{3.4} + \cdots$

1re Solution (BAEHR, *Assoc. franç. p. l'avanc. des sciences,* 1877). — Considérons un parallélogramme ABCD dont les diagonales se coupent en E. Menons par E une parallèle à AB qui coupe BC en E′ ; la droite E′D rencontre AC en F ; menons FF′ parallèle à AB, joignons F′ et D, et ainsi de suite. On a d'abord $\frac{CE'}{CB} = 1/2$.

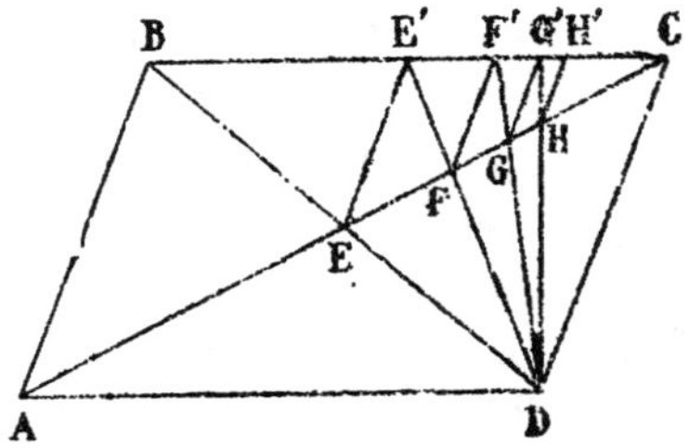

Les triangles semblables E′FC et DFA donnent ensuite

$$\frac{CF}{AF} = \frac{CE'}{AD} = 1/2.$$

Par suite,

$$\frac{CF'}{CB} = \frac{CF}{AC} = 1/3.$$

On a de même $\frac{CG'}{CB} = 1/4$, $\frac{CH'}{CB} = 1/5$, etc. Ainsi les rapports successifs $\frac{CE'}{CB}, \frac{CF'}{CB}, \frac{CG'}{CB}, \frac{CH'}{CB}, \cdots$ représentent les inverses de la suite naturelle des nombres. On a aussi

$$\frac{E'F'}{CB} = \frac{CE' - CF'}{CB} = \frac{1}{2} - \frac{1}{3} = \frac{1}{2.3}.$$

$$\frac{F'G'}{CB} = \frac{CF' - CG'}{CB} = \frac{1}{3} - \frac{1}{4} = \frac{1}{3.4}.$$

. . . .

La somme S des rapports $\frac{CE}{CB}, \frac{E'F'}{CB}, \frac{F'G'}{CB}, \cdots$ représente donc celle des termes de la série considérée. On a

$$S = \frac{BE' + E'F' + F'G' + \cdots}{CB} = 1.$$

Ainsi la somme cherchée est l'unité.

2ᵉ Solution (Sundara Row, *Geometrical exercises in*

paper folding. Madras, 1898). — Soit une droite AB aux extrémités de laquelle nous élevons deux perpendiculaires AC et BX en sens contraires, la première étant limitée en un point quelconque C. Portons sur BX, en BD, BE, BF, ..., 1, 2, 3, ... longueurs égales à AC; les droites joignant C à D, E, F, ... rencontrent AB en D′, E′, F′, ... On a

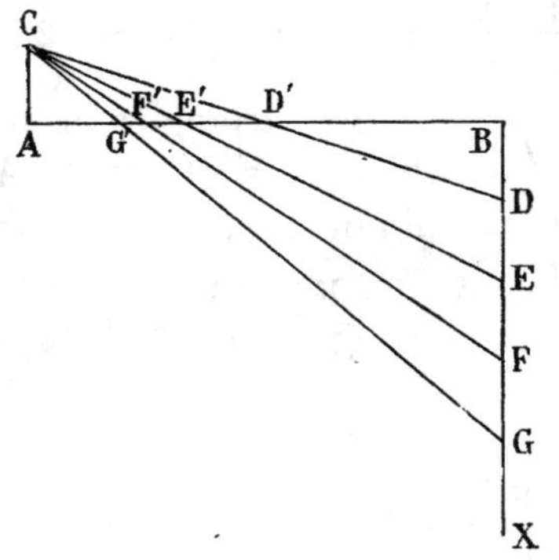

$$\frac{AD'}{AB} = 1/2, \quad \frac{AE'}{AB} = 1/3, \quad \frac{AF'}{AB} = 1/4, \cdots$$

On achèvera comme à la précédente solution.

BIBLIOGRAPHIE

A. Ricour. — *Application de la géométrie élémentaire à l'arithmétique.* Mém. d. l. Soc. d'Agric., Sc. et Arts du Nord. Douai, 1870-72.

§ 5. — Application au calcul des probabilités.

Rappelons la définition de la probabilité d'un événement.

Si l'on considère une urne contenant 5 boules dont 2 blanches et 3 noires et si l'on extrait une boule au hasard, personne n'hésitera à dire qu'il y a 2 chances sur 5 pour que la boule soit blanche, c'est-à-dire que sur 5 cas qui peuvent se présenter et qui sont *également possibles*, il y en a 2 *favorables* à la sortie d'une boule blanche. La *probabilité* de cet événement pourra donc être représentée par $\frac{2}{5}$.

D'une façon générale, la probabilité d'un événement est le rapport du nombre des cas favorables à l'arrivée de cet événement au nombre total des cas qui peuvent se réaliser, tous les cas étant supposés également possibles.

Problème I. — *On prend au hasard un point* M *dans l'intérieur d'un triangle équilatéral* ABC ; *quelle est la probabilité pour que, si de ce point on abaisse des perpendiculaires* MA_1, MB_1, MC_1 *sur les trois côtés, on puisse former un triangle avec* MA_1, MB_1, MC_1 (E. Lemoine).

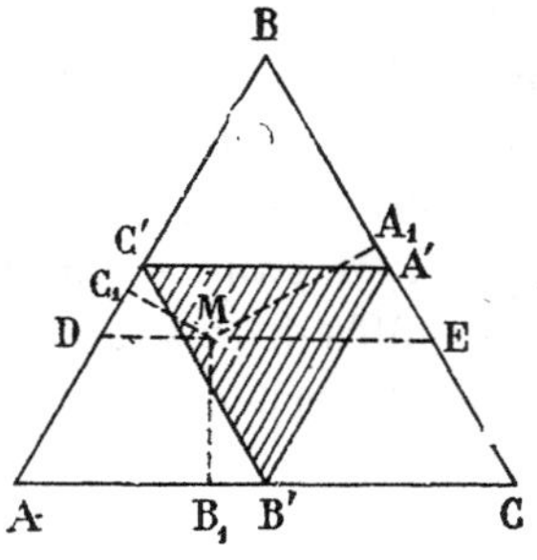

Soient A'B'C' le triangle formé en joignant les milieux des côtés et DE une parallèle à AC passant par M, ce dernier point étant supposé à l'intérieur de A'B'C'.

D'après une propriété connue, la somme $MA_1 + MC_1$ est égale à une hauteur du triangle équilatéral BDE, hauteur qui est nécessairement supérieure à MB_1. On a donc

$$MB_1 < MA_1 + MC_1\ ;$$

de même,

$$MA_1 < MB_1 + MC_1,$$

$$MC_1 < MA_1 + MB_1.$$

On remarquera d'ailleurs que si M est situé hors de A'B'C', par exemple dans BC'A',

$$MB_1 > MA_1 + MC_1.$$

Ainsi la condition nécessaire et suffisante pour que MA_1, MB_1 et MC_1 puissent former un triangle est que M soit situé à l'intérieur de A'B'C'.

L'ensemble des cas favorables peut donc être représenté par l'aire du triangle A'B'C'; l'ensemble des cas possibles, par l'aire du triangle ABC; et la probabilité cherchée, par le rapport $\frac{\text{aire } A'B'C'}{\text{aire } ABC} = 1/4$.

On peut étendre cette solution à un triangle quelconque; c'est d'ailleurs sous cette dernière forme que M. E. Lemoine a présenté la question.

Problème II. — *On donne une barre que l'on casse en* 3 *fragments. Probabilité pour que l'on puisse former un triangle avec ces* 3 *fragments* (E. Lemoine).

Les 3 fragments peuvent être représentés par les 3 perpendiculaires abaissées d'un point M situé à l'intérieur d'un triangle équilatéral sur les côtés de ce triangle; on sait en effet que la somme de ces 3 perpendiculaires est constante et égale à la hauteur du triangle.

On est ainsi ramené au problème précédent et la probabilité cherchée est 1/4.

BIBLIOGRAPHIE

E. Lemoine. — Bullet. de la Soc. mathém. de France, 1872-73 et 1883.
L. Lalanne. — Assoc. franç. p. l'avanc. des sciences, 1878.
Rév. T. C. Simmons M. A. — Assoc. franç. p. l'avanc. des sciences, 1894.

CHAPITRE II

LE JEU DE CARRELAGE

§ 1. — **Préliminaires.**

Le problème consiste à *recouvrir un plan au moyen de polygones réguliers convexes, sans vides, duplicatures ou empiètements.*

On peut envisager deux cas correspondant respectivement : 1° à des assemblages de polygones réguliers de même type ; 2° à des assemblages de polygones réguliers de types différents.

La solution du premier cas a été donnée par les Pythagoriciens (Introd., § 2). L'étude du second cas a été ébauchée dans l'immortel ouvrage de Kepler, l'*Harmonique du Monde* (1619), où l'on rencontre la plupart des figures du présent chapitre. La solution de ce dernier cas a été indiquée par M. Badoureau (1881) dans l'hypothèse où les assemblages sont *isocèles* ; ce sont ceux dont tous les sommets sont le point de concours des mêmes angles et dont on peut obtenir la superposition par retournement en appliquant dans une certaine position un polygone sur un polygone égal quelconque.

L'étude des assemblages non isocèles n'a pas encore été entreprise, à notre connaissance, d'une manière méthodique.

Nombre de polygones réguliers autour d'un point. — On ne peut avoir autour d'un point *plus de* 6 *polygones réguliers convexes,* car le plus petit angle qui puisse être choisi pour former un assemblage est celui de $60° = 2/3$ dr., correspondant au triangle équilatéral ; or la somme des angles autour d'un point étant de 4 droits, on voit qu'on ne peut placer au plus que 6 de ces triangles équilatéraux.

On ne peut évidemment placer *moins de* 3 *polygones réguliers.*

Nous aurons donc au plus des assemblages ternaires, quaternaires, quinaires et senaires.

Somme des angles au centre. — Soient $O_1, O_2, O_3, \ldots$ les centres des polygones réguliers assemblés autour d'un point M (*fig. a*); les côtés MA, MB, MC,... étant communs chacun à deux polygones adjacents sont nécessairement égaux.

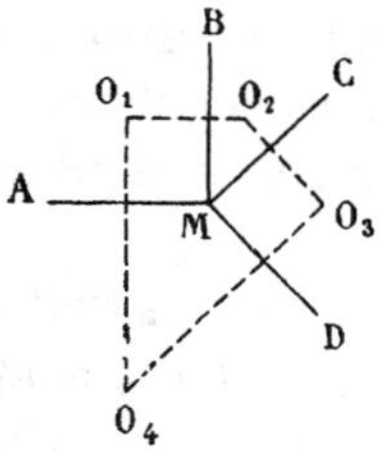

Fig. *a*.

En joignant consécutivement les points $O_1, O_2, O_3, \ldots$ entre eux, on obtient un polygone $O_1O_2O_3\ldots$ dont les angles au sommet sont précisément les angles au centre des polygones réguliers considérés.

Suivant qu'il s'agira d'un assemblage ternaire, quaternaire, quinaire ou senaire, le polygone $O_1O_2O_3\ldots$ sera un triangle, un quadrilatère, un pentagone ou un hexagone, et la somme des angles au centre $O_1, O_2, O_3, \ldots$ sera suivant le cas de 2 dr., 4 dr., 6 dr. ou 8 dr.

§ 2. — Assemblages de polygones de même type.

Si l'on désigne par *n* le nombre de côtés de ces poly-

gones, l'angle au centre a pour valeur $\frac{4 \text{ dr.}}{n}$. On aura donc, d'après ce qui précède (§ 1) :
pour l'assemblage ternaire,

$$3 \times \frac{4}{n} = 2, \quad \text{d'où} \quad n = 6;$$

pour l'assemblage quaternaire,

$$4 \times \frac{4}{n} = 4, \quad \text{d'où} \quad n = 4;$$

pour l'assemblage senaire,

$$6 \times \frac{4}{n} = 8, \quad \text{d'où} \quad n = 3.$$

La même relation appliquée à l'assemblage quinaire conduit pour n à une valeur fractionnaire ; ce cas ne fournit donc pas de solution.

En résumé, les seuls carrelages possibles de polygones réguliers de même type sont formés par 3 hexagones (*fig. b*), 4 carrés (*fig. c*), ou 6 triangles équilatéraux (*fig. d*).

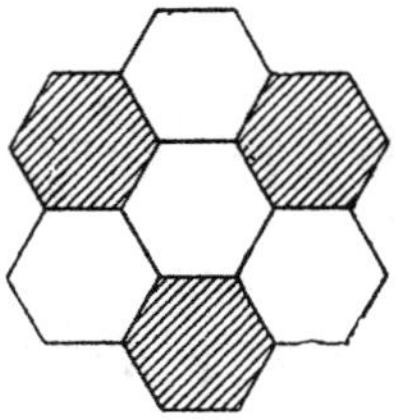

Fig. *b*. — 6, 6, 6.

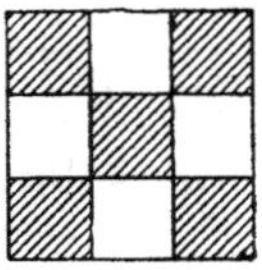

Fig. *c*. — 4, 4, 4, 4.

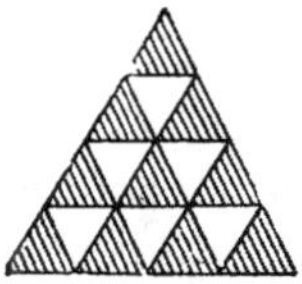

Fig. *d*. — 3, 3, 3, 3, 3, 3.

§ 3. — **Assemblages de polygones de types différents.**

Soient n_1, n_2, n_3, ..., ($n_1 \leqslant n_2 \leqslant n_3 \leqslant \ldots$) les nombres de côtés des polygones assemblés.

Assemblages ternaires. — Les angles en O_1, O_2, O_3 (*fig. a*) correspondant à chacun des polygones ont respectivement pour valeur $\frac{4}{n_1}$, $\frac{4}{n_2}$, $\frac{4}{n_3}$ et on doit avoir (§ 1)

$$\frac{4}{n_1}+\frac{4}{n_2}+\frac{4}{n_3}=2,$$

ou

$$\frac{1}{n_1}+\frac{1}{n_2}+\frac{1}{n_3}=\frac{1}{2}. \qquad (1)$$

En observant que $3 \leqslant n_1 \leqslant 6$ (§ 1) et faisant successivement $n_1 = 3$, $n_1 = 4$, $n_1 = 5$ et $n_1 = 6$, on trouve les solutions ci-après :

1. 3, 7, 42	6. 4, 5, 20
2. 3, 8, 24	7. 4, 6, 12
3. 3, 9, 18	8. 4, 8, 8
4. 3, 10, 15	9. 5, 5, 10
5. 3, 12, 12	10. 6, 6, 6.

Assemblages quaternaires. — On a ici (§ 1)

$$\frac{4}{n_1}+\frac{4}{n_2}+\frac{4}{n_3}+\frac{4}{n_4}=4,$$

ou

$$\frac{1}{n_1}+\frac{1}{n_2}+\frac{1}{n_3}+\frac{1}{n_4}=1. \qquad (2)$$

On ne peut avoir que les solutions suivantes :

11. 3, 3, 4, 12	13. 3, 4, 4, 6
12. 3, 3, 6, 6	14. 4, 4, 4, 4.

Assemblages quinaires. — On doit avoir (§ 1)

$$\frac{4}{n_1}+\frac{4}{n_2}+\frac{4}{n_3}+\frac{4}{n_4}+\frac{4}{n_5}=6,$$

ou

$$\frac{1}{n_1}+\frac{1}{n_2}+\frac{1}{n_3}+\frac{1}{n_4}+\frac{1}{n_5}=\frac{3}{2}. \qquad (3)$$

Cette relation n'est satisfaite que pour les valeurs ci-après :

15. 3, 3, 3, 3, 6 16. 3, 3, 3, 4, 4.

Assemblages senaires. — On a (§ 1)

$$\frac{4}{n_1}+\frac{4}{n_2}+\frac{4}{n_3}+\frac{4}{n_4}+\frac{4}{n_5}+\frac{4}{n_6}=8,$$

ou

$$\frac{1}{n_1}+\frac{1}{n_2}+\frac{1}{n_3}+\frac{1}{n_4}+\frac{1}{n_5}+\frac{1}{n_6}=2. \qquad (4)$$

On a ici la seule solution

17. 3, 3, 3, 3, 3, 3.

Solutions satisfaisant au problème. — Les solutions n°s 10, 14 et 17 trouvées ci-dessus correspondent à des assemblages de polygones de même type (§ 2) et sont par conséquent à rejeter. Il en est de même des solutions n°s 1, 2, 3, 4, 6, 9, qui ne satisfont pas au problème posé.

En effet, considérons par exemple la solution n° 9

5, 5, 10.

On peut bien assembler autour d'un point N un décagone régulier A et deux pentagones réguliers C et D (*fig. e*), mais cette disposition ne peut être reproduite indéfiniment de façon à constituer un carrelage. Car l'angle RST ayant pour valeur $360° - 2 \times 108° = 144°$, le seul polygone régulier qu'on puisse placer en S est un décagone B ; dès lors, puisque $\widehat{UTX} = 108°$, on ne peut disposer en T qu'un pentagone E. Il est impossible de pousser plus loin l'assemblage, car l'angle VXP étant de 144°, si l'on place un décagone en X, il recou-

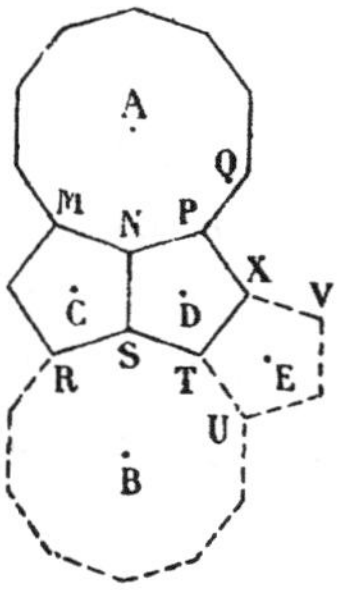

Fig. *e*.

vrira en partie le décagone A, puisque $\widehat{XPQ}$ est de 108° seulement.

On montrerait d'une manière analogue que les solutions énumérées ci-dessus ne sont pas acceptables.

En résumé, les seules solutions à retenir sont les suivantes :

I. 3, 12, 12 (*fig. f*).	V. 3, 4, 4, 6 (*fig. j*).
II. 4, 6, 12 (*fig. g*).	VI. 3, 3, 3, 4, 4 (*fig. k*).
III. 4, 8, 8 (*fig. h*).	VII. 3, 3, 4, 12 (*fig. l*).
IV. 3, 3, 6, 6 (*fig. i*).	VIII. 3, 3, 3, 3, 6 (*fig. m*).

Assemblages isocèles. — Parmi ces huit assemblages, les six premiers seulement sont isocèles. Pour vérifier la condition de superposition par retournement, on pourra se servir d'un transparent sur lequel on décalquera chacun de ces carrelages. On fera coïncider après retournement un polygone du dessin initial avec un polygone égal quelconque du transparent ; on verra, en faisant pivoter ce dernier, si dans toutes les coïncidences possibles des deux polygones il s'en trouve au moins une qui donne une superposition parfaite pour tout l'assemblage supposé indéfini.

Assemblages non isocèles. — Les solutions VII et VIII données par l'analyse précédente ne sont pas isocèles. On le reconnaîtra pour l'assemblage VIII (*fig. m*) au moyen du procédé du transparent indiqué précédemment, et pour l'assemblage n° VII (*fig. l*) par une simple inspection de la figure ; on voit en effet, pour ce dernier, que les angles concourant aux sommets A et B ne sont pas les mêmes, puisque autour de A sont groupés deux triangles équilatéraux, un carré et un dodécagone, et autour de B six triangles équilatéraux.

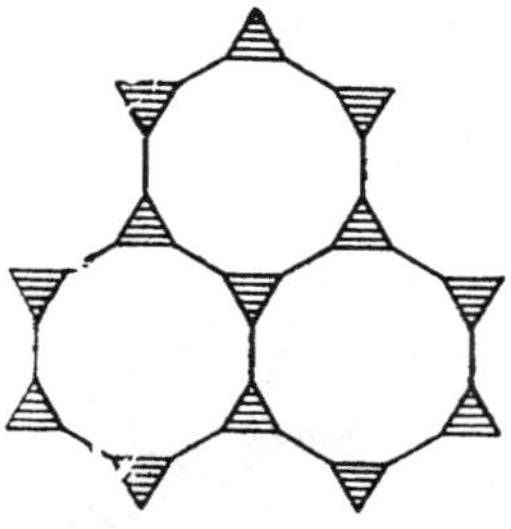

Fig. *f* — I. 3, 12, 12.

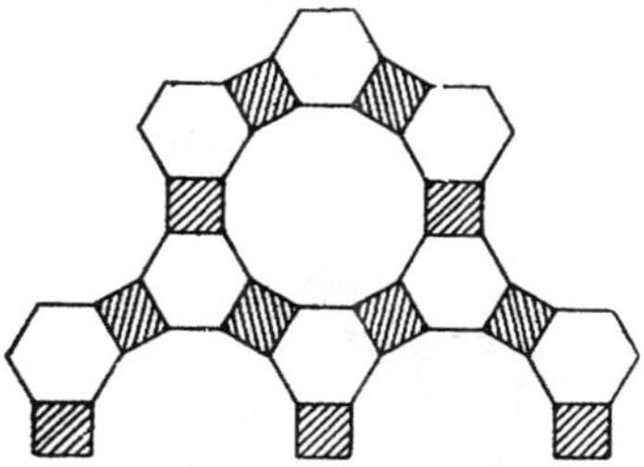

Fig. *g*. — II. 4, 6, 12.

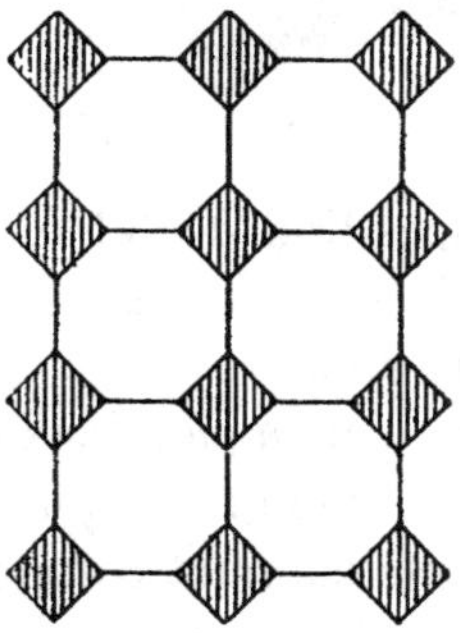

Fig. *h*. — III. 4, 8, 8.

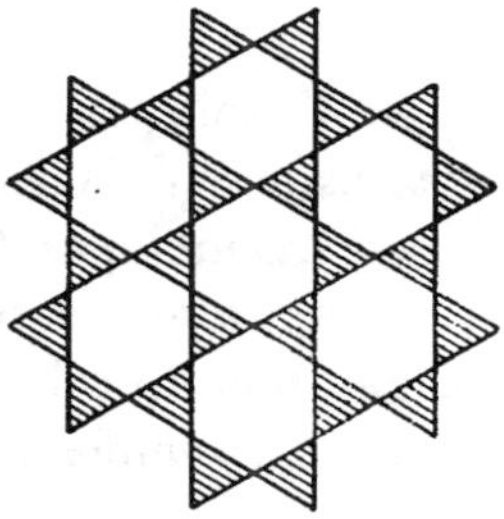

Fig. *i*. — IV. 3, 3, 6, 6.

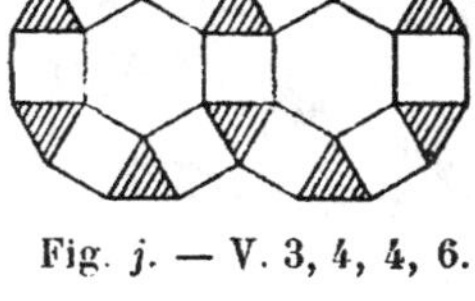

Fig. *j*. — V. 3, 4, 4, 6.

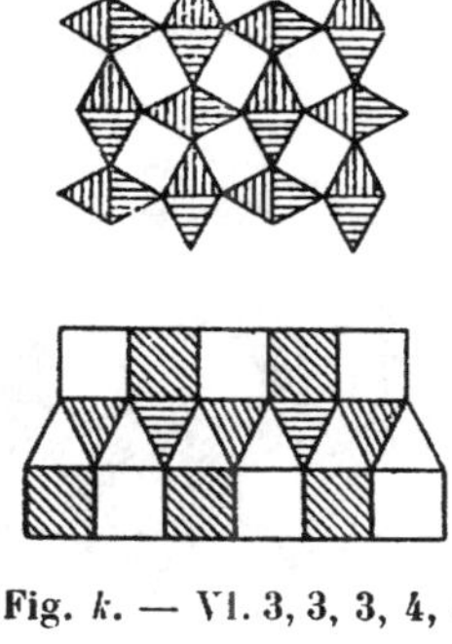

Fig. *k*. — VI. 3, 3, 3, 4, 4.

Carrelages isocèles.

L'assemblage n° VII revient d'ailleurs, au fond, au n° II (*fig. g*).

Mais on peut obtenir une infinité d'assemblages non

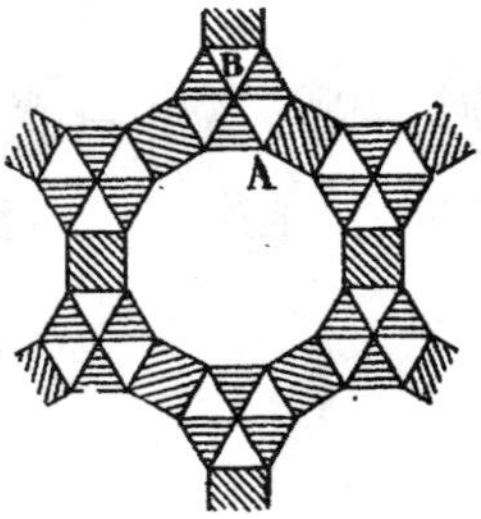

Fig. *l*. — VII. 3, 3, 4, 12.

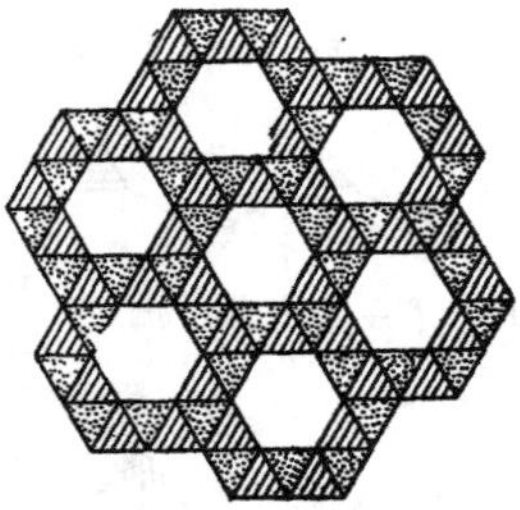

Fig. *m*. — VIII. 3, 3, 3, 3, 6.

isocèles : *a*) soit par une autre disposition des éléments de certains assemblages isocèles ; *b*) soit par des combinaisons d'assemblages de types différents.

a) Les fig. *n* et *o* donnent, à titre d'exemple, deux des carrelages non isocèles qu'on peut obtenir en plaçant autrement l'assemblage n° V : chaque sommet comporte bien un triangle équilatéral, deux carrés et un hexagone, mais l'ordre dans lequel se succèdent ces polygones n'est pas le même pour tous les sommets et la superposition de l'assemblage à lui-même, telle qu'elle a été définie antérieurement, est impossible.

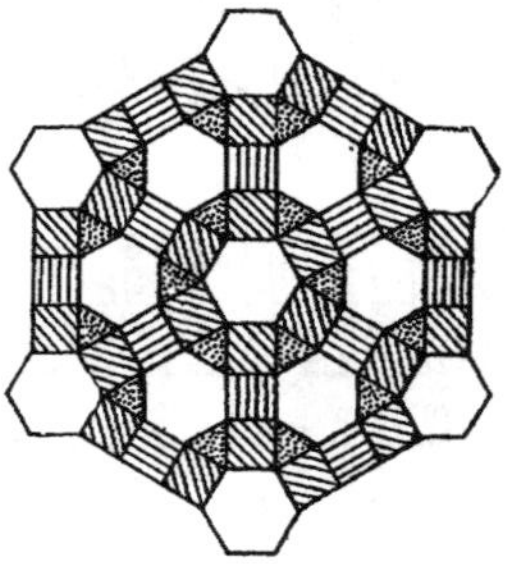

Fig. *n*.

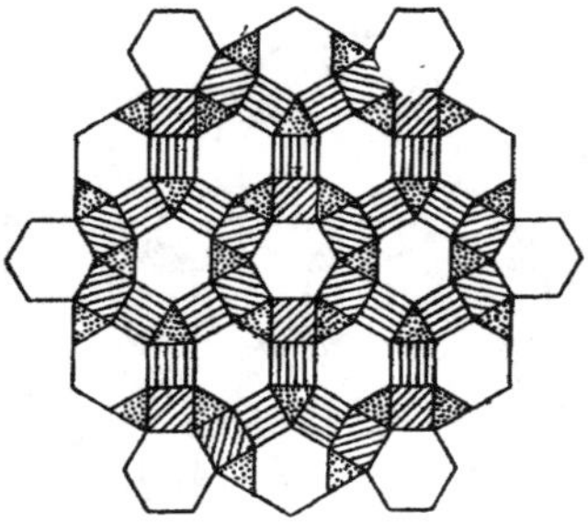

Fig. *o*.

3, 4, 4, 6. — Carrelages non isocèles.

b) Les fig. *p* et *q* donnent comme exemple deux combinaisons obtenues en réunissant les assemblages V (3, 4, 4, 6) et VI (3, 3, 3, 4, 4) : les sommets A réalisent le premier, et les sommets B le second.

Fig. *p*.

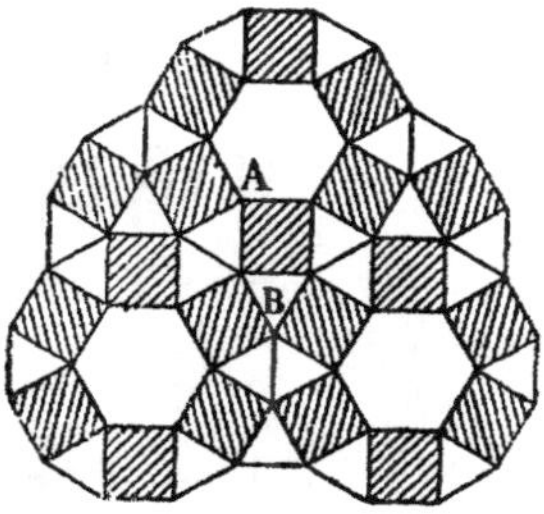

Fig. *q*.

Combinaison des assemblages 3, 4, 4, 6 et 3, 3, 3, 4, 4.
Carrelages non isocèles.

BIBLIOGRAPHIE

KÉPLER. — *Harmonices mundi,* libri V. Linz, 1619, in-fol.

BADOUREAU. — *Mémoire sur les figures isoscèles.* — Jal de l'École polytechnique, 1881.

LUCIEN LÉVY. — *Sur les pavages à l'aide de polygones réguliers.* Bullet. de la Soc. philom. de Paris, 1890-91.

PAUL ROBIN. — *Carrelages illimités en polygones réguliers.* La Nature. 2e sem., 1887.

Dr W. AHRENS. — *Mathematische Unterhaltungen und Spiele.* Leipzig, 1901, gr. in-8o.

CHAPITRE III

ALVÉOLES DES ABEILLES

§ 1. — Forme et disposition.

Description. — Lorsqu'on examine un gâteau de cire construit par les abeilles pour y déposer leur miel, on constate qu'il est constitué par des alvéoles juxtaposés dont l'axe est horizontal et dont l'ouverture a la forme d'un hexagone régulier (*fig. a*). Il existe deux séries de ces cellules qui se rejoignent par leurs fonds au milieu du gâteau et dont les ouvertures se trouvent sur les faces opposées de ce dernier.

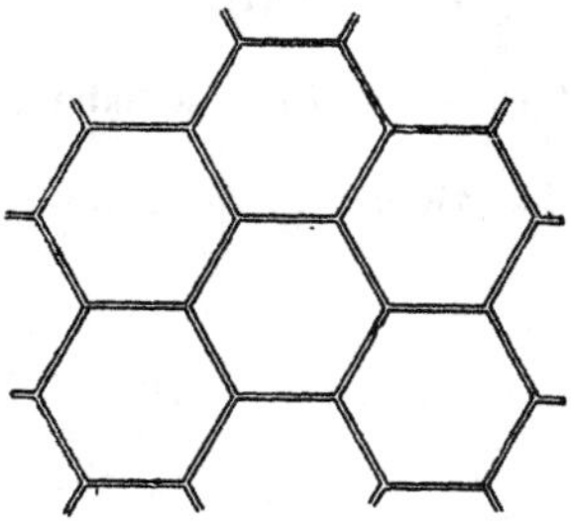

Fig. *a*. — Disposition des ouvertures.

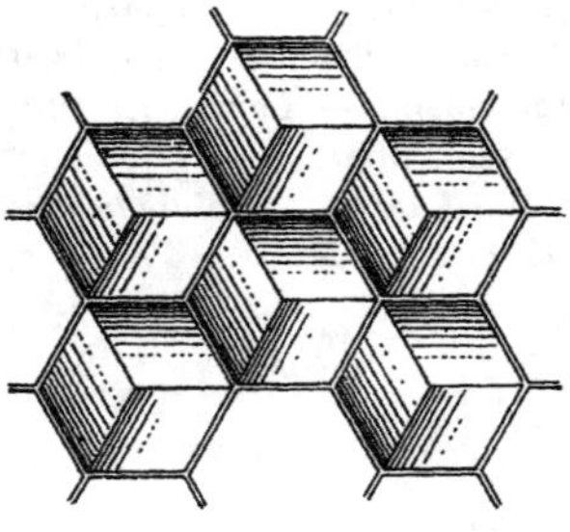

Fig. *b*. — Disposition des fonds.

Le corps de l'alvéole se compose d'un prisme hexagonal droit. Le fond n'est pas un plan, mais une surface concave formée par 3 losanges égaux SABC, SCDE et SEFA ayant un sommet commun S (*fig. c*) ; à chaque cellule peuvent ainsi être adossées trois cellules de la série opposée ayant chacune avec la première un losange commun (*fig. b* et *d*). Les angles ABC et SCB des losanges ont respectivement pour valeur 109°28′ et

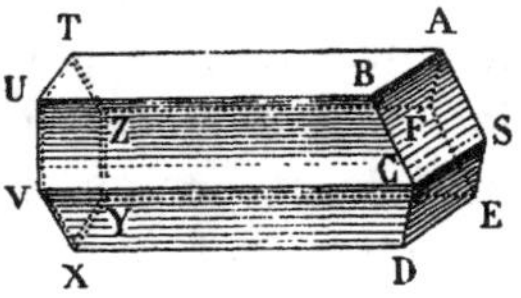

Fig. *c*. — Alvéole isolé.

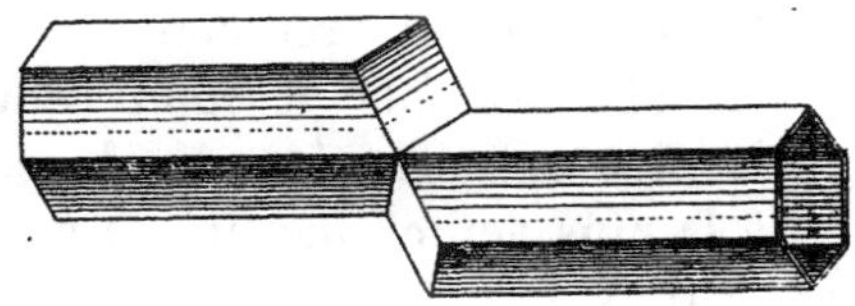

Fig. *d*. — Adossement des fonds.

70°32′ ; le côté de l'hexagone mesurant en moyenne 1 ligne 1/5 ($2^{mm},71$) et la profondeur de l'alvéole 5 lignes ($11^{mm},3$), le rapport $\frac{AT}{TU}$ est de $\frac{25}{6}$. Quant à l'épaisseur des parois et du fond, elle est à peine le tiers de celle d'une feuille de papier ordinaire ; l'ouverture de la cellule est d'ailleurs renforcée par un rebord de cire. Cette ouverture est enfin fermée au moyen d'une plaque hexagonale de même nature pour empêcher le miel de couler.

Avantage de ces dispositions. — Nous savons (3ᵉ Partie, Chap. 2, § 2) que le triangle équilatéral, le carré et l'hexagone sont les seuls polygones réguliers qui puissent se juxtaposer sans vides. Les deux premiers présenteraient trop d'espaces angulaires non utilisés pour les larves ; l'hexagone, au contraire, se rapproche davantage du cercle et offre à cet égard plus de commodité.

Mais le but de l'abeille paraît être surtout de chercher à épargner la cire, qui est un produit perdu pour l'insecte. L'adossement des cellules permet déjà de supprimer un fond : de plus l'hexagone, comme nous le démontrerons bientôt, est, des trois polygones réguliers qui peuvent se juxtaposer sans laisser de vides, celui qui pour une surface donnée a le plus petit périmètre et qui par conséquent exige le moins de cire pour les parois. Enfin, la section hexagonale étant admise pour les raisons qui précèdent, les dimensions adoptées par les abeilles pour le fond rhomboïdal correspondent à la plus petite surface totale pour l'alvéole et par suite à la plus petite quantité de cire, ainsi que nous le montrerons dans le prochain paragraphe. L'instinct des abeilles les conduit donc à résoudre deux intéressants problèmes de minimum.

Historique. — On avait remarqué dans l'Antiquité la forme hexagonale des alvéoles des abeilles. ARISTOTE (4e s. av. J.-C.) dans son *Histoire des Animaux* (Liv. IX, Chap. XXVII) et PLINE L'ANCIEN (1er s.) dans son *Histoire Naturelle* (Liv. XI, Chap. XII) en font mention.

PAPPUS (4e s.) paraît avoir été le premier à traiter géométriquement la question. Au début du livre V de ses *Collections*, il considère cette forme de la section des alvéoles comme étant motivée par la double condition de recouvrir le plan et de correspondre au périmètre minimum pour une surface donnée.

Mais il ne semble pas qu'on ait remarqué la forme rhomboïdale du fond avant le 18e siècle. Un neveu de Cassini, MARALDI, astronome à l'Observatoire de Paris, détermina expérimentalement avec précision les angles des losanges ; il trouva 109°28′ et 70°32′ pour les valeurs de ces angles (1712). RÉAUMUR, soupçonnant que les abeilles devaient être guidées dans la construction du fond par la raison d'économie, proposa au géomètre allemand KŒNIG, sans lui faire connaître au préalable les résultats de Maraldi, la résolution du problème suivant : « Entre toutes les cellules hexagonales à fond composé de trois rhombes égaux, déterminer celle qui peut être construite avec le moins de matière. » Kœnig traita la question par le calcul différentiel et trouva que les angles des losanges de la cellule minimum devaient être 109° 26′ et 70° 34′ (1739).

La concordance avec les mesures de Maraldi était déjà surprenante ; mais il y a mieux. Mac Laurin prouva en 1743 que Kœnig avait commis une erreur dans ses calculs et que *les véritables valeurs des angles auxquelles on était conduit en résolvant ce problème étaient précisément celles indiquées par Maraldi, soit* 109° 28′ *et* 70° 32′.

La question a été reprise depuis au point de vue géométrique par divers mathématiciens, parmi lesquels Lhuillier (1781), Lalanne (1840), Brougham (1858), Hennessy (1885-86) qui ont confirmé ou complété les résultats antérieurs.

§ 2. — Propriétés géométriques.

Section droite de l'alvéole. — I. L'hexagone régulier peut recouvrir le plan indéfiniment par juxtaposition. — Nous avons vu en effet que l'hexagone régulier jouit de cette propriété en même temps que le triangle équilatéral et le carré.

II. L'hexagone régulier est, de tous les polygones qui peuvent recouvrir le plan par juxtaposition, celui qui présente le périmètre minimum pour une surface donnée (Pappus, 4ᵉ s.).

Lemme (restitué par Commandin, 16ᵉ s.). — *Soient* OG *et* AG *deux droites perpendiculaires,* OH *et* OA *deux obliques ; on a* $\frac{AG}{HG} > \frac{\widehat{AOG}}{\widehat{HOG}}$.

En effet, décrivons de O comme centre avec OH

comme rayon un arc de cercle KHJ. On a évidemment

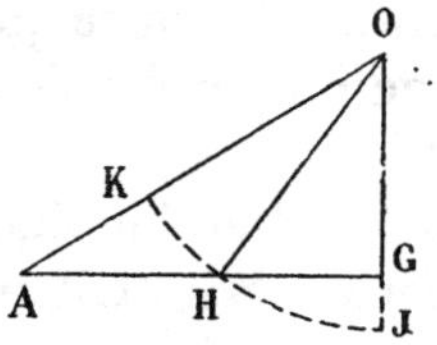

Fig. *e*.

$$\text{tri. OAH} > \text{sect. OKH},$$
$$\text{tri. OHG} < \text{sect. OHJ},$$

d'où

$$\frac{\text{tri. OAH}}{\text{tri. OHG}} > \frac{\text{sect. OKH}}{\text{sect. OHJ}}.$$

En remplaçant les rapports de chacun des membres de cette inégalité par des rapports égaux, on a

$$\frac{\text{AH}}{\text{HG}} > \frac{\widehat{\text{AOH}}}{\widehat{\text{HOG}}};$$

on en déduit

$$\frac{\text{AH}+\text{HG}}{\text{HG}} > \frac{\widehat{\text{AOH}}+\widehat{\text{HOG}}}{\widehat{\text{HOG}}}, \quad \text{ou} \quad \frac{\text{AG}}{\text{HG}} > \frac{\widehat{\text{AOG}}}{\widehat{\text{HOG}}}.$$

Arrivons maintenant à la proposition que nous avons en vue ; nous suivrons de près la démonstration de Pappus. Nous allons d'abord prouver que *de deux polygones réguliers* O *et* O′ *dont le périmètre p est le même et dont les nombres de côtés sont différents, le polygone* O′ *dont le nombre de côtés est le plus grand a la plus grande aire.*

En effet, G et G′ étant les milieux des côtés AF et A′F′ des polygones O et O′ et puisque AF > A′F′ ou AG > A′G′, nous pouvons prendre sur AG, GH = A′G′ et joindre H à O. On a

$$\frac{\text{AF}}{p} = \frac{\widehat{\text{AOF}}}{4\ \text{dr.}}, \qquad \frac{\text{A'F'}}{p} = \frac{\widehat{\text{A'O'F'}}}{4\ \text{dr.}},$$

d'où

$$\frac{\text{AF}}{\text{A'F'}} = \frac{\widehat{\text{AOF}}}{\widehat{\text{A'O'F'}}};$$

on en déduit

$$\frac{AG}{HG}=\frac{\widehat{AOG}}{\widehat{A'O'G'}}.$$

Mais d'après le lemme précédent,

$$\frac{AG}{HG}>\frac{\widehat{AOG}}{\widehat{HOG}},$$

donc

$$\frac{\widehat{AOG}}{\widehat{A'O'G'}}>\frac{\widehat{AOG}}{\widehat{HOG}}.$$

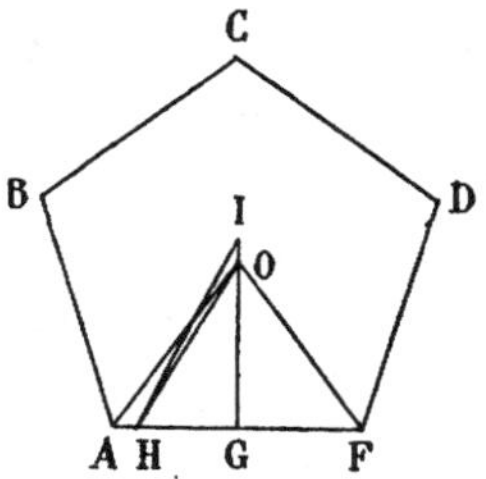

Fig. *f*.

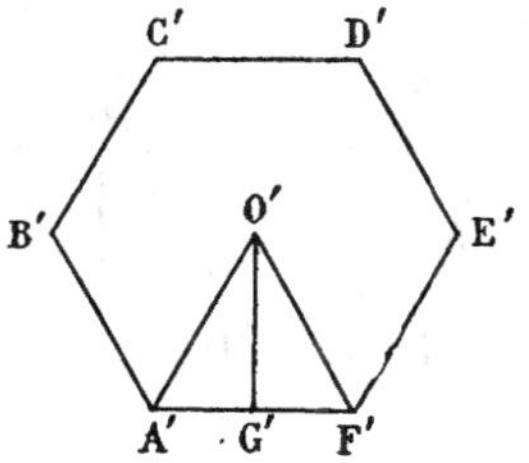

Fig. *g*.

Par suite, $\widehat{A'O'G'}<\widehat{HOG}$

et $G'A'O'>GHO.$

Si l'on fait maintenant $\widehat{GHI}=\widehat{G'A'O'}$, I se trouve sur OG au delà de O ; donc IG $>$ OG, ou O′G′ $>$ OG.

D'autre part, aire $O=\frac{p\times OG}{2}$, aire $O'=\frac{p\times O'G'}{2}$; donc aire O′ $>$ aire O.

Inversement, si les aires de O et de O′ sont les mêmes, le périmètre de O′ sera inférieur à celui de O.

Pour une surface donnée, le périmètre de l'hexagone régulier est donc plus petit que celui du carré et du triangle équilatéral.

Fond de l'alvéole. — III. Les losanges du fond rhomboïdal correspondent à la plus petite surface totale pour une cellule de section et de hauteur données.

Nous emploierons ici la méthode de Mac Laurin, qui a traité la question par la géométrie ancienne, comme exemple des ressources qu'elle peut offrir.

Soit un alvéole dont le fond est formé des losanges égaux SABC, SCDE, ..., de côté c. Menons la section droite passant par le sommet A ; nous obtenons ainsi l'hexagone régulier AKCL.... de côté a et dont le centre O est la projection du sommet S.

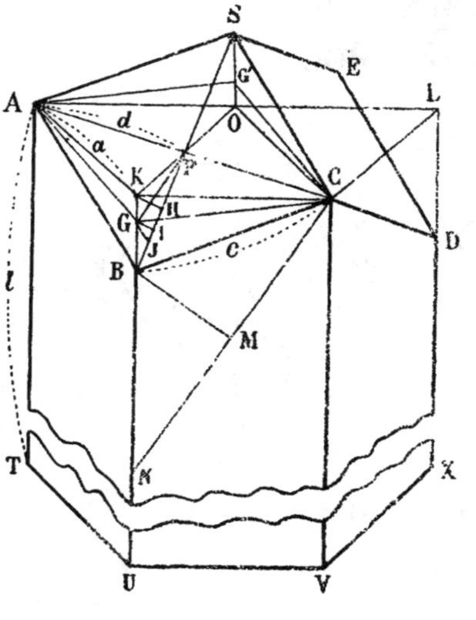

Fig. h.

Joignons K à O, A à C et menons par AC un plan quelconque qui détermine par son intersection avec les plans TABU, UBCV, CSO et ASO, un losange AG'CG ; désignons enfin par l l'arête AT, par d la demi-diagonale AP.

En considérant seulement un tiers de l'alvéole, nous devons chercher à quelle position du plan AG'CG correspond le minimum de la surface formée par les trapèzes TAGU, UGCV et par le losange AG'CG, soit de

$$\begin{aligned}(l + \mathrm{GU})a + 2d \times \mathrm{GP} &= (l + l - \mathrm{GK})a + 2d \times \mathrm{GP}\\ &= 2la - a \times \mathrm{GK} + 2d \times \mathrm{GP}.\end{aligned}$$

Le produit $2la$ étant constant, la question revient à déterminer le minimum de l'expression

$$2d \times \mathrm{GP} - a \times \mathrm{GK}. \qquad (1)$$

Supposons que B ait été pris sur KU de telle sorte que

$$\frac{\mathrm{BK}}{\mathrm{BP}} = \frac{a}{2d}. \qquad (2)$$

De P comme centre, avec le rayon PG, décrivons dans le plan BKP un arc de cercle qui rencontre PB, prolongé s'il est nécessaire, en J ; menons KH et GI perpendiculaires à PB. La similitude des triangles rectangles GIB, KHB et BKP, ainsi que la relation (2), nous permettent d'écrire

$$\frac{\mathrm{BI}}{\mathrm{BG}} = \frac{\mathrm{BH}}{\mathrm{BK}} = \frac{\mathrm{BK}}{\mathrm{BP}} = \frac{a}{2d}.$$

Cette suite de rapports nous donne

$$\frac{\mathrm{BH} - \mathrm{BI}}{\mathrm{BK} - \mathrm{BG}} \text{ ou } \frac{\mathrm{IH}}{\mathrm{GK}} = \frac{a}{2d},$$

d'où l'on déduit $a \times \mathrm{GK} = 2d \times \mathrm{IH}$.

L'expression (1) devient alors successivement, en remplaçant $a \times \mathrm{GK}$ par la valeur que nous venons de trouver,

$$2d \times \mathrm{GP} - 2d \times \mathrm{IH} = 2d(\mathrm{GP} - \mathrm{IH}) = 2d(\mathrm{JI} + \mathrm{HP}).$$

Mais d et HP étant constants, la question revient à chercher quel est le minimum de JI. Ce minimum a lieu pour $\mathrm{JI} = 0$, c'est-à-dire quand les points J et I se confondent, ou quand G se trouve en B.

Ainsi le *minimum cherché correspond à l'hypothèse où le plan sécant passe par le point* B *déterminé au moyen de la relation* (2).

Cette position du plan sécant est précisément celle qui existe dans les alvéoles.

Remarques. — 1° Dans ce qui précède, nous n'avons pas tenu compte de la plaque hexagonale qui bouche le tuyau; mais la surface de cette plaque étant constante, les résultats que nous venons d'obtenir subsistent.

2° Le prisme droit qui a pour base l'hexagone AKCL... et l'alvéole lui-même ont un égal contenu, car en considérant seulement le tiers de leurs volumes, on voit que les pyramides BAKC et SAOC sont égales. Nous venons de montrer qu'il n'en est pas de même pour les surfaces.

IV. Les angles d'un losange sont respectivement égaux à 109°28′16″ et 70°31′44″. — Le triangle rectangle BKP donne

$$\overline{BP}^2 = \overline{BK}^2 + \overline{KP}^2.$$

Remplaçant BK par sa valeur BP $\frac{a}{2d}$ tirée de (2), KP par $\frac{a}{2}$, et simplifiant, on trouve

$$BP = \frac{ad}{\sqrt{4d^2 - a^2}}.$$

Comme $AP = d$, on en déduit

$$\frac{AP}{BP} = \frac{\sqrt{4d^2 - a^2}}{a}.$$

Mais d est la moitié du côté AC du triangle équilatéral inscrit dans le cercle de rayon a : sa valeur est ainsi $\frac{a\sqrt{3}}{2}$. Le rapport précédent devient donc, après réductions,

$$\frac{AP}{BP} = \sqrt{2}.$$

Ainsi, *la grande diagonale d'un losange du fond est la diagonale du carré construit sur la petite* ; celle-ci a d'ailleurs pour expression $\frac{a\sqrt{6}}{2}$.

D'autre part, le rapport $\frac{AP}{BP}$ est ce qu'on appelle la *tangente trigonométrique* de l'angle ABP. Au moyen de tables donnant la valeur de la tangente correspondant à chaque angle et inversement, on trouve que $\sqrt{2}$ correspond à un angle de 54°44'8"; d'où $\widehat{ABC} = 109°28'16''$ et l'angle BCS, supplémentaire du premier, est égal à 70°31'44".

V. Le côté d'un losange est égal au triple de la distance BK ou SO. — Les triangles rectangles BPC et BKP donnent

$$\overline{BC}^2 = \overline{BP}^2 + \overline{PC}^2 = \frac{d^2}{2} + d^2 = \frac{9a^2}{8},$$

d'où

$$BC = \frac{3a\sqrt{2}}{4};$$

$$\overline{BK}^2 = \overline{BP}^2 - \overline{KP}^2 = \frac{d^2}{2} - \frac{a^2}{4} = \frac{a^2}{8},$$

d'où

$$BK = \frac{a\sqrt{2}}{4}.$$

Ainsi on a bien BC = 3BK ; on voit de plus que la distance BK *est le quart du côté du carré inscrit dans le cercle de rayon a.*

REMARQUE. — Les carrés des segments rectilignes ci-après de la figure *h*

BK	KP	BP	AP	AK	AB

ont pour valeurs respectives

$$\frac{a^2}{8} \quad \frac{a^2}{4} \quad \frac{3a^2}{8} \quad \frac{3a^2}{4} \quad a^2 \quad \frac{9a^2}{8},$$

ou encore, si l'on prend $\overline{BK}^2$ pour unité,

1 2 3 6 8 9.

VI. Les faces de chacun des angles polyèdres A, B, C, D, ... sont égales. — En effet, prenons sur BU BN = BC et abaissons BM perpendiculaire sur la droite CN. Le triangle rectangle NKC donne, en observant que $NK = 4BK = a\sqrt{2}$,

$$\overline{CN}^2 = \overline{NK}^2 + \overline{KC}^2 = 3a^2; \quad \text{d'où} \quad CN = a\sqrt{3} = AC.$$

Les deux triangles NBC et ABC sont donc égaux comme ayant les trois côtés égaux ; par suite $\widehat{NBC} = \widehat{ABC}$; de même $\widehat{NBA} = \widehat{ABC}$.

Les faces de l'angle polyèdre C sont aussi égales, comme étant les suppléments des faces du trièdre B.

VII. La pyramide triangulaire SACE qui termine l'alvéole est inscriptible dans une sphère dont le diamètre est le triple du côté d'un losange. — La base de cette pyramide est (*fig. h*) un triangle équilatéral ACE inscriptible dans le cercle de centre O, de rayon OA = *a*, et qui peut être considéré comme un petit cercle de pôle S appartenant à la sphère dont le centre est sur SO (*fig. i*) en un certain point Q.

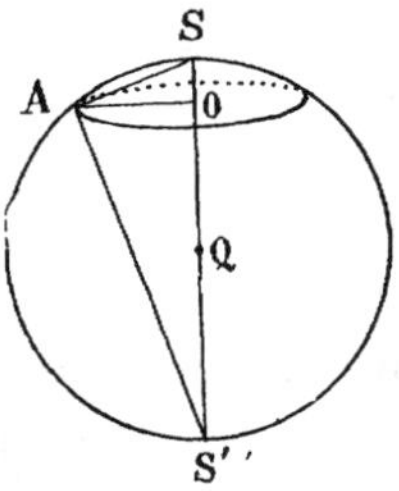

Fig. *i*.

Le triangle rectangle ASS' donne

$$\overline{AS}^2 = SS' \times SO, \quad \text{d'où} \quad SS' = \frac{\overline{AS}^2}{SO},$$

et comme $SO = \dfrac{AS}{3}$, $SS' = 3AS$.

Comparaison avec une cellule à fond plat. — Nous avons vu (III, Remarque 2°) qu'un alvéole et une cellule à fond plat ayant même côté de section et même arête avaient des volumes équivalents, mais que la surface de l'alvéole était un minimum. Cherchons à évaluer l'économie de surface réalisée par l'abeille.

En désignant par a le côté de la section droite commune aux deux sortes de cellules, la longueur de l'arête est, comme nous le savons, $\frac{25}{6}a$. Par un calcul facile et présentant peu d'intérêt, on trouve que les surfaces totales de l'alvéole et de la cellule à fond plat sont exprimées respectivement par $\frac{a^2}{2}(50+3\sqrt{2})$ et $\frac{a^2}{2}(50+3\sqrt{3})$, en faisant toujours abstraction de la plaque de fermeture ; la première surface est donc à la seconde comme $50+3\sqrt{2}$ est à $50+3\sqrt{3}$, soit à peu près comme 54 est à 55. Ainsi, en faisant usage du fond rhomboïdal, les abeilles économisent la matière d'une cellule sur 55.

§ 3. — Construction d'un alvéole.

Trapèzes du pourtour. — Soit TU le côté de l'hexagone de section droite ; le long côté AT du trapèze est, nous le savons (§ 1), mesuré par $\frac{25}{6}$ TU.

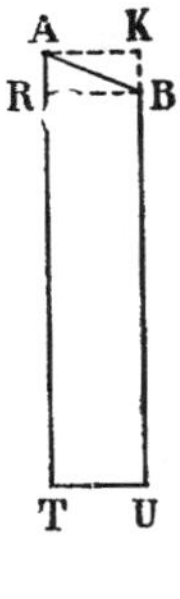

La différence AR = BK des deux bases du trapèze ABUT est, nous l'avons vu, égale à $\frac{\sqrt{2}}{4}$. TU ; on l'obtiendra donc aisément, soit numériquement, soit graphiquement, et on déduira la position du point B.

Si l'on connaissait le côté AB d'un des losanges du fond, déterminé comme nous le verrons ci-après, il ne serait pas nécessaire de chercher la valeur de AR ; il suffirait, de A comme centre, de décrire un arc de rayon AB qui couperait UK en B.

Losanges du fond. — Si l'on a construit préalablement un trapèze du pourtour, la longueur AB est le côté d'un des losanges que le rapporteur permet de tracer complètement puisque l'un des angles a pour valeur 109°28′.

Supposons maintenant qu'on veuille construire un des losanges, SABC par exemple, indépendamment du tracé préalable d'un des trapèzes du pourtour, en connaissant seulement le côté *a* de l'hexagone de section droite. La distance BW du sommet B à AS est égale à AK ou *a*. Car si nous menons BR parallèle à AK, les deux triangles rectangles AWB et ARB sont égaux comme ayant l'hypoténuse commune et les angles en A égaux (§ 2, VII). Rappelons enfin que AW = AR = BK = $\frac{AB}{3}$ (§ 2, V).

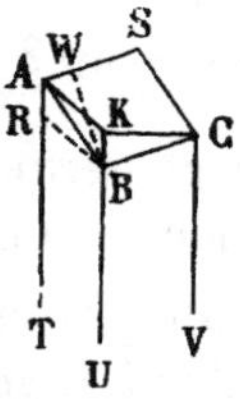

Cela étant, voici comment on peut construire le losange. Soient deux droites rectangulaires WX et WY ; on porte sur la première une longueur quelconque WA′, puis, de A′ comme centre avec une ouverture de compas égale à 3WA′, on décrit un arc de cercle qui coupe WY en B′. On porte ensuite sur WB′ une longueur WB égale au côté AK ou *a* de l'hexagone ; la parallèle BA à B′A′ menée par B est le côté et l'angle BAW est un des angles du losange cherché dont on achève aisément la construction.

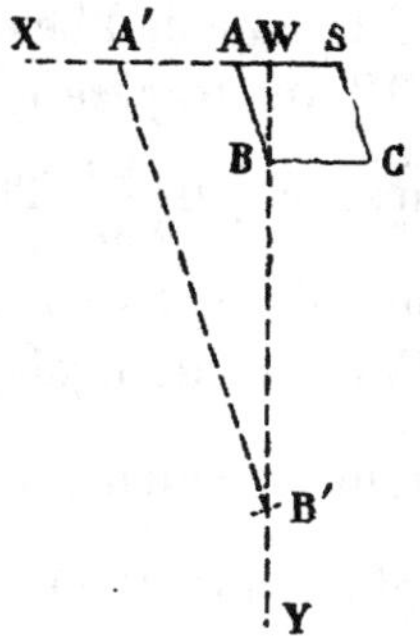

Développement d'un alvéole. — Les deux constructions élémentaires qui précèdent permettent d'obtenir le développement d'un alvéole. La figure ci-contre donne ce développement à l'échelle de $\frac{5}{2}$; elle permettra de construire une cellule en papier ou en carton, et nos lecteurs pourront ainsi se représenter sa forme plus aisément.

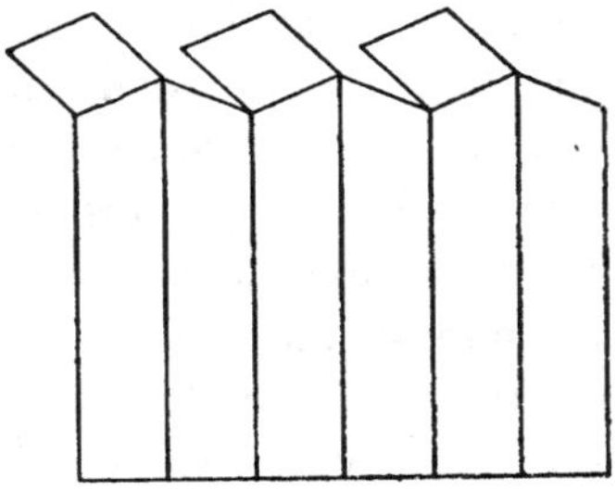

Développement d'un alvéole.
(2 fois 1/2 la véritable grandeur).

Constructions par les abeilles. — BUFFON (*Discours sur la Nature des Animaux*), comparant les abeilles à des automates dépourvus de toute connaissance et de tout raisonnement, avait émis l'opinion que la forme hexagonale des alvéoles était due à une cause simplement mécanique : elle devait être obtenue par la compression mutuelle des corps des abeilles creusant en groupe des cavités dans un massif de cire : « Qu'on remplisse, dit-il, un vaisseau de pois ou plutôt de quelque autre graine cylindrique, et qu'on le ferme exactement après y avoir versé autant d'eau que les intervalles qui restent entre ces graines peuvent en recevoir ; qu'on fasse bouillir cette eau, tous ces cylindres deviendront des colonnes à 6 pans. On en voit clairement la raison, qui est purement mécanique ; chaque graine, dont la figure est cylindrique, tend par son renflement à occuper le plus d'espace possible dans un espace donné, elles deviennent donc toutes nécessairement hexagonales par la compression réciproque. Chaque abeille cherche à occuper de même le plus d'espace possible dans un espace donné ; il est donc nécessaire aussi, puisque le corps des abeilles est cylindrique, que leurs cellules soient hexagones, par la même raison des obstacles réciproques. »

Mais cette assertion a été depuis reconnue fausse, notamment par HUBER de Genève, qui, malgré sa cécité, a fait d'intéressantes observations sur les abeilles par les yeux de son fidèle domestique Burnens. Le mode de construction des cellules est en réalité tout autre que celui imaginé par Buffon. Huber a observé que les insectes commencent à former une très mince cloison dans laquelle ils sculptent les fonds rhomboïdaux ; c'est sur les bords de ces fonds qu'ils viennent ensuite établir les parois de cire formant le pourtour de l'alvéole. Cette première cloison, d'abord de très petite étendue, est ensuite agrandie au fur et à mesure que l'avancement du travail l'exige ; les cellules s'exécutent une à une et non toutes ensemble comme l'avait pensé Buffon.

Par quels moyens l'abeille arrive-t-elle à exécuter, avec la précision que nous avons signalée, les constructions géométriques nécessaires à l'établissement de l'alvéole ? Nous n'avons pas connaissance que cette observation ait été faite. Toutefois, LALANNE a fait remarquer que l'insecte possède en lui tous les instruments nécessaires. En vertu de la symétrie de son corps par rapport à son axe longitudinal, les extrémités des antennes et des pattes d'une même paire sont en effet sur une perpendiculaire à cet axe ; d'où possibilité pour elle d'élever une normale à une droite, comme on pourrait le faire au moyen du T des dessinateurs. De plus, les antennes peuvent servir de compas ; et le corps entier, en prenant un mouvement de rotation autour d'un point auquel se fixeraient les deux pattes d'une même paire décrirait un arc de cercle en chacun de ses points. Le tracé de la ligne droite est aussi une conséquence immédiate de la possibilité de tracer une perpendiculaire ; et quant au plan il peut se régler sur deux droites qui se coupent, par un procédé analogue à celui suivi dans la taille des pierres.

L'abeille domestique n'est d'ailleurs pas la seule qui exécute de pareilles constructions géométriques. Réaumur a signalé, dans le tome VI de son *Histoire des Insectes,* une autre espèce, l'abeille *empileuse,* dont les cellules creusées dans la terre sont tapissées et obturées par des fragments en forme de cercle parfait ou de portion d'ellipse qu'elle découpe dans des feuilles de rosier.

L'alvéole, base d'un système de mesures fixes. — Réaumur a proposé de prendre l'alvéole comme base d'un système de mesures invariables. « La longueur du pendule déterminée dans un pays dont la latitude est bien connue donne une mesure fixe qui a été longtemps désirée des Sçavants, une mesure à laquelle toutes celles dont on veut avoir une connoissance précise et sûre doivent être rapportées. Nous ne serions pas aussi embarrassés que nous le sommes souvent sur les mesures des Anciens s'ils eussent connu cette mesure fixe. Nous en aurions une autre, qui, quoique moins exacte, suffiroit pour bien des cas, s'ils nous eussent donné les mesures des cellules des abeilles ; car il est plus que probable que les abeilles d'aujourd'hui des environs d'Athènes et de Rome sont de la même espèce que celles qui y étoient autrefois ; que celles d'aujourd'hui ne font pas des alvéoles plus grands ou plus petits que ceux que faisoient les abeilles qui travailloient dans les temps où les Grecs et les Romains ont été le plus célèbres. M. Thévenot avoit pensé aussi, comme nous le rapporte Swammerdam, à prendre une mesure fixe d'après les cellules des abeilles » (*Histoire des Insectes,* tome V).

BIBLIOGRAPHIE

F. Hultsch. — *Pappi Alexandrini Collectionis quæ supersunt e libris manuscriptis.* Berlin, 1875-78. 3 vol. in-8° (Livre V).

MARALDI. — *Observations sur les abeilles.* Mém. de l'Ac. d. Sc. (Paris), année 1742.

ANONYME. — *Histoire de l'Académie des Sciences* (Paris), année 1739.

RÉAUMUR. — *Mémoires pour servir à l'histoire des insectes.* Tomes V (1740) et VI (1742). Paris, 2 vol. in-4°.

MAC LAURIN. — *Of the Bases of the Cells wherein the Bees deposite their Honey.* Philosophical Transactions (Londres), année 1743.

BUFFON. — *Œuvres complètes.* Édition J.-L. de Lanessan. Paris, 1884, in-8° (Tome IV).

LHUILLIER. — *Mémoire sur le minimum de cire des alvéoles des abeilles.* Nouv. mém. de l'Ac. des Sc. et Belles-Lettres (Berlin), année 1781.

HUBER. — *Nouvelles observations sur les abeilles.* 2e édit., Paris, 1814, in-8° avec atlas.

LÉON LALANNE. — *Note sur l'architecture des abeilles.* Ann. des Sc. Natur., 1840.

LORD BROUGHAM. — *Recherches analytiques et expérimentales sur les alvéoles des abeilles.* Comptes Rend. de l'Ac. des Sc. (Paris), année 1858, 1er sem.

H. HENNESSY. — *On the Geometrical Construction of the Cell of the Honey Bee.* Proceedings of the Royal Society of London. Années 1885 et 1886.

CHAPITRE IV

VARIÉTÉS

§ 1. — Mélanges historiques.

A. — DÉMONSTRATIONS

SOMME DES ANGLES D'UN TRIANGLE

La somme des angles d'un triangle est égale à deux droits. — I. On sait, d'après un auteur grec du 1er s. av. J.-C., Geminus, que la première démonstration qui ait été donnée de ce théorème chez les Grecs comprenait trois cas, s'appliquant d'abord au triangle équilatéral, puis au triangle isocèle et enfin au triangle scalène.

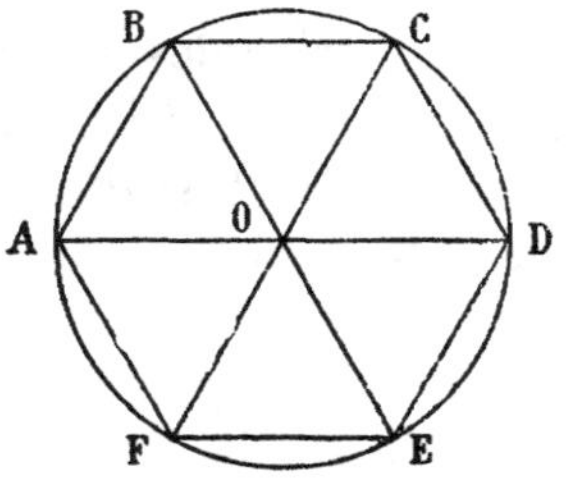

Fig. *a*.

Voici, d'après Hankel, comment devait être conçue cette démonstration.

TRIANGLE ÉQUILATÉRAL (*fig. a*). — Les anciens Grecs connaissaient assurément les propriétés les plus simples de l'hexagone régulier inscrit et celle du cercle d'être divisé en deux parties égales par un diamètre. Or la surface d'un hexagone peut être décomposée en 6 triangles équilatéraux égaux ; les trois angles d'un de ces triangles ABO étant tous égaux entre eux, on peut donc les supposer placés successivement en $\widehat{AOB}$, $\widehat{BOC}$ et $\widehat{COD}$; comme AOD est une droite, la somme de ces trois angles est ainsi égale à la moitié des quatre angles droits qu'on peut disposer autour de O, soit à deux angles droits.

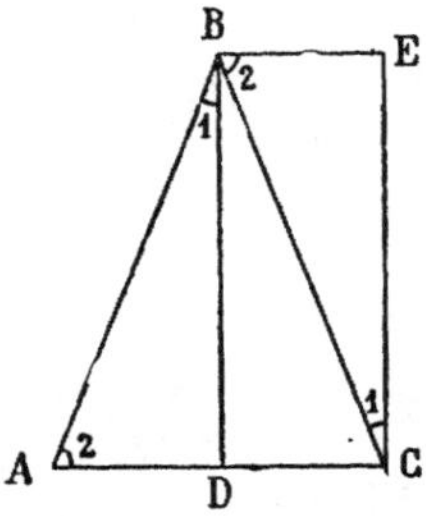

Fig. b.

Triangle isocèle (*fig. b*). — On a dû reconnaître intuitivement que le triangle isocèle ABC pouvait se partager en deux triangles rectangles égaux ABD et DBC qui, disposés autrement, formaient le rectangle DBEC. La somme des deux angles droits DBE et DCE donnait précisément celle des angles du triangle ABC.

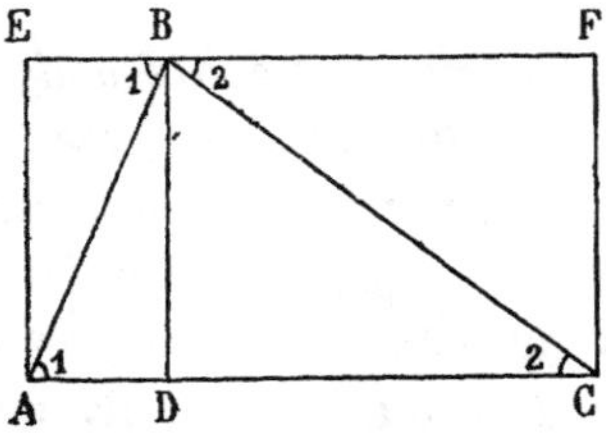

Fig. c.

Triangle scalène (*fig. c*). — On devait partager le triangle ABC au moyen de la perpendiculaire BD en deux triangles rectangles ABD et DBC qui étaient les moitiés des rectangles AEBD et DBFC. La somme des angles en B, égale à 2 dr., était aussi celle des angles de ABC.

II. Il semble résulter d'un passage de la Collection héronienne (*Geometria,* 10e s.), que les Grecs ont connu une autre démonstration, de nature intuitive comme la précédente.

Rectangle. — La somme des angles intérieurs d'un rectangle est égale à 4 dr.

Parallélogramme (*fig. d*). — Cette somme est encore

égale ici à 4 dr. Car si des sommets A et D du parallélogramme ABCD on abaisse des perpendiculaires AE et DF sur BC, on forme deux triangles évidemment égaux AEB et DFC ; par suite $\widehat{B_3} = \widehat{C}$ et si l'on porte $\widehat{C}$ en $\widehat{B_3}$, comme $\widehat{B_3} + \widehat{B_4} = 2$ dr., il en résulte $\widehat{C} + \widehat{B_4} = 2$ dr. De même, $\widehat{A_1} = \widehat{D_1}$, et si l'on porte $\widehat{D_1}$ en $\widehat{A_1}$ on forme deux angles droits $\widehat{A_2}$ et $\widehat{D_2}$; les angles A et D du parallélogramme ont bien pour somme 2 dr.

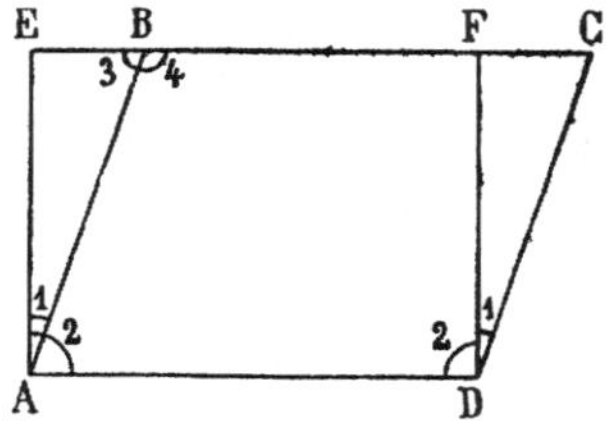

Fig. *d*.

Triangle (*fig. e*). — Étant donné le triangle ABC, si on lui accole le triangle égal DCB, on forme un parallélogramme où la somme des angles intérieurs est, d'après ce que nous venons de voir, égale à 4 dr. Cette somme est donc 2 dr. pour chacun des triangles égaux ABC et DCB.

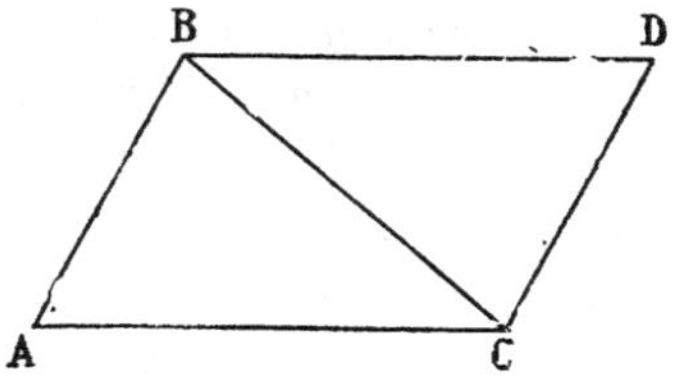

Fig. *e*.

III. Voici maintenant d'après Proclus (5e s.), la démonstration générale du théorème qui serait due aux Pythagoriciens.

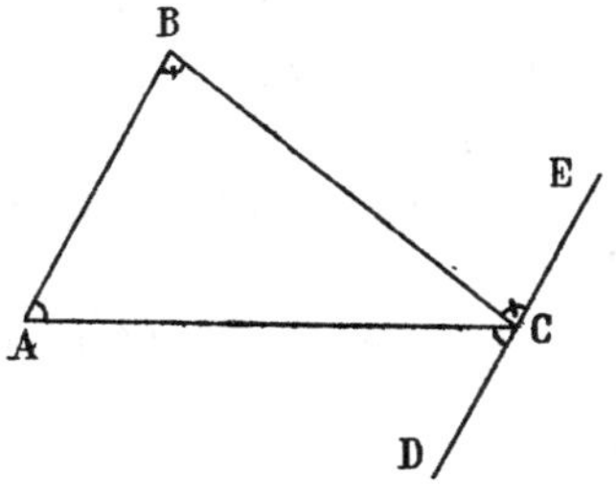

Fig. *f*.

Soit ABC (*fig. f*) un triangle quelconque. On mène par C une parallèle DE à AB. Les angles BAC et ACD, ABC et BCE sont respectivement égaux comme alternes-internes. La somme des trois angles ayant leur sommet en C, et qui est égale à 2 dr., est aussi celle des angles du triangle donné.

La démonstration actuelle, qui nous a été laissée par Euclide, diffère peu de celle des Pythagoriciens ; la parallèle à AB ne traverse pas AC et on prolonge ce dernier côté.

IV. Nous terminerons par l'exposé d'une preuve, en quelque sorte manuelle, du même théorème.

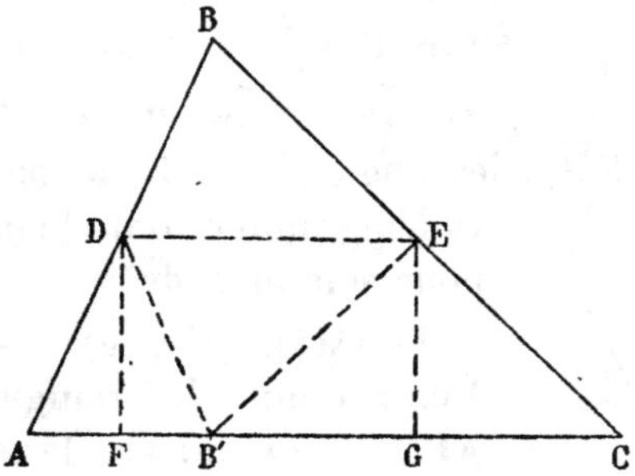

Fig. *g*.

Soient ABC (*fig. g*) un triangle supposé découpé dans du papier, D et E les milieux des côtés AB et BC. Plions le papier suivant la parallèle DE à AC de manière à amener le sommet B en B′ sur AC. Si l'on fait maintenant coïncider AD avec son égal B′D (ligne de pliage : FD perpendiculaire sur AC) et CE avec son égal B′E (ligne de pliage : GE perpendiculaire sur AC), les points A et C viennent en B′ (*fig. h*).

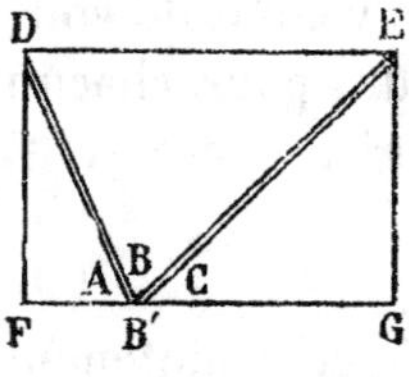

Fig. *h*.

Les trois angles du triangle se trouvent réunis en B′ d'un même côté de la droite FG et leur somme est bien égale à 2 dr.

LES TROIS HAUTEURS D'UN TRIANGLE

Les trois hauteurs d'un triangle concourent au même point. — Ce théorème bien connu paraît avoir été considéré et démontré pour la première fois par ARCHIMÈDE (3e s. av. J.-C.). Il en fait usage dans la proposition V de ses *Lemmes*. Nous ne connaissons pas la démonstration du grand mathématicien grec; en voici une restitution par Peyrard.

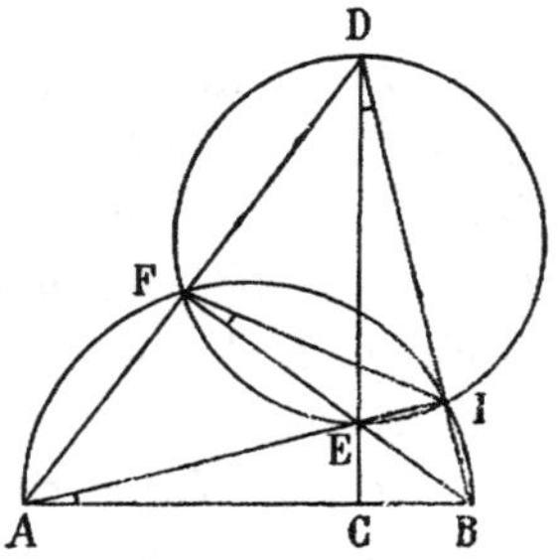

Soit ABD un triangle ayant un angle aigu en D. Menons AI, BF perpendiculaires sur BD et AD ; elles se coupent en E; puis par D, E conduisons la droite DC : la hauteur relative au sommet D étant unique, il suffit de montrer que DC est perpendiculaire sur AB.

En effet, les angles droits AFB et AIB sont inscriptibles dans une même demi-circonférence de diamètre AB ; pareillement, les 4 points F, D, I, E sont sur une même circonférence de diamètre DE. Les angles EFI et EDI ou CDB sont égaux comme ayant même mesure ; de même $\widehat{EFI} = \widehat{BAI}$. Par suite, $\widehat{CDB} = \widehat{BAI}$; les triangles CDB et BAI ayant en outre un angle commun en B sont semblables, et $\widehat{BCD} = \widehat{BIA} = 1$ dr.

DEUX DÉMONSTRATIONS DE LÉONARD DE VINCI

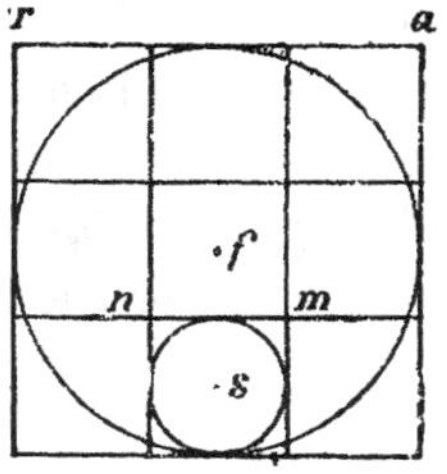

I. « *Le cercle s entre* 9 *fois dans le cercle f*; *la preuve en est que le carré mn entre* 9 *fois dans le carré ar* » (LÉONARD DE VINCI, 15e-16e s., *Manuscrit* A).

Si l'on désigne par d et d' les diamètres des cercles s et f, diamètres qui sont aussi les côtés des carrés mn et ar, les aires des deux cercles sont en effet dans le rapport $\frac{d^2}{d'^2}$, c'est-à-dire dans le même rapport que les aires des deux carrés.

II. « *Si tu tires la ligne ab (fig. a) aux points d'intersection du grand cercle par les diagonales du carré* [*circonscrit*] *et que là où cette ligne ab est coupée par le diamètre ef, au point n, tu commences et tu finisses un cercle, celui-ci contiendra autant d'étendue que celle qui s'enferme entre l'un et l'autre cercle et sera une fois plus petit que le grand* » (LÉONARD DE VINCI, *Manuscrit* A).

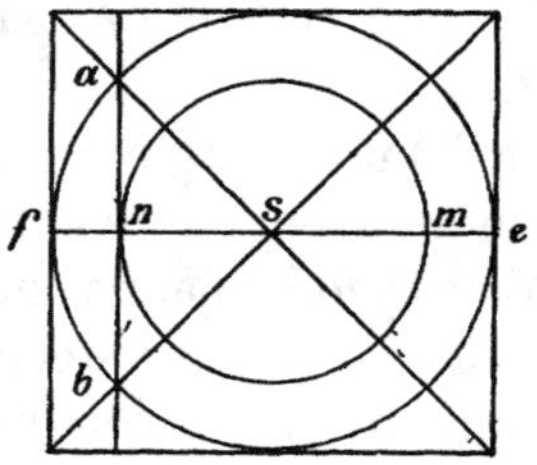

Fig. *a*.

Voici à quelques détails près, la démonstration de l'artiste italien.

La demi-diagonale *sa* du carré circonscrit au cercle *mn* (*fig. a*) est égale à *sf*, demi-côté du carré circonscrit au cercle *ef*. Or (*fig. b*) le carré *fcel* qui joint les milieux des côtés du carré *hgij* a précisément pour demi-diagonale *sf* : *fcel* est donc le carré circonscrit au cercle *mn*. Mais le carré *fcel* est la moitié du carré *hgij*, puisque le premier contient 4 triangles égaux à *fgc* et que le second en contient 8 ; donc le cercle *mn* est la moitié du cercle *ef*.

Fig. *b*.

B. — CONSTRUCTIONS

LA PREMIÈRE PROPOSITION DES *Éléments* D'EUCLIDE (3ᵉ S. AV. J.-C.)

Afin de permettre de se faire une idée de la manière

d'Euclide, nous donnons ci-après textuellement la première proposition des *Éléments*. Avant cette proposition sont énumérés les définitions, demandes et axiomes nécessaires à l'exposition du Livre I.

Problème. — *Sur une droite donnée et finie, construire un triangle équilatéral* (1, Liv. I).

Soit AB une droite donnée et finie : il faut construire sur la droite AB un triangle équilatéral.

Du centre A et avec un intervalle AB, décrivez la circonférence BCD [demande 3 (1)] ; ensuite du centre B et avec l'intervalle BA décrivez la circonférence ACE ; et du point C, où les circonférences se coupent mutuellement, conduisez aux points A, B, les droites CA, CB [demande 1 (2)].

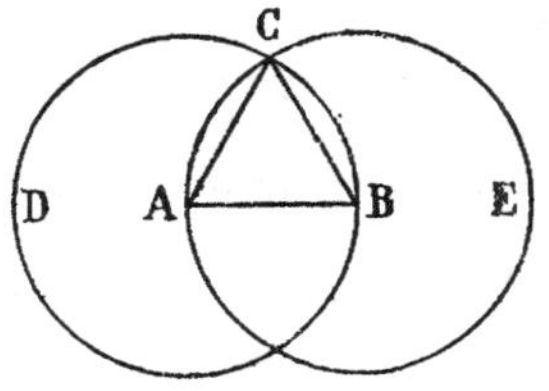

Car puisque le point A est le centre du cercle CDB, la droite AC sera égale à la droite AB [définition 15 (3)] ; de plus, puisque le point B est le centre du cercle CAE, la droite BC sera égale à la droite BA ; mais on a démontré que la droite CA était égale à la droite AB : donc chacune des droites CA, CB est égale à la droite AB ; or les quantités qui sont égales à une même quantité sont égales entre elles ; donc la droite CA est égale à la droite CB : donc les trois droites CA, AB, BC sont égales entre elles.

---

(1) On demande : ... 3° Que d'un point quelconque, et avec un intervalle quelconque, on puisse décrire une circonférence de cercle.

(2) On demande : 1° Qu'on puisse conduire une droite d'un point quelconque à un point quelconque.

(3) Un cercle est une figure plane comprise par une seule ligne qu'on appelle circonférence, et qui est telle que toutes les droites menées à la circonférence d'un des points placés dans cette figure, sont égales entre elles.

Donc le triangle ABC [déf. 24 (1)] est équilatéral, et de plus il est construit sur la ligne donnée et finie AB ; ce qu'il fallait faire.

Reconnaître si un angle A *d'un triangle* ABC *est droit, obtus ou aigu.*

I. Procédé de Gerbert (10e s.). — Soit D le milieu

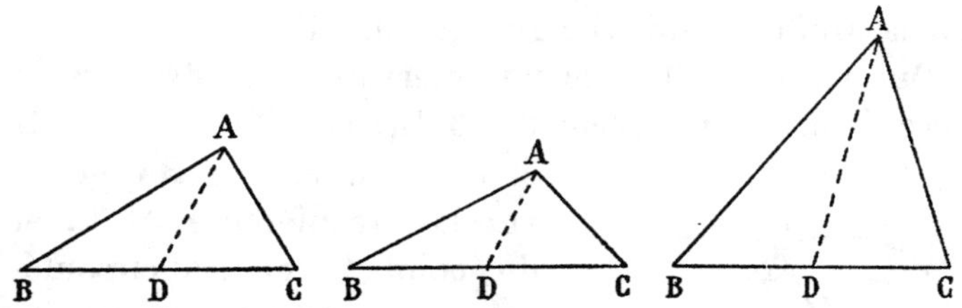

de BC. Si D est à égale distance de A, B et C (autrement dit, si $AD = \frac{BC}{2}$), l'angle A est droit ; si D est plus près de A que de B et C $\left(\text{ou si } AD < \frac{BC}{2}\right)$, l'angle A est obtus ; enfin si D est plus éloigné de A que de B et C $\left(\text{ou si } AD > \frac{BC}{2}\right)$, l'angle A est aigu.

II. Procédé d'Aboul Hhassan (13e s.). — Sur BC

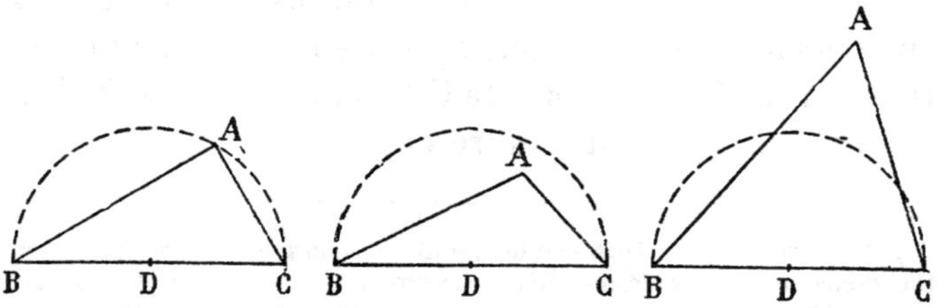

comme diamètre, on décrit une demi-circonférence ;

(1) Parmi les figures trilatères, celle qui est terminée par trois côtés égaux se nomme triangle équilatéral.

suivant que le sommet A se trouve sur cette dernière, ou à son intérieur ou à son extérieur, l'angle A est droit, obtus ou aigu.

C'est en somme le procédé de Gerbert présenté sous une autre forme.

CONSTRUCTIONS ARABES

Trouver le centre d'un cercle donné (ABOUL HHASSAN, 13ᵉ s.). — De deux points quelconques A et B pris sur la circonférence, on décrit deux couples d'arcs de même rayon qui se coupent respectivement en C et D. La droite CD rencontrant la circonférence en E et F, le milieu O de EF est le centre cherché.

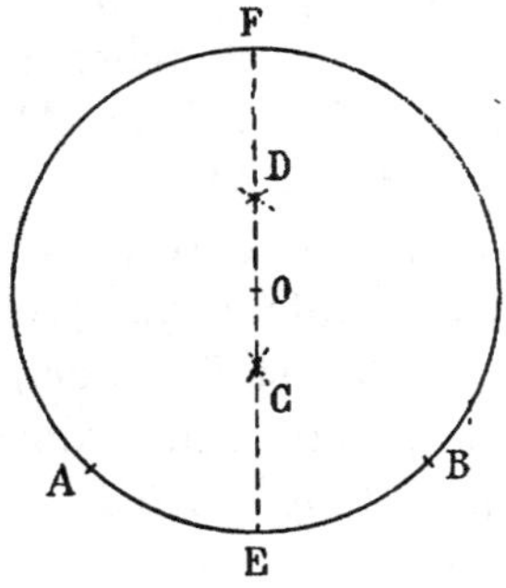

Trouver un angle qui soit la 2ᵉ, la 4ᵉ, la 8ᵉ partie d'un angle donné (ABOUL HHASSAN). Soit BAC l'angle donné ; on porte à partir de A sur AB et sur le prolongement de AC des longueurs égales AD et AE, on a $\widehat{DEA} = 1/2\ \widehat{BAC}$.

Puis, toujours avec la même ouverture de compas,

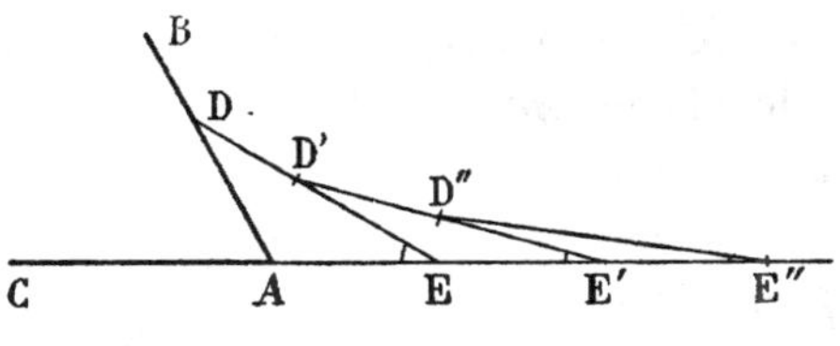

on porte sur ED et sur le prolongement de AE, ED' = EE' ; on a $\widehat{D'E'E} = 1/2\ \widehat{DEA} = 1/4\ \widehat{BAC}$, etc.

« POUR RÉDUIRE UN QUADRANGLE OU RECTANGLE LONGUET A SON VRAY QUARRÉ »

« *Les Alemans ont accoustumé de boire et manger sur tables quarrées, et les François sur tables plus longues d'un costé que d'autre. Il est doncques propos de reduire la table Françoise à la table d'Alemaigne et reduire tout quadrangle et rectangle longuet à son vray quarré* » (Ch. de Bovelles, 1566).

Soit, par exemple, à transformer en carré le rectangle ABCD dont les côtés AD et AB ont respectivement pour valeur 9 et 4. La question est, on le sait, très simple : elle revient à chercher la moyenne géométrique AG de AD et AB = AE.

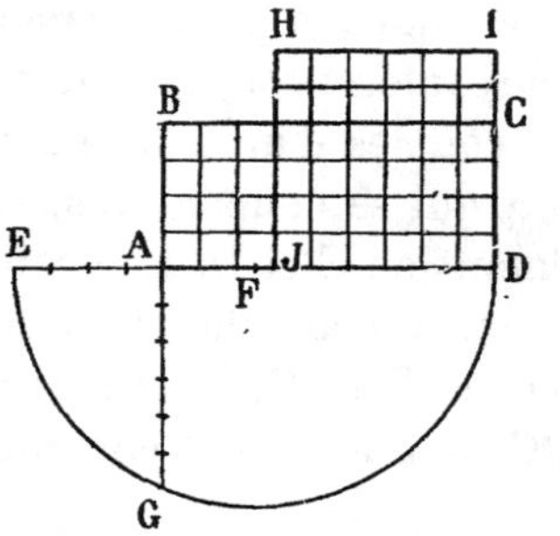

La figure ci-contre, donnée par l'auteur du problème, est suffisamment explicite ; on peut ainsi tracer le carré JHID équivalent au rectangle ABCD.

UNE CONSTRUCTION DE LÉONARD DE VINCI

« *J'ai un triangle abc avec un angle très aigu et je veux en enlever vers la pointe une partie équivalente à un triangle donné omp avec un angle obtus* » (Léonard de Vinci, 15e s., *Manuscrit* K).

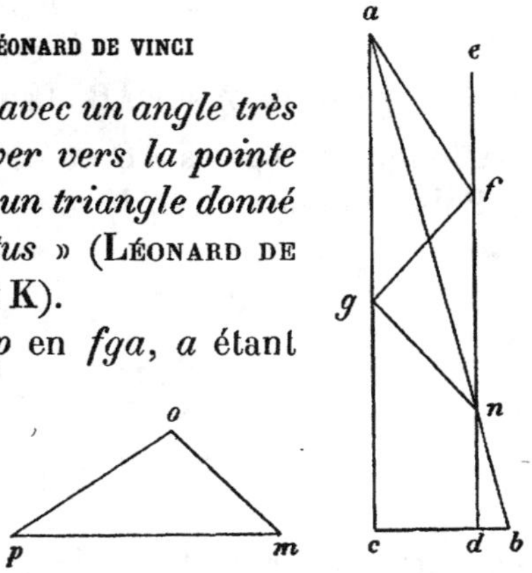

Il suffit de placer *omp* en *fga*, *a* étant l'angle aigu du triangle *abc*, et de mener par *f* une parallèle *ed* à *ac* qui coupe *ab* en *n*. Si l'on joint les points *g* et *n*, la partie enlevée est représentée par le triangle *agn*; ce triangle est, en effet, équivalent à *agf* comme ayant même base *ag* et des hauteurs égales.

C. — QUESTIONS DIVERSES

LES TRIANGLES RECTANGLES ÉLÉMENTAIRES DE PLATON

Nous avons signalé dans l'Introduction que les Pythagoriciens supposaient que les 5 polyèdres réguliers devaient être en rapport nécessaire avec le monde qui nous environne. Platon (4e s. av. J.-C.), dans son *Timée,* considère l'enveloppe (la surface extérieure) de ces polyèdres réguliers et recherche de quelles surfaces élémentaires elle est formée. Ces éléments sont le triangle rectangle isocèle (ou de 1re espèce) et le triangle rectangle scalène dans lequel *le carré du grand côté est le triple du carré du petit* (ou de 2e espèce). Il est facile de voir que dans ce dernier, regardé par Platon comme *le plus beau* des triangles rectangles scalènes, l'hypoténuse est le double du petit côté ou encore l'un des angles aigus est égal à 30°.

Cela étant, on peut décomposer le triangle équilatéral soit en 2 (*fig. a*), soit en 6 éléments (*fig. b*) de seconde espèce, et le carré soit en 2 (*fig. c*) soit en 4 éléments (*fig. d*) de première espèce. Le pentagone est le premier des polygones réguliers qui ne puisse être décomposé en de pareils triangles, et il est probable que le choix du pentagone régulier comme

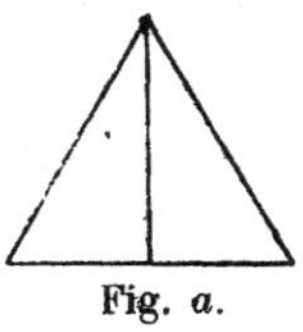

Fig. *a*.

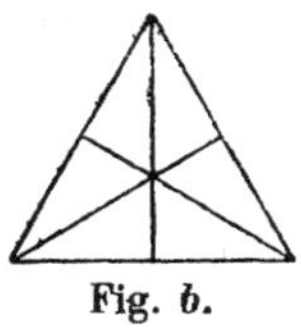

Fig. *b*.

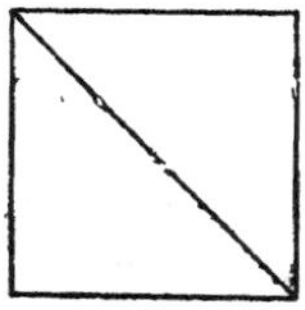

Fig. *c*.

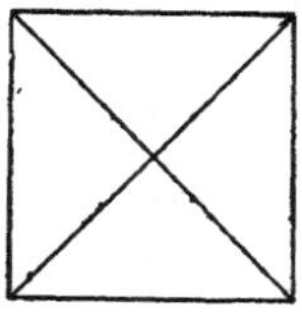

Fig. *d*.

signe de reconnaissance par les Pythagoriciens a dû être amené par les essais infructueux de cette décomposition. L'hexagone régulier, formé de 6 triangles équilatéraux, peut au contraire être considéré comme formé soit de 12, soit de 36 éléments de seconde espèce.

Les surfaces des polyèdres réguliers se formaient alors de la façon suivante :

Tétraèdre : 4 triangles équilatéraux ou 24 éléments de seconde espèce.

Cube : 4 carrés ou 16 éléments de première espèce.

Octaèdre : 8 triangles équilatéraux ou 48 éléments de seconde espèce.

Icosaèdre : 20 triangles équilatéraux ou 120 éléments de seconde espèce.

Quant à la surface du dodécaèdre, formée comme on sait de 12 pentagones réguliers et qui ne peut par suite être décomposée en éléments de première ou de seconde espèce, Platon dit à son sujet : « Comme il restait une cinquième combinaison, Dieu s'en servit pour tracer le plan de l'univers. »

Les Pythagoriciens connaissaient la propriété du plan de pouvoir être recouvert par des assemblages ou de triangles équilatéraux, ou de carrés, ou d'hexagones réguliers ; il est donc probable qu'ils avaient observé que le plan est décomposable en éléments, soit de première, soit de seconde espèce.

LES LUNULES D'HIPPOCRATE

Voici le cas le plus simple envisagé par Hippocrate de Chios (5e s. av. J.-C.), un des plus grands géomètres grecs, dans ses études sur les lunules qui portent son nom [1].

---

[1] La construction donnée dans les ouvrages de géométrie actuels

Soit un demi-cercle de centre O *dans lequel est inscrit un triangle rectangle isocèle* ABC. *On élève en* A *et* C, *à* AB *et* BC, *deux perpendiculaires qui se coupent en* P *et on décrit de* P *comme centre, avec* AP *comme rayon, l'arc* AQC. *L'aire de la surface curviligne ombrée* ABCQ (*lunule*) *est équivalente à celle du triangle* ABC.

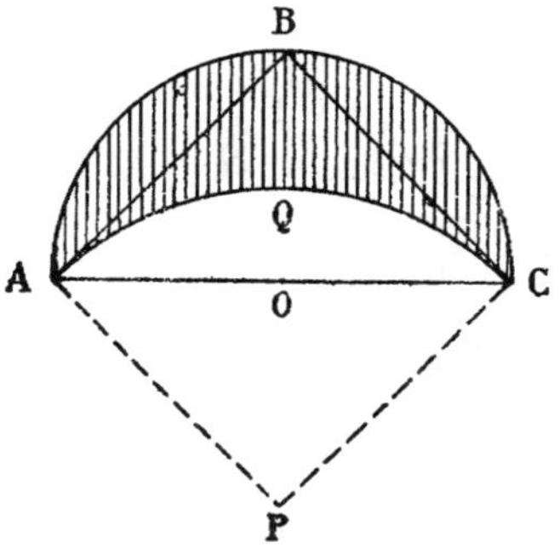

On a

aire lunule = aire triangle APC + aire 1/2 cercle ABC — aire 1/4 cercle PAQC.

Mais 1/2 cercle ABC et 1/4 cercle PAQC ont même aire, puisque $\overline{AO}^2 = 1/2\ \overline{AP}^2$;

d'autre part, triangle ABC = triangle APC.

Par suite, aire lunule = aire triangle ABC.

L'ARBELON ET LE SALINON (1) D'ARCHIMÈDE

Soit un demi-cercle ABC. *Sur son diamètre* AC *construisons deux demi-cercles dont l'un soit* AD *et l'autre* DC. *Que* DB *soit perpendiculaire sur* AC. *La figure résultant de cette construction et qui est comprise entre l'arc du demi-grand cercle et entre les arcs des plus petits demi-cercles se nomme arbelon* [partie ombrée

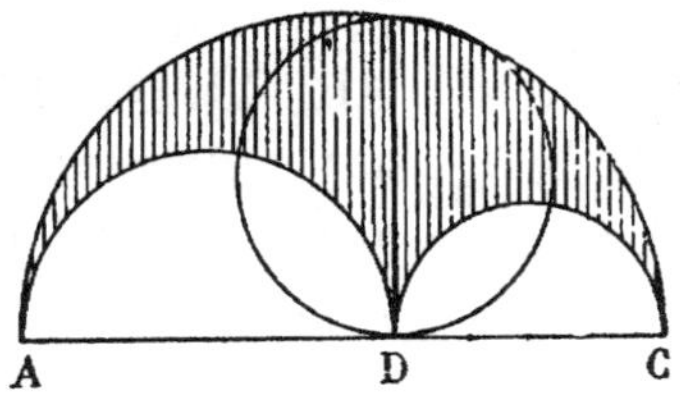

sous le nom de lunules d'Hippocrate et relative à un triangle rectangle quelconque, n'a pas été étudiée explicitement par ce personnage.

(1) Voir 1re PARTIE, Chap. I, § 2, la signification de ces termes.

de la fig.]. *Je dis que l'arbelon est égal au cercle qui a pour diamètre la perpendiculaire* DB (ARCHIMÈDE, 3ᵉ s. av. J.-C., *Lemmes*).

On a

$$\overline{AC}^2 = (AD + DC)^2 = \overline{AD}^2 + \overline{DC}^2 + 2AD \times DC.$$

Mais $\overline{DB}^2 = AD \times DC$. Par suite,

$$\overline{AC}^2 = \overline{AD}^2 + \overline{DC}^2 + 2\overline{DB}^2.$$

On en tire

$$\pi\frac{\overline{AC}^2}{8} - \left(\pi\frac{\overline{AD}^2}{8} + \pi\frac{\overline{DC}^2}{8}\right) = \pi\frac{\overline{DB}^2}{4}.$$

Cette relation, où le premier membre représente l'aire de l'arbelon, et le second celle du cercle de diamètre DB, prouve l'exactitude de la proposition.

Soit un demi-cercle AB. *De son diamètre* AB *retranchons les parties égales* AC, BD. *Sur les droites* AC, CD, BD *décrivons des demi-circonférences; que* E *soit le centre des demi-circonférences* AB, CD. *Que* EF *soit perpendiculaire sur* AB *et prolongeons* EF *vers* G. *Je dis que le cercle qui a* FG *pour diamètre est égal à la surface comprise par la demi-circonférence du grand demi-cercle, par la demi-circonférence des deux demi-cercles qui sont placés dans le grand demi-cercle et*

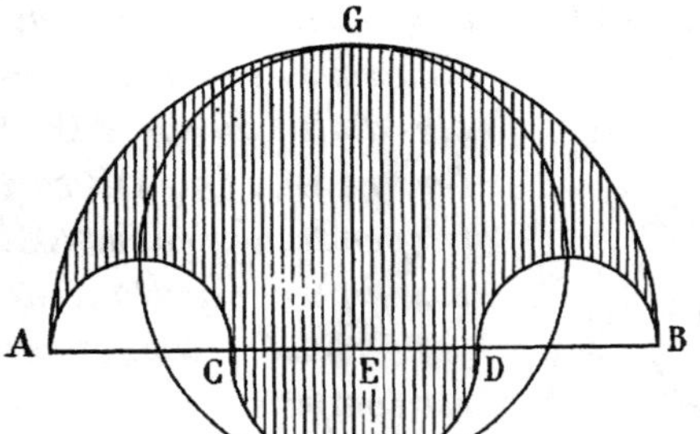

enfin par la demi-circonférence du demi-cercle qui est hors du grand demi-cercle [partie ombrée de la fig.]. *La figure comprise entre les quatre demi-circonférences des quatre demi-cercles* AB, CD, DB, AC *s'appelle salinon* (ARCHIMÈDE, *Lemmes*).

On a successivement, en observant que AC = BD, AD = FG = BC :

$$\overline{AD}^2 = (AB - AC)^2 = \overline{AB}^2 + \overline{AC}^2 - 2\,AB \times AC, \quad (1)$$

$$\overline{AD}^2 = (AC + CD)^2 = \overline{AC}^2 + \overline{CD}^2 + 2\,AC \times CD. \quad (2)$$

Ajoutant (1) et (2) membre à membre, il vient

$$2\,\overline{AD}^2 = \overline{AB}^2 + \overline{CD}^2 + 2\,\overline{AC}^2 - 2\,AC\,(AB - CD),$$

$$2\,\overline{AD}^2 = \overline{AB}^2 + \overline{CD}^2 - 2\,\overline{AC}^2.$$

On en déduit

$$\pi\frac{\overline{FG}^2}{4} = \pi\frac{\overline{AB}^2}{8} + \pi\frac{\overline{CD}^2}{8} - \left(\pi\frac{\overline{AC}^2}{8} + \pi\frac{\overline{BD}^2}{8}\right),$$

ce qui démontre l'exactitude de la proposition.

LES ARBRES ET LES BREBIS (PROBLÈMES LATINS)

Quel est le nombre des arbres contenus dans un champ [*rectangulaire*] *de* 120 *pieds de long et* 70 *pieds de large, ces arbres étant disposés* [*suivant deux séries de files perpendiculaires*] *de* 5 *en* 5 *pieds ?* (*Traité d'arpentage* d'EPAPHRODITUS, 1er s.).

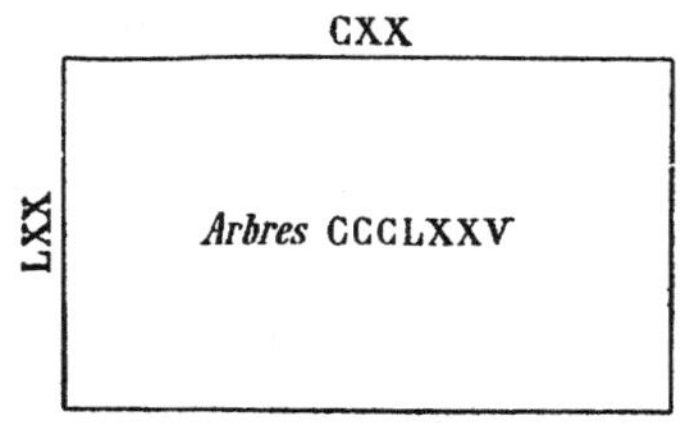

L'auteur suppose que des arbres sont plantés le long des limites du champ. « Tu prends le 1/5 de la longueur, ce qui donne 24 ; de même pour la largeur, ce qui donne 14. Tu ajoutes 1, ce qui fait 25 et 15. Puis, tu multiplies 25 par 15, le produit est 375. C'est le nombre d'arbres contenus dans le champ. »

Un champ [rectangulaire] a 200 *pieds de long et* 100 *de large. Je veux y placer des brebis, de telle sorte que chacune d'elles ait un espace de* 5 *pieds de long et* 4 *de large. Qu'il dise, je le demande, celui qui le pourra, combien on peut y mettre de brebis (Propositions pour aiguiser la perspicacité des jeunes gens* d'ALCUIN, 8e s.).

Il suffit de décomposer le champ en éléments rectangulaires obtenus, d'une part au moyen de parallèles menées de 5 en 5 pieds dans le sens de la longueur et d'autre part au moyen de parallèles menées de 4 en 4 pieds dans le sens de la largeur. Le grand côté du rectangle est ainsi divisé en $\frac{200}{5} = 40$, le petit côté en $\frac{100}{4} = 25$ parties égales. Le champ est par conséquent partagé en $40 \times 25 = 1\,000$ éléments rectangulaires dans chacun desquels on peut placer une brebis.

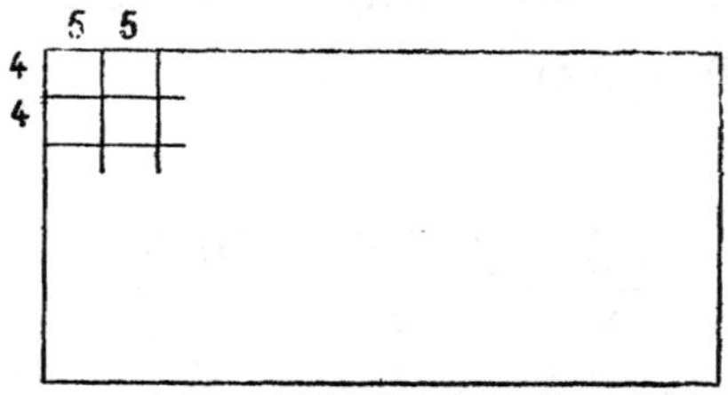

LE CHAT ET LE RAT (PROBLÈME HINDOU)

Un chat grimpé sur un mur haut de 4 *coudées vit un rat rôdant à* 8 *coudées du pied du mur. Le rat aperçut aussi le chat et se précipita vers sa demeure, au pied du mur ; mais il fut attrapé par le chat qui avait parcouru diagonalement une égale distance. En quel point des 8 coudées le rat a-t-il été attrapé et quelle distance ont-ils parcourue ?*

Dis-moi, si le calcul des cercles t'est familier ?

(Chaturveda, postérieur au 6e s.).

Soient A et C les positions primitives du chat et du rat, AB le mur vertical, BC le sol horizontal, O le point de la capture tel que AO = OC.

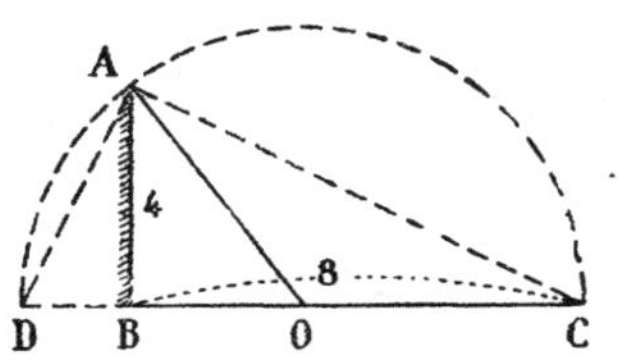

Le point O dont il s'agit de déterminer la position est le centre d'un cercle passant par A et C ; soit D le point où BC coupe la circonférence de ce cercle. Le triangle rectangle DAC donne

$$\overline{AB}^2 = BD \times BC,$$

d'où

$$BD = \frac{\overline{AB}^2}{BC} = \frac{4^2}{8} = 2.$$

On en déduit

$$DC = 2 + 8 = 10, \qquad OC = 5 \qquad \text{et} \qquad OB = 3.$$

Le chat et le rat ont donc parcouru chacun 5 coudées avant leur rencontre.

PROPRIÉTÉ MYSTICO-GÉOMÉTRIQUE DU CERCLE

Cette propriété est indiquée d'une manière très obscure dans le Traité hébreu d'arithmétique du rabbin Ibn-Esra, qui vivait au 12e siècle ; l'énigme a été devinée en 1839 par M. Eichenbaum d'Odessa.

Soient un cercle O et BE un de ses diamètres. Inscrivons dans le cercle le triangle isocèle ABC dont la base AC, perpendiculaire au diamètre BE, coupe ce dernier en D, au tiers du rayon à partir de O.

Le triangle rectangle EAB donne

$$AD = \sqrt{BD \times DE} = \sqrt{4/3r \times 2/3r} = \frac{2}{3} r\sqrt{2}.$$

Par suite,

$$\text{aire ABC} = AD \times BD = \frac{8}{9}\sqrt{2}r^2.$$

Le rapport de cette aire au périmètre $2\pi r$ de la circonférence est

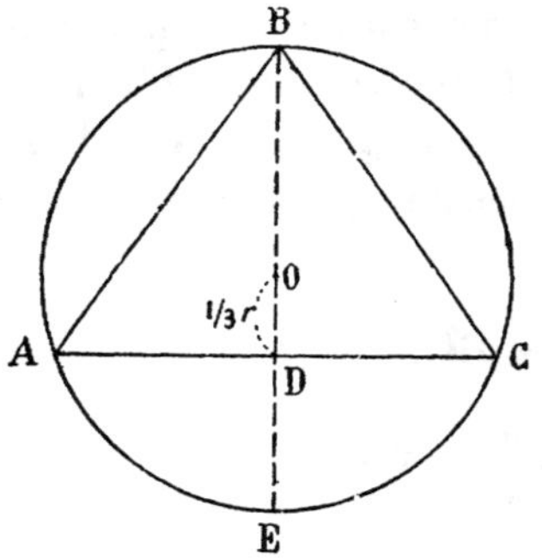

$$A = \frac{4\sqrt{2}}{9\pi} r.$$

A est très sensiblement égal à $1/5r$. En sorte que si le diamètre du cercle a pour valeur 10 ($r = 5$), on a $A = 1$ et l'aire du triangle inscrit ABC est exprimée par le même nombre que le périmètre de la circonférence ; cette propriété n'a lieu que pour le diamètre 10. Or 10 est la valeur numérale de la lettre initiale du mot Jehovah(1) ; il existe donc une relation mystique entre ce mot et les propriétés du cercle.

SUR LES AIRES DES POLYGONES RÉGULIERS

Du Fay (*Hist. de l'Ac. des Sc. de Paris,* 1727) a établi entre les aires des polygones réguliers inscrit et circonscrit à un même cercle, ou entre les aires des cercles inscrit et circonscrit à un même polygone, de curieuses relations qui nous paraissent être restées complètement dans l'oubli.

(1) Les Hébreux avaient emprunté leurs chiffres aux lettres de l'alphabet.

I. *La différence entre les aires de deux polygones réguliers de n côtés, l'un* P *circonscrit, l'autre* P′ *inscrit à un même cercle, est égale à l'aire d'un polygone régulier de n côtés* P″ *inscrit dans un cercle dont le diamètre est le côté du polygone* P (*ou circonscrit à un cercle dont le diamètre est le côté du polygone* P′).

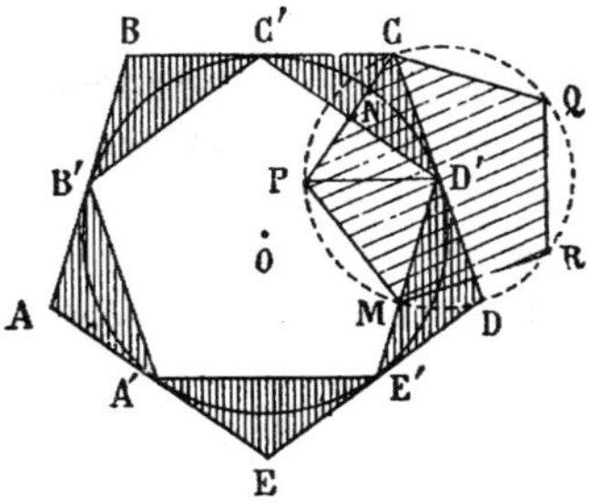

Soient, pour fixer les idées, deux pentagones réguliers ABCDE et A′B′C′D′E′, l'un circonscrit, l'autre inscrit à un cercle de centre O. L'un des triangles formant la différence entre les aires des deux polygones réguliers, C′CD′ par exemple, peut être partagé en deux triangles rectangles égaux CNC′ et CND′; ceux-ci, accolés dans un autre sens, peuvent former un triangle isocèle PD′C dont l'angle au sommet PD′C est l'angle au centre d'un pentagone régulier inscrit dans un cercle de rayon CD′ ou de diamètre CD (ou bien circonscrit à un cercle de rayon D′N ou de diamètre C′D′).

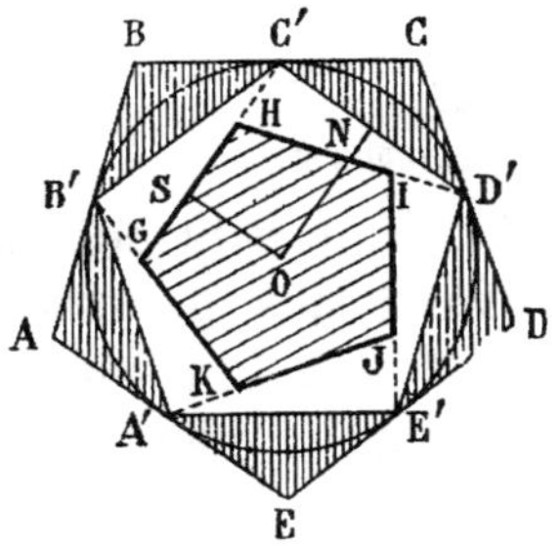

II. *Si l'on élève par chaque sommet du polygone inscrit* P′ *une perpendiculaire au côté, on forme au centre un polygone régulier égal à* P″.

Le polygone obtenu GHIJ... est régulier; il a le même nombre de côtés que P et P′, et son centre O est le même que celui de ces deux polygones.

Si l'on abaisse des perpendiculaires OS et ON sur GH

et C′D′, on a $OS = C'N = \frac{C'D'}{2}$. Ainsi le rayon du cercle inscrit à GHIJ... est égal au rayon du cercle inscrit à P″ (I); il en résulte que GHIJ... est égal à P″. Lorsque le nombre des côtés de P′ est pair, il suffit pour obtenir les perpendiculaires aux côtés donnant GHIJ... de joindre les extrémités des côtés parallèles de P′.

III. *Si deux cercles sont l'un inscrit, l'autre circonscrit à un polygone régulier, l'aire de la couronne qu'ils comprennent est égale à l'aire du cercle dont le diamètre est le côté du polygone régulier.*

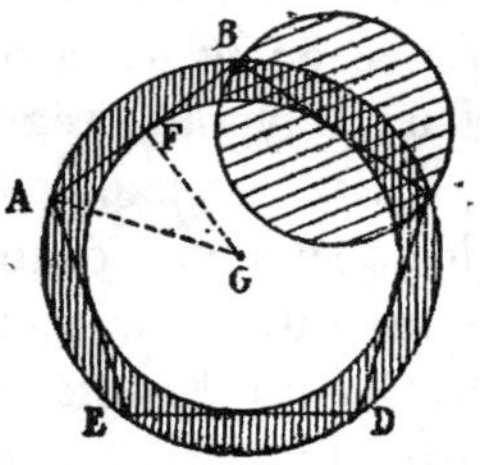

En effet, soient ABCDE le polygone donné de centre O, OA le rayon du cercle circonscrit, OF le rayon du cercle inscrit. Le triangle rectangle OFA donne

$$\overline{OA}^2 - \overline{OF}^2 = \overline{AF}^2 \quad \text{ou} \quad \frac{\overline{AB}^2}{4}$$

On en déduit

$$\pi(\overline{OA}^2 - \overline{OF}^2) = \pi \frac{\overline{AB}^2}{4},$$

ce qui démontre la proposition.

POLYGONE SPIRAL

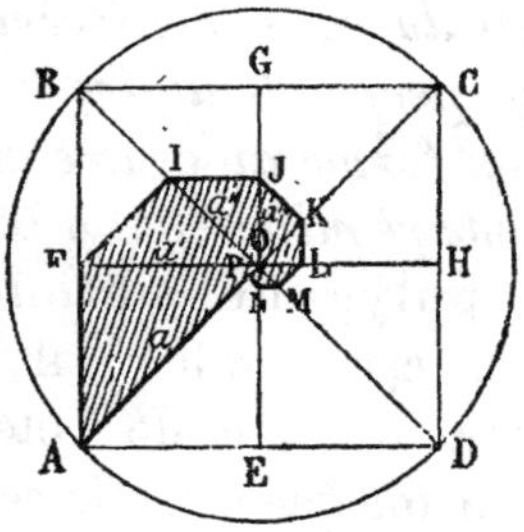

Soit ABC... un polygone régulier inscrit dans un cercle de centre O. Par le point O, menons les rayons relatifs aux sommets et abaissons des perpendiculaires sur les milieux E, F, G,.., des côtés. Du milieu F de AB, abaissons ensuite une perpendiculaire FI sur BO, puis de I une perpendiculaire IJ sur GO et ainsi de suite jusqu'à ce qu'on rencontre AO. Le polygone AFI... P ainsi obtenu a été dénommé par Du Fay (*Hist. de l'Ac. des Sc. de Paris*, 1727) *polygone spiral*.

Aire du polygone spiral. — Désignons par $a, a', a'', a''',\ldots$ les longueurs OA, OF, OI, OJ,... Les triangles AFO, FIO, IJO,... sont semblables et donnent

$$\frac{a}{a'} = \frac{a'}{a''} = \frac{a''}{a'''} = \cdots = k,$$

k désignant une constante.

Mais on a aussi

$$\frac{\text{aire AFO}}{\text{aire FIO}} = \frac{a^2}{a'^2} = k^2,$$
$$\frac{\text{aire FIO}}{\text{aire IJO}} = \frac{a'^2}{a''^2} = k^2,$$
$$\cdots\cdots\cdots$$

Ainsi les aires des triangles AFO, FIO, IJO, ... forment une progression géométrique de raison $k^2 = \dfrac{a^2}{a'^2}$.

Il est dès lors facile de déterminer l'aire d'un polygone spiral quelconque (3e Partie, Chap. 1, § 3) lorsqu'on a évalué le rapport constant k et l'aire du premier triangle.

Crochet. — ABC... ou P est le polygone régulier circonscrit au cercle de rayon OF, et EFG... ou P′ est le polygone régulier inscrit au même cercle. Prenons sur OAOA′ = OF, puis menons par A′ à AF une parallèle qui coupe OF en F′, puis par F′ une parallèle F′I′ à FI et ainsi de suite jusqu'à ce qu'on rencontre OA. On obtient ainsi un polygone spiral intérieur A′F′I′... ou S′ qui correspond au polygone P′ (rayon du cercle circonscrit OF = OA′) comme le polygone spiral extérieur AFI... ou S correspond au polygone P (rayon du cercle circonscrit OA).

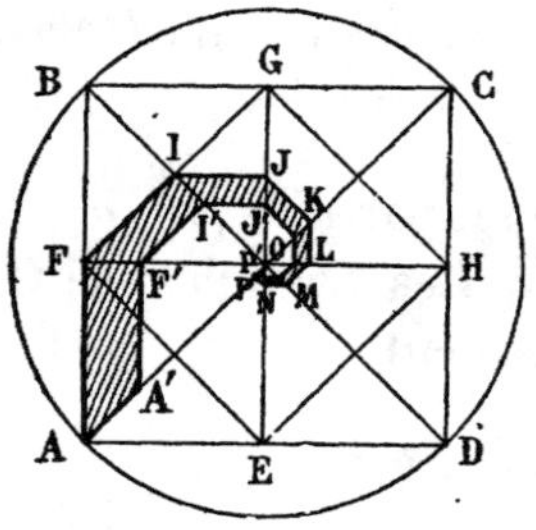

La surface ombrée comprise entre les contours de S et de S′ a été appelée par Du Fay un *crochet* ; et ce crochet C joue dans les polygones spiraux le même rôle que le polygone P″ de la question précédente dans les polygones réguliers.

On a

$$\frac{\text{aire S}}{\text{aire S}'} = \frac{\text{aire AFO}}{\text{aire A}'\text{F}'\text{O}} = \frac{\text{aire AFO}}{\text{aire FIO}} = \frac{\text{aire P}}{\text{aire P}'}. \qquad (1)$$

Ainsi le rapport des polygones spiraux S et S′ est égal au rapport des aires des polygones réguliers correspondants P et P′.

D'autre part, on déduit de la relation (1)

$$\frac{\text{aire S} - \text{aire S}'}{\text{aire S}'} \quad \text{ou} \quad \frac{\text{aire C}}{\text{aire S}'} = \frac{\text{aire P} - \text{aire P}'}{\text{aire P}'}.$$

Au moyen de cette dernière relation, on trouvera par exemple que dans le triangle équilatéral où $\frac{\text{aire P} - \text{aire P}'}{\text{aire P}'} = 3$, l'aire du crochet est le triple de celle du polygone spiral intérieur; dans le carré, où $\frac{\text{aire P} - \text{aire P}'}{\text{aire P}'} = 1$, l'aire du crochet est égale à celle du polygone spiral intérieur.

MESURE D'UN ANGLE SANS RAPPORTEUR

Mesurer un angle BAC *sans rapporteur* (Montucla, 1778).

Du sommet A de cet angle comme centre, avec le plus grand rayon possible, on décrit une circonférence qui coupe les côtés AB et AC en D et E. On divise ensuite la circonférence en 2, 3, 4, 5, 6, 8, 12, 15 parties égales en prenant comme origine le point D ; puis on porte l'arc DE sur la circonférence autant de fois qu'il est nécessaire pour tomber sur l'un des points de division.

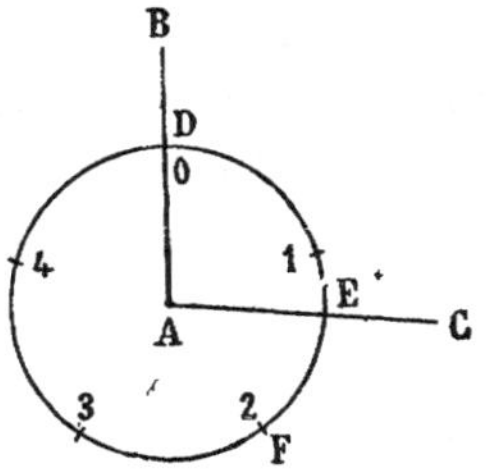

Supposons par exemple qu'après avoir porté DE 13 fois de suite, on ait fait un peu plus de 3 révolutions complètes et qu'on tombe sur la 2e division F de la circonférence partagée en 5 ; le cinquième de la circonférence étant de 72°, l'arc total parcouru a pour valeur $3 \times 360 + 2 \times 72 = 1224°$, et l'arc DE, $\frac{1224°}{13} = 94° \frac{2}{13}$.

ÉGALITÉ OU SYMÉTRIE ?

Tout le monde sait que nos pieds sont *égaux par symétrie* et non *égaux par superposition*. Cependant, on a longtemps fait les deux souliers, de droite et de gauche, sur une même forme ; autrement dit, on les faisait égaux par superposition.

L'anatomiste hollandais Pierre Camper (1722-1789) paraît être le premier qui ait signalé l'inconvénient de cette façon de procéder, dans une curieuse *Dissertation sur la meilleure forme des souliers* (1781). Voici le début de son *Avant-propos* : « Une plaisanterie a donné lieu à ce petit Traité sur la meilleure forme des souliers : j'ai voulu prouver à mes anciens élèves, qui me soutenoient que les matières à dissertation étoient épuisées, que le sujet le moins important, fût-ce un *Soulier,* un *Sabot,* etc., pouvoit devenir intéressant entre les mains de quelqu'un qui le possèderoit à fond et qui parleroit avec connaissance de cause. On me fit un défi : on crut du moins que je n'oserois jamais le publier sous mon nom. Je me prêtai à la plaisanterie, et j'écrivis... »

UN COLIMAÇON GÉOMÉTRIQUE

Voici une curieuse construction indiquée dans le *Dictionnaire de Mathématiques* de Klügel (tome VI, Leipzig, 1833).

Soient un triangle ABC, D le milieu de AC, D′ le point de BC situé au quart de ce côté à partir de C. On joint

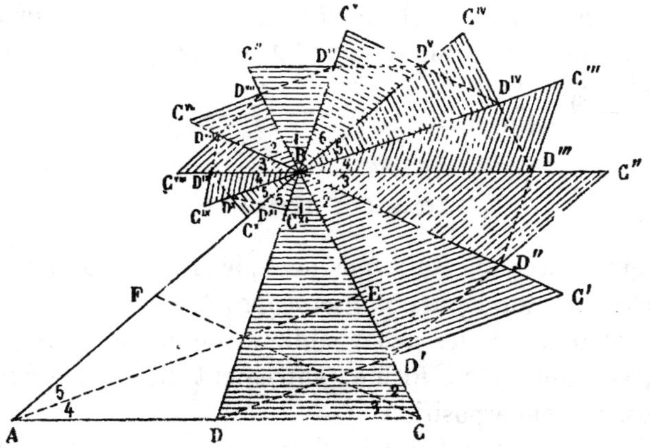

les points D et D′ et on prolonge DD′ d'une longueur D′C′ = DD′. On prend D″ au quart de BC′ à partir de C′, on joint D′ et D″ et on prolonge D′D″ de D″C″ = D′D″. En continuant ainsi, on arrive à construire les 12 triangles ombrés de la figure ci-dessus dont il s'agit d'évaluer l'aire totale.

Remarquons d'abord que si E et F sont les milieux de AB et CB, on démontre sans difficulté que les angles marqués 1, 2, 3, 4, 5, 6 dans le triangle ABC se retrouvent deux fois successives dans cet ordre autour du point B ; de sorte que BC^{V} est dans le prolongement de BD, que C^{X} tombe sur AB et C^{XI} sur BD.

D'autre part, l'aire de BD'C' est les 3/4 de l'aire S' de BDC, l'aire de BD''C'' est les 3/4 de celle de BD'C', et ainsi de suite. Les aires des triangles ombrés forment donc une progression géométrique dont le premier terme est S et dont la raison est $q = 3/4$. Si nous supposons que la construction indiquée est poursuivie indéfiniment, la somme des aires de ces triangles est (3e Partie, Chap. 1, § 3)

$$\frac{S}{1-q} = \frac{S}{1-\frac{3}{4}} = 4S.$$

Elle est donc égale au double de l'aire de ABC.

La somme des aires de ces triangles, à partir du treizième, dont l'aire est $S \times \frac{3^{12}}{4^{12}}$, est de même

$$\frac{S \times \frac{3^{12}}{4^{12}}}{1-\frac{3}{4}} = 4S \cdot \left(\frac{3}{4}\right)^{12}.$$

La somme des aires des 12 premiers triangles, c'est-à-dire l'aire de la partie ombrée, est donc égale à

$$4S - 4S\left(\frac{3}{4}\right)^{12} = 4S\left[1-\left(\frac{3}{4}\right)^{12}\right].$$

AIRE D'UN TRIANGLE A SOMMET INACCESSIBLE

Procédé pour évaluer l'aire d'un triangle ABC *dont*

un sommet B *est inaccessible* (BAILLY, Comptes Rend. de l'Ac. des Sc., 1855).

Au moyen d'une équerre d'arpenteur donnant l'angle de 60°, traçons deux obliques passant par B et inclinées de 60° sur AC ; le triangle DBE est équilatéral.

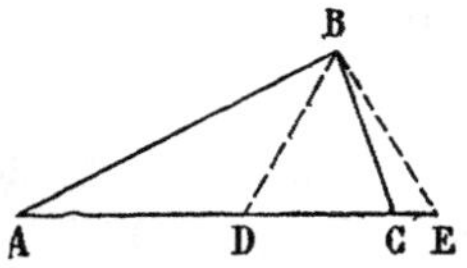

Les deux triangles ABC et DBE, qui ont même hauteur, sont entre eux comme leurs bases. On a donc

$$\text{aire ABC} = \text{aire DBE} \cdot \frac{\text{AC}}{\text{DE}}.$$

Mais
$$\text{aire DBE} = \overline{\text{DE}}^2 \frac{\sqrt{3}}{4};$$

d'où
$$\text{aire ABC} = \frac{\sqrt{3}}{4} \,.\, \text{AC} \,.\, \text{DE}.$$

Il suffit donc de mesurer AC et DE pour obtenir l'aire de ABC par une simple multiplication.

§ 2. — Simples problèmes.

L'OMBRE

Au grand soleil je viens de mettre
La lance de mon étendard.
Sa longueur vaut trois fois le mètre ;
Son ombre a cinq mètres un quart.

*
* *

Eh bien ! la tour de cette église
Par son ombre nous marque cent.
Dis-nous la hauteur précise
De ce clocher retentissant.

(VITREY, *Contes et Comptes*, 1860.)

On trouve sans difficulté la solution de ce problème: $57^{m},143$.

LE BASSIN FLEURI

Tout autour d'un rond-point je plante une bordure
De buis et de gazon, de fleurs et de verdure
Ainsi que de fraisiers, d'arbustes différents.
Ce travail, terminé par le jardinier Blaise,
Pour un mètre de long me coûte 6 *francs* 16
Et je dois pour le tout soixante-douze francs.
Combien le diamètre
De mon bassin fleuri que j'aime tant à voir,
Et qu'en été j'ai soin d'arroser vers le soir,
Doit, selon Métius (1), *porter de fois le mètre?*

(VITREY, *Contes et Comptes*, 1860.)

Le périmètre est égal à $\frac{72}{6,16}$ et le diamètre à $\frac{72}{\pi \times 6,16} = 3,72.$

LES DEUX FORTERESSES

Legendre avec Blanchet prouvent qu'une surface
Observe en grandissant le rapport des carrés
Que donnent les contours ensemble comparés.
Pour nier ce principe il faudrait de l'audace,
Puisque j'ai pour garants deux auteurs révérés
Qu'on n'accusa jamais d'erreur ou de système
Et dont le monde instruit admet les théorèmes.

En deux heures j'ai fait le tour de Besançon
A pied d'abord, ensuite en montant une barque
Où je me prélassais comme un petit monarque,

(1) *Adriaen Anthonisz* (1527-1607) surnommé *Métius* (originaire de Metz), célèbre pour sa découverte de la valeur approchée $\frac{355}{113}$ du rapport de la circonférence au diamètre.

Trois quarts me suffiraient autour de Briançon
Qui des Alpes au loin domine les montagnes
Et du vert Dauphiné protège les campagnes.
Au pays du calcul, savant explorateur,
Comparez avec soin ces villes en grandeur
Et puis déterminez que de fois la première
Pourrait en étendue égaler la dernière.
Dans ce but supposons que les remparts, les tours
Qui ceignent de leurs contours
Le rocher cisalpin, vrai nid inexpugnable
Par des brouillards épais constamment visité,
Rendent son polygone en tous les points semblable
A l'antique rempart de la Franche-Comté.

(VITREY, *Contes et Comptes*, 1860.)

Le rapport des périmètres est égal à 2 : 3/4, celui de leurs carrés à $4 : \frac{9}{16}$ ou à $\frac{64}{9} = 7\frac{1}{9}$; ce dernier nombre est le rapport des étendues des deux villes.

L'AIRE ET LE CONTOUR

Pierre a un champ de 500 mètres de contour qui est carré ; Jean en a un rectangulaire de même contour et propose à Pierre d'échanger les deux champs. Pierre doit-il accepter ?

Non, car de tous les rectangles dont le périmètre est le même, le carré est celui dont l'aire est maximum.

Un gourmet paie un franc une botte d'asperges entourée d'une ficelle ; le lendemain, il demande pour deux francs une botte des mêmes asperges qui soit entourée d'une ficelle de longueur double. Est-ce équitable ?

Non, car un cercle ayant un contour double d'un autre a une aire quadruple ; la seconde botte contiendrait donc 4 fois plus d'asperges que la première.

Un jardinier a droit à l'eau que lui apporte un conduit circulaire. Il paye pour avoir le double d'eau et il double à cet effet le diamètre du conduit. On lui fait un procès.

Observation analogue à celle du problème précédent.

Un particulier a emprunté un sac de grain de 4 pieds de haut et de 6 pieds de tour et il rend, pour se libérer, deux sacs de 4 pieds de haut et de 3 pieds de contour chacun. On demande s'il a rendu la quantité de grain emprunté.

Il n'en rend que la moitié. Car deux cylindres de même hauteur sont entre eux comme leurs bases ; or la base du gros cylindre ayant un contour double de chacune des bases des petits cylindres, a aussi un diamètre double et par suite une aire quadruple.

AU SPECTACLE

Tracer l'enceinte d'une salle de spectacle de manière que les spectateurs placés dans le pourtour voient tous la scène sous le même angle (Maréchal-Duplessis, 1829).

Soient AB le devant de la scène, 53° la valeur de l'angle que nous supposons le plus convenable à la vue et sous lequel on veut que la scène soit aperçue. On fait avec AB en A un angle BAC égal à 53°; le point d'intersection O des perpendiculaires élevées à AC en A et à AB en son milieu K est le centre d'un cercle passant par A et B et tangent en A à AC.

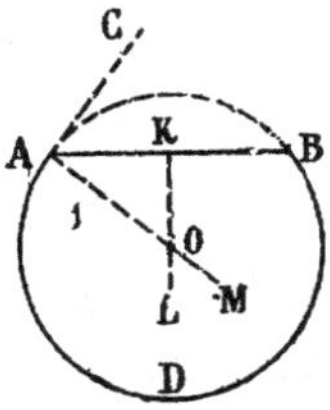

L'arc ADB répond à la question, car tous les angles ayant leur sommet sur cet arc et dont les côtés passent par A et B sont égaux à $\widehat{BAC}$ comme ayant même mesure.

QUESTIONS D'ARPENTAGE

Un champ rectangulaire a été mesuré avec un décamètre trop long de 0m,02. *On a trouvé* 22ares, 75 *pour sa surface ; on demande sa surface réelle.*

Ainsi à chaque mesure effectuée de 10 mètres correspond une mesure réelle de 10m,02 ; les longueurs mesurées sont donc aux longueurs réelles dans le rapport de 1 000 à 1 002. Les surfaces semblables étant entre elles comme les carrés des côtés homologues, la surface calculée sera à la surface réelle dans le rapport de $\overline{1\,000}^2$ à $\overline{1\,002}^2$, c'est-à-dire que cette dernière aura pour valeur

$$22{,}75 \times \frac{\overline{1\,002}^2}{\overline{1\,000}^2} = 22^{\text{ares}},841.$$

Pourquoi en arpentage mesure-t-on horizontalement les longueurs ?.

Les plantes poussent verticalement, de sorte qu'un terrain incliné ne produit pas davantage qu'un terrain d'aire égale à la projection du premier sur un plan horizontal.

Il en est de même si l'on veut édifier une construction : le premier terrain ne donne pas plus d'emplacement que le second.

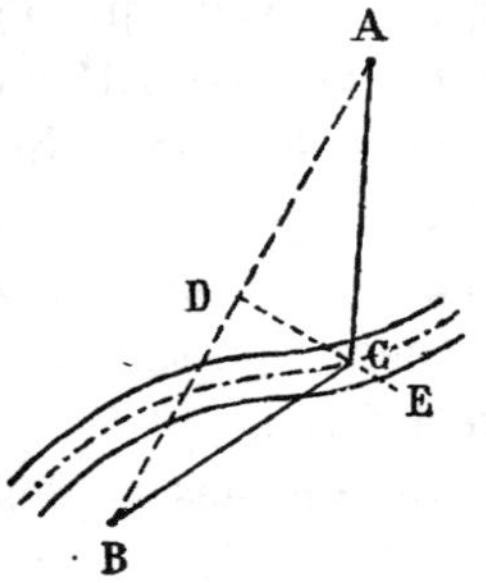

Deux villages A *et* B *occupent des positions connues des deux côtés d'une rivière. Établir un pont équidistant de chacun d'eux.*

Il suffit d'élever une perpendiculaire DE sur le milieu de la droite AB qui joint les deux villages ; l'intersection C de DE et de l'axe du cours d'eau détermine l'emplacement du pont.

Tracer une route équidistante de quatre points.

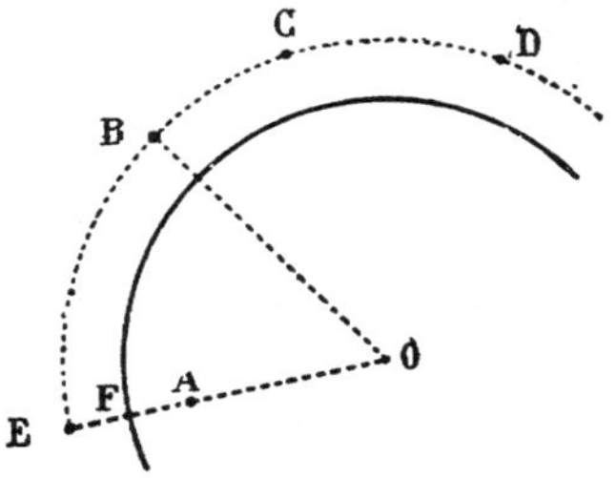

Soit O le centre de la circonférence passant par trois des points, B, C, D par exemple. Traçons OB, OA, et soit E le point de rencontre de OA et de la circonférence BCD. Si F est le milieu de AE, O est le centre et OF le rayon d'une circonférence équidistante de A, B, C, D.

Il y a plusieurs solutions.

LA PIE INGÉNIEUSE

Un jour d'été, une pie aperçoit de l'eau dans un trou tronconique de 3 *pouces de diamètre au fond. Elle accourt et constate que l'eau a une surface de* 6 *pouces de diamètre et s'élève à une hauteur de* 2 *pouces. La pie ne pourrait atteindre l'eau que si sa surface avait* 6 *pouces et* 1 *ligne de diamètre. Elle vole vers un trésor qu'elle a découvert ; combien faudra-t-il qu'elle y prenne de pièces de monnaie d'une ligne d'épaisseur et de* 16 *lignes de diamètre, pour qu'en les portant dans l'eau elle puisse boire à son aise* (D'après Rebière, *Mathématiques et Mathématiciens*).

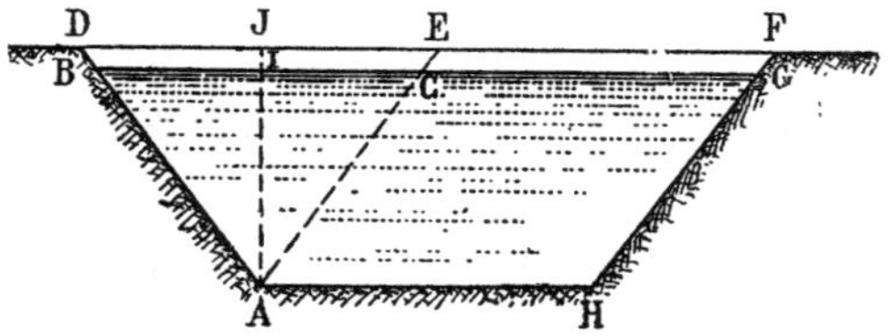

Soient BG le niveau de l'eau au début, DF ce niveau lorsque le diamètre atteint 6 pouces 1 ligne et AIJ la perpendiculaire abaissée de A sur BG et DF. Menons ACE parallèle à HGF.

Sachant qu'un pouce équivaut à 12 lignes, on a successivement $AH = 36^l$, $BG = 72^l$, $DF = 73^l$, $AI = 24^l$. $BC = BG - AH = 36^l$, $DE = DF - AH = 37^l$. On peut écrire

$$\frac{AJ}{AI} = \frac{DE}{BC}; \quad \text{d'où} \quad AJ = \frac{74^l}{3} \quad \text{et} \quad IJ = AJ - AI = 2/3^l.$$

Pour résoudre le problème, il nous suffit maintenant d'exprimer que le volume de n pièces de monnaie cylindriques équivaut au volume du tronc de cône BDFG, ce qui donne

$$n \times \pi \cdot 8^2 = \frac{\pi \times \frac{2}{3}}{3} \left[\frac{72^2 + 73^2 + 72 \times 73}{4} \right],$$

d'où
$$n = 13{,}7.$$

Il faudra donc 14 pièces de monnaie.

§ 3. — Casse-tête divers.

I. *Un père laisse à sa mort un champ carré dont on*

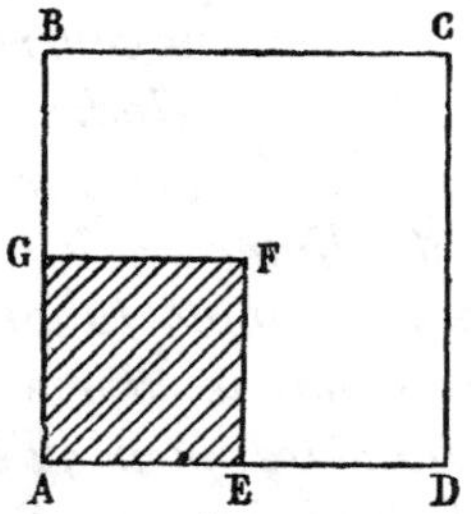

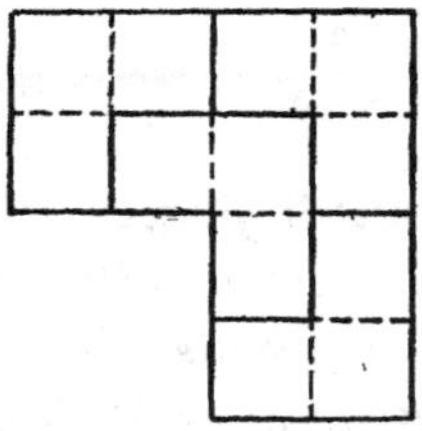

doit donner le quart aux pauvres et dont le reste doit

être divisé pour les quatre enfants en parties de même surface et de même forme.

La 2e fig. ci-dessus donne la solution.

II. *Étant donné la figure* BCDEFG (I, page 420) *la décomposer en éléments qui, assemblés, forment un carré.*

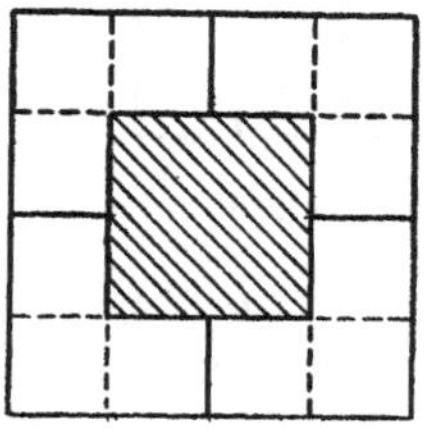

En opérant la même décomposition qu'au problème précédent et assemblant les quatre éléments obtenus comme il est indiqué ci-contre, on obtient un carré égal à ABCD et dont la partie centrale, qui est vide, est égale au carré AGFE.

III. *Un propriétaire possède une maison disposée, comme le montre la figure, dans un jardin de forme carrée contenant* 15 *arbres plantés régulièrement. Comment devra-t-il diviser le jardin pour que les cinq locataires de la maison aient chacun des portions égales avec le même nombre d'arbres ?*

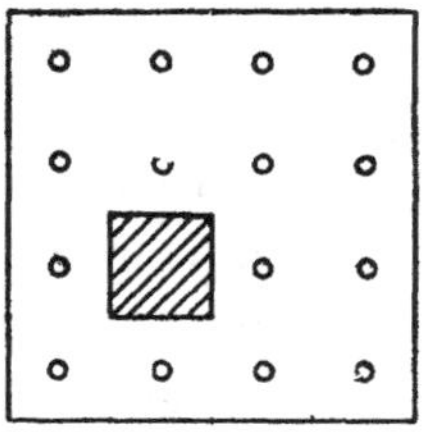

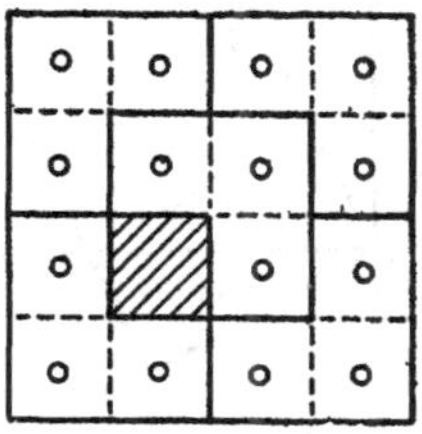

La seconde figure ci-dessus donne la solution.

IV. *Un père en mourant laisse à ses quatre enfants un champ carré contenant* 12 *arbres disposés comme il est indiqué ci-après et une fontaine en son centre. Comment doit s'effectuer le partage pour que chacun des enfants ait une parcelle d'aire égale, de même forme, aboutissant à la fontaine et renfermant le même*

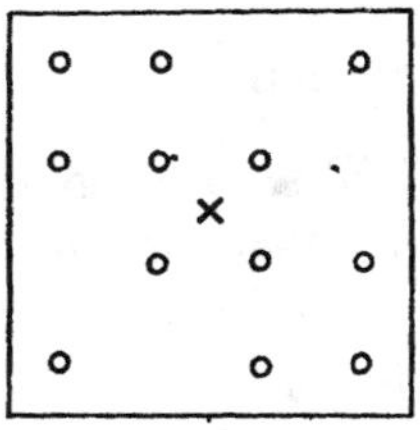

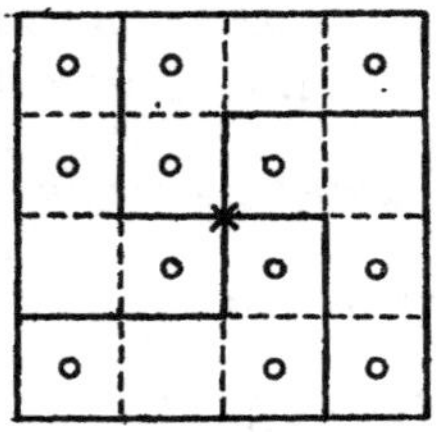

nombre d'arbres ? (Solution : 2e fig. ci-dessus).

V. *Décomposer un carré* ABCD *en vingt triangles égaux.*

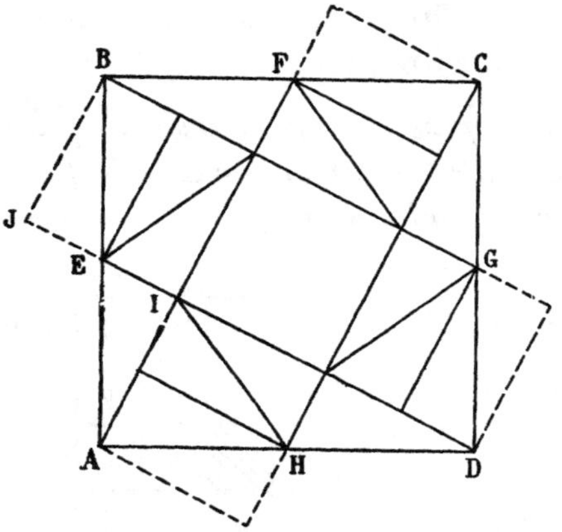

La figure ci-contre est suffisamment explicite ; nous nous contenterons de faire remarquer que E, F, G, H sont les milieux des côtés du carré.

On peut former une croix de Genève avec ces vingt triangles ; il suffit de porter le triangle AIE en BJE, et de même pour les trois triangles disposés comme AIE.

VI. *Assembler quatre de chacun des polygones* A, B, C, *de*

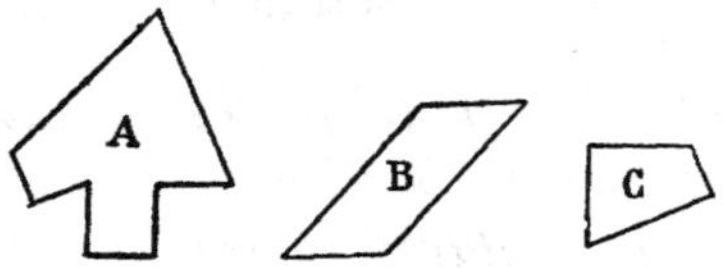

manière à constituer un octogone régulier. (Solution ci-contre).

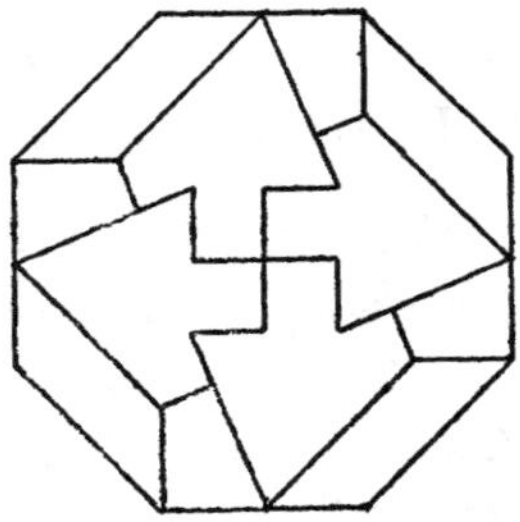

VII. *Avec quatre figures identiques à celle représen-*

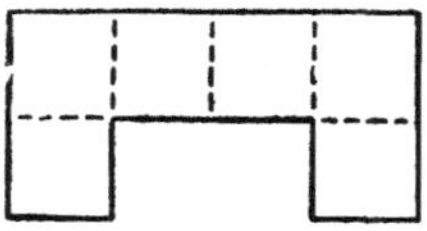

tée ci-contre, former un carré. (Solution ci-contre).

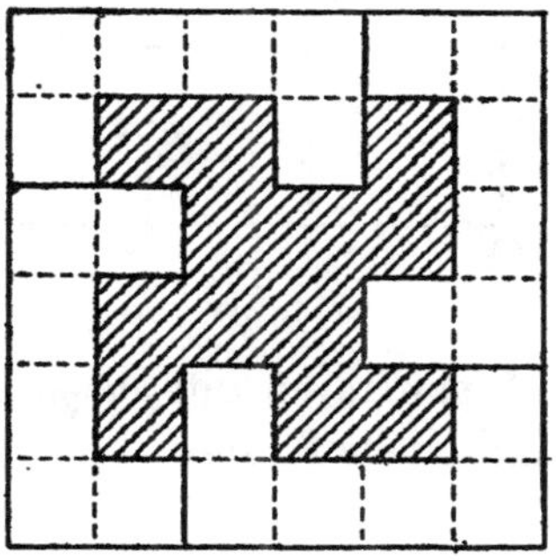

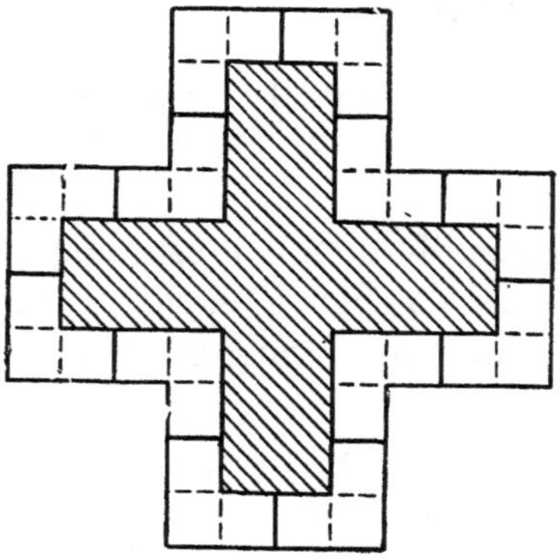

VIII. *Assembler douze figures identiques à celle représentée ci-contre de manière à former deux croix concentriques.* (Solution ci-contre).

IX. *Un charpentier possède une planche de* 0^{m},80 *de longueur et de* 0^{m},30 *de largeur. Suivant quelle ligne doit-il la scier pour constituer avec les morceaux obtenus une planche de* 1^{m},20 *de longueur sur* 0^{m},20 *de largeur?*

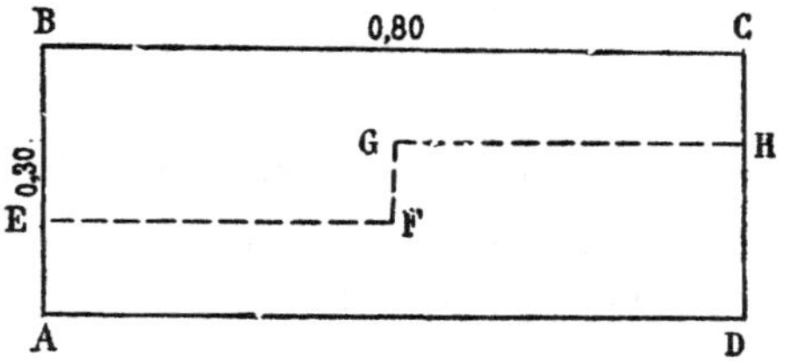

Fig. *a.*

Le charpentier aura la solution en faisant passer la scie suivant la ligne brisée EFGH (*fig. a*) où E et H sont respectivement au tiers de AB et CD à partir de A et C, la droite GF se trouvant au milieu de la longueur.

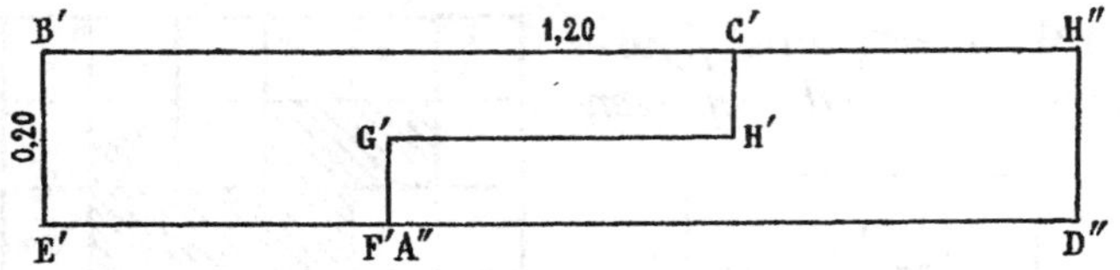

Fig. *b*.

Il pourra ensuite disposer les deux morceaux comme l'indique la figure *b*.

§ 4. — Subtilités.

I. *Étant donnée une feuille de papier rectangulaire, que faut-il faire pour passer à travers en la laissant d'une seule pièce ?*

Il suffit de découper cette feuille comme il est indiqué sur la figure ci-contre de manière à former une lanière ininterrompue.

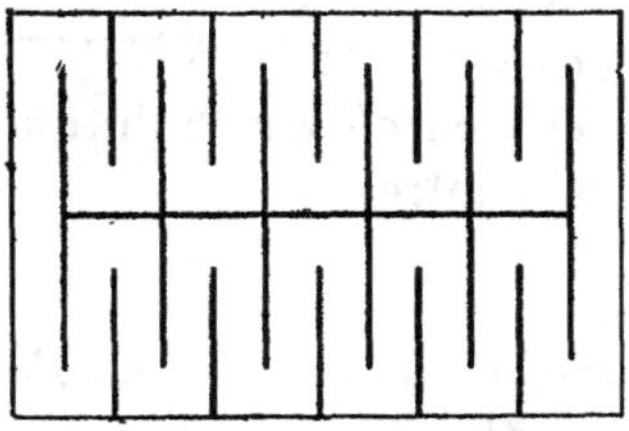

On pourrait qualifier ce problème de « problème de Didon », car la légende nous apprend que c'est l'emploi d'un artifice analogue qui permit à la fondatrice de Carthage de s'établir sur la côte d'Afrique.

II. *Étant donné un triangle formé avec trois allumettes, construire, avec trois autres allumettes, trois triangles égaux au premier.*

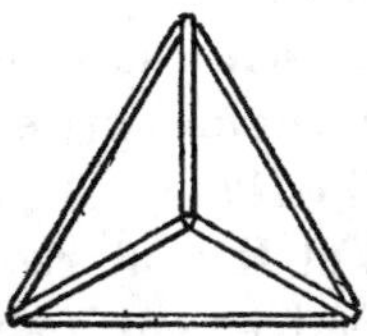

Il suffit de terminer la construction du tétraèdre régulier dont le triangle donné est la base. Pour faire tenir le système en place, on n'aura qu'à enflammer le phosphore des allumettes et à l'éteindre aussitôt.

III. *Diviser un triangle équilatéral en 9 parties égales par un trait continu sans repasser sur une ligne déjà tracée et sans traverser une telle ligne.*

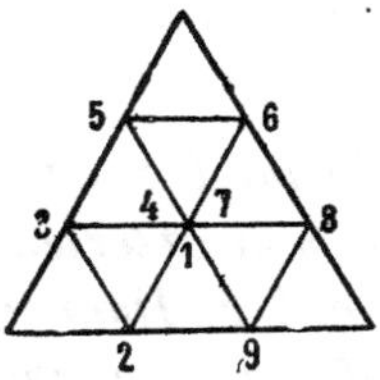

La solution est indiquée sur la figure ci-contre où les chiffres indiquent l'ordre des points successivement rencontrés dans le tracé du trait.

IV. *Tracer un rectangle et ses diagonales sans passer par une ligne déjà tracée.*

Ce problème est impossible à résoudre sans employer un artifice.

Soit ABCD (*fig. a*) la feuille de papier où l'on doit effec-

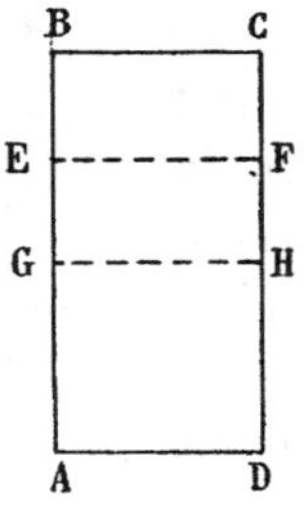

Fig. *a*.

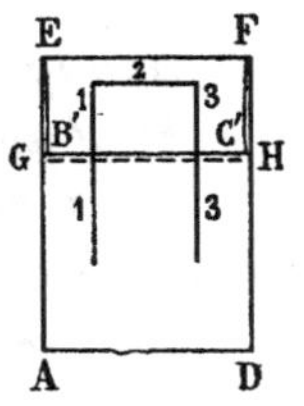

Fig. *b*.

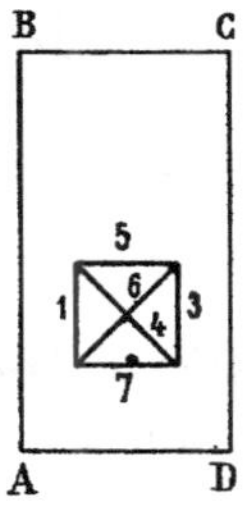

Fig. *c*.

tuer le tracé. On rabat la partie supérieure BC de cette feuille en GH (pli suivant EF).

On trace alors (*fig. b*) le côté 1 du rectangle sur le recto et on prolonge ce côté sur le verso ; puis on trace 2, 3 sur le verso et on prolonge 3 sur le recto.

Rabattant alors la partie supérieure de la feuille (*fig. c*), on trace successivement sur le recto 4, 5, 6, 7. On obtient ainsi par un trait continu un rectangle et ses diagonales.

V. *Construire un dodécagone équilatéral et rectangle.*

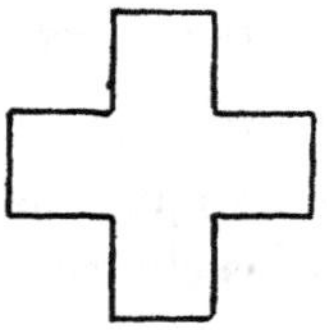

C'est le dodécagone représenté par la croix de Genève.

VI. *Un étang a la forme d'un carré; à chacun des sommets et extérieurement est planté un arbre. Donner à l'étang une surface double sans changer sa forme et sans déplacer les arbres qui doivent toujours rester en dehors de l'étang.*

Il suffit de tracer un second carré EFGH dont les côtés passent par les sommets du premier ABCD et soient parallèles aux diagonales de celui-ci.

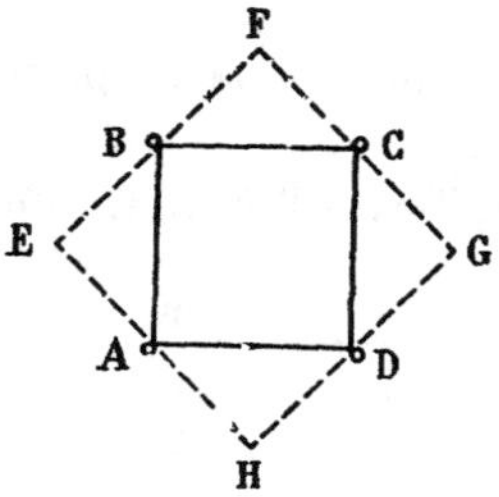

VII. *Un carton est percé de trois ouvertures* A, B, C *ayant respectivement la forme d'un triangle équilatéral, d'un carré et d'un cercle, les côtés des deux premiers et le diamètre du troisième étant égaux. Trouver la forme d'une cheville qui puisse passer par les trois ouvertures.*

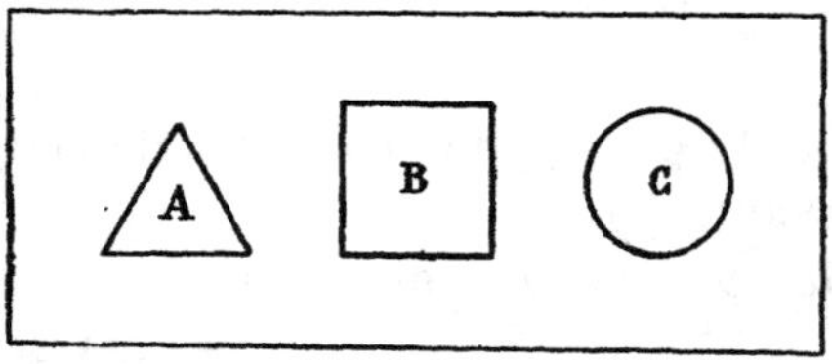

C est le cercle inscrit dans le carré B. Il suffit de tailler un cylindre — un bouchon, par exemple — ayant C pour section droite, de telle sorte que sa hauteur soit égale à celle de A, puis on coupe latéralement ce cylindre par deux plans inclinés symétriques se rejoignant suivant un diamètre MN de la base inférieure.

On pourra alors faire passer cette cheville dans les ouvertures B et C en plaçant les génératrices PM normalement au carton. Pour l'introduire dans l'ouverture A, on fait glisser la droite MN en un sommet du triangle et la surface du cercle le long du côté opposé.

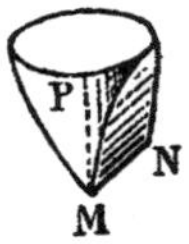

VIII. *Avec une même ouverture de compas, décrire des cercles de rayons différents.*

Fig. a. — On décrit un cercle sur un plan.

Fig. b. — L'une des pointes du compas repose sur une cale dont on peut faire varier l'épaisseur, ce qui fait varier en même temps la grandeur du cercle.

Fig. c. — L'une des pointes du compas reposant sur le sommet d'un cône circulaire droit, l'autre pointe décrit

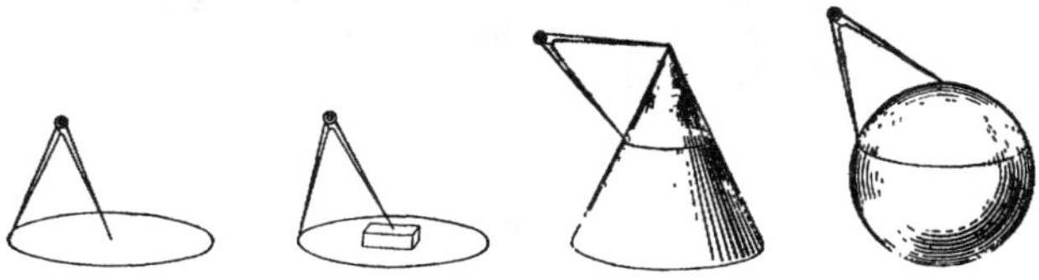

Fig. *a*. Fig. *b*. Fig. *c*. Fig. *d*.

une circonférence sur la surface de ce cône. L'ouverture du cône variant, il en sera de même du rayon de la circonférence.

Fig. d. — On trace un cercle à la surface d'une sphère ; en modifiant le rayon de la sphère, on modifie aussi le rayon du cercle.

On peut donc obtenir une infinité de cercles avec une même ouverture de compas ; celui correspondant au cas où les deux pointes du compas sont dans le plan du cercle décrit est de grandeur maximum.

TABLE DES MATIÈRES

DEUXIÈME PARTIE

LA GÉOMÉTRIE DE MESURE

TROISIÈME PARTIE

APPLICATIONS DIVERSES

Imprimerie France Quercy - 46001 Cahors
N° d'impression : 10501 - Dépôt légal : avril 2001 - N° d'éditeur : M.J. 2 bis